N. W. EFIMOW

FLÄCHENVERBIEGUNG IM GROSSEN

Mit einem Nachtrag

von E. Rembs und K. P. Grotemeyer

MATHEMATISCHE LEHRBÜCHER UND MONOGRAPHIEN

HERAUSGEGEBEN VON DER

DEUTSCHEN AKADEMIE DER WISSENSCHAFTEN ZU BERLIN

FORSCHUNGSINSTITUT FÜR MATHEMATIK

II. ABTEILUNG

MATHEMATISCHE MONOGRAPHIEN

BAND VII

FLÄCHENVERBIEGUNG IM GROSSEN

VON

N. W. EFIMOW

Mit einem Nachtrag von E. Rembs und K. P. Grotemeyer

1957

AKADEMIE-VERLAG · BERLIN

FLÄCHENVERBIEGUNG IM GROSSEN

VON

N. W. EFIMOW

Mit einem Nachtrag
von E. Rembs und K. P. Grotemeyer

1957

AKADEMIE-VERLAG · BERLIN

Auszug aus der Zeitschrift «Uspechi» 1948
Durch die Deutsche Akademie der Wissenschaften zu Berlin
Forschungsinstitut für Mathematik
besorgte Übersetzung
Übersetzer: Dr. Marianne Rembs, Berlin
Wiss. Redaktion: Prof. Dr. Eduard Rembs unter Mitarbeit
von Doz. Dr. Karl Peter Grotemeyer, Berlin

Erschienen im Akademie-Verlag GmbH, Berlin W 8, Mohrenstr. 39
Lizenz-Nr. 202 · /100/443/57

Satz, Druck und Einband: Fachbuchdruck Naumburg IV/26/14
Bestell- und Verlagsnummer 5168
Printed in Germany

VORWORT

Als „Flächenverbiegung im Großen“ erscheint hier die Übersetzung eines Artikels von EFIMOW aus den Uspechi mat. Nauk von 1948, der den Titel hat „Qualitative Fragen der Theorie der Deformation von Flächen“. In der Tat wird in diesem Artikel vorzugsweise die Flächenverbiegung im Großen behandelt. Und die angeschnittenen Fragen der Flächenverbiegung im Kleinen haben einen den andern so nahe verwandten Charakter, daß der veränderte Titel vollauf gerechtfertigt erscheint.

Die Flächenverbiegung im Großen ist verhältnismäßig jung. Um 1900 veröffentlichte LIEBMANN seine ersten hierher gehörigen Arbeiten, insbesondere den ersten einwandfreien Beweis für die Starrheit der Eiflächen. Inzwischen ist der Kreis der Probleme stark erweitert worden. Freilich war es zunächst nur eine kleine Zahl besonders deutscher Mathematiker, die ihnen ihr Interesse zuwandten. Das änderte sich, als 1936 COHN-VOSSEN, wegen der politischen Verhältnisse nach Rußland emigriert, die Aufmerksamkeit der russischen Mathematiker durch eine ebenso instruktive wie fesselnd geschriebene Arbeit auf die schönen Ergebnisse und Aussicht versprechenden Fragestellungen der Verbiegungstheorie richtete. Seine als Einführung gedachte Schrift hat reiche Früchte getragen, da sich eine ganze Reihe von Forschern der Sowjetunion mit ausgezeichneten Erfolgen den Verbiegungsfragen zuwandte. Durch die Initiative A. D. ALEXANDROWS wuchs hier eine neue, unsere Fragen mit wesentlich geometrischen Methoden erfassende Theorie heran. Über die Gesamtheit des bis 1948 Geleisteten gibt der Bericht EFIMOWS Rechenschaft. Eine Übersetzung ins Deutsche schien erwünscht, auch etwas in der Hoffnung, daß Mathematiker anderer Nationalität dadurch leichter auf diese schönen Untersuchungen aufmerksam gemacht würden mit dem Ziel, daß sie sich selbst ihnen zuwendeten und für ihre Behandlung ihre Kraft einsetzten.

Während ursprünglich nur an die Veröffentlichung der Übersetzung gedacht war, hat es sich inzwischen als wünschenswert ergeben, ihr einen Nachtrag anzufügen. Er soll vor allem über die Ergebnisse der Theorie in den letzten Jahren berichten. Aber auch einiges, das weiter zurückliegt, war hier zu ergänzen, für das sich EFIMOW auf die Arbeit von COHN-VOSSEN berufen konnte. Wir hoffen damit allen Ideen, die für die Weiterentwicklung fruchtbar werden könnten, gerecht geworden zu sein.

Berlin, den 1. September 1956 E. REMBS K. P. GROTEMEYER

INHALTSÜBERSICHT

Einleitung IX

I. Die analytischen Methoden der Lösung des Problems von WEYL 1

II. Das Theorem von der Zusammenheftung eines konvexen Polyeders aus gegebenem Netz und die geometrische Lösung des Problems von WEYL 8

III. Der analytische Beweis des Lehrsatzes von der Zusammenheftung eines konvexen Polyeders aus gegebenem Netz 20

IV. Der allgemeine Lehrsatz von der Zusammenheftung konvexer Flächen . . . 25

Problematik zu §§ 1—16 33

V. Das Problem der eindeutigen Bestimmtheit 35

Problematik zu §§ 17—20 52

VI. Allgemeine Übersicht über die unendlich kleinen Verbiegungen erster Ordnung 53

VII. Allgemeine Übersicht über die unendlich kleinen Verbiegungen von höherer Ordnung 66

VIII. Spezielle Theoreme über die unendlich kleinen Verbiegungen 75

Problematik zu §§ 21—40 90

IX. Stetige Verbiegungen einer Fläche „im Kleinen" 91

Problematik zu §§ 41—48 107

Literaturverzeichnis 109

Nachtrag zu I—IV: Probleme der Existenz 113

Nachtrag zu V: Probleme der Eindeutigkeit 131

Nachtrag zu VI: Unendlich kleine Verbiegungen erster Ordnung 186

Nachtrag zu VIII: Spezielle Theoreme über unendlich kleine Verbiegungen 193

Nachtrag zu IX: Verbiegungen „im Kleinen" 219

Kurze Übersicht über die historische Entwicklung der Flächenverbiegung im Großen 223

Literaturverzeichnis 226

Sachverzeichnis 231

EINLEITUNG

Der vorliegende Artikel hat zum Gegenstand die Fragen der Theorie der Deformationen (speziell der Verbiegungen) von Flächen „im Großen“ und diejenigen Fragen über Deformationen von Flächen „im Kleinen“, welche qualitativen Charakter besitzen.

An erster Stelle werden in dem Artikel Ergebnisse dargelegt, welche sich auf das Problem der Realisierbarkeit einer abstrakt vorgegebenen Metrik beziehen (das mit dem Problem der Unverbiegbarkeit von Flächen in ähnlicher Weise zusammenhängt, wie in der Theorie der Gleichungen das Problem der Existenz mit dem Problem der Einzigkeit).

§§ 1—16 sind der Lösung des Problems über die Realisierung einer auf der Kugel vorgegebenen differentialgeometrischen Metrik von positiver Krümmung (des WEYLschen Problems) gewidmet. Für den Fall der analytischen Metrik ist die Frage mit den Mitteln der klassischen Analysis von H. WEYL und H. LEWY gelöst worden. Die analytische Methode der Lösung ist in §§ 1—5 dargelegt (der Satz von H. LEWY über Gleichungen von Monge-Ampèreschem Typ, auf den sich die Lösung stützt, ist ohne Beweis formuliert; er ist enthalten in zwei Artikeln von H. LEWY, [8], [9], deren gemeinsame Übersetzung in der vorliegenden Ausgabe der „Uspechi“ veröffentlicht wird; ein kleiner dritter Artikel von H. LEWY, [10], der als Anlage zu dieser Übersetzung veröffentlicht ist, ist erforderlich für das Verständnis einiger Einzelheiten der Lösung des WEYLschen Problems. Diesen Artikeln wird die Übersetzung des Artikels [6] von WEYL selbst vom Jahre 1916 vorausgeschickt).

Einen völlig neuen Zugang zum WEYLschen Problem und zu anderen allgemeinen Problemen der Untersuchung der Metrik einer Fläche verwirklichte A. D. ALEXANDROW. Indem er mit rein geometrischen Methoden operiert, löst A. D. ALEXANDROW zuerst die Frage über die Möglichkeit der Konstruktion eines konvexen Vielflachs bei vorgegebenem Netz, welches gewissen natürlichen Bedingungen der Konvexität unterworfen ist; nach der Terminologie von A. D. ALEXANDROW ist das die Lösung der Frage über die Realisierung einer konvexen polyedrischen Metrik. Danach wird das Problem der Realisierbarkeit der auf einer Kugel vorgegebenen differentialgeometrischen Metrik von positiver Krümmung mittels deren Approximation durch polyedrische Metriken gelöst. Die erwähnten Resultate und Methoden von A. D. ALEXANDROW sind in §§ 6—11 dargelegt.

---

[1]) Die Ziffern in den eckigen Klammern bedeuten die Nummer des Literaturverzeichnisses, das am Schluß des Artikels beigefügt ist.

Der folgende § 12 ist dem analytischen Beweise des Satzes von A. D. Alexandrow über die Realisierbarkeit einer polyedrischen Metrik gewidmet, welcher von L. A. Ljusternik geliefert worden ist.

Somit gibt das Material von §§ 1—12 eine Vorstellung von der gegenseitigen Durchdringung geometrischer und analytischer Methoden, auf welche die moderne Theorie der Flächen hinausläuft.

Die von A. D. Alexandrow, beginnend mit dem Jahr 1940, entwickelten geometrischen Methoden der Untersuchung der Metrik von konvexen Flächen haben zu Errungenschaften in der Theorie der Verbiegung von Flächen im Großen geführt, welche den Mitteln der klassischen Differentialgeometrie völlig unzugänglich waren. Wir meinen hier den allgemeinen Satz von A. D. Alexandrow über das Zusammenheften einer konvexen Fläche und seine Anwendungen. Dieses Material ist dargelegt in §§ 13—16.

Die Darlegung der §§ 1—16 ist in Form eines Überblicks durchgeführt; hier ist bei weitem nicht alles bewiesen; in den meisten Fällen sind nur die Hauptideen der Beweise ohne Einzelheiten angegeben. Eine ausführlichere Darlegung ist im Rahmen eines Zeitschriftartikels unmöglich, sie erscheint auch nicht zweckmäßig, da die Arbeiten von H. Weyl und H. Lewy gerade hier durch drei Übersetzungen vertreten sind, was wir schon oben erwähnt haben, und die Arbeiten von A. D. Alexandrow von ihm in einer umfangreichen Monographie „Innere Geometrie der konvexen Flächen“ gesammelt worden sind, welche bald erscheinen muß.[1]) Gleichzeitig schien es uns aber wegen der grundsätzlichen Wichtigkeit unmöglich, auf eine Darlegung dieser Fragen überhaupt zu verzichten und sich mit dem Verweis auf die erwähnte Monographie zu begnügen; in solch einem Falle hätte unser Artikel nicht das Wichtigste wiedergegeben, nämlich die Entstehung und Entwicklung eines ganz neuen Gebietes, welches talentvolle Forscher bereits angezogen hat (hier muß auf J. M. Liebermann und S. P. Olowjanischnikow hingewiesen werden und ebenfalls auf A. W. Pogorelow, welcher unlängst diesen Fragenkomplex in Angriff genommen und bereits sehr wichtige Ergebnisse erhalten hat).

Nach den Fragen der Existenz legen wir das Problem der eindeutigen Bestimmtheit einer Fläche durch ihre Metrik dar. In §§ 17—18 wird ein neuer Beweis (von Herglotz) des Satzes von S. E. Cohn-Vossen über die eindeutige Bestimmtheit von Ovaloiden angegeben, welcher sich auf eine Integralformel gründet, und eine Verschärfung des Satzes von A. D. Alexandrow über eindeutige Bestimmtheit torusartiger Flächen. In § 19 wird eine von A. D. Alexandrow stammende und von ihm nicht veröffentlichte Verallgemeinerung des Satzes von S. E. Cohn-Vossen für den Fall nichtregulärer Ovaloide dargelegt; dieser Paragraph ist liebenswürdigerweise von A. D. Alexandrow auf eine Bitte des Verfassers geschrieben worden.

In § 20 werden die Sätze von Olowjanischnikow über Verbiegungen unendlicher konvexer Flächen von einer Krümmung $< 2\pi$ und die Sätze von A. W. Pogorelow über die eindeutige Bestimmtheit nichtregulärer Ovaloide und unendlicher konvexer Flächen von der Totalkrümmung $= 2\pi$ mitgeteilt.

§§ 21—40 sind der allgemeinen Theorie unendlich kleiner Verbiegungen und ihren Anwendungen in verschiedenen Spezialfällen gewidmet. Hier sind die Ergebnisse von H. Liebmann, W. Blaschke, E. Rembs, R. Sauer, A. D. Alexandrow und N. W. Efimow dargelegt.

---

[1]) Inzwischen in deutscher Übersetzung erschienen im Akademie-Verlag, Berlin 1955. Diese Sammlung mathematischer Lehrbücher und Monographien II. Abteilung, Band IV.

Die Darlegung dieser Paragraphen, besonders in dem Teil, der sich auf die allgemeine Theorie der unendlich kleinen Verbiegungen bezieht, ist systematisch mit allen Beweisen durchgeführt.

Schließlich wird in §§ 41—48 (wieder in Form eines Überblicks) die Untersuchung von Verbiegungen und anderen Deformationen eines willkürlich kleinen Flächenstücks mit einem parabolischen Punkt oder einem Flachpunkt angegeben. In diesem Teil des Artikels sind Sätze über die eigenartige Stabilität solcher Flächen dargelegt, darunter die Sätze von N. W. Efimow über die relative Unverbiegbarkeit und über die Existenz von Flächen, welche im Kleinen unverbiegbar sind.

Zum Schluß wollen wir bemerken, daß wir bei der Zusammenstellung des vorliegenden Artikels natürlich den Übersichts-Artikel von S. E. Cohn-Vossen [1] berücksichtigt haben; wir beschränkten uns aber nicht darauf, nur diejenigen Resultate darzulegen, welche nach seiner Veröffentlichung erschienen sind.

I. Die analytischen Methoden der Lösung des Problems von Weyl

§ 1

Wir erläutern zuerst das Wesen des Problems. Es sei S irgendeine geschlossene reguläre Fläche mit positiver Krümmung.[1]) Es ist bekannt, daß eine solche Fläche homöomorph der Kugel ist (überall lokal konvex, ist sie im ganzen ein Ovaloid).

Wir bilden S auf die Einheitskugel E so ab, daß das Bild ein Homöomorphismus φ ist mit einer Regularitätsbedingung, welche der Bedingung der Regularität der Fläche S selbst entspricht (d. h. wenn S eine m-mal stetig differenzierbare oder analytische Fläche ist, so soll entsprechend auch der Homöomorphismus φ

[1]) Im weiteren werden wir häufig den Ausdruck „reguläre Fläche" anwenden; darum ist es notwendig, den präzisen Sinn dieses Ausdrucks sogleich zu vereinbaren.

Es sei M irgendeine Menge von Punkten des euklidischen Raumes; die Menge M hat eine natürliche Topologie, welche durch die Topologie des umschließenden Raumes induziert ist. Als Bereich in M werden wir jede Teilmenge von M, welche in ihr als offene Menge erscheint, bezeichnen (darunter auch M selbst). Die Menge M werden wir eine offene oder geschlossene Fläche, regulär von der Ordnung m (oder glatt von der Ordnung m oder m-mal stetig differenzierbar) nennen, wenn sie zusammenhängend ist, und wenn ein M bedeckendes endliches oder abzählbares System von Bereichen (U_i) bei folgenden Bedingungen besteht

1. Der Durchschnitt zweier Bereiche aus (U_i) gehört zu (U_i).

2. Jeder Bereich U_i läßt sich eindeutig auf eine Ebene $(x;y)$ eines rechtwinkligen Koordinatensystems im Raume projizieren und hat als Projektion einen einfach zusammenhängenden Bereich U_i' der Ebene $(x;y)$; alle Punkte von U_i genügen einer Gleichung $z=f_i(x;y)$, wo $f_i(x;y)$ Funktionen sind, welche im Bereich U_i' stetige partielle Ableitungen bis zur m-ten Ordnung haben. In der klassischen Differentialgeometrie wird fast immer $m = 3$ angenommen, in einzelnen Fragen wird $m > 3$, oder schließlich werden die Flächen als analytisch vorausgesetzt (was der Annahme der Analytizität der Funktionen $f_i(x;y)$ entspricht). Wenn wir „reguläre Fläche" sagen, werden wir immer $m \geq 3$ annehmen.

Wir nehmen an, daß die Beziehungen $x = \varphi_i(u;v)$, $y = \psi_i(u;v)$ das topologische Bild eines Bereiches V_i der Ebene $(u;v)$ im Bereich U_i' bestimmen. In einem solchen Fall ist gleichfalls die gegenseitig eindeutige Beziehung zwischen den Punkten von U_i und den Parameterwerten $(u;v) \in V_i$ bestimmt. Wir werden $(u;v)$ lokale Koordinaten der Fläche M im Bereich U_i nennen, wenn die Funktionen φ_i, ψ_i einen m-mal stetig differenzierbaren Homöomorphismus bestimmen, d. h. wenn sie stetig differenzierbar bis zur Ordnung m sind und im Bereich V_i eine von Null verschiedene Jacobische Determinante haben (lokale Koordinaten sind insbesondere auch x, y).

Wenn die Fläche M nicht als abgeschlossene Punktmenge des Raumes erscheint, so wird ihre abgeschlossene Hülle $\overline{M}$ berandete Fläche genannt. Der Rand $\overline{M} - M$ und das Verhalten der Fläche unweit des Randes wird gewöhnlich durch geeignete Bedingungen der Regularität eingeschränkt. Indem wir berandete Flächen betrachten, werden wir annehmen, daß sie eine reguläre Fortsetzung über ihren Rand zulassen. (Die Bedingungen der Regularität des Randes selbst werden wir in jedem Fall einzeln angeben.) Wir fügen noch hinzu, daß die oben gegebene Definition Flächen mit Selbstdurchdringung ausschließt. Solche Flächen werden bei uns nirgends vorkommen.

m-mal stetig differenzierbar oder analytisch sein). Wir nehmen an, daß auf der Fläche S lokale Koordinaten eingeführt sind; wir bezeichnen durch (u; v) Koordinaten, welche in einem willkürlichen Bereich U der Überdeckung der Fläche S eingeführt sind. Wir werden die Punkte der Kugel E, welche zum Bereich $U' = \varphi(U)$ gehören, mittels der Koordinaten (u; v) ihrer Originale definieren. Auf diese Weise werden auf der Kugel E lokale Koordinaten eingeführt, welche für jeden Punkt $M' \in E$ mit den Koordinaten seines Originals $M = \varphi^{-1}(M') \in S$ identisch sind.

Es sei

$$(*) \qquad E\,du^2 + 2\,F\,du\,dv + G\,dv^2$$

die metrische Form der Fläche S. Wir kommen überein, die Längen der Linien und die Größen der Winkel und Flächen auf der Kugel E in den festgelegten lokalen Koordinaten mittels der gewöhnlichen Formeln der Differentialgeometrie zu definieren, indem wir als ds^2 die quadratische Form (*) zugrunde legen. So wird auf der Kugel eine Metrik eingeführt, die von ihrer natürlichen Metrik verschieden ist, nämlich die Metrik der Fläche S. Dieses Verfahren der Übertragung auf einen Standard-Träger (die Kugel) führt natürlich auf die Idee der abstrakten Vorgabe einer Metrik.

§ 2

Es mögen in den lokalen Koordinaten (u, v) eines willkürlichen Bereiches einer Überdeckung der Kugel E drei stetige Funktionen E (u, v), F (u, v), G (u, v) mit folgenden Bedingungen gegeben sein:

1. Die quadratische Form $E\,du^2 + 2\,F\,du\,dv + G\,dv^2$ muß positiv definit sein;
2. die in den lokalen Koordinaten (u, v) und (u', v') zweier Bereiche U und U' vorgegebenen Funktionen E, F, G und E', F' G' müssen in ihrem gemeinsamen Teil für alle Linienelemente der Gleichung

$$E\,du^2 + 2\,F\,du\,dv + G\,dv^2 = E'\,du'^2 + 2\,F'\,du'\,dv' + G'\,dv'^2$$

genügen (Bedingung der Invarianz der quadratischen Form). Wir werden übereinkommen, die Längen der Linien und die Größen der Winkel und Flächen auf der Kugel E mittels der gewöhnlichen Formeln der Differentialgeometrie zu definieren, indem wir festsetzen $ds^2 = E\,du^2 + 2\,F\,du\,dv + G\,dv^2$. So ist auf der Kugel E eine *abstrakte Metrik* eingeführt, d. h. eine Metrik, die nicht von vornherein mit irgendeiner Fläche zusammenhängt. Wenn E, F, G zweimal stetig differenzierbar sind, so wird die durch die metrische Form $ds^2 = E\,du^2 + 2\,F\,du\,dv + G\,dv^2$ definierbare Metrik eine reguläre differentialgeometrische Metrik genannt; in diesem Falle definiert die bekannte Gaußsche Formel die Krümmung K (u, v) der Metrik, und die Funktion K (u, v) ist stetig.

Es versteht sich von selbst, daß man eine differentialgeometrische Metrik in einer beliebigen Mannigfaltigkeit vorgeben kann.[1])

Nicht jede abstrakt vorgegebene Metrik läßt sich auf einer Fläche des euklidischen dreidimensionalen Raumes realisieren. Die in diesem Gebiet historisch erste Frage nach der Realisierung einer Metrik der Ebene von LOBATSCHEWSKI im Ganzen wurde von HILBERT [5][2]) negativ beantwortet.

---

[1]) Über die Frage der abstrakten Vorgabe einer Metrik vgl· [2], [3], [4].

[2]) Wir haben immer die Realisierung im dreidimensionalen euklidischen Raum im Auge; das ist wesentlich, wie das folgende einfache Beispiel zeigt. Im vierdimensionalen euklidischen Raum erscheint die Fläche $x = \cos\varphi$, $y = \sin\varphi$, $z = \cos\psi$, $t = \sin\psi$ als topologisches

Das Problem von den Bedingungen der Realisierbarkeit im allgemeinen Fall ist zur heutigen Zeit hoffnungslos schwierig.

Als Spezialfall dieses allgemeinen Problems erscheint auch das Problem von WEYL: zu beweisen, daß eine auf der Kugel vorgegebene reguläre differentialgeometrische Metrik positiver Krümmung immer realisierbar ist, d. h., daß im dreidimensionalen euklidischen Raum ein reguläres Ovaloid existiert, dessen auf die Kugel übertragene Metrik mit der vorgegebenen zusammenfällt.

§ 3

Bereits im Jahre 1915 brachte H. WEYL die Lösung seines Problems vorwärts [6]; ein erstes abgeschlossenes Ergebnis wurde durch H. LEWY 1937 gewonnen [7]. H. LEWY gab nämlich eine Lösung des Problems von WEYL im Falle einer analytischen Metrik; er bewies, *daß eine auf der Kugel vorgegebene analytische Metrik positiver Krümmung sich stets auf einer analytischen Fläche des dreidimensionalen euklidischen Raumes verwirklichen läßt.*

Zuerst werden wir kurz die Ergebnisse von WEYL darlegen: Es sei σ_0 die Einheitskugel, auf welcher eine analytische Metrik positiver Krümmung vorgegeben ist. In den lokalen Koordinaten (u, v) wird das Linienelement dieser Metrik durch die quadratische Form

$$ds_1^2 = E_1 du^2 + 2F_1 du\, dv + G_1 dv^2$$

bestimmt.

Es sei weiter

$$ds_0^2 = E_0 du^2 + 2F_0 du\, dv + G_0 dv^2$$

die quadratische Form, welche die natürliche Metrik der Kugel σ_0 definiert.

WEYL stellte folgende Behauptungen auf:

I. *Es existiert eine solche Schar von Metriken positiver Krümmung*

$$ds_t^2 = E_t du^2 + 2F_t du\, dv + G_t dv^2, \quad 0 \leq t \leq 1,$$

daß E_t, F_t, G_t *analytische Funktionen von* u, v, t *sind und* ds_t *zu* ds_0 *bei* $t = 0$ *und zu* ds_1 *bei* $t = 1$ *wird.*

II. *Wenn die Metrik* ds_t *eine analytische Realisierung zuläßt bei* $t = t_0$, *so ist eine analytische Realisierung der Metrik* ds_t *auch bei allen* t *einer gewissen Umgebung von* t_0 *möglich.*[1])

Produkt zweier Kreislinien und ist folglich homöomorph einem Torus, dessen Gaußsche Krümmung überall gleich Null ist, da die metrische Form so aussieht:

$$ds^2 = d\varphi^2 + d\psi^2.$$

Im dreidimensionalen Raum aber kann eine solche Metrik nicht im Ganzen realisiert werden, da im dreidimensionalen Raum jede geschlossene reguläre Fläche Bereiche positiver Krümmung hat.

Wir bemerken, daß jede analytische Metrik im Kleinen realisierbar ist (§ 41); d. h. für jeden Punkt einer Mannigfaltigkeit, in der eine Metrik vorgegeben ist, kann man immer eine Umgebung aufzeigen, die irgendeiner Fläche des dreidimensionalen euklidischen Raumes isometrisch ist. Umgekehrt kann aus diesen Flächen nicht immer eine reguläre Fläche „zusammengeklebt" werden, welche der Mannigfaltigkeit im Ganzen isometrisch ist.

[1]) Vgl. die Abhandlung von WEYL. In dieser Abhandlung wird der Beweis des Satzes II vollständig durchgeführt für den Fall $t_0 = 0$, angedeutet für den Fall eines willkürlichen t_0. Die Realisierbarkeit aller Metriken ds_t (folglich auch ds_1) wäre direkt bewiesen, wenn es gelänge festzustellen, daß die Größe der Umgebung von t_0, der die zu realisierenden Me-

Daraus folgt, daß die Metrik ds_t für alle t in einer gewissen Umgebung von Null eine Realisierung zuläßt, da anerkanntermaßen die Metrik ds_0 realisierbar ist. Aber aus den Sätzen von WEYL kann man nichts über die Realisierbarkeit der Metrik ds_1 folgern, da nicht ausgeschlossen ist, daß die Menge $\{t\}$ der Werte t, welchen die zu realisierenden Metriken ds_t entsprechen, nicht den ganzen Abschnitt $0 \leq t \leq 1$ bedeckt uud $t = 1$ nicht einschließt. *Infolge des Satzes* II *ist diese Menge eine offene.*

H. LEWY bewies, daß *die Menge* $\{t\}$ *abgeschlossen ist* und folglich mit dem Abschnitt $0 \leq t \leq 1$ zusammenfällt. Dadurch wurde die Lösung des Problems von WEYL für den Fall einer analytischen Metrik vollendet.

Der Beweis von LEWY *beruht auf seinem folgenden Lehrsatz* [1]: *Es mögen sein* A, B, C, E *analytische Funktionen von fünf komplexen Argumenten* u, v, x, p, q, *in beschränkter und abgeschlossener Umgebung N des reellen Punktes* u_0, v_0, x_0, p_0, q_0, *wobei folgende Bedingungen für sie erfüllt sind:*

1. A, B, C, E *hängen von einem Parameter* μ *ab und konvergieren gleichmäßig in* N *für* $\mu \to \mu^*$.
2. A, B, C, E *sind reell für reelle Werte* u, v, x, p, q *und*
$$\Delta \equiv 4(AC + E) - B^2 > 0.$$
3. *Die Größe* $|\Delta|^{-1}$ *ist gleichmäßig in* N *beschränkt.*
4. *Es existiert ein Rechteck* R *mit dem Mittelpunkt* (u_0, v_0) *derart, daß für* $\mu \neq \mu^*$ *in* R *eine reelle analytische Lösung* x (u, v) *der Gleichung von Monge-Ampère*
$$Ar + Bs + Ct + (rt - s^2) = E \qquad (*)$$
existiert.
5. *Der Punkt* (u, v, x, p, q) $(x = x\,(u, v),\ p = x_u\,(u, v),\ q = x_v\,(u, v))$ *gehört zu* N, *wenn* $(u, v) \in R$.

Dann existiert eine solche reelle Umgebung U *des Punktes* (u_0, v_0), *daß eine Folge von Lösungen* x (u, v), *welche einer Folge* $\mu \to \mu^*$ *entspricht, gleichmäßig gegen eine Grenzfunktion* x^* (u, v) *konvergiert; die Funktion* x^* (u, v) *hat stetige erste Ableitungen und ist mit* u, v *verknüpft durch eine analytische Beziehung* $F\,(u, v, x^*) = 0$; *die Funktion* x^* (u, v) *ist in jedem Punkt, wo* $\frac{\partial F}{\partial x^*} \neq 0$ *ist, analytisch und genügt der Gleichung* (*) *für* $\mu = \mu^*$.

Dieser Lehrsatz von LEWY hat rein analytischen Charakter. Aber er gibt augenscheinlich die Lösung des Problems von WEYL, da die Frage nach der Realisierbarkeit einer differentialgeometrischen Metrik auf die Differentialgleichungstheorie von MONGE-AMPERE reduziert wird mit Hilfe eines Verfahrens von DARBOUX, von dem wir das Wesentliche kurz erläutern werden.

§ 4

Es mögen sein $x = x\,(u, v)$, $y = y\,(u, v)$, $z = z\,(u, v)$ Descartsche rechtwinklige Koordinaten eines veränderlichen Punktes der Fläche S. Wir setzen r =

---

triken ds_t entsprechen, gleichmäßig nach unten durch eine positive Zahl beschränkt ist. WEYL zeigt den Weg zur Erreichung dieses Zieles und bekommt, indem er diesem Weg folgt, nichttriviale Ergebnisse, die interessant sind unabhängig von seinem Problem (die Abschätzungen der zweiten Ableitungen des Radiusvektors eines Punktes der Fläche in Abhängigkeit von ihrer Metrik; vgl. den Schluß der Arbeit von WEYL). Aber ein solcher Beweis ist von WEYL nicht durchgeführt, was auch für LEWY den Grund gab, das Problem von WEYL durch eine andere Methode zu vollenden.

[1]) Vgl. [9]; der Artikel [9] dient als Fortsetzung des Artikels [8].

$\sqrt{x^2+y^2+z^2}$; dann kann das Quadrat des Linienelementes der Fläche S dargestellt werden in der Form $ds^2 = dr^2 + r^2 ds_0^2$, wo ds_0^2 das Quadrat des Linienelementes der Kugel mit dem Radius = 1 ist. Indem wir $ds^2 = E\,du^2 + 2F\,du\,dv + G\,dv^2$ setzen, können wir aus dem vorhergehenden folgern, daß die quadratische Differentialform

$$\frac{1}{r^2}(E\,du^2 + 2F\,du\,dv + G\,dv^2 - dr^2) \tag{1}$$

die Gaußsche Krümmung 1 hat.

Indem wir die Gaußsche Krümmung der Form (1) = 1 setzen, kommen wir nach einer Reihe von Transformationen zu der Gleichung

$$\Delta_{22}\varrho + 1 = \Delta_2\varrho + K(2\varrho - \Delta_1\varrho), \tag{2}$$

wo

$$\varrho = \frac{1}{2}(x^2+y^2+z^2), \qquad \Delta_{22}\varrho = \frac{\varrho_{11}\varrho_{22} - \varrho_{12}^2}{EG - F^2},$$

$\varrho_{11}, \varrho_{12}, \varrho_{22}$ die kovarianten Ableitungen 2. Ordnung der Invarianten ϱ,

$$\Delta_2\varrho = \frac{G\varrho_{11} - 2F\varrho_{12} + E\varrho_{22}}{EG - F^2}, \quad \Delta_1\varrho = \frac{G\varrho_u^2 - 2F\varrho_u\varrho_v + E\varrho_v^2}{EG - F^2}$$

sind. Jeder Funktion $\varrho = \varrho\,(u, v)$, welche die Gleichung (2) und die Bedingung $\Delta_1\varrho < 2\varrho$ erfüllt, entspricht eindeutig (mit Genauigkeit bis auf die Lage im Raume) eine Fläche, welche die Metrik

$$ds^2 = E\,du^2 + 2F\,du\,dv + G\,dv^2$$

realisiert. Das ist gerade die Fläche, deren zweite Fundamentalform $L\,du^2 + 2M\,du\,dv + N\,dv^2$ definiert wird durch die Gleichungen [1])

$$L = \frac{\varrho_{11} - E}{\sqrt{2\varrho - \Delta_1\varrho}}, \qquad M = \frac{\varrho_{12} - F}{\sqrt{2\varrho - \Delta_1\varrho}}, \qquad N = \frac{\varrho_{22} - G}{\sqrt{2\varrho - \Delta_1\varrho}}.$$

§ 5

Wir gestalten die Gleichung (2) um, indem wir als Unbekannte die Funktion $r = \sqrt{x^2+y^2+z^2}$ nehmen; nachdem wir mit $EG - F^2$ multipliziert haben, bringen wir sie auf die Form:

$$P r_{uu} + Q r_{uv} + R r_{vv} + r^2(r_{uu}r_{vv} - r_{uv}^2) = S; \tag{3}$$

hier sind P, Q, R, S analytische Funktionen von u, v, r, $\frac{\partial r}{\partial u}, \frac{\partial r}{\partial v}$.

Wir betrachten die Schar der Metriken ds_t^2, von welcher oben die Rede war. Es sei $t_1, t_2, \ldots$ eine Folge von Werten des Parameters t, welche die Bedingungen erfüllt:

1. t_n konvergiert, $\lim t_n = t^*$;
2. jede Metrik $ds_{t_n}^2$ ist realisierbar.

Auf Grund des früher Dargelegten ist das Problem von Weyl (im Falle einer analytischen Metrik) gelöst, wenn bewiesen ist, daß auch die Metrik $ds_{t^*}^2$ eine Reaisierung zuläßt. Dieser Beweis kann auf folgende Weise geführt werden.

[1]) Weiter ausführlich vgl. [11].

Es sei σ_{t_n} eine Fläche, welche die Metrik $ds_{t_n}^2$ realisiert; σ_{t_n} ist geschlossen und konvex. Es existiert eine maximale Kugel, die in σ_{t_n} einbeschrieben ist. Wir ordnen jede Fläche σ_{t_n} so an, daß der Mittelpunkt dieser Kugel mit dem Koordinatenanfangspunkt zusammenfällt. Dadurch wird eine Folge von positiven Funktionen r_{t_1}, r_{t_2}, . . . definiert, die vorgegeben auf der Kugel σ_0 und analytisch in den lokalen Koordinaten (u, v) sind (r_{t_n} ist der Abstand vom Koordinatenanfangspunkt bis zu dem Punkt auf σ_{t_n}). Alle Funktionen r_{t_n} genügen der Gleichung von DARBOUX (3).

Wir bemerken hier, daß die Gaußsche Krümmung der Metrik ds_t^2 zwischen zwei positiven Zahlen $a \leq K_t \leq b$ eingeschlossen ist, die nicht von t abhängig sind. Daraus folgt, daß der Radius der in σ_{t_n} einbeschriebenen maximalen Kugel bei beliebigem n größer als eine gewisse positive Zahl c bleibt; daher ist $r_{t_n} > c$, und wir können statt der Gleichung (3) eine Gleichung von der Form

$$A r_{uu} + B r_{uv} + C r_{vv} + (r_{uu} r_{vv} - r_{uv}^2) = E \tag{4}$$

betrachten, ohne zu riskieren, es mit unbeschränkten Koeffizienten zu tun zu haben.

Weiter gelten die beiden folgenden Umstände:

1. r_{t_1}, r_{t_2}, . . . sind gleichmäßig nach oben beschränkt. Das folgt aus der gleichmäßigen Beschränktheit der inneren Abstände zwischen den Punkten jeder Fläche σ_{t_n}, was leicht aus der Regularität der Schar der Metriken ds_t herzuleiten ist.

2. $\left|\frac{\partial r_t}{\partial u}\right|$, $\left|\frac{\partial r_t}{\partial v}\right|$ sind gleichmäßig beschränkt für $t = t_1, t_2, \ldots$; das folgt aus der Beziehung $dr_t^2 \leq ds_t^2 = E_t\, du^2 + 2F_t\, du\, dv + G_t\, dv^2$. Hiernach haben wir nämlich

$$\left(\frac{\partial r_t}{\partial u}\right)^2 \leq E_t, \quad \left(\frac{\partial r_t}{\partial v}\right)^2 \leq G_t. \tag{a}$$

Wir betrachten jetzt den willkürlichen Punkt $u = u_0$, $v = v_0$. Auf Grund der gemachten Bemerkungen können wir aus t_n eine solche Teilfolge auswählen, daß im Punkt (u_0, v_0) die entsprechenden Teilfolgen der Werte r_t, $\frac{\partial r_t}{\partial u}$, $\frac{\partial r_t}{\partial v}$ konvergieren. Wir bezeichnen ihre Grenzwerte durch r^0, $\frac{\partial r^0}{\partial u}$, $\frac{\partial r^0}{\partial v}$. Für $u = u_0$, $v = v_0$, $r = r^0$, $\frac{\partial r}{\partial u} = \frac{\partial r^0}{\partial u}$, $\frac{\partial r}{\partial v} = \frac{\partial r^0}{\partial v}$ werden wir haben

$$\Delta \equiv 4(AC + E) - B^2 > 0.$$

Diese Beziehung ist leicht herzuleiten als Folge der gleichmäßigen Beschränktheit der Gaußschen Krümmung der Metrik ds_t^2 nach unten durch eine positive Zahl.

Es sei jetzt N ein abgeschlossener Bereich des komplexen Raumes der Veränderlichen u, v, r, $\frac{\partial r}{\partial u}$, $\frac{\partial r}{\partial v}$, definiert durch die Bedingungen

$$|u - u_0| < \varepsilon, \ |v - v_0| < \varepsilon, \ |r - r^0| < \varepsilon, \ \left|\frac{\partial r}{\partial u} - \frac{\partial r^0}{\partial u}\right| < \varepsilon, \ \left|\frac{\partial r}{\partial v} - \frac{\partial r^0}{\partial v}\right| < \varepsilon,$$

wo ε eine positive Zahl ist. Wir können ε so klein wählen, daß im Bereich N die Größe $|\Delta|^{-1}$ gleichmäßig hinsichtlich t beschränkt sein wird, wenn

$$|t-t^*|<\eta \quad (t^*=\lim t_n),$$

wo η eine ebenso hinreichend klein gewählte positive Zahl ist.

Wir bezeichnen durch R ein Rechteck der Ebene (u, v) mit dem Mittelpunkt im Punkt (u_0, v_0) derart, daß

1. die Entfernung von einem beliebigen Punkt dieses Rechtecks zum Mittelpunkt, gemessen in der Metrik ds_t^2, bei beliebigem t, $|t-t^*|<\eta$ kleiner als $\frac{\varepsilon}{2}$ ist;

2. bei beliebigem t, $t \neq t^*$, $|t-t^*|<\eta$ im Rechteck R die Ungleichungen

$$\left|\frac{\partial r_t}{\partial u}-\frac{\partial r_t}{\partial u_0}\right|<\frac{\varepsilon}{2}, \quad \left|\frac{\partial r_t}{\partial v}-\frac{\partial r_t}{\partial v_0}\right|<\frac{\varepsilon}{2} \quad {}^{1)}$$

bestehen. Dann ist für $(u, v) \in R$ und bei hinreichend großem n

$$|r_{t_n}-r^0|<\varepsilon, \quad \left|\frac{\partial r_{t_n}}{\partial u}-\frac{\partial r^0}{\partial u}\right|<\varepsilon, \quad \left|\frac{\partial r_{t_n}}{\partial v}-\frac{\partial r^0}{\partial v}\right|<\varepsilon.$$

Somit gehört, wenn $(u,v) \in R$, der Punkt $\left(u, v, r_{t_n}, \frac{\partial r_{t_n}}{\partial u}, \frac{\partial r_{t_n}}{\partial v}\right)$ zu N.

Wir können jetzt auf Grund des Lehrsatzes von LEWY behaupten, daß eine reelle Umgebung U des Punktes (u_0, v_0) existiert, in der eine Teilfolge der Funktionen r_{t_n} gleichmäßig gegen eine Grenzfunktion r (u, v) konvergiert: die Funktion r (u, v) hat stetige erste Ableitungen, ist mit u, v durch eine analytische Beziehung verknüpft und genügt in jedem ihrer regulären Punkte der Gleichung (4) für $t=t^*$.

Mittels eines besonderen Verfahrens von H. LEWY kann man beweisen, daß in U alle Punkte der Funktion r (u, v) regulär sind.[2] Hiernach gestattet die übliche Anwendung des Lehrsatzes von HEINE-BOREL zu behaupten, daß eine Teilfolge r_{t_n} existiert, welche auf der ganzen Kugel gleichmäßig gegen eine analytische Lösung der Gleichung (4) für $t=t^*$ konvergiert. Dadurch ist die Realisierbarkeit der Metrik $ds_{t^*}^2$ festgestellt und folglich das Problem von WEYL für den Fall analytischer Metriken gelöst.

---

[1]) Eine solche Wahl von R ist möglich. In der Tat haben wir

$$r_t^2=\mathfrak{r}_t^2, \quad r_t\frac{\partial r_t}{\partial u}=\mathfrak{r}_t\frac{\partial \mathfrak{r}_t}{\partial u}, \quad r_t\frac{\partial^2 r_t}{\partial u^2}+\left(\frac{\partial r_t}{\partial u}\right)^2=\mathfrak{r}_t\frac{\partial^2 \mathfrak{r}_t}{\partial u^2}+\left(\frac{\partial \mathfrak{r}_t}{\partial u}\right)^2,$$

aber r_t, $\left(\frac{\partial r_t}{\partial u}\right)^2 \leq E_t$ und $\left(\frac{\partial \mathfrak{r}_t}{\partial u}\right)^2=E_t$ sind gleichmäßig beschränkt. Weiter ist, wie von WEYL gezeigt ist (vgl. das Ende der Abhandlung [6] in der gegenwärtigen Ausgabe der Uspechi) unter den Bedingungen der gegebenen Aufgabe die Funktion $\left|\frac{\partial^2 \mathfrak{r}_t}{\partial u^2}\right|$ auch gleichmäßig beschränkt. Endlich ist r_t gleichmäßig größer als Null. Folglich haben wir die gleichmäßige Beschränkung $\left|\frac{\partial^2 r_t}{\partial u^2}\right|<A$. Analog läßt sich feststellen, daß bei hinreichend großem A $\left|\frac{\partial^2 r_t}{\partial u \partial v}\right|<A$, $\left|\frac{\partial^2 r_t}{\partial v^2}\right|<A$ sein wird. Somit ist es, um die zweite Bedingung der Wahl von R zu erfüllen, hinreichend, $|u-u_0| \leq \frac{\varepsilon}{4A}$, $|v-v_0| \leq \frac{\varepsilon}{4A}$ zu setzen.

[2]) Vgl. [10].

II. Das Theorem von der Zusammenheftung eines konvexen Polyeders aus gegebenem Netz und die geometrische Lösung des Problems von Weyl

§ 6

Von prinzipiell neuem Gesichtspunkt trat Alexandrow an die Frage nach der Realisierung einer Metrik und an andere allgemeine Probleme der Untersuchung der Metrik einer Fläche heran.

Im Jahre 1942 machte er in seiner Arbeit [13] den Anfang mit einer rein geometrischen Methode in diesem Gebiet; es gelang ihm im besonderen auch, das Problem von Weyl mit rein geometrischer Methode zu lösen. Das allgemeine Verfahren von Alexandrow ist die Approximation konvexer Flächen durch konvexe Polyeder. Dementsprechend definiert Alexandrow den Begriff der Metrik und ihrer Realisierung vor allem für Polyeder.

Es sei P ein geschlossenes konvexes Polyeder. Wir stellen uns vor, daß dieses Polyeder längs der Bruchlinien in Teile zerschnitten ist derart, daß jeder Teil in ein ebenes Vieleck abgewickelt werden kann (die Abwicklung geschieht durch Drehungen von Seitenflächen oder von Stücken von Seitenflächen um Kanten; die Schnitte nehmen wir so an, daß die als Ergebnis der Abwicklung erhaltenen Vielecke einblättrig und einfach zusammenhängend sind).

Wir bezeichnen diese Vielecke mit $P_1, P_2, \ldots, P_m$. Ein System von Vielecken P_i, für welche angegeben ist, welche von ihren Seiten und Ecken im Polyeder P zusammenhängend sind, heißt *Netz* des Polyeders P.

Das Netz bestimmt die Metrik des Polyeders in dem Sinne, daß bei gegebenem Netz die Möglichkeit vorhanden ist, die Längen der kürzesten Wege zwischen den Punkten des Polyeders, d. h. die Entfernungen zwischen seinen Punkten festzustellen (man kann auch sagen, daß das Netz die *innere Geometrie in einem Polyeder* bestimmt: die Abmessung der Längen, Winkel und Flächen).

Augenscheinlich kann man für ein beliebiges Polyeder unendlich viele verschiedene Netze bekommen; jedes von ihnen kann zur Bestimmung seiner Metrik dienen.

Wir kommen jetzt zu einem allgemeinen Gesichtspunkt: Wir werden eine vorgegebene endliche Menge von Vielecken betrachten, für welche eine Identifikation der Seiten und Ecken angegeben ist. Bei einigen Ergänzungsbedingungen, die weiter unten gebracht werden, nennen wir eine solche Menge Netz eines *abstrakten* Polyeders.

Da jedes Vieleck in Dreiecke zerlegt werden kann, nehmen wir an, daß wir es geradezu mit einem System von Dreiecken zu tun haben.

Um den Begriff des Netzes in hinreichend allgemeinen Ausdrücken zu definieren, ist es vorteilhaft, seiner Definition den simplizialen Komplex zugrunde zu legen (in mancher Beziehung allerdings allgemeiner, als er gewöhnlich in der Topologie definiert ist).

Wir werden als *Komplex* eine Gesamtheit topologischer Dreiecke, ihrer Seiten und Ecken bezeichnen unter folgenden Bedingungen der Identifikationen (indem wir ALEXANDROW folgen, wenden wir weiter das Wort „Zusammenheftung“ an):

1. Die Zusammenheftung kann entweder in den Ecken oder längs ganzer Seiten geschehen;
2. Wenn zwei Dreiecke a und b in der Ecke A zusammengeheftet sind, so sind sie entweder längs einer Seite, welche diese Ecke enthält, zusammengeheftet, oder es existiert eine mit a beginnende und mit b endigende Folge von Dreiecken, die zusammengeheftet sind längs Seiten, welche die Ecke A enthalten;
3. jede Seite ist nicht mit mehr als einer Seite zusammengeheftet;
4. je zwei Dreiecke sind durch eine Kette von Dreiecken, welche längs Seiten zusammengeheftet sind, verbunden. (Bedingung des Zusammenhangs.)

Durch diese Definition werden nicht ausgeschlossen die Zusammenheftung der Ecken oder Seiten eines und desselben Dreiecks, die Zusammenheftung zweier Dreiecke längs mehr als einer Seite oder Ecke und auch die Zusammenheftung von zwei oder drei Ecken zweier Dreiecke ohne Zusammenheftung ihrer Seiten.

Es sei jeder Seite eines beliebigen Dreiecks eines Komplexes eine positive Zahl als Länge zugeschrieben mit Beachtung der Dreiecksungleichung und mit der Bedingung, daß die Seiten, die zusammengeheftet werden sollen, gleiche Längen bekommen. Wenn man alle Dreiecke eines Komplexes als euklidisch ansieht, so wird damit auf dem Komplex eine Metrik vorgegeben. Der Komplex mit der vorgegebenen Metrik ist auch ein *Netz* eines abstrakten Polyeders (oder geradezu selbst ein abstraktes Polyeder).

Im weiteren setzen wir voraus, daß die betrachteten Netze folgenden Bedingungen unterworfen sind:

a) der Bedingung der Geschlossenheit (jede Seite eines beliebigen Dreiecks des Netzes ist mit einer Seite eines anderen oder desselben Dreiecks zusammengeheftet),

b) der Bedingung der Homöomorphie mit der Kugel (wenn f die Anzahl der Dreiecke des Komplexes, k die Anzahl der Seiten, e die Anzahl der Ecken ist, so ist $f - k + e = 2$).

Die im Komplex vorgegebene Metrik nennt ALEXANDROW konvex, wenn für jede Ecke die Summe der in ihr zusammentreffenden Winkel $\leq 2\pi$ ist.

§ 7

Folgender Lehrsatz von ALEXANDROW gibt die Lösung der Frage nach der Realisierbarkeit einer abstrakt vorgegebenen Metrik:

Lehrsatz. *Für jede konvexe Metrik existiert ein einziges sie* (mit Genauigkeit bis auf Bewegungen und spiegelbildliche Abbildungen) *im euklidischen Raum realisierendes geschlossenes konvexes Polyeder.* (Zur Zahl der zulässigen Realisierungen gehört auch eine solche, bei der die Dreiecke des Netzes von beiden Seiten ein ebenes Vieleck bedecken.)

Dieser Satz hat ganz anschaulichen Sinn: Aus jedem Netz, das eine konvexe Metrik trägt, kann man ein und überdies ein einziges (mit Genauigkeit bis auf Bewegung und Symmetrie) konvexes Polyeder zusammenheften. Man muß bemerken, daß die Seiten der Dreiecke des Netzes nicht notwendig Kanten des Polyeders werden, das es realisiert; die wirklichen Kanten des Polyeders können ihrerseits erhalten werden aus geradlinigen Strecken, die innerhalb der Dreiecke des Netzes verlaufen und längs deren diese Dreiecke beim Zusammenheften umgebogen werden.

Die Behauptung der Einzigkeit im Lehrsatz von ALEXANDROW ist folgendem Lehrsatz äquivalent:

Isometrische geschlossene konvexe Polyeder sind gleich (genauer: *entsprechende Punkte von zwei isometrischen Polyedern kann man durch Bewegung oder Bewegung und Spiegelung zur Deckung bringen*).

Zum Beweise betrachten wir zwei konvexe geschlossene Polyeder P_1 und P_2. Wir nehmen an, daß eine isometrische Abbildung f des Polyeders P_1 auf P_2 existiert. Wir bezeichnen mit S_2 das System der geradlinigen Strecken, das auf P_2 gebildet wird durch Eintragen des Bildes des Systems der Kanten des Polyeders P_1 in das System der Kanten des Polyeders P_2. Durch die Abbildung f^{-1} bestimmen wir auf P_1 das analoge System S_1. Es seien P_1' und P_2' die Polyeder, deren Kanten bezüglich die Systeme S_1 und S_2 bilden. Es ist augenscheinlich, daß sich die Polyeder P_1' und P_2' von den Polyedern P_1 und P_2 nur durch die Art der Unterteilung ihrer Fläche in Seitenflächen unterscheiden. Die Polyeder P_1' und P_2' sind isomorph, wobei ihre entsprechenden Seitenflächen gleich sind. Hieraus folgt nach dem Lehrsatz von CAUCHY: P_1' gleich P_2', folglich ist P_1 gleich P_2 (für den Beweis des Lehrsatzes von CAUCHY vgl. [1] oder [14]; der Umstand, daß einige Winkel zwischen den Seitenflächen der Polyeder gleich 0 oder π sein können, erfordert nicht, die Überlegungen von CAUCHY abzuwandeln).

Die Behauptung der Existenz kann nicht ebenso anschaulich bewiesen werden. Das ist komplizierter und verlangt eine spezielle Methode. ALEXANDROW baut seinen Beweis auf folgendem Lemma auf, das er Hauptlemma nennt, da es eine gleichförmige Methode der Existenzbeweise in vielen Fragen der Theorien der konvexen Körper gibt (vgl. [15]).

Hauptlemma. *Es seien* P *und* M *zwei Mannigfaltigkeiten* [1]) *von einer (derselben) Dimensionszahl. Es möge eine Abbildung* φ *der Mannigfaltigkeit* P *in* M *existieren, welche folgende Bedingungen erfüllt:*

1. φ ist gegenseitig eindeutig;

2. φ ist stetig;

3. wenn die Punkte m_n *($n = 1, 2, 3, \ldots$) der Mannigfaltigkeit* M *Bilder der Punkte p_n der Manigfaltigkeit P sind und die* m_n *gegen den Punkt* m *konvergieren, so existiert ein Punkt $p \in P$, der sich in* m *abbildet, wobei eine Teilfolge p_{n_i} vorhanden ist, die gegen p konvergiert;*

4. in jeder zusammenhängenden Komponente der Mannigfaltigkeit M *sind Bilder von Punkten von* P *vorhanden.*

Bei diesen Bedingungen ist $\varphi(P) = M$, *d. h. alle Punkte von* M *sind Bilder von Punkten von* P.

Zum Beweis dieses Hilfssatzes bemerken wir vor allem, daß die ersten drei Bedingungen nichts anderes sind als die Bedingungen der Homöomorphie der Abbildung φ der Mannigfaltigkeit P auf $\varphi(P)$. Da P und M ein und dieselbe Dimensionszahl haben, so ist nach dem bekannten Satz von BROUWER $\varphi(P)$ offen in M. Gleichzeitig ist infolge der Bedingung 3. $\varphi(P)$ abgeschlossen in M. Hieraus und aus der Bedingung 4. folgt die Behauptung des Hilfssatzes.

Die allgemeine Idee des Beweises von ALEXANDROW besteht in folgendem:

Es sei M die Mannigfaltigkeit aller genau konvexen Metriken, vorgegeben auf einem bestimmten topologischen Komplex K, der e Ecken hat (unter genau konvexer Metrik versteht man eine solche Metrik, daß bei jeder Ecke des Komplexes die Summe der Winkel kleiner als 2π ist). Es sei P die Mannigfaltigkeit

[1]) Der Zusammenhang der Mannigfaltigkeiten ist nicht vorausgesetzt.

der Klassen konvexer Polyeder mit e Ecken, die ein zu K isomorphes Netz zulassen; jedes Polyeder ist mit einer Triangulation versehen gedacht, welche das erwähnte Netz bestimmt; jede Klasse besteht aus Polyedern, welche zusammen mit den Triangulationen mittels Bewegung oder Bewegung und Spiegelung zur Deckung gebracht werden können. Die Vorgabe eines Polyeders induziert eine Metrik in K. Dadurch ist die Abbildung von P in M bestimmt. Der Haupthilfssatz erlaubt festzusetzen, daß das Bild von P das ganze M bedeckt. Folglich sind alle genau konvexen Metriken realisierbar. Die Realisierung der übrigen konvexen Metriken geht hieraus bereits unmittelbar hervor, da die Ecken, wo die Summe der Winkel gleich 2π ist, mittels der Durchtriangulierung des Netzes eliminiert werden können. (Vgl. § 8 Lemma 4.)

Wie dieser Gedanke faktisch verwirklicht wird, werden wir sofort in großen Zügen zeigen.

§ 8

Es sei gegeben ein Komplex K mit e Ecken. Wir werden voraussetzen, daß $e > 3$ ist, und daß die genau konvexen Metriken, die auf Komplexen mit einer kleineren Anzahl von Ecken vorgegeben sind, realisierbar sind. Wir bezeichnen mit M_0 die Menge *aller* Metrisierungen des Komplexes K. Da die Metrisierung durch die Längen aller Kanten des Komplexes gegeben ist und dabei als einzige Bedingung die Beachtung der „Dreiecksungleichungen" erscheint, d. h. gleichartiger linearer Ungleichungen, so kann man M_0 als Inneres eines konvexen Polyederwinkels im k-dimensionalen Raume darstellen. (k ist die Anzahl der Kanten des Komplexes; als Umgebung der Metrik m gilt die Menge aller Metriken, deren Kantenlängen von den Kantenlängen der Metrik m um weniger als ε verschieden sind, $\varepsilon > 0$. Deshalb ist M_0 dem Innenteil des erwähnten Polyederwinkels homöomorph und kann mit ihm identifiziert werden.)

Es bezeichne M die Menge genau konvexer Metriken des Komplexes K. Die Menge M ($M \subset M_0$) ist definiert durch Ungleichungen, die stetigen Funktionen der Kanten auferlegt sind und erscheint folglich als k-dimensionale Mannigfaltigkeit. Es ist selbstverständlich vorauszusetzen, daß M nicht leer ist (sonst wird es kein Untersuchungsobjekt sein).

Es gelten folgende Eigenschaften der Anordnung von M in M_0 (wir führen sie ohne Beweis oder mit kurzen Erläuterungen an):

1. M_0 enthält Metriken, die nicht in M eingehen; folglich hat M einen Rand.
2. Der Rand von M in M_0 besteht aus glatten Flächenstücken.

Erläuterung: Es sei φ_{ij} ein Winkel, bezeichnet mit der Nummer j bei der i-ten Ecke. Der Rand von M besteht aus Flächenstücken mit den Gleichungen

$$(*) \qquad \sum_j \varphi_{ij} = 2\pi,$$

wo φ_{ij} Funktionen der Kanten sind. Wenn a, b, c die Seiten eines Dreiecks sind und φ der Winkel, der c gegenüberliegt, so ist $\frac{\partial \varphi}{\partial c} = \frac{c}{ab \sin \varphi} > 0$, da a, b, > 0 und $\sin \varphi > 0$. Hieraus kann man ableiten, daß für die i-te Ecke eine Kante c existiert, welche die Ungleichung $\frac{\partial}{\partial c} \sum_j \varphi_{ij} \neq 0$ gibt; daher ist die Gleihung (*) regulär lösbar hinsichtlich c.

3. Auf dem Rand einer willkürlich gewählten zusammenhängenden Komponente der Mannigfaltigkeit M ist ein Punkt m_0, in dessen Umgebung $U(m_0)$ keine Punkte anderer zusammenhängenden Komponenten von M sind. Das folgt aus dem vorhergehenden Lemma.

4. Wenn in der Metrik m auf dem Komplex K die Summen der Winkel bei einigen Ecken gleich 2π sind, so kann man diese Ecken auf dem Wege der Durchtriangulierung eliminieren. Erläuterung: Durchtriangulierung ist der Übergang zu einem Komplex, bei dem alle Ecken Ecken des gegebenen Komplexes sind (aber nicht umgekehrt; hier ist die Rede von nur solchen Triangulierungen, deren Dreiecke ein Netz im Sinne der gegebenen Definition bilden).

Um uns von der Richtigkeit des Lemma zu überzeugen, werden wir uns den Komplex K mit der gegebenen Metrik als abstraktes Polyeder denken. Wir betrachten eine beliebige seiner Ecken, wo die Summe der Winkel $< 2\pi$ ist und verbinden sie durch Kürzeste mit allen übrigen Ecken, wo die Summe der Winkel auch $< 2\pi$ ist. Wir führen jetzt längs dieser Kürzesten Schnitte; dabei bekommen wir ein Vieleck, das man in die Ebene abwickeln kann (wenn auch vielblättrig). Wenn wir dieses Vieleck durch innere Diagonalen in Dreiecke zerteilen, bekommen wir gerade die geforderte Durchtriangulierung des Komplexes K.

Wir beweisen jetzt ein wichtiges Faktum:

5. In jeder zusammenhängenden Komponente der Mannigfaltigkeit M gibt es realisierbare Metriken.

Es sei M_1 eine zusammenhängende Komponente von M, m_0 ein Punkt auf dem Rand von M_1 und $U(m_0)$ eine Umgebung dieses Punktes, wobei m_0 und $U(m_0)$ die Eigenschaften besitzen, die im vorhergehenden 3. beschrieben sind. Da die Metrik m_0 auf dem Rand von M_1 liegt, so ist die Summe der Winkel in einigen Ecken $A_1, A_2, \ldots, A_l$ gleich 2π. Gemäß 4. können wir die Ecken $A_1, A_2, \ldots, A_l$ mittels Durchtriangulierung eliminieren. Wir bekommen einen Komplex K_l mit $e-l$ Ecken und mit der Metrik m_0.

In der Metrik m_0 im Komplex K_l sind die Summen der Winkel bei jeder Ecke des Komplexes K_l kleiner als 2π. In einem solchen Falle läßt sich die Metrik m_0 nach der Induktionsvoraussetzung durch ein konvexes Polyeder p_0 realisieren. Da der Komplex K_l als Durchtriangulierung des Komplexes K erscheint, so kann man im Polyeder p_0 eine Triangulierung konstruieren, welche den Komplex K mit der Metrik m_0 bestimmt.

Die Ecken $A_1, A_2, \ldots, A_l$ des Komplexes K sind fiktive Ecken des Polyeders p_0, insoweit die Summen der Winkel an diesen Ecken gleich 2π sind.

Indem wir kleine Verrückungen der Punkte $A_1, A_2, \ldots, A_l$ in den äußeren Teil des Raumes ausführen, bekommen wir das konvexe Polyeder p^*, das e echte Ecken hat: alle Ecken von p_0 und die versetzten Punkte $A_1, A_2, \ldots, A_l$. Das bei kleinen Verrückungen dieser Punkte erhaltene Polyeder p^* kann man isomorph zum Komplex K triangulieren. Dadurch ergibt sich die Realisierung einer gewissen Metrik m^*, die auf dem Komplex K so vorgegeben ist, daß in allen e Ecken des Komplexes K die Summen der Winkel $< 2\pi$ sind. Die Metrik m^* kann der Metrik m_0 beliebig nahe sein; bei hinreichender Nähe von m^* an m_0 wird die Metrik m^* in die Umgebung $U(m_0)$ hineingehen. Aber in der Umgebung $U(m_0)$ ist jede genau konvexe Metrik Element der zusammenhängenden Komponente M_1 der Mannigfaltigkeit M. Das heißt, daß in M_1 eine realisierbare Metrik vorhanden ist. Die Behauptung ist bewiesen.

Die Reihe der einleitenden Sätze, die für den Beweis von ALEXANDROW notwendig sind, beschließt folgendes Lemma:

6. Es sei p_1, p_2, ... eine Folge konvexer Polyeder mit e Ecken, von denen jedes mit einer „K-Triangulierung“ versehen ist, d. h. mit einer Triangulierung, die isomorph ist zum Komplex K (die Dreiecke der Triangulierungen bilden ein Netz). Es mögen weiter die Metriken m_1, m_2, ... dieser K-Triangulationen gegen eine Metrik m konvergieren. Dann kann man aus p_n eine solche Folge p_{n_1}, p_{n_2}, ... ausscheiden, daß ihre Polyeder gegen ein Polyeder p konvergieren zusammen mit ihren K-Triangulationen; d. h. das Grenzpolyeder ist K-trianguliert, und seine K-Triangulation ist die Grenze der K-Triangulationen der Polyeder p_{n_i}; damit hat sie die Grenzmetrik m.

Hier werden natürlich die Polyeder p_n mit Genauigkeit bis auf Bewegung betrachtet. Da $m_n \to m$, kann man alle Polyeder p_n im Inneren eines Würfels unterbringen, aus dessen Kompaktheit die Behauptung des Lemmas auch abgeleitet werden kann.

§ 9

Wir bezeichnen mit P die Mannigfaltigkeit konvexer Polyeder mit e Ecken, die versehen sind mit einer Triangulation, welche dem Komplex K isomorph ist und ein Netz zuläßt. Zwei Polyeder werden als gleich gelten, wenn man sie mittels Bewegung oder Bewegung und Spiegelung zusammen mit den Triangulierungen zur Deckung bringen kann. Es ist leicht zu verstehen, daß P eine (3e—6)-dimensionale Mannigfaltigkeit ist. In der Tat, indem wir auf dem Komplex K vier Ecken A, B, C, D bezeichnen, ordnen wir jedes Polyeder von P so an, daß seine Ecken A′, B′, C′, D′, welche den Ecken A, B, C, D des Komplexes K entsprechen, auf folgende Weise angeordnet sind: A′ im Koordinatenanfangspunkt, B′ auf der positiven x-Achse, C′ auf der Halbebene $z = 0$, $y > 0$, D′ im Halbraum $z > 0$. Damit legen wir, indem wir Bewegung ausschließen, den 3e Koordinaten der Ecken des Polyeders sechs Bedingungen auf (besonders besprochen werden muß der Fall, wenn das Polyeder als zweifach überdecktes Vieleck erscheint. In diesem Fall können wir annehmen, daß A′, B′, C′ als echte Ecken des entarteten Polyeders erscheinen und sein Punkt D′ einem inneren Punkt irgend eines bestimmten Dreiecks des Komplexes K entspricht und auf der oberen Seite der Ebene $z = 0$ liegt). Andererseits folgt aus der Formel von Euler, daß

$$k = 3e - 6$$

ist, wo k die Anzahl der Kanten des Komplexes K ist.

Somit hat die Mannigfaltigkeit M aller genau konvexen Metriken auf dem Komplex K die Dimension 3e—6 wie auch die Mannigfaltigkeit P.

Jedes Polyeder aus P definiert eine Metrik auf dem Komplex K. Wir haben folglich eine bestimmte Abbildung φ der Mannigfaltigkeit P in M.

Wir werden uns überzeugen, daß für φ alle Bedingungen des Hauptlemma von § 7 erfüllt sind. In der Tat:

1. Infolge des Lehrsatzes von der Einzigkeit (§ 7) ist die Abbildung von P in φ(P) gegenseitig eindeutig;

2. bei kleiner Veränderung des Polyeders verändert sich die Metrik, welche es auf dem Komplex K induziert, wenig; folglich ist φ stetig;

3. die Bedingung (3) ist infolge von Lemma (6), das am Ende von § 8 angeführt ist, erfüllt;

4. die Erfüllung der Bedingung (4) ergibt sich aus dem Satz (5) von § 8.

Somit ist infolge des Hauptlemma $\varphi(P) = M$. Damit ist bewiesen, daß jede Metrik von M realisierbar ist, wenn jede genau konvexe Metrik, die auf einem Komplex mit einer Anzahl von Ecken $e' < e$ vorgegeben ist, realisierbar ist. Dabei ist $e > 3$. Es bleibt übrig, die Komplexe mit 3 Ecken zu betrachten. Aus der Formel von Euler folgt, daß in diesem Fall die Anzahl der Dreiecke des Komplexes notwendig gleich zwei ist. Indem wir die möglichen Verbindungen der Seiten dieser Dreiecke betrachten, ist leicht einzusehen, daß eine Metrik, die auf einem Komplex mit drei Ecken vorgegeben ist, immer als zweifach überdecktes Dreieck realisiert wird.

Damit ist der Beweis des Lehrsatzes von Alexandrow beendigt.

§ 10

Der Lehrsatz von A. D. Alexandrow über die Zusammenheftung eines konvexen Polyeders aus vorgegebenem Netz mit konvexer Metrik gibt auch die Lösung des Problems über die Existenz einer konvexen Fläche, die eine auf der Kugel beliebig vorgegebene Metrik mit nichtnegativer Krümmung realisiert. Diese Lösung werden wir darlegen. Aber bevor wir da herangehen, ist es notwendig, einige Bemerkungen zu machen. Es handelt sich darum, daß das Resultat, das hier Alexandrow bekommt, in zweifacher Beziehung von dem Resultat von Weyl und Lewy sich unterscheidet. Einerseits ist ein Unterschied in den Ausgangsvoraussetzungen: Bei Alexandrow wird die auf der Kugel vorgegebene differentialgeometrische Metrik nicht als analytisch vorausgesetzt; es ist hinreichend, daß sie zweimal stetig differenzierbar ist; es gibt überdies keine Notwendigkeit, eine genau positive Gaußsche Krümmung K zu fordern, es ist nur nötig, daß $K \geq 0$ ist. Andererseits gibt es eine Verschiedenheit in den Behauptungen: Es wird die Existenz einer glatten konvexen Fläche bewiesen, die isometrisch einer Kugel mit einer auf ihr vorgegebenen konvexen Metrik ist, d. h. einer Metrik der Krümmung $K \geq 0$; die Frage nach dem analytischen Charakter der Fläche, welche eine analytische Metrik realisiert, wird nicht untersucht.[1])

In dem Falle, daß auf einer zusammenhängenden Mannigfaltigkeit eine differentialgeometrische Metrik vorgegeben ist, kann man zwei beliebige Punkte dieser Mannigfaltigkeit durch eine Linie von endlicher Länge verbinden. Gleichzeitig kann man für jedes Punktepaar x, y auf natürliche Art die *Entfernung* $\varrho(x, y)$ einführen, indem man durch Definition festsetzt, daß $\varrho(x, y)$ die genaue untere Grenze der Längen der Kurven ist, welche die Punkte x und y verbinden. Es ist leicht zu beweisen, daß dabei folgende Bedingungen erfüllt werden:

1) $\varrho(x, y) = 0$ in dem und nur in dem Falle, wenn $x \equiv y$,
2) $\varrho(x, y) = \varrho(y, x)$,
3) $\varrho(x, y) + \varrho(y, z) \geq \varrho(x, z)$.

Damit wird die Mannigfaltigkeit zu einem metrischen Raum.

Aber auch auf jeder geschlossenen konvexen Fläche (d. h. der Begrenzung eines konvexen Körpers) kann man zwei beliebige Punkte x und y durch eine Linie von endlicher Länge verbinden; in der Tat, eine beliebige Ebene, welche durch die Punkte x und y geht, gibt, indem sie die Begrenzung des konvexen Körpers durchschneidet, eine konvexe, also meßbare Kurve. Danach läßt sich

[1]) Die späteren Arbeiten von A. D. Alexandrow gestatten, die Ausgangsvoraussetzungen noch weiter abzuschwächen und geben die Lösung des Problems von der Realisierbarkeit allgemeiner (nichtdifferentialgeometrischer) konvexer Metriken. (Vgl. [3] u. § 15 dieser Abhandlung).

auf einer geschlossenen konvexen Fläche eine Funktion ϱ (x, y) definieren, welche als Entfernung den Axiomen des metrischen Raumes genügt.

Im folgenden werden wir, wenn wir sagen, daß eine geschlossene konvexe Fläche F eine konvexe auf der Kugel S vorgegebene Metrik realisiert, darunter folgendes verstehen: es existiert eine homöomorphe Abbildung von F auf S, bei welcher die Entfernung zwischen zwei willkürlichen Punkten auf F der Entfernung zwischen ihren Bildern auf S, gemessen in der auf S vorgegebenen Metrik, gleich ist.

Indem wir diese Erläuterung in Betracht ziehen, können wir den Lehrsatz von ALEXANDROW folgendermaßen formulieren:

L e h r s a t z. *Für jede konvexe differentialgeometrische Metrik, die auf einer Kugel vorgegeben ist, existiert eine sie realisierende geschlossene konvexe Fläche. Diese Fläche ist glatt und hat eine metrische Form, die mit der auf der Kugel gegebenen identisch ist.*

Wir zeigen die Hauptetappen des Beweises auf:

a) Wenn auf der Kugel eine konvexe Metrik vorgegeben ist, so existiert eine Zahl $l > 0$ derart, daß jeder geodätische Bogen von einer Länge $< l$ (einzige) Kürzeste zwischen seinen Enden ist; die Zahl l wird durch den maximalen Wert der Krümmung K bestimmt.

b) Man kann die Kugel so triangulieren, daß die Dreiecke der Triangulation geodätische sind (im Sinne der Metrik m) und der Durchmesser eines jeden von ihnen $< l$ wird.

c) Es sei ABC ein geodätisches Dreieck mit einem Durchmesser $< l$, $A_0B_0C_0$ ein euklidisches Dreieck mit Seiten derselben Länge. Wenn α, β, γ und $\alpha_0, \beta_0, \gamma_0$ die Winkel dieser Dreiecke sind, und ω die Integralkrümmung des Dreiecks ABC ist, so ist

$$\alpha - \omega \leqq \alpha_0 \leqq \alpha;$$

analoge Ungleichungen gelten für die übrigen Winkel.

d) Es sei ABC ein geodätisches Dreieck eines so kleinen Durchmessers d ($d < l$), daß $Kd^2 < 1$, wo K der Mittelwert der Gaußschen Krümmung im Dreieck ABC ist;[1]) es sei weiter $A_0B_0C_0$ ein euklidisches Dreieck mit Seiten derselben Länge wie beim Dreieck ABC. Wenn c die Länge des geodätischen Bogens ist, welcher die Punkte D und E, die willkürlich auf den Seiten CA und CB gewählt sind, verbindet und c_0 die Länge der geradlinigen Strecke, welche die Punkte D_0 und E_0 verbindet, die auf den Strecken C_0A_0 und C_0B_0 so liegen, daß $C_0D_0 = CD$ und $C_0E_0 = CE$, so ist

$$(1) \qquad |c - c_0| \leq Kd^2 c_0, \quad |c - c_0| \leq Kd^2 c.$$

Die Ableitung dieser Abschätzungen ergibt sich auf Grund des Satzes c).[2])

e) Wir nehmen eine in der Metrik m geodätische Triangulierung der Kugel vor; mittels aufeinanderfolgender Unterteilungen dieser Triangulierung konstruieren wir die geodätischen Triangulierungen $T_1, T_2, \ldots, T_n, \ldots$, deren Dreiecke sich mit wachsendem n unendlich verkleinern. Jeder Triangulierung T_n stellen wir gegenüber den ihr isomorphen Komplex K_n der ebenen Dreiecke, deren Seiten den entsprechenden Seiten der Dreiecke von T_n gleich sind. Der Komplex K_n ist metrisiert und seine Metrik ist infolge c) eine konvexe. Indem wir den topo-

---

[1]) D. h. $K = \frac{\omega}{F}$, wo ω die Integralkrümmung des Dreiecks und F sein Flächeninhalt ist.

[2] Vgl. [13].

logischen Komplex K_n auf die Kugel so abbilden, daß die Seiten der Dreiecke von K_n sich isometrisch auf die entsprechenden Seiten der Dreiecke von T_n abbilden, führen wir damit auf der Kugel eine konvexe „polyedrische“ Metrik m_n ein.

Die Folge dieser Metriken konvergiert (gleichmäßig) gegen die Metrik m. Wir werden das beweisen. Es sei ε eine willkürliche positive Zahl <1. Wir wählen n so groß, daß der maximale Durchmesser d_n der Dreiecke der Triangulierung T_n den Ungleichungen

$$d_n < \varepsilon, \quad K_0 d_n^2 < \varepsilon \tag{2}$$

genügt, wo K_0 das Maximum der Krümmung der Metrik m ist.

Zwei beliebige Punkte x, y der Kugel kann man durch eine Linie L so verbinden, daß ihre Länge s (L) der Ungleichung

$$s(L) - \varrho(x, y) < \delta \tag{3}$$

genügt; $\delta > 0$ ist eine willkürliche, aber im Voraus vorgegebene Zahl.

Dabei kann man die Linie L als gebrochene geodätische voraussetzen, deren Ecken auf den Kanten der Triangulation T_n liegen. Wir bezeichnen mit $l_1, \ldots, l_k$ die aufeinanderfolgenden Glieder der Linie L, mit Ausschluß des ersten und des letzten der Glieder; es mögen $l_1', \ldots, l_k'$ die geradlinigen Strecken auf der Metrik m_n sein, deren Enden entsprechend mit den Enden der Glieder $l_1, \ldots, l_k$ zusammenfallen. Infolge der Abschätzungen (1) des Punktes d), deren Anwendbarkeit durch die Ungleichungen (2) sichergestellt ist, haben wir

$$|s(l_q) - s_n(l_q')| \leq K_0 d_n^2 s(l_q) < \varepsilon s(l_q) \quad (q = 1, 2, \ldots, k). \tag{4}$$

Indem wir die Punkte x und y innerhalb der Dreiecke, welche diese Punkte enthalten, mit den zugehörigen freien Enden der Strecken l_1' und l_k' verbinden, bekommen wir die Linie L'.

Aus der Ungleichung (4) folgt, daß die Länge $s_n(L')$ der Linie L' in der Metrik m_n und die Länge s (L) der Linie L in der Metrik m der Ungleichung

$$|s(L) - s_n(L')| < \varepsilon s(L) + 2 d_n \tag{5}$$

genügen.

Aus (5) und (3) finden wir:

$$s_n(L') < \varrho(x, y) + \delta + \varepsilon s(L) + 2 d_n < \varrho(x, y) + \delta + \varepsilon \varrho(x, y) + \varepsilon\delta + 2 d_n.$$

Aber es ist $\varrho_n(x, y) \leq s_n(L')$, $d_n < \varepsilon$, und δ ist willkürlich; deshalb ist

$$\varrho_n(x, y) \leq \varrho(x, y) + \varepsilon(\varrho(x, y) + 2). \tag{6}$$

Analog ermitteln wir

$$\varrho(x, y) \leq \varrho_n(x, y) + \varepsilon(\varrho_n(x, y) + 2).$$

Hieraus und aus der vorhergehenden Ungleichung folgt:

$$\varrho(x, y) \leq \varrho_n(x, y) + (\varepsilon + \varepsilon^2)(\varrho(x, y) + 2). \tag{7}$$

Indem wir $\varepsilon + \varepsilon^2$ wieder mit dem Buchstaben ε bezeichnen, finden wir aus (6) und (7) die Ungleichung

$$|\varrho(x, y) - \varrho_n(x, y)| \leq \varepsilon(\varrho(x, y) + 2),$$

welche die Richtigkeit der Behauptung feststellt.

f) Wenn eine Folge von konvexen Flächen Φ_n gegen die konvexe Fläche Φ konvergiert, und die Folgen der Punkte x_n und y_n auf Φ_n gegen die Punkte x und y auf Φ konvergieren, so konvergieren die Entfernungen zwischen den Punkten x_n, y_n auf Φ_n gegen die Entfernung zwischen den Punkten x, y auf Φ:

$$\lim_{n\to\infty} \varrho_{\Phi_n}(x_n, y_n) = \varrho_{\Phi}(x, y).$$

Ohne den Beweis dieser Behauptung durchzuführen, geben wir nur eine notwendige Erläuterung, welche den Fall der Entartung von Φ in einen zweifach bedeckten ebenen Bereich betrifft. Wenn man sich die Ebene Φ horizontal denkt, so kann man auf jeder Fläche Φ_n „obere" und „untere" Punkte unterscheiden. Den Punkt $x = \lim x_n$ muß man als „oberen" auf Φ ansehen, wenn in der Folge x_n, von irgendeiner gewissen Stelle beginnend, nur „obere" Punkte vorhanden sind. Analog wird festgestellt, wann man den Punkt $x = \lim x_n$ als „unteren" ansehen muß. Wenn aber die Folge x_n unendlich viele sowohl „obere" wie auch „untere" Punkte hat, so muß man x_n in dem und nur in dem Fall als konvergierend ansehen, wenn x am Rande des Grenzbereiches liegt.

g) Es sei S eine Kugel, auf welcher eine konvexe Metrik m vorgegeben ist. Wir konstruieren eine Folge geodätischer Triangulierungen T_n und die entsprechende Folge polyedrischer Metriken m_n ($m_n \to m$) so, wie es beim Beweis der Behauptung e) geschah. Im weiteren wird hauptsächlich der Lehrsatz von der Zusammenheftung (§ 7) angewandt; nämlich infolge des Lehrsatzes von der Zusammenheftung läßt sich jede Metrik m_n als konvexes Polyeder p_n realisieren. Da $m_n \to m$, sind die Polyeder p_n gleichmäßig beschränkt, und wir können annehmen, daß sie alle innerhalb eines gewissen Würfels gelegen sind. In einem solchen Falle kann man aus p_n eine Folge von Polyedern auswählen, welche gegen die konvexe Fläche Φ konvergieren; wir bezeichnen diese Folge wieder mit p_n.

Wir numerieren die Ecken der Triangulierung T_n, und mit denselben Nummern bezeichnen wir die entsprechenden Punkte auf dem Polyeder p_n. Die Triangulierung T_{n+1} ist eine Unterteilung der Triangulierung T_n; wir vereinbaren, bei der Numerierung der Ecken von T_{n+1} die alten Nummern für jene ihrer Ecken, welche zu T_n gehören, beizubehalten.

Wir wählen eine Folge von Polyedern p_n, bei denen die Punkte mit der Nummer 1 konvergieren; aus dieser Folge wählen wir eine neue so, daß die Punkte mit der Nummer 2 konvergieren, usw.; endlich wählen wir die diagonale Folge und behalten für sie die Bezeichnung p_n bei.

Es sei ξ^i ein Punkt auf der Kugel S, der die i-te Ecke der Triangulation T_n ist, x_n^i der entsprechende Punkt auf p_n, x^i die Grenze von x_n^i. Infolge der Wahl der Metriken m_n und gemäß der Definition der polyedrischen Metrik auf der Kugel (vgl. Punkt e) haben wir:

$$\text{(I)} \qquad \lim_{n\to\infty} \varrho_n(x_n^i, x_n^j) = \varrho(\xi^i, \xi^j),$$

wo ϱ_n die Entfernung auf p_n, ϱ die Entfernung auf der Kugel in der Metrik m ist. Zugleich damit ist infolge von f)

$$\text{(II)} \qquad \lim_{n\to\infty} \varrho_n(x_n^i, x_n^j) = \varrho_{\Phi}(x^i, x^j),$$

wo x^i und x^j die Grenzen der Folgen x_n^i und x_n^j sind (welche nach der Konstruktion von p_n konvergieren) und ϱ_{Φ} die Entfernung auf der Fläche Φ ist.

Aus (I) und (II) folgt

$$\varrho_S(\xi^i, \xi^j) = \varrho_\Phi(x^i, x^j).$$

Jetzt müssen wir bemerken, daß sowohl die Punkte ξ^i auf S wie auch die Punkte x_i auf Φ kompakte Mengen bilden. Infolgedessen kann man die festgestellte isometrische Abbildung der Menge ξ^i auf die Menge x^i in die isometrische Abbildung der ganzen Kugel S auf die Fläche Φ fortsetzen.

In der Tat, es sei ξ ein willkürlicher Punkt von S; da die Menge der Punkte ξ^i auf S kompakt ist, so existiert eine Punktfolge dieser Menge ξ^a, welche gegen ξ konvergiert. Die Folge ξ^a ist fundamental. Da die Abbildung der Menge ξ^i auf die Menge x^i isometrisch ist, so wird die Folge x^a, welche ξ^a auf Φ entspricht, auch fundamental sein. Folglich hat sie eine Grenze x. Es ist augenscheinlich. daß x nicht von der Wahl der Folge ξ^a abhängt.

Wir stellen dem Punkt x auf Φ den Punkt ξ auf S gegenüber; damit ist eine Abbildung $x = \varphi(\xi)$ bestimmt. Da man bei der Definition der Abbildung φ die Rollen von S und Φ vertauschen kann, d. h. von der Betrachtung eines willkürlichen Punktes auf Φ ausgehen kann, so ist die Abbildung φ gegenseitig eindeutig. Es ist leicht zu beweisen, daß sie isometrisch ist. Wir nehmen die willkürlichen Punkte ξ, η auf S; wir wählen in der Menge ξ^i zwei Folgen ξ^a und η^a, welche gegen die Punkte ξ, η konvergieren: $\xi^a \to \xi$, $\eta^a \to \eta$. Den Folgen ξ^a und η^a entsprechen auf Φ die Folgen $x^a \to x = \varphi(\xi)$, $y^a \to y = \varphi(\eta)$. Dabei ist

$$\varrho(\xi, \eta) = \lim_{a\to\infty} \varrho(\xi^a, \eta^a), \quad \varrho_\Phi(x, y) = \lim_{a\to\infty} \varrho_\Phi(x^a, y^a);$$

aber es ist

$$\varrho(\xi^a, \eta^a) = \varrho_\Phi(x^a, y^a),$$

folglich

$$\varrho(\xi, \eta) = \varrho_\Phi(x, y).$$

h) Die Fläche Φ ist der Kugel mit einer auf ihr vorgegebenen konvexen differentialgeometrischen Metrik isometrisch. Daraus folgt schon die Glattheit der Fläche Φ (vgl. ALEXANDROW [19]). Uns bleibt zu beweisen, daß, wenn man auf der Fläche Φ innere lokale Koordinaten u, v einführt, welche in der Isometrie irgendwelchen regulären Koordinaten u, v auf der Kugel entsprechen, dann in diesen Koordinaten die Metrik Φ differentialgeometrisch definiert ist, d. h. durch eine gewisse quadratische Differentialform. Das Zusammenfallen dieser Form mit der metrischen Form, die auf der Kugel vorgegeben ist, ist die unmittelbare Folge der betrachteten Isometrie.

Zum Beweis benutzen wir folgenden Satz: wenn G eine glatte Schar von Linien auf einer Kugel ist, von denen jede in der auf der Kugel gegebenen Metrik eine geodätische ist, so ist die Schar G′ auf Φ, welche in der Isometrie der Schar G entspricht, eine glatte Schar von Geodätischen der Fläche Φ.

In der Tat:

1. Jede Linie der Schar G′ wird glatt sein; das ist die Folge der Glattheit von Φ und der Lehrsätze von J. LIEBERMANN (vgl. [16] oder [3]).

2. Die Richtungen der Linien der Schar G′ sind stetig auf Φ; das ist die Folge der von A. ALEXANDROW gegebenen inneren Definition des Winkels zwischen den Richtungen auf einer konvexen Fläche[1]), was den genannten Satz beweist.

---

[1]) Vgl. § 14.

Wir führen jetzt in der Umgebung irgend eines Kugelpunktes die halbgeodätischen Koordinaten u, v ein, indem wir annehmen, daß die Linien u = const. geodätisch und die Linien v = const. ihre orthogonalen Trajektorien sind. Infolge des vorhergehenden Satzes entspricht der Schar u = const. auf Φ eine glatte Schar von Geodätischen, und da die orthogonalen Trajektorien einer glatten Schar auf einer glatten Fläche ihrerseits eine glatte Schar bilden, so wird auch die Schar der Linien von Φ, welche den Linien v = const. entsprechen, glatt sein. Somit ist das Koordinatennetz u, v auf der Fläche Φ glatt. Es sei $\mathfrak{r} = \mathfrak{r}(u, v)$ die Vektorgleichung der Fläche Φ in den lokalen Koordinaten u, v, $ds^2 = E\,du^2 + dv^2$ die auf der Kugel gegebene metrische Form in denselben Koordinaten. Da u, v ein glattes Netz ist, so existieren auch stetig auf Φ die Ableitungen $\frac{\partial \mathfrak{r}}{\partial s_1}, \frac{\partial \mathfrak{r}}{\partial s_2}$, wo s_1, s_2 die Längen der Bogen der Linien v = const., u = const. sind. Aber in einem solchen Falle existieren auch die stetigen partiellen Ableitungen

$$(*) \qquad \frac{\partial \mathfrak{r}}{\partial u} = \frac{\partial \mathfrak{r}}{\partial s_1}\cdot\sqrt{E}, \quad \frac{\partial \mathfrak{r}}{\partial v} = \frac{\partial \mathfrak{r}}{\partial s_2}.$$

Jetzt ist es schon formal leicht, den Ausdruck des Qudrates des Linienelementes des Fläche Φ abzuleiten:

$$ds^2 = \left(\frac{\partial \mathfrak{r}}{\partial u}\,du + \frac{\partial \mathfrak{r}}{\partial v}\,dv\right)^2 = E\,du^2 + dv^2.$$

Infolge von (*) ist er identisch mit dem auf der Kugel gegebenen. Damit ist der Lehrsatz bewiesen.

Wir bemerken, daß das Zentralmoment in diesem Beweis die Ausnutzung des Lehrsatzes von dem Zusammenheften eines konvexen Polyeders aus gegebenem Netz ist (oder man kann anders sagen, des Lehrsatzes von der Realisierung einer konvexen Metrik, die vorgegeben ist auf einem Komplex). Im folgenden werden wir noch andere Anwendungen dieses Lehrsatzes angeben und auch Verallgemeinerungen, die ihn weiter führen.

III. Der analytische Beweis des Lehrsatzes von der Zusammenheftung eines konvexen Polyeders aus vorgegebenem Netz

§ 12 [1])

In dem vorhergehenden Paragraphen legten wir die Lösung des Problems von WEYL nach der Methode von A. D. ALEXANDROW dar. Hier führte eine rein synthetische Theorie zur Lösung eines Problems von differentialgeometrischem Charakter. Es ist interessant, daß andererseits das anschaulichgeometrische Theorem von A. D. ALEXANDROW von der Zusammenheftung eines konvexen Polyeders aus vorgegebenem Netz mittels der rein analytischen Theoreme von WEYL und LEWY (§§ 3—5) gewonnen werden kann. Der analytische Beweis des Theorems „von der Zusammenheftung" wurde von L. A. LJUSTERNIK [55] geführt. Hier sind seine grundlegenden Etappen.

1. Es sei ein der Kugel homöomorpher topologischer Komplex K gegeben, welcher metrisiert ist in dem Sinne, wie es in § 6 definiert ist. Wir werden die Metrik m des Komplexes K als genau konvex voraussetzen, d. h. wir nehmen an, daß die Summe der Winkel der (euklidischen) Dreiecke des Komplexes K, welche in einer Ecke zusammentreffen, für jede Ecke kleiner als 2π ist. Wir bezeichnen mit d die Maximallänge der Seiten der Dreiecke des Komplexes K in der Metrik m.

2. Wir betrachten eine Kugel S_R, deren Radius R der Ungleichung $\pi R > d$ genügt. Bei dieser Bedingung können wir auf der Kugel S_R für jedes Dreieck des Komplexes K ein geodätisches Dreieck mit denselben Seitenlängen konstruieren. Wir vereinbaren, alle Dreiecke des Komplexes K in Form solcher geodätischen Dreiecke auf der Kugel S_R zu betrachten. Damit wird auf dem Komplex K eine gewisse neue Metrik eingeführt; diese Metrik ist durch die Angabe der Seitenlängen der Dreiecke des Komplexes und der Zahl R bestimmt. Insofern wir bei der neuen Metrisierung des Komplexes die in ihrer ursprünglichen Metrisierung gegebenen Seitenlängen nehmen, wird es uns für die Charakterisierung der neuen Metrik hinreichend sein, die Zahl R anzugeben; für die neue Metrik werden wir die Bezeichnung m_R gebrauchen.

3. Die Winkel des geodätischen Dreiecks Δ_R auf der Kugel S_R sind größer als die entsprechenden Winkel des ebenen Dreiecks Δ mit Seiten von derselben Länge. Deshalb kann es passieren, daß in irgendeiner beliebigen Ecke des Komplexes K mit der Metrik m_R die Summe der Winkel der Dreiecke größer als 2π sein wird. Aber mit der Zunahme von R nehmen die Winkel des Dreiecks Δ_R ab und streben gegen die entsprechenden Winkel des Dreiecks Δ; folglich existiert eine solche Zahl R_0, daß für $R > R_0$ die Summe der Winkel der Dreiecke des Komplexes K mit der Metrik m_R, welche an einer beliebigen seiner Ecken zusammentreffen, kleiner als 2π ist. Im weiteren werden wir annehmen, daß $R > R_0$ ist.

[1]) Wir behalten die Numerierung der Paragraphen des Originals bei; dieses hat keinen § 11.

4. Wir betrachten irgendeine Ecke M des Komplexes K und bezeichnen durch U_ε (M) die ε-Umgebung des Punktes M auf dem metrisierten Komplex K (d. h. die Menge der Punkte, die im Sinne der Metrik m_R vom Punkt M um eine Strecke $< \varepsilon$ entfernt sind). Der Bereich U_ε (M) kann bei hinreichend kleinem ε im euklidischen Raum durch eine lokal konvexe Rotationsfläche mit einem konischen Punkt realisiert werden. Um das einzusehen, genügt es, sich der Gleichung

$$K = -\frac{y''}{y(1 + y'^2)^2}$$

zu bedienen, welche die Gaußsche Krümmung der Rotationsfläche mit der x-Achse als Drehachse und dem Meridian $y = f(x)$ angibt. Nämlich: Wenn wir festsetzen, daß $K = \frac{1}{R^2}$ ist, und die Gleichung $y'' + \frac{1}{R^2} y (1 + y'^2)^2 = 0$ mit den Anfangsbedingungen $x = 0$, $y = 0$, $y' = \frac{\alpha}{\sqrt{4\pi^2 - \alpha^2}}$ integrieren, wo α $(\alpha < 2\pi)$ die Summe der Dreieckswinkel ist, welche in der Ecke M des Komplexes K mit der Metrik m_R zusammentreffen, finden wir die Gleichung $y = f(x)$ des zugehörigen Meridians.

5. Es sei S_ε (M) eine Rotationsfläche, welche den Bereich U_ε (M) des Komplexes K mit der Metrik m_R realisiert; den konischen Punkt dieser Fläche werden wir wie den ihm entsprechenden Punkt auf dem Komplex durch M bezeichnen. Wir betrachten einen Achsenschnitt der Fläche S_ε (M); es seien AM und BM die hinsichtlich der Achse symmetrischen Bogen des Meridians, welche diesen Schnitt bilden. Wir nehmen auf den Bogen AM und BM die zur Achse symmetrischen Punkte P und Q und konstruieren einen zur Achse symmetrischen konvexen Bogen PQ derart, daß er in dem Bereich liegt, welcher durch die Bogen AM und BM und die Strecke AB begrenzt ist. Diese Konstruktion kann man so ausführen, daß der Bogen APQB dreifach stetig differenzierbar ist und eine Krümmung ungleich Null besitzt. Wir werden den Bogen APQB um die Achse der Fläche S_ε (M) drehen; wir erhalten die Fläche T_ε, welche sich schon überall als regulär herausstellt. Die Gaußsche Krümmung von T_ε ist in allen Punkten positiv.

6. Bei der Realisierung des Bereiches U_ε (M) des Komplexes K durch die Fläche S_ε (M) realisieren sich die Seiten der Dreiecke, die im Punkte M zusammentreffen, als Bogen der Meridiane von S_ε (M). Wir legen durch die Rotationsachse der Fläche S_ε(M)und diese Bogen Halbebenen (indem wir bestimmen, daß die Achse die Grenze jeder Halbebene ist). Die gebildeten Halbebenen teilen die Fläche T_ε wie auch S_ε (M) in Teile, welche Kreissektoren analog sind. Wir betrachten ein beliebiges Δ des Komplexes K, welches eine Ecke im Punkte M hat. Der Teil des Dreiecks Δ, der im Bereich U_ε (M) enthalten ist, realisiert sich durch einen gewissen Sektor der Fläche S_ε (M). Wir ersetzen im Komplex K diesen Teil des Dreiecks Δ durch den entsprechenden Sektor der Fläche T_ε, d. h. durch den Sektor, welcher sich in dem Winkel zwischen den Halbebenen befindet, in dem sich das betrachtete Stück des Dreiecks Δ realisiert.

Indem wir die analoge Konstruktion für die übrigen Ecken des Dreiecks Δ durchführen und dann für alle Dreiecke des Komplexes K, führen wir damit auf diesem Komplex eine gewisse Metrik m_R (ε) ein. Da der Komplex K homöomorph zur Kugel ist, können wir uns vorstellen, daß der Komplex K als Triangulierung der Kugel gegeben ist, und folglich kann man annehmen, daß die

Metrik m_R (ε) auf der Kugel gegeben ist. Die Metrik m_R (ε) ist abhängig davon, wie wir für jede Ecke die Fläche T_s auswählen. Nach dem Vorhergehenden können diese Flächen so gewählt werden, daß die Metrik m_R (ε) Glattheit zweiten Grades besitzt (d. h. regulär ist). Es ist ebenso wesentlich, daß in der Metrik m_R (ε) die Gaußsche Krümmung überall positiv ist.

7. Ferner wird folgender allgemeiner Satz benutzt: Eine reguläre Metrik μ auf der Kugel kann gleichmäßig und mit Einhaltung der Glattheit zweiter Ordnung durch eine Folge analytischer Metriken μ_1, μ_2, ... approximiert werden.

Indem wir von der Approximation der Glattheit zweiter Ordnung sprechen, verstehen wir darunter, daß in den lokalen Koordinaten die Koeffizienten der metrischen Form der Metrik μ und ihre partiellen Ableitungen bis zur zweiten Ordnung bezüglich durch die Koeffizienten der metrischen Form der Metrik μ_n und ihre partiellen Ableitungen approximiert werden.[1])

Da m_R (ε) eine reguläre Metrik positiver Krümmung ist, so können wir infolge des erwähnten Satzes die Möglichkeit behaupten, die Metrik m_R (ε) durch eine analytische Metrik von ebenfalls positiver Krümmung zu approximieren.

8. Wir bezeichnen durch E die euklidische Kugel, durch K ihre Triangulierung, die isomorph zu dem uns vorgegebenen Komplex ist. (Wir identifizieren diesen Komplex und die genannte Triangulierung sogleich und gebrauchen deshalb für sie das gemeinschaftliche Symbol K.)

Wir geben drei Folgen positiver Zahlen vor:

$$R_1, R_2, \ldots, R_n, \ldots;\ R_n \to +\infty,$$
$$\varepsilon_1, \varepsilon_2, \ldots, \varepsilon_n, \ldots;\ \varepsilon_n \to 0,$$
$$\delta_1, \delta_2, \ldots, \delta_n, \ldots;\ \delta_n \to 0$$

und definieren auf der Kugel E folgende Metriken:

---

[1]) Beweis: Es sei ds_0^2 das Quadrat des Linienelementes $d\mathfrak{x}_0$ im Punkt mit dem Radiusvektor $\mathfrak{x}_0$ ($|\mathfrak{x}_0| = 1$) der Einheitskugel E in der Metrik μ. Wir definieren im Raume die Metrik

$$ds^2 = R^2 ds_0^2 + dR^2,$$

indem wir ds^2 als Quadrat des Linienelementes (des Raumes) $R d\mathfrak{x}_0 + \mathfrak{x}_0 dR$ im Punkt $R\mathfrak{x}_0$ ansehen. In der Umgebung eines beliebigen Punktes M_0 der Kugel E können wir ds^2 in geeigneten Descartesschen Koordinaten $\dot{x}_1$, $\dot{x}_2$, $\dot{x}_3$ so ausdrücken:

$$ds^2 = \sum \dot{g}_{ik}\, d\dot{x}_i\, d\dot{x}_k,$$

wo $\dot{g}_{ik} = \dot{g}_{ik}(\dot{x}_1, \dot{x}_2, \dot{x}_3)$ reguläre Funktionen sind (nämlich von demselben Grade der Regularität, welchen die Koeffizienten der metrischen Form ds_0^2 haben, die in den lokalen Koordinaten der Kugel E gegeben sind; d. h. die $\dot{g}_{ik}$ sind zweimal stetig differenzierbare Funktionen). Im Raume können wir von den lokalen Descartesschen Koordinaten zu einem gemeinschaftlichen Descartesschen System (x_1, x_2, x_3) übergehen, dessen Anfang wir als im Mittelpunkt der Kugel E gelegen ansehen; in diesem System bekommen wir $ds^2 = \Sigma g_{ik}\, dx_i\, dx_k$, wo g_{ik} Funktionen sind, die regulär sind in einer gewissen ε-Umgebung der Kugel E. Die Funktionen g_{ik} kann man zusammen mit ihren partiellen Ableitungen bis zur zweiten Ordnung durch Folgen von Polynomen ${P^{(n)}}_{ik}$ gleichmäßig approximieren. (Vgl. de la Vallée Poussin, Cours d'analyse infinitésimale, Bd. II S. 119.) Die Folge der analytischen Metriken $ds_n^2 = \Sigma {P^{(n)}}_{ik}\, dx_i\, dx_k$ realisiert für $R = 1$, d. h. auf der Kugel E, die geforderte Approximierung der Metrik μ.

1. Die Metrik m, in der alle Dreiecke der Triangulierung K als euklidisch angesehen werden und deren Seitenlängen durch die Anfangsmetrisierung des Komplexes K gegeben sind.

Die Realisierbarkeit dieser Metrik durch ein konvexes Polyeder müssen wir beweisen.

2. Für jedes $n = 1, 2, \ldots$ eine reguläre Metrik $m_{R_n}(\varepsilon_n)$, welche wie im Punkt 6 für $R = R_n$, $\varepsilon = \varepsilon$ konstruiert ist.

3. Für jedes $n = 1, 2, \ldots$ eine analytische Metrik von positiver Krümmung $m^a_{R_n}(\varepsilon_n, \delta_n)$, welche zwei Bedingungen genügt:

a) $$\left|\varrho_n(x, y) - \varrho^a_n(x, y)\right| < \delta_n,$$

wo x und y zwei willkürliche Punkte der Kugel E und $\varrho_n(x, y)$, $\varrho^a_n(x, y)$ die Entfernungen zwischen diesen Punkten bezüglich in der Metrik $m_{R_n}(\varepsilon_n)$ und $m^a_{R_n}(\varepsilon_n, \delta_n)$ sind;

b) $$\left|K_n(x) - K^a_n(x)\right| < \delta_n,$$

wo x ein willkürlicher Punkt der Kugel E ist und $K_n(x)$, $K^a_n(x)$ die Gaußschen Krümmungen der Metriken $m_{R_n}(\varepsilon_n)$ und $m^a_{R_n}(\varepsilon_n, \delta_n)$ sind.

Die Existenz der Metriken $m^a_{R_n}(\varepsilon_n, \delta_n)$ geht aus dem Satz hervor, der in Punkt 7 formuliert ist.

Es ist leicht zu beweisen, daß für $n \to \infty$ die Metriken $m^a_{R_n}(\varepsilon_n, \delta_n)$ gegen die Metrik m konvergieren, d. h. die Beziehung gilt:

$$\lim_{n\to\infty} \varrho^a_n(x, y) = \varrho(x, y),$$

wo $\varrho(x, y)$ der Abstand zwischen den Punkten x, y auf der Kugel E in der Metrik m ist.

9. Jetzt benutzen wir im wesentlichen das Theorem von Weyl-Lewy: Eine analytische Metrik positiver Krümmung läßt sich stets durch eine (analytische) konvexe Fläche realisieren. Infolge dieses Theorems läßt sich jede analytische Metrik $m^a_{R_n}$ durch eine konvexe Fläche S_n realisieren.

10. Auf der Fläche S_n existieren die Bereiche $\sigma^n_1, \ldots, \sigma^n_l$, deren Anzahl gleich der Anzahl der Ecken des Komplexes K ist und die folgende Eigenschaften besitzen:

1. bei $n \to \infty$ strebt der Durchmesser des Bereiches σ^n gegen Null;
2. außerhalb der Bereiche σ^n_j ist die Krümmung der Fläche S_n kleiner als $\frac{1}{R_n} + \delta_n$.

11. Wir nehmen in jedem Bereich σ^n_j einen Punkt M^n_j und konstruieren die konvexe Hülle der Punktmenge $M^n_1, \ldots, M^n_l$. Das wird ein konvexes Polyeder sein, einbeschrieben in die Fläche S_n; wir bezeichnen es durch P_n. Parallel zu jeder Seitenfläche von P_n legen wir auf der Seite ihrer äußeren Normalen eine (tangentiale) Stützebene an S_n. Die angelegten Ebenen definieren ein konvexes Polyeder Q_n, das S_n umbeschrieben ist.

Wir werden beweisen, daß bei $n \to \infty$ der Abstand zwischen den entsprechenden parallelen Seitenflächen der Polyeder P_n und Q_n gegen Null strebt. Es sei α irgendeine Seitenfläche von P_n, β die entsprechende ihr parallele Seitenfläche von Q_n, B der Berührungspunkt von β und S_n. Wir legen zwischen α und β parallel zu ihnen die Ebene γ als Stützebene an die Menge der Bereiche σ_j^n. Der Abstand zwischen α und γ strebt gegen Null infolge der Bedingung 1. in Punkt 10.

Der Abstand zwischen γ und β strebt ebenso gegen Null. Um das zu beweisen, bemerken wir, daß die Integral-Krümmung K (S_n; γ) des Teiles der Fläche S_n, welcher zwischen β und γ eingeschlossen ist, größer ist als der Flächeninhalt des spärischen Bildes [1]) der Spitze des Kegels, welcher aus B den Schnitt von S_n mit der Ebene γ projiziert. Wenn der Abstand zwischen β und γ nicht gegen Null strebte, so wäre der genannte Flächeninhalt größer als eine positive Konstante. Somit wäre K (S_n, γ) größer als eine positive Konstante, was nicht möglich ist infolge der Bedingung 2. von Punkt 10. Man kommt zu einem Widerspruch. Also strebt der Abstand zwischen β und γ gegen Null, und somit auch der Abstand zwischen α und β.

12. Alle Flächen S_n kann man innerhalb eines Würfels anordnen. Deshalb existiert eine Folge von Nummern $n = n_1, n_2, \ldots$, welcher eine Folge von Polyedern P_{n_j} entspricht, die gegen ein Polyeder P konvergiert. Infolge Punkt 11 haben wir ebenfalls $Q_{n_j} \to P$; folglich $S_{n_j} \to P$. Die Metrik des Polyeders P ist die Grenze der Metriken der Flächen S_{n_j}, d. h. die Grenze der Metriken $m_{k_n}^{*}$. Die Grenze dieser Metriken ist aber die auf dem Komplex K gegebene Metrik m. Folglich realisiert das Polyeder P die Metrik m, und das Theorem ist bewiesen.

Indem wir den ersten Beweis des Lehrsatzes von der Zusammenheftung (A. D. Alexandrow) mit dem soeben dargelegten zweiten Beweis (L. A. Ljusternik) vergleichen, sehen wir, daß sie sich in ihren Kernpunkten unterscheiden: während die Grundidee des ersten die Ausnutzung des geometrischen Lehrsatzes von Brouwer von der Invarianz des Gebietes ist, ist die Grundidee des zweiten die Ausnutzung des analytischen Lehrsatzes von Lewy von den Eigenschaften der Lösungen von Monge-Ampèreschen Gleichungen.

[1]) Die Definition des spärischen Bildes ist in § 15 gegeben.

IV. Der allgemeine Lehrsatz von der Zusammenheftung konvexer Flächen

§ 13

Die rein geometrischen Methoden bei der Untersuchung einer Fläche von positiver Krümmung, angewandt von A. D. ALEXANDROW in seiner Arbeit von 1942 [13], erhielten eine weitere Förderung in einer Reihe von folgenden Publikationen von A. D. ALEXANDROW [1]) durch das Studium einer Metrik einer willkürlichen konvexen Fläche ohne irgendwelche analytischen Beschränkungen. Diese Methoden liefern äußerst wichtige Ergebnisse in den Fragen der Flächenverbiegung; einige werden wir hier auseinanderlegen.

Es seien einige konvexe Flächen mit Rand gegeben und gewisse Abschnitte ihrer Ränder in paarweise Entsprechung gesetzt; es seien weiter diese Flächen (betrachtet mit Genauigkeit bis auf die Isometrie) längs entsprechender Abschnitte der Ränder zusammengeheftet. Es ist die Frage: Unter welchen Bedingungen bilden diese Flächen, indem sie zusammengeheftet werden, wieder eine konvexe Fläche, insbesondere eine geschlossene konvexe Fläche?

Die Formulierung der gesuchten Bedingungen führt zum „allgemeinen Lehrsatz von der Zusammenheftung" von A. D. ALEXANDROW, welcher einerseits als Spezialfall den Lehrsatz von der Zusammenheftung eines konvexen Polyeders aus vorgegebenem Netz einschließt (mit Ausschluß der Behauptung der Eindeutigkeit; vgl. § 7), andererseits das Theorem von A. D. ALEXANDROW, das die Lösung des Problems von WEYL gibt.

Das allgemeine Theorem von der Zusammenheftung mit seinen wichtigsten Anwendungen in der Theorie der Verbiegungen ist auch der Hauptgegenstand des gegenwärtigen Kapitels; da wir aber im Rahmen eines Zeitschriftenartikels beschränkt sind, werden wir dieses Theorem ohne Beweis anführen, indem wir den interessierten Leser auf die oben zitierte Monographie von A. D. ALEXANDROW verweisen (wo der Beweis in den Hauptzügen gezeichnet ist).

Im nächsten Paragraphen geben wir, ALEXANDROW folgend, die notwendigen Definitionen.

§ 14

Unter einer konvexen Fläche werden wir einen beliebigen zusammenhängenden Bereich auf der Begrenzung eines konvexen Körpers im dreidimensionalen euklidischen Raum verstehen.

Als Metrik einer konvexen Fläche S bezeichnen wir eine Funktion ϱ (x, y) eines Punktepaares x, y auf ihr, indem wir bestimmen, daß ϱ (x, y), die Ent-

---

[1]) Der größte Teil dieser Publikationen ist in kleinen Abhandlungen in den Doklady AN SSSR erschienen; eine ausführliche Darstellung wird in der Monographie von ALEXANDROW gegeben [3].

fernung zwischen den Punkten x, y, die genaue untere Grenze der Längen der rektifizierbaren Linien ist, welche die Punkte x und y auf der Fläche S verbinden. Dabei ist leicht zu beweisen, daß

1. man zwei beliebige Punkte der Fläche S auf ihr durch rektifizierbare Linien verbinden kann und folglich ϱ (x, y) stets einen Sinn hat;

2. ϱ (x, y) den Axiomen des metrischen Raumes genügt, folglich die Fläche S mit der auf ihr definierten Funktion ϱ (x, y) einen metrischen Raum darstellt;

3. die Topologie der Fläche S, welche durch die Metrik ϱ (x, y) definiert ist, identisch ist mit der Topologie, welche durch den umgebenden Raum induziert wird;

4. wenn man mittels der Metrik ϱ (x, y) die Klasse der rektifizierbaren Linien der Fläche S definiert und durch ϱ_1 (x, y) die untere Grenze der Längen der Linien bezeichnet, welche auf S die Punkte x und y verbinden, $\varrho_1 (x, y) = \varrho (x, y)$ ist.

Eine Metrik, die eine solche Eigenschaft besitzt, nennt Alexandrow eine innere (im gegebenen Fall bedeutet die Gleichung $\varrho_1 (x, y) = \varrho (x, y)$, daß die Klasse der rektifizierbaren Linien und die Längen der Linien nicht davon abhängen, ob wir die Metrik des einschließenden Raumes oder die Metrik ϱ (x, y) zugrunde legen). Jetzt werden wir eine Reihe von Objekten der inneren Geometrie einer konvexen Fläche betrachten, d. h. von solchen Objekten, welche durch Ausdrücke der Metrik definiert werden können. (Vgl. [17].)

Die Kürzeste, welche die Punkte x und y verbindet, ist eine Linie von der Länge ϱ (x, y).

Geodätische ist eine Linie, welche Kürzeste in jedem ihrer hinreichend kleinen Abschnitte ist.

Der Winkel des Sektors mit der Spitze im Punkte O und mit den geodätischen Schenkeln a, b läßt sich auf folgende Weise definieren: Auf den Geodätischen a und b nimmt man entsprechend die Punkte X und Y und konstruiert das ebene Dreieck O'X'Y' mit den Seiten $O'X' = \varrho (O, X) = x$, $O'Y' = \varrho (O, Y) = y$, $X'Y' = \varrho (X, Y)$; es sei φ der Winkel im Dreieck O'X'Y' bei der Ecke O'. Es läßt sich beweisen, daß für $x \to 0$, $y \to 0$ $\lim \varphi = \varphi_0$ existiert. Wenn für beliebig kleine x, y die Kürzeste XY im gegebenen Sektor verläuft, so gilt der Winkel dieses Sektors als gleich φ_0; dem ergänzenden Sektor wird der Winkel $\Theta - \varphi_0$ zugeschrieben, wo Θ der ganze Winkel der Abwicklung des Kegels ist, welcher tangential zur Fläche im Punkt O ist. (Bemerkungen: 1. Der ganze Winkel der Abwicklung des tangentialen Kegels ist eine Größe, welche zur inneren Geometrie der Fläche gehört; 2. wenn für $x \to 0$, $y \to 0$ die Kürzeste XY bald im gegebenen Sektor, bald im ergänzenden verläuft, so ist $\varphi_0 = \frac{\Theta}{2}$; 3. die Winkel der Sektoren sind additiv; 4. der Winkel des Sektors, im Sinne der gegebenen Definition, ist gleich dem Winkel zwischen dem Tangenten zu a und b im Punkte O, gemessen auf dem tangentialen Kegel; J. Liebermann bewies, daß die Geodätische auf einer konvexen Fläche stets eine rechte und linke Tangente hat und folglich immer eine Tangente im Anfangspunkt; vgl. [16]).

Die Richtung einer Kurve l in ihrem Anfangspunkt O wird auf folgende Weise definiert: Man nimmt eine willkürliche Kürzeste a, die von O ausgeht, und den veränderlichen Punkt M auf l; wenn für $M \to O$ der Winkel zwischen der Kürzesten a und der Kürzesten OM gegen eine Grenze φ strebt, existiert (so definiert man) eine Richtung der Linie l im Punkt O, und diese Richtung bildet mit der Kürzesten a den Winkel φ. (Die Tatsache der Existenz der Richtung hängt nicht von der Wahl der Kürzesten a ab.) Es gilt der Lehrsatz: Damit eine Kurve auf einer konvexen Fläche in ihrem Anfangspunkt eine Richtung hat, ist notwendig und hinreichend, daß sie in diesem Punkt eine Tangente hat. Auf Grund des Dargelegten bekommen solche Objekte der inneren Geometrie einer konvexen Fläche, wie Winkel und Richtung, inner-geometrischen Sinn (sie sind in Ausdrücken der Metrik definiert).

Jetzt werden wir eine in der Theorie von ALEXANDROW sehr wichtige Definition geben: Die *Schwenkung* [1] *einer Kurve.*

Zuerst definieren wir die Schwenkung einer gebrochenen Geodätischen. Es sei p eine gebrochene Geodätische ohne mehrfache Punkte; wir unterscheiden bei ihr zwei Seiten: eine „rechte" und eine „linke". Als rechte Schwenkung der Gebrochenen p bezeichnen wir die Größe

$$c(p) = \sum_{i=1}^{n} (\pi - \varphi_i),$$

wo $\varphi_1, \ldots, \varphi_n$ die Winkel zwischen den aufeinanderfolgenden Gliedern sind, gemessen auf der rechten Seite. Analog wird die linke Schwenkung der Gebrochenen definiert.

Es sei jetzt l eine willkürliche Kurve (mit Enden) ohne mehrfache Punkte. Wir setzen nur voraus, daß sie in jedem ihrer Enden eine Richtung hat.

Indem wir für sie eine „rechte" und eine „linke" Seite unterscheiden, verbinden wir ihre Enden durch gebrochene Geodätische p_i ($i = 1, 2, \ldots$) so, daß l und p_i einen Bereich G_i begrenzen, welcher auf der rechten Seite von l liegt. Es sei c (p_i) die rechte Schwenkung der Gebrochenen p_i, α_i und β_i die Winkel zwischen l und p_i in ihren Enden, gemessen im Bereich G_i. Wenn die Folge der Gebrochenen p_i ($i \to \infty$) gegen die Kurve l konvergiert, so existiert, wie A. D. ALEXANDROW beweist, eine Grenze der veränderlichen Größe $c(p_i) + \alpha_i + \beta_i$; dieser Grenzwert wird als rechte Schwenkung der Kurve l bezeichnet:

$$c(l) = \lim_{i \to \infty} [c(p_i) + \alpha_i + \beta_i].$$

Die linke Schwenkung wird analog definiert.

Es sei jetzt l eine einfache geschlossene Kurve. Wir setzen voraus, daß auf l ein solcher Punkt O ist, daß die Linie l nach beiden Seiten von O aus Richtungen hat und der Winkel zwischen ihnen, gemessen auf der rechten Seite von l, gleich φ ist. Wir vereinbaren anzunehmen, daß die Linie l im Punkt O vereinigte Enden hat, und in diesem Sinne bezeichnen wir sie mit l_1. Es stellt sich heraus, daß die Größe c $(l_1) + (\pi - \varphi)$ nicht von der Wahl des Punktes O abhängt.

Die rechte Schwenkung der geschlossenen Kurve l ist definiert durch die Gleichung

$$c(l) = c(l_1) + (\pi - \varphi).$$

§ 15

Jetzt haben wir die Möglichkeit, den allgemeinen Lehrsatz von A. D. ALEXANDROW von der „Zusammenheftung" einer konvexen Fläche zu formulieren. (Vgl. [18].)

---

[1]) Die Übersetzung des Wortes poworot ist der Übersetzung der Monographie von A. D. ALEXANDROW entnommen.

Es sei eine endliche oder abzählbare Menge berandeter konvexer Flächen gegeben (d. h. von Flächen mit Einschluß der Begrenzung). Dabei wird die Erfüllung folgender Bedingungen vorausgesetzt:

1. Die Begrenzung jeder Fläche besteht aus einer endlichen Zahl rektifizierbarer Kurven;
2. die Zweige der Begrenzung, welche von einem Punkt ausgehen, haben in diesem Punkt definierte Richtungen (deshalb hat jeder Abschnitt der Begrenzung eine definierte Schwenkung; im gegebenem Fall ist nur eine Schwenkung vorhanden, sagen wir die „linke", da der Bereich nur von einer Seite her an seine Begrenzung herantritt);
3. die Schwenkung der Begrenzung ist als Funktion des Abschnittes eine Funktion von beschränkter Variation.

Die gegebene Menge konvexer Flächen werden wir als Komplex bezeichnen, wenn unter den Abschnitten ihrer Begrenzungen eine paarweise Entsprechung mit folgenden Bedingungen aufgestellt ist:

1. Diese Entsprechung ist die Abbildung eines Abschnittes auf den anderen mit Erhaltung der Längen;
2. bei Identifikation der entsprechenden Abschnitte wird der Komplex eine Mannigfaltigkeit (im weiteren wird sie durch M bezeichnet). In der Mannigfaltigkeit M wird eine Metrik eingeführt sein, wenn als Abstand zwischen zwei Punkten die genaue untere Grenze der Längen der sie verbindenden Kurven angesehen wird.

Indem wir A. D. Alexandrow folgen, sagen wir, daß eine konvexe Fläche S „zusammengeheftet ist aus einem Komplex C", wenn S zu der Mannigfaltigkeit, welche dem Komplex C entspricht, isometrisch ist.

Das allgemeine Theorem von der Zusammenheftung: *Wenn der Komplex* C *den folgenden Bedingungen genügt:*

1. *die Summe der Winkel bei identifizierten Punkten ist stets* $\leq 2\pi$,
2. *die Summe der Schwenkungen von zwei identifizierten Abschnitten ist immer* ≥ 0,
3. *die Mannigfaltigkeit* M, *welche dem Komplex* C *entspricht, ist einem Bereich auf der Kugel homöomorph,*
4. *für zwei beliebige Punkte der Mannigfaltigkeit* M *existiert eine sie verbindende kürzeste Linie,*

so kann man aus C *eine konvexe Fläche zusammenheften.*

Als wichtige Folgerung dieses Lehrsatzes erscheint folgender Satz:

Das Theorem von der Zusammenheftung einer geschlossenen konvexen Fläche. *Wenn der Komplex C den ersten zwei Bedingungen des allgemeinen Theorems von der Zusammenheftung genügt und homöomorph der Kugel ist, so kann man aus ihm eine geschlossene konvexe Fläche zusammenheften.*

Dieses Theorem ist augenscheinlich eine Folgerung aus dem vorhergehenden, da, wenn der Komplex homöomorph der Kugel ist, die dritte und vierte Bedingung des vorhergehenden Theorems automatisch erfüllt sind.

Beide hier formulierten Theoreme beziehen sich auf willkürliche konvexe Flächen, hinsichtlich derer keine analytischen Voraussetzungen gemacht werden. Diese Theoreme sind somit sehr allgemein. Aber es versteht sich von selbst, daß sie auch auf reguläre Flächen anwendbar sind, die gewöhnlich in der Differentialgeometrie betrachtet werden mit regulären (oder stückweis regulären) Begrenzungen.

Im Falle regulärer Begrenzungen fordert die Bedingung 2. des allgemeinen Lehrsatzes von der Zusammenheftung, daß in den identifizierten Punkten die

Summe der geodätischen Krümmungen ≥ 0 ist (für geodätische Begrenzungen ist diese Bedingung stets erfüllt).

Wenn reguläre Flächen mit regulären Begrenzungen zusammengeheftet werden, so erscheint die Frage nach der Regularität jener Fläche wesentlich, welche man dabei erhält. Freilich wird diese Fläche nicht immer regulär sein. Es ist klar, daß sich auf einer zusammengehefteten Fläche konische Punkte befinden können; das werden nämlich jene (und nur jene) Punkte sein, welche den Ecken des Komplexes entsprechen, wo die Summe der Winkel $< 2\pi$ ist. Weiter stellt sich die Linie, längs welcher die Ränder der aufbauenden Flächen zusammengeheftet werden, als krummlinige Kante in dem (und nur in dem) Fall heraus, wenn die Summe ihrer Schwenkungen > 0 ist. Wenn diese zwei Möglichkeiten ausgeschlossen sind, so wird die zusammengeheftete Fläche glatt sein.

Die Untersuchung der Regularitätsbedingungen einer konvexen Fläche, ausgedrückt in Ausdrücken ihrer inneren Geometrie, stellt eine wichtige Aufgabe dar.

Wir vermerken zwei hierauf bezügliche Ergebnisse. Eines von ihnen gehört A. D. ALEXANDROW (vgl. [19]). Es sei F eine konvexe Fläche, O irgendein fixierter Punkt von ihr und G ein Bereich auf F, welcher den Punkt O einschließt. Wir verschieben zum Mittelpunkt einer Einheitskugel die äußeren Einheitsnormalen aller Stützebenen der Fläche F in den Punkten von G; wir bekommen auf dieser Einheitskugel die Menge der Enden der erwähnten Normalen, welche als „sphärisches Bild des Bereiches G“ bezeichnet wird.[1]) Von A. D. ALEXANDROW ist folgender Satz bewiesen, welcher eine fundamentale Rolle in der Theorie konvexer Flächen spielt:

Theorem. *ω (G) als Flächeninhalt des sphärischen Bildes von* G *und* S (G) *als Flächeninhalt des Bereiches G selbst sind Objekte der inneren Geometrie der Fläche* (d. h. sie bleiben bei beliebigen isometrischen Abbildungen erhalten (vgl. [20], wo diese Behauptung im Theorem 9 enthalten ist, oder [3]). Gemäß der Definition von A. D. ALEXANDROW *ist die Gaußsche Krümmung der Fläche F im Punkt* O *beschränkt, wenn das Verhältnis* $\frac{\omega(G)}{S(G)}$ *bei beliebiger Zusammenziehung des Bereiches* G *zum Punkt* O *beschränkt bleibt.*

Es gilt das Theorem: *Eine geschlossene konvexe Fläche mit überall beschränkter Gaußscher Krümmung ist glatt.* Das ist ein Satz über Flächen „im Großen“. Für das Studium der Flächen „im Kleinen“ kann ein anderer Satz dienen:

Theorem. *Wenn auf einer konvexen Fläche* F *das Verhältnis* $\frac{\omega(G)}{S(G)}$ eingeschlossen *ist zwischen positiven Schranken, so ist die Fläche glatt und enthält keine geradlinigen Strecken.*

Ein anderes Ergebnis gehört S. E. COHN-VOSSEN (vgl. [21]): *Wenn eine glatte Fläche mit analytischer Metrik von positiver Krümmung zweimal stetig differenzierbar in einer gewissen Umgebung* U (M_0) *mit Ausschluß des Punktes* M_0 *ist, so ist sie zweimal stetig differenzierbar auch in der ganzen Umgebung* U (M_0). Indem wir diese zwei Ergebnisse vergleichen, kommen wir zu der Folgerung: Ein konvexe Fläche, die zu einer analytischen Fläche von positiver Krümmung isometrisch (in dem allgemeinen Sinne, wie das hier verstanden wird) ist, ist stetig differenzierbar und kann keine isolierten Punkte haben, welche die zweifache stetige Differenzierbarkeit stören.

---

[1]) Analog wird das sphärische Bild einer beliebigen Punktmenge auf einer konvexen Fläche definiert.

B e m e r k u n g. Wie im Anfang dieses Kapitels bemerkt wurde, schließt das allgemeine Theorem von der Zusammenheftung (einer geschlossenen Fläche) als Sonderfälle ein: einerseits das Theorem von der Zusammenheftung eines konvexen Polyeders aus vorgegebenem Netz (mit Ausschluß der Behauptung der Eindeutigkeit, vgl. § 7), andererseits das Theorem von A. D. ALEXANDROW, welches eine Lösung des Problems von WEYL gibt (vgl. § 10). Das erste ist augenscheinlich, das zweite erfordert eine kleine Erklärung.

In § 10 wurde festgestellt, daß eine geschlossene konvexe Fläche existiert, die eine differentialgeometrische Metrik realisiert, wenn a) diese Metrik auf der Kugel vorgegeben, b) in jedem Punkt die Krümmung $K \geqq 0$ ist.

Der Sinn der zweiten Bedingung besteht darin, daß die betrachtete Mannigfaltigkeit lokal isometrisch konvexen Flächen ist.

Das Theorem von der Zusammenheftung einer geschlossenen konvexen Fläche behauptet auch die Existenz einer Fläche, welche eine auf der Kugel vorgegebene Metrik realisiert, wenn diese Metrik den ersten zwei Bedingungen des allgemeinen Theorems von der Zusammenheftung genügt. Aber es stellt sich heraus, daß diese zwei Bedingungen ebenfalls die lokale Isometrie der betrachteten Fläche zu konvexen Flächen garantieren, wobei sie hierfür nicht nur hinreichend, sondern auch notwendig und (vgl. [18]). Somit ist das Theorem des § 10 augenscheinlich ein Spezialfall des Theorems von der Zusammenheftung einer geschlossenen konvexen Fläche, da im letzteren Theorem die auf der Kugel vorgegebene Metrik allgemeiner ist als eine differentialgeometrische.

§ 16

Jetzt betrachten wir eine Reihe von Anwendungen des Theorems von der Zusammenheftung auf Probleme der Flächenverbiegung.

1. Es sei F eine konvexe geschlossene Fläche. Wenn die Fläche F dreimal stetig differenzierbar ist und überall eine positive Krümmung hat, dann ist sie, wie S. E. COHN-VOSSEN bewiesen hat (vgl. [1]), durch ihre Metrik eindeutig definiert, d. h. jede Fläche von demselben Glattheitsgrad, welche zu F isometrisch ist, kann mittels Bewegung und Spiegelung mit F zur Deckung gebracht werden.[1]) Zugleich ist es sehr wahrscheinlich, daß, wenn man aus der geschlossenen konvexen Fläche ein willkürliches Stück herausnimmt, der von ihr übrigbleibende Teil nichttriviale isometrische Deformationen zuläßt. Aber diese Behauptung ist bis jetzt nicht bewiesen; die üblichen Rechenmittel der Differentialgeometrie gestatten, sie nur in besonderen Einzelfällen aufzustellen (zum Beispiel ist die Verbiegbarkeit eines Stückes eines Rotationsellipsoids bekannt, von welchem man durch eine Ebene senkrecht zur Achse ein Stück abschneidet).

Das Theorem von A. D. ALEXANDROW von der Zusammenheftung einer konvexen Fläche gibt in dieser Frage einen wesentlichen Fortschritt. Jedenfalls gibt es die Möglichkeit, die Verbiegbarkeit einer willkürlichen geschlossenen konvexen Fläche festzustellen, aus welcher ein gewisses Stück herausgeschnitten ist, bei überaus verschiedenartigen Bedingungen für das herauszuschneidende Stück.

Als Beispiel werden wir den folgenden Satz beweisen (vgl. A. D. ALEXANDROW [18]):

Wenn man aus einer geschlossenen konvexen Fläche ein Dreieck mit positiver Integral-Krümmung herausschneidet, dessen Seiten Kürzeste sind, so läßt der übrigbleibende Teil der Fläche nichttriviale *isometrische Deformationen zu.*

[1]) Die Forderung dieses Theorems kann man abschwächen, vgl. §§ 17, 19 und 20.

Es sei ABC das herausgeschnittene Dreieck, S der übrigbleibende Teil der Fläche. Wir konstruieren ein ebenes Dreieck $A_0 B_0 C_0$ mit Seiten von derselben Länge wie beim Dreieck ABC. Da die Integral-Krümmung des Dreiecks ABC größer als Null ist, so sind seine Winkel größer als die entsprechenden Winkel des Dreiecks $A_0 B_0 C_0$.[1]) Deshalb kann man ein ebenes konvexes Sechseck $A_1 MB_1 NC_1 PA_1$ konstruieren, dessen Winkel und Seiten folgenden Bedingungen genügen:

$$A_1 < A, \; B_1 < B, \; C_1 < C,$$
$$A_1M + MB_1 = AB, \; B_1N + NC_1 = BC, \; C_1P + PA_1 = CA.$$

Infolge dieser Bedingungen ist die Anwendbarkeit des Theorems von der Zusammenheftung sichergestellt; das ebene Sechseck $A_1 MB_1 NC_1 PA_1$ kann man derart an die Fläche S „heften", daß man eine geschlossene konvexe Fläche bekommt. Der Teil von ihr, welcher S entspricht, wird zu S isometrisch aber ihr nicht gleich sein. Indem wir das Sechseck verändern, bekommen wir eine Schar von Flächen, die isometrisch zu S aber nicht gleich S sind.

Analog kann man die Verbiegbarkeit einer konvexen Fläche feststellen, welche man aus einer geschlossenen konvexen Fläche erhält durch Herausnahme eines Vielecks, wenn dessen Seiten Kürzeste sind und die Integral-Krümmung positiv ist. Mit derselben Methode bekommt man leicht auch noch allgemeinere Ergebnisse. Die Stetigkeit der Verbiegung ist durch diese Überlegung nicht festgestellt, aber durch ALEXANDROW ist bewiesen, daß die erhaltene Menge der Flächen zusammenhängend ist.

2. Es sei F ein geodätisch konvexer Bereich auf einer konvexen Fläche (d. h. ein solcher Bereich, von dem man zwei beliebige Punkte durch eine einzige Kürzeste verbinden kann, welche innerhalb des Bereiches verläuft); der Bereich F ist homöomorph einem Kreis. Man kann beweisen, daß die Begrenzung L des Bereiches F allen Forderungen genügt, welche im Theorem von der Zusammenheftung einer konvexen Fläche für die Begrenzungen der zusammengehefteten Flächen aufgestellt wurden. Außerdem kann man beweisen, daß für jeden Bogen der Begrenzung L die Schwenkung, gemessen von der Seite des Bereiches her, ≥ 0 ist (vgl. A. D. ALEXANDROW [3]).

Das Theorem von der Zusammenheftung einer konvexen Fläche ermöglicht einen sehr starken Satz über die Verbiegungen der Fläche F aufzustellen, nämlich:

Die Fläche F *ist isometrisch einer „Mütze", d. h. einer solchen konvexen Fläche* F', *deren Begrenzung* L' *eine ebene Kurve ist, und deren Projektion auf die Ebene der Kurve* L' *mit dem Bereich, der durch* L' *begrenzt ist, zusammenfällt* (vgl. [23]).

Zum Beweis nehmen wir einen kreisförmigen Zylinder C, der auf der einen Seite durch einen geodätischen Kreis L'' begrenzt ist und auf der anderen Seite sich ins Unendliche erstreckt. Es habe L'' dieselbe Länge wie L. Da L'' eine geodätische Linie ist (ihre Schwenkung ist 0), so kann man nach dem allgemeinen Theorem von der Zusammenheftung den Zylinder C an die Fläche F heften; indem wir diese Flächen heften, bekommen wir eine vollständige konvexe Fläche F' + C' (F' und C' sind bezüglich isometrisch zu F und C). Da C ein Zylinder ist und C' isometrisch zu C, so stellt C' eine Fläche dar, welche von einer Schar geradliniger Erzeugenden regulär bedeckt ist.[2]) Bei isometrischer Abbildung von C' auf C bedecken die Bilder der geradlinig Erzeugenden der Fläche C' regulär den Zylinder C; jede von diesen Linien besitzt die Eigenschaft, daß ein beliebiger

[1]) Vgl. A. D. ALEXANDROW [13].

[2]) Für den Beweis kann man benutzen, daß die Krümmung eines beliebigen Bereiches auf C' gleich Null ist, vgl. § 15.

Abschnitt von ihr Kürzeste zwischen den Enden ist. Aber nur die Schar der geradlinig Erzeugenden des Zylinders C besitzt diese Eigenschaft. Folglich entsprechen die geradlinigen Erzeugenden der Flächen C und C′ einander. Hieraus folgt, daß die Fläche C′ selbst ein Zylinder ist. Aber die Begrenzung von C′, längs welcher diese Fläche an F′ geheftet ist, erscheint auf C′ als geschlossene geodätische, folglich ist sie orthogonal zu den Erzeugenden des Zylinders C′. Deshalb ist die Begrenzung von C′ eine ebene Kurve. Aber $F' + C'$ ist eine konvexe Fläche, folglich ist F′ eine „Mütze".

3. Im Anfang der Abhandlung haben wir ausführlich die Lösung des Problems von WEYL von der Möglichkeit der Realisierung einer auf der Kugel vorgegebenen Metrik positiver Krümmung dargelegt. Eine natürliche Ergänzung zu diesem Problem ist das Problem von der Realisierung einer in einer Ebene vorgegebenen Metrik positiver Krümmung (eine solche Metrik kann nicht mehr durch eine geschlossene, wohl aber durch eine unendliche konvexe Fläche realisiert werden). Das Theorem von A. D. ALEXANDROW führt hier zu einem Ergebnis von besonderer Einfachheit. Genau wird dieses Resultat auf folgende Weise formuliert (vgl. [23]):

Es sei R *eine zweidimensionale Mannigfaltigkeit mit einer inneren Metrik*[1]), *lokal isometrisch konvexen Flächen. Wenn* R *homöomorph zur Ebene und vollständig ist, so existiert eine unendliche konvexe Fläche* F, *welche die Metrik von R realisiert* (F *kann ein zweifach bedeckter ebener Bereich sein).*

Die Hauptmomente des Beweises sind folgende:

Es sei $G_1 \subset R$ ein einfach zusammenhängendes geodätisches Vieleck. Infolge der Vollständigkeit von R kann man behaupten, daß für jeden Punkt $A \in R - G_1$ eine Kurve L_1 existiert, welche Enden im Punkt A hat, G_1 umfaßt und als kürzeste Kurve unter allen Kurven einer solchen Beschaffenheit erscheint. Die Kurve L_1 begrenzt ein geodätisches Vieleck H_1 ($G_1 \subset H_1$), dessen Winkel alle $< \pi$ sind mit Ausnahme möglicherweise des Winkels bei A. Wir bezeichnen durch B einen solchen Punkt von L_1, daß er zusammen mit dem Punkt A L_1 in zwei Bogen gleicher Länge teilt. Da wir diese Bogen gleichgemacht haben, können wir nach dem Lehrsatz von der Zusammenheftung aus H_1 eine geschlossene konvexe Fläche F_1 zusammenheften.

Wir geben jetzt eine Folge von Vielecken $G_1, G_2, \ldots, G_n \subset G_{n+1}$ vor, welche R ausschöpft; wir bekommen die entsprechende Folge von geschlossenen konvexen Flächen $F_1, F_2, \ldots$ Wenn die Flächen F_n mit Genauigkeit bis auf die Lage im Raume definiert sind, so folgt: 1. man kann aus der Folge $F_1, F_2, \ldots$ die konvergierende Teilfolge $F_{n_1}, F_{n_2} \ldots$ auswählen, 2. die Grenzfläche von F_{n_k} ist eine konvexe Fläche F, die isometrisch zu R ist.[2]) (Die Beweise dieser Sätze sind in [3] gegeben.)

Die hier gegebenen Beispiele erschöpfen nicht alle Anwendungen des allgemeinen Lehrsatzes von der Zusammenheftung; er findet auch Anwendung in einer Reihe von Fragen außerhalb der Theorie der Flächenverbiegung (vgl. z. B. [23]).

---

1) Die Definition der inneren Metrik ist von uns dargelegt in § 14.

2) Die Eindeutigkeit der Fläche F gilt im allgemeinen nicht; vgl. § 20 (das Theorem von S. P. OLOWJANISCHNIKOW).

Problematik zu §§ 1—16

Unter den verschiedenen Aufgaben, welche im Zusammenhang mit dem allgemeinen Problem der Realisierung einer vorgegebenen konvexen Metrik entstehen, wollen wir auf die folgenden hinweisen:

1. *Was läßt sich sagen über den Grad der Regularität einer konvexen Fläche in Abhängigkeit vom Grad der Regularität ihrer Metrik? Wird insbesondere eine konvexe Fläche analytisch in dem Fall, wenn ihre Metrik analytisch ist?*

Diese Frage ist dem Wesen nach bereits in § 15 gestellt worden. Wir wollen eine kurze Übersicht über die in dieser Richtung erhaltenen Resultate geben; es ist festgestellt, daß

a) eine Fläche von beschränkter Gaußscher Krümmung glatt ist, wenn sie geschlossen ist, oder wenn ihre Krümmung nicht beliebig nahe der Null sein kann (A. Alexandrow [19]);

b) eine glatte Fläche mit einer analytischen Metrik nicht einen isolierten Punkt der Störung der zweimaligen Differenzierbarkeit haben kann (S. Cohn-Vossen [21]);

c) es für die zweimalige Differenzierbarkeit einer Fläche nicht hinreichend ist, wenn die Krümmung stetig und positiv ist; Beispiel: Die Fläche $2z = x^2 \ln z + \frac{y^2}{\ln z}$ hat eine stetige positive Gaußsche Krümmung, aber eine ihrer Hauptkrümmungen ist im Nullpunkt gleich unendlich (Beispiel von Alexandrow);

d) jede dreimal stetig differenzierbare Fläche mit einer analytischen Metrik von positiver Krümmung analytisch ist (folgt aus einem Satz von S. N. Bernstein [22] in Anwendung auf die Darbouxsche Gleichung, siehe § 41);

e) eine geschlossene konvexe Fläche von positiver Krümmung mit einer analytischen Metrik eine analytische Fläche ist (solch eine Fläche hat eine beschränkte Gaußsche Krümmung; A. W. Pogorelow hat bewiesen, daß ein Ovaloid von beschränkter Krümmung eindeutig definiert wird durch seine Metrik in der Klasse aller Ovaloide; gemäß den Sätzen von Weyl-Lewy läßt sich zu einem Ovaloid von positiver Krümmung mit einer analytischen Metrik ein isometrisches analytisches Ovaloid konstruieren; aus dem vorhergehenden ergibt sich, daß es mit dem vorgegebenen zusammenfällt).

2. *Läßt sich behaupten, daß ein Ovaloid, aus dem ein Gebiet positiver Krümmung entfernt worden ist, stetige Verbiegungen zuläßt (vgl. § 16)? Was kann gesagt werden über den Grad der Regularität von Verbiegungen im Falle eines regulären (im Falle eines analytischen) Ovaloides?* (Läßt sich eine solche Verbiegung konstruieren, daß die erhaltene Schar von Flächen stetig differenzierbar ist nach dem Parameter? usw.; im Zusammenhang damit vgl. auch [43] Seite 120).

3. *Es sind Abschätzungen zu geben, welche den Grad der Deformierbarkeit eines Ovaloides mit einem durch eine Ebene weggeschnittenen Teil von positiver Krümmung charakterisieren* (auch wenn nicht stetige Deformationen in Betracht gezogen werden).

Wir wollen diese Aufgabe erläutern. Es sei F ein Ovaloid, τ eine Stützebene, α eine zu τ parallele Ebene, welche das Ovaloid längs der Kurve L schneidet. Ist α genügend nahe bei τ, so wird die Schwenkung von L auf der Seite des τ berührenden Gebietes G überall ≥ 0 sein. Wir nehmen auf L zwei willkürliche Punkte P, Q an und halbieren die Bögen PQ durch die Punkte A und B. Wir stellen uns jetzt vor, daß das Gebiet G von F abgetrennt wird. Infolge der allgemeinen Theorie über das Zusammenheften läßt sich das Gebiet G isometrisch so transformieren, daß einer der Bögen seiner Umrandung mit dem anderen zusammengeheftet wird; dabei fallen die Punkte P und Q zusammen. Somit lassen sich im betrachteten Falle durch Verbiegung des Gebietes G zwei beliebige Punkte seiner Umrandung zum Zusammenfallen bringen.

Es möge jetzt α von τ so weit entfernt werden, daß die Schwenkung von L auf der Seite von G überall ≤ 0 ist. Wir wollen eine Ellipse Γ, von derselben Länge wie L, annehmen und sie isometrisch auf L abbilden. Wenn die Schwenkung jedes Bogens der Ellipse Γ größer ist als der Betrag der Schwenkung des entsprechenden Bogens von L, so läßt sich der Bereich im Inneren der Ellipse an das Gebiet G anheften. Wir wollen mit P und Q die Punkte auf dem Rande L des Gebietes G bezeichnen, welche mit den Enden der kleinen Achse von Γ zusammenfallen. Bei der erwähnten Konstruktion werden sich die Punkte P und Q (im Raume) nähern; durch Dehnen der Ellipse Γ können die Punkte P und Q noch näher gerückt werden, aber offenbar kann ihre Näherung nicht unbegrenzt sein. Es handelt sich darum, die möglichst besten allgemeinen Abschätzungen für den maximalen Abstand zwischen zwei gegebenen Punkten des Randes des Gebietes G (im Vergleich mit dem ursprünglichen Abstand zwischen ihnen) bei allen isometrischen Deformationen des Gebietes G zu geben.

Schwieriger ist die analoge Aufgabe in bezug auf Punkte, welche innerhalb des Gebietes G liegen (für die Halbkugel ist diese Aufgabe von COHN-VOSSEN in seinem Artikel [1] formuliert worden).

V. Das Problem der eindeutigen Bestimmtheit

§ 17

In den vorhergehenden Paragraphen beschäftigten wir uns hauptsächlich mit der Frage nach der Existenz einer Fläche, welche eine im voraus gegebene Metrik realisiert. Jetzt werden wir uns mit der Untersuchung der Fälle von Einzigkeit dieser Fläche beschäftigen oder, wie üblich ist zu sagen, mit dem Problem der eindeutigen Bestimmtheit.

Die Fläche F heißt eindeutig bestimmt (durch ihre Metrik), wenn jede Fläche, die zu F isometrisch ist, mittels Bewegung und Spiegelung mit ihr zur Deckung gebracht werden kann.

Bei der Behauptung der eindeutigen Bestimmtheit irgendeiner Fläche müssen natürlich jene geometrischen und analytischen Bedingungen angegeben werden, durch welche die Klasse der zugelassenen Flächen beschränkt ist.

In erster Linie führen wir die Ergebnisse an, die sich auf das Problem der eindeutigen Bestimmtheit in der Klasse regulärer Flächen beziehen.

Sogar bei diesen Einschränkungen und ungeachtet der Anstrengungen vieler erstklassiger Mathematiker sind bis jetzt nur zwei allgemeine Theoreme erzielt worden:

1. Das Theorem von S. E. Cohn-Vossen von der eindeutigen Bestimmtheit von Ovaloiden[1]) von positiver Krümmung in der Klasse dreifach stetig differenzierbarer Flächen;

2. das Theorem von A. D. Alexandrow von der eindeutigen Bestimmtheit der Flächen vom Typ eines Torus in der Klasse der analytischen Flächen (die Definition von Flächen vom Torus-Typ wird später zusammen mit dem Beweis des Theorems von Alexandrow angegeben).[2])

Das Theorem von S. E. Cohn-Vossen wurde 1927 von ihm ermittelt bei Voraussetzung der stückweisen Analytizität der betrachtenden Flächen (vgl. [24]); im Jahre 1936 publizierte Cohn-Vossen in seiner Überblicks-Abhandlung in den Uspechi math. Nauk [1] einen etwas veränderten Beweis, der von dieser Voraussetzung frei ist. Die Forderung der positiven Krümmung der Fläche ist für die Methode von Cohn-Vossen wesentlich. Jetzt setzen wir einen neuen Beweis des Theorems von Cohn-Vossen auseinander, der Herglotz gehört (vgl. [25]); dabei wird die Forderung der positiven Krümmung aufgegeben. Das Theorem, welches

---

[1]) Ovaloid heißt eine konvexe geschlossene Fläche.

[2]) Von speziellen Ergebnissen dieses Gebietes muß man den Lehrsatz von Hilbert erwähnen von der eindeutigen Bestimmtheit der Kugel (vgl. [1]). In den Überlegungen von Hilbert ist folgender Satz von besonderem Interesse: Bei isometrischer Deformation eines Bereiches auf der Kugel wird das Maximum der Normalkrümmung am Rande erreicht; hieraus ergibt sich sogleich die eindeutige Bestimmtheit der Kugel. Durch diesen Satz wird eine gewisse Eigenschaft der Verbiegung der Kugel sowohl im Großen wie im Kleinen festgestellt. Eine gleichartige Eigenschaft für ein beliebiges Ovaloid ist nicht ermittelt.

wir beweisen werden, ist so formuliert: *In der Klasse der dreifach stetig differenzierbaren Flächen ist jedes Ovaloid eindeutig bestimmt.*

Der Beweis wird auf eine Integralformel gestützt, welche wir jetzt mitteilen und benutzen und etwas später beweisen werden.

Es seien F_1, F_2 zwei geschlossene orientierte und zueinander isometrische Flächen. Wir setzen voraus, daß auf ihnen die lokalen Koordinaten u, v derart eingeführt sind, daß die isometrische Abbildung durch die Gleichheit dieser Koordinaten bestimmt ist. Es seien

$$ds^2 = E\,du^2 + 2\,F\,du\,dv + G\,dv^2$$

die den F_i $(i = 1,2)$ gemeinsame metrische Form, K die Gaußsche Krümmung, H_i die mittleren Krümmungen und

$$\psi_i = \sqrt{EG - F^2}\,(\lambda_i\,du^2 + 2\,\mu_i\,du\,dv + \nu_i\,dv^2)$$

die zweiten quadratischen Formen der Flächen F_i. Es gilt die Gleichung

$$\text{(A)} \qquad \int\limits_{F_1} \begin{vmatrix} \lambda_2 - \lambda_1 & \mu_2 - \mu_1 \\ \mu_2 - \mu_1 & \nu_2 - \nu_1 \end{vmatrix} (\mathfrak{n}\mathfrak{r})\,d\sigma = \int\limits_{F_2} H_2\,d\sigma - \int\limits_{F_1} H_1\,d\sigma$$

wo $\mathfrak{r}$ der Radiusvektor eines Punktes auf F_1, $\mathfrak{n}$ der Einheitsvektor der Normalen von F_1, $d\sigma$ ein Flächenelement ist.

Aus der Formel (A) geht das Theorem beinahe unmittelbar hervor.

In der Tat, es sei F_1 ein Ovaloid, G_1 die Menge seiner Punkte mit $K > 0$, G_2 die entsprechende Menge auf F_2 (die Fläche F_2 ist auch ein Ovaloid). Wir setzen voraus, daß der Einheitsvektor der Normalen von jeder der Flächen F_1, F_2 in den inneren Bereich des Raumes gerichtet ist. Dann sind in den Punkten von G_i die quadratischen Formen ψ_i positiv definit.

In den Punkten von G_i haben wir $\lambda_2\nu_2 - \mu_2^2 = \lambda_1\nu_1 - \mu_1^2 > 0$; bei dieser Bedingung ist

$$\Delta = \begin{vmatrix} \lambda_2 - \lambda_1 & \mu_2 - \mu_1 \\ \mu_2 - \mu_1 & \nu_2 - \nu_1 \end{vmatrix} \leq 0$$

und wenn $\Delta = 0$, so ist $\psi_1 \equiv \psi_2$.

Auf der Ergänzung von G_i ist $\lambda_2\nu_2 - \mu_2^2 = \lambda_1\nu_1 - \mu_1^2 = 0$; auch bei dieser Bedingung ist $\Delta \leq 0$, aber im Falle $\Delta = 0$ kann man dann nicht folgern, daß $\psi_1 \equiv \psi_2$ wäre[1]).

[1]) Beweis. Bei fixierten u, v können wir ψ_i als algebraische quadratische Formen ansehen (mit den Argumenten $du = \xi$, $dv = \eta$). Wenn diese Formen positiv definit sind, so kann man sie gleichzeitig in die kanonische Form überführen: $a_1\xi^2 + b_1\eta^2$ und $a_2\xi^2 + b_2\eta^2$, wo $a_i > 0$, $b_i > 0$ und $a_1 b_1 = a_2 b_2$ ist. Ohne Einschränkung der Allgemeinheit kann man $a_1 b_1 = a_2 b_2 = 1$ annehmen. Die Determinante Δ ist die Diskriminante der Differenz $\psi_2 - \psi_1$; bei der Veränderung der Koordinaten wird sie mit einem positiven Faktor multipliziert und hat in den neuen Koordinaten die Form

$$\begin{vmatrix} a_2 - a_1 & 0 \\ 0 & b_2 - b_1 \end{vmatrix} = (a_2 - a_1)(b_2 - b_1) = -\frac{(a_2 - a_1)^2}{a_1 a_2}\,.$$

Hiernach ist es klar, daß $\Delta \leq 0$ ist, und wenn $\Delta = 0$, so ist $\psi_2 \equiv \psi_1$. Diese Behauptung ist auch aus geometrischen Überlegungen leicht aufzustellen, indem wir bemerken, daß die Gleichungen $\psi_1 = 1$ und $\psi_2 = 1$ Ellipsen mit gleichem Flächeninhalt definieren. Im Falle, wenn die Diskriminanten der Formen gleich Null sind, ist die Ungleichung $\Delta \leq 0$ richtig als Grenzfall des vorhergehenden.

Wir legen F_1 und F_2 so, daß es einen Punkt gibt, der innerhalb von F_1 und F_2 liegt; in diesen Punkt legen wir den Koordinatenanfang. Dann wird auf der Fläche F_1 überall $\mathfrak{n}\mathfrak{x} < 0$ sein. Somit ist

$$\int_{F_2} H_2 d\sigma - \int_{F_1} H_1 d\sigma \geqq 0;$$

indem wir aber die Rollen der Flächen F_1 und F_2 vertauschen, ermitteln wir:

$$\int_{F_1} H_1 d\sigma - \int_{F_2} H_2 d\sigma \geqq 0.$$

Folglich ist die linke Seite von (A) gleich Null. Aber dann folgt aus der Gleichung

$$\int_{F_1} \Delta(\mathfrak{n}\mathfrak{x}) d\sigma = 0$$

bei der Bedingung $(\mathfrak{n}\mathfrak{x}) < 0$ $\Delta \equiv 0$. Hieraus schließen wir, daß $\psi_2 \equiv \psi_1$ in den Punkten von G_i und deshalb jeder zusammenhängende Teil von G_1 dem entsprechenden Teil von G_2 kongruent ist. Jetzt ist klar, daß auch jede zusammenhängende und abgeschlossene Komponente von G_1 der entsprechenden zusammenhängenden und abgeschlossenen Komponente von G_2 kongruent ist. Endlich folgt die Kongruenz der Flächen F_1 und F_2 im ganzen daraus, daß der Bereich der Krümmung Null der Fläche F_2 als abwickelbare Fläche vollständig definiert ist durch die Berührungsebenen von F_2 in den Randpunkten von G_2 und durch die Bedingung der Isometrie des entsprechenden Bereiches der Fläche F_1.

Die in den Bedingungen des Theorems anfgestellten Forderungen der Glattheit sind nötig für den Beweis der Formel (A).

D e r B e w e i s d e r F o r m e l (A). Es seien F_1 und F_2 zwei isometrische Flächen; wir betrachten auf diesen Flächen zwei in der Isometrie entsprechende einfach zusammenhängende Bereiche G_1 und G_2, begrenzt durch die Kurven Γ_1 und Γ_2. Wir bezeichnen durch G den Bereich der (u, v)-Ebene, welcher den Bereichen G_i entspricht, durch Γ dessen Begrenzung. Wir setzen voraus, daß die Kurve Γ nach den üblichen Regeln der Integralrechnung orientiert ist (zusammen damit ist die Orientierung von Γ_i bestimmt). Wir führen die Bezeichnungen ein:

(1) $$\Phi_{F_1}(G) = \int_G \Delta(\mathfrak{n}\mathfrak{x}) d\sigma,$$

wo $\mathfrak{x}$ der Radiusvektor eines Punktes der Fläche F_1 ist, $\mathfrak{n}$ der Einheitsvektor der Normalen derselben Fläche, und

(2) $$\Psi(G) = \int_G (H_2 - H_1) d\sigma.$$

Unser nächstes Ziel ist, die Differenz $\Phi_{F_1}(G) - \Psi(G)$ in Form eines Integrals längs der Kurve Γ auszudrücken.

Wir betrachten die zwei Vektoren:

$$\mathfrak{p} = \alpha \mathfrak{x}_u - \beta \mathfrak{x}_v.$$
$$\mathfrak{q} = \gamma \mathfrak{x}_u - \alpha \mathfrak{x}_v,$$

indem wir $\beta = \lambda_2 - \lambda_1$, $\alpha = \mu_2 - \mu_1$, $\gamma = \nu_2 - \nu_1$ setzen, und bilden die Differenz

$\mathfrak{q}_u - \mathfrak{p}_v$; indem wir die bekannten Formeln für die Ausdrücke der zweiten partiellen Ableitungen für den Radiusvektor eines Punktes der Fläche benutzen, erhalten wir

$$\mathfrak{q}_u - \mathfrak{p}_v = A\mathfrak{x}_u + B\mathfrak{x}_v + C\mathfrak{n},$$

wo

$$A = \frac{\partial\gamma}{\partial u} - \frac{\partial\alpha}{\partial v} + \left\{ {1 \atop 22} \right\}\beta - 2\left\{ {1 \atop 12} \right\}\alpha + \left\{ {1 \atop 11} \right\}\gamma;$$

$$B = \frac{\partial\beta}{\partial v} - \frac{\partial\alpha}{\partial u} + \left\{ {2 \atop 22} \right\}\beta - 2\left\{ {2 \atop 12} \right\}\alpha + \left\{ {2 \atop 11} \right\}\gamma,$$

$$C = L_1\gamma - 2M_1\alpha + N_1\beta$$

ist. Da λ_1, μ_1, ν_1 die durch $\sqrt{EG - F^2}$ dividierten Koeffizienten der zweiten quadratischen Formen der Flächen F_1 sind, so ist infolge der Codazzischen Gleichungen $A = B = 0$.

Weiter vermerken wir, daß nach dem Theorem von GAUSS $\lambda_1\nu_1 - \mu_1^2 = \lambda_2\nu_2 - \mu_2^2$ ist; hieraus folgt die Gleichung $C = -(\beta\gamma - \alpha^2)\sqrt{EG - F^2}$. Somit ist

(3) $$\mathfrak{q}_u - \mathfrak{p}_v = -(\beta\gamma - \alpha^2)\sqrt{EG - F^2}\,\mathfrak{n}.$$

Andererseits ist

(4) $$H_2 - H_1 = \frac{1}{\sqrt{EG - F^2}}\left\{ G(\lambda_2 - \lambda_1) - 2F(\mu_2 - \mu_1) + E(\nu_2 - \nu_1) \right\}$$
$$= \frac{1}{\sqrt{EG - F^2}}\left\{ G\beta - 2F\alpha + E\gamma \right\}$$
$$= \frac{1}{\sqrt{EG - F^2}}\left\{ \mathfrak{q}\mathfrak{x}_u - \mathfrak{p}\mathfrak{x}_v \right\}.$$

Infolge von (4) und (2) haben wir

$$\Psi(G) = \iint_G (\mathfrak{q}\mathfrak{x}_u - \mathfrak{p}\mathfrak{x}_v)\,du\,dv$$
$$= \iint_G [(\mathfrak{q}\mathfrak{x})_u - (\mathfrak{p}\mathfrak{x})_v]\,du\,dv - \iint_G (\mathfrak{q}_u - \mathfrak{p}_v)\,\mathfrak{x}\,du\,dv.$$

Aber nach (3) und (1) ist

$$\iint_G (\mathfrak{q}_u - \mathfrak{p}_v)\,\mathfrak{x}\,du\,dv = -\Phi_{F_1}(G),$$

und nach der Formel von GREEN ist

$$\iint_G [(\mathfrak{q}\mathfrak{x})_u - (\mathfrak{p}\mathfrak{x})_v]\,du\,dv = \int_\Gamma (\mathfrak{p}\mathfrak{x}\,du + \mathfrak{q}\mathfrak{x}\,dv).$$

Folglich ist

(B) $$\Phi_{F_1}(G) = \Psi(G) - \int_\Gamma (\mathfrak{p}\mathfrak{x}\,du + \mathfrak{q}\mathfrak{x}\,dv).$$

und damit haben wir die für uns nötige Beziehung erhalten. Hieraus wird die Formel (A) leicht abgeleitet. Um sie zu beweisen, bemerken wir zuerst, daß $\Phi_{F_1}(G)$

und Ψ (G) invariante Funktionen des Bereiches G sind, d. h. die Größen hängen nicht von der Wahl des Koordinatensystems ab. Der invariante Charakter von $(H_2 - H_1)\, d\sigma$ und $(\mathfrak{r}\mathfrak{n})\, d\sigma$ ist augenscheinlich, Zweifel kann nur die Größe

$$\begin{vmatrix} \lambda_2 - \lambda_1 & \mu_2 - \mu_1 \\ \mu_2 - \mu_1 & \nu_2 - \nu_1 \end{vmatrix}$$

verursachen. Aber diese Größe stellt einen Ausdruck in den Invarianten von zwei invarianten quadratischen Formen dar und ist folglich ebenfalls invariant. Da φ_{F_1} (G) und ψ (G) invariant sind, so hängt auch das Randintegral in der Formel (B) nicht vom Koordinatensystem ab.

Wir nehmen auf der Fläche F_1 eine Triangulation vor; es seien $G_1, \ldots, G_n$ die Bereiche, in welche die Fläche F_1 zerteilt wird. Da F_1 als orientiert vorausgesetzt ist, so kann man die Bereiche $G_1, \ldots, G_n$ derart orientieren, daß jeder Abschnitt, längs welchem irgend zwei benachbarte Bereiche aneinander anschließen, zweimal und zwar in entgegengesetzten Richtungen durchlaufen wird. Wenn wir daher die Beziehungen in der Form (B) entsprechend den Bereichen $G_1, \ldots, G_n$ aufschreiben und sie gliedweise summieren, annullieren sich die Randintegrale gegenseitig; die dabei gewonnene Gleichung ist dann die Formel (A).

§ 18

Indem man Formel (A) anwendet, kann man die Ergebnisse von A. D. ALEXANDROW über die Unverbiegbarkeit der Flächen vom Typ T (Torus Typ) wesentlich verschärfen.

Nach der Definition von ALEXANDROW (vgl. [26]) ist eine Fläche vom T-Typ eine geschlossene orientierte zweifach stetig differenzierbare Fläche, welche folgenden Bedingungen genügt:

1. Die Fläche läßt sich in eine endliche Anzahl von Bereichen teilen; in jedem von ihnen ändert die Gaußsche Krümmung K das Vorzeichen nicht und wird nur am Rande zu Null;
2. die Totalkrümmung aller Bereiche von positiver Krümmung ist gleich 4π;
3. die Bereiche mit $K>0$ sind von den Bereichen mit $K<0$ durch stückweise glatte Kurven getrennt.

Alle diese Bedingungen haben innergeometrischen Charakter. Aber von ihnen ausgehend, gelang es ALEXANDROW, weitgehende Schlüsse auf die Form der Flächen des Typs T zu ziehen:

Bei jeder Fläche T *ist jener Teil von ihr, wo die Gaußsche Krümmung positiv ist, ein zusammenhängendes Stück einer gewissen geschlossenen konvexen Fläche, und er ist von den Teilen mit negativer Krümmung durch geschlossene konvexe Kurven getrennt, von welchen jede in einer Berührungsebene liegt. Wenn man den Teil der Fläche* T *mit positiver Krümmung durch die Stücke der Berührungsebenen ergänzt, welche durch die erwähnten Kurven ausgeschnitten werden, so bekommt man eine geschlossene konvexe Fläche, innerhalb welcher die Teile von* T *mit negativer Krümmuug liegen* (Beweis vgl. [26], S. 71).

Die einfachste Fläche vom Typ T ist der gewöhnliche Torus. Es erscheinen Flächen vom Typ T, die homöomorph der Kugel sind mit einer beliebigen Zahl von „Henkeln“.

Die analytischen Flächen vom Typ T *sind in der Klasse analytischer Flächen eindeutig bestimmt* (ALEXANDROW [26]). Wir werden sogleich ein Theorem beweisen, das im Sinne der Forderungen der Glattheit allgemeiner ist und sich auf die Klasse dreifach stetig differenzierbarer Flächen bezieht, aber dabei müssen wir einige spezielle Fälle der Flächen T ausschließen:

Wenn die Fläche T' isometrisch ist zur Fläche T, so ist der Bereich positiver Krümmung von T' kongruent dem Bereich positiver Krümmung von T; dabei wird gefordert, daß der Rand des Bereiches positiver Krümmung der Fläche T keine geodätischen Stücke enthält. (Hieraus folgt sofort, daß im Falle der Analytizität die ganze Fläche T' kongruent ist der Fläche T.)

Beweis. Es sei G ein Bereich positiver Krümmung der Fläche T, γ ein glattes Stück des Randes von G. Die Menge der Punkte der geodätischen Krümmung Null von γ ist nach der Bedingung des Theorems nirgends kompakt. Wir bezeichnen durch $\overline{\gamma}$ irgendein ergänzendes Intervall zu dieser Menge, d. h. ein Stück von γ, wo die geodätische Krümmung verschieden von Null ist. Wir führen in der Umgebung U irgend eines Punktes von $\overline{\gamma}$ das System der inneren Koordinaten u, v so ein, daß die Linien v = const. die zu $\overline{\gamma}$ orthogonalen Geodätischen und die Linien u = const. deren orthogonale Trajektorien sind (die Linie $\overline{\gamma}$ selbst sei dabei definiert durch die Gleichung u = 0, und dem Bereich positiver Krümmung entspricht u > 0).

Auf der Fläche T' entspricht der Linie $\overline{\gamma}$ und der Umgebung U in der Isometrie die Linie $\overline{\gamma}'$ und die Umgebung U'; in der Umgebung U' führen wir die Koordinaten u, v so ein, daß die entsprechenden Punkte von U und U' definiert werden durch gleiche Werte von u, v. In den Koordinaten u, v haben die Flächen T und T' die gemeinschaftliche metrische Form

$$ds^2 = du^2 + G dv^2;$$

die Koeffizienten der zweiten quadratischen Formen bezeichnen wir entsprechend mit L_1, M_1, N_1 und L_2, M_2, N_2 (die Einheitsvektoren der Normalen werden wir als ins Innere der Bereiche T und T' gerichtet voraussetzen). Wir setzen

$$L = L_1 + L_2,\quad M = M_1 + M_2,\quad N = N_1 + N_2,$$
$$l = L_1 - L_2,\quad m = M_1 - M_2,\quad n = N_1 - N_2.$$

Unser nächstes Ziel ist zu beweisen, daß bei u = 0 l = m = n = 0 ist. Wie oben erwähnt, liegt jede zusammenhängende Komponente des Randes von G auf einer Berührungsebene der Fläche T. Deshalb haben wir längs $\overline{\gamma}$ $M_1 = N_1 = 0$.

Nach analogen Erwägungen ist $M_2 = N_2 = 0$.

Folglich ist bei u = 0

$$M = N = m = n = 0. \tag{1}$$

Wenn bei u = 0 L = 0 ist, so ist auch l = 0, da wir bei u > 0 haben $L_1 \geqq 0$, $L_2 \geqq 0$. Somit müssen wir nur den Fall $L \neq 0$ betrachten.

Nach dem Theorem von GAUSS ist $L_1 N_1 - M_1{}^2 = L_2 N_2 - M_2{}^2$; hieraus folgt

$$Ln - 2Mm + Nl = 0. \tag{2}$$

Außerdem bekommen wir aus den Formeln von CODAZZI:

$$M_v - N_u = \frac{G_v}{2G} M - \frac{G_u}{2G}(N + GL), \tag{3}$$

$$m_v - n_u = \frac{G_v}{2G} m - \frac{G_u}{2G}(n + Gl). \tag{4}$$

Indem wir (2) nach u differenzieren und (1) in Betracht ziehen, ermitteln wir, daß bei $u = 0$

$$L n_u + N_u l = 0$$

ist. Andererseits haben wir aus (3) und (1) bei $u = 0$:

$$N_u = \frac{1}{2} G_u L.$$

Indem wir die zwei letzten Gleichungen und die Bedingung $L \neq 0$ vergleichen, erhalten wir

$$n_u = -\frac{1}{2} G_u l. \tag{5}$$

Die Formel (4) gibt bei $u = 0$:

$$n_u = \frac{1}{2} G_u l. \tag{6}$$

Da in allen Punkten von $\bar{\gamma}$ die geodätische Krümmung verschieden von 0 ist, so ist $G_u \neq 0$. Somit folgt aus (5) und (6) $l = 0$.

Wir bewiesen, daß bei geeigneten Koordinaten in allen Punkten von γ, wo die geodätische Krümmung nicht gleich Null ist, die Gleichungen gelten $l = m = n = 0$; aber die Funktionen l, m, n sind stetig, folglich gelten diese Gleichungen längs der ganzen Linie γ.

Wir benutzen jetzt die Formel (B) § 17.

In den Koordinaten u, v werden bei $u = 0$ zusammen mit $l = m = n = 0$ auch $\alpha = \beta = \gamma = 0$ sein. Deshalb haben wir

$$\int_{\gamma} (\mathfrak{p}\mathfrak{x}\, du + \mathfrak{q}\mathfrak{x}\, dv) = 0. \tag{7}$$

Wir konstruieren irgendeine Triangulierung des Bereiches G; es seien $G_1, \ldots, G_n$ Bereiche, in welche G geteilt ist. Wir schreiben die Formel (B) n-mal, indem wir in ihr statt G der Reihe nach $G_1, \ldots, G_n$ nehmen, wobei wir annehmen, daß die Rollen von F_1 und F_2 die Flächen T und T′ spielen und die Rolle von Γ die Begrenzung desjenigen von den Bereichen $G_1, \ldots, G_n$, auf welchen sich die Formel bezieht. Indem wir alle auf diese Weise erhaltenen Gleichungen zusammenzählen, kommen wir zur Formel (A) § 17, wo statt F_1 und F_2 die Bereiche positiver Krümmung der Flächen T und T′ figurieren; um sich davon zu überzeugen, ist es hinreichend in Betracht zu ziehen, daß die Randintegrale, welche längs der inneren Abschnitte der Triangulierung genommen werden, sich paarweise annullieren und jene, welche am Rand des Bereiches G genommen werden, infolge (7) gleich Null sind.

Danach braucht man für den Beweis der Kongruenz der Bereiche positiver Krümmung der Flächen T und T′ nur T und T′ so zu legen, daß ihre konvexen Hüllen einen gemeinschaftlichen inneren Punkt haben und wörtlich die Überlegungen zu wiederholen, mittels welcher das Theorem von Cohn-Vossen bewiesen wurde.

Zum Schluß bemerken wir, daß geschlossene Flächen existieren, welche durch ihre Metrik nicht eindeutig bestimmt sind. Der Beweis der Existenz solcher Flächen wurde von Cohn-Vossen gegeben (vgl. Cohn-Vossen [1] und [27]).

§ 19[1])

Das Theorem von COHN-VOSSEN über die eindeutige Bestimmtheit der Ovaloide kann in zweifacher Beziehung wesentlich verschärft werden.

Erstens kann man die Bedingung der Geschlossenheit ersetzen durch die Bedingung, daß die Totalkrümmung der Fläche gleich 4π ist (indem man die Vergleichsflächen als konvex voraussetzt). Folglich kann es sich um ein Ovaloid handeln, bei welchem ein gewisser Bereich entfernt wurde, in dem die Gaußsche Krümmung gleich Null ist. Aber wenn die Fläche nicht geschlossen ist, werden wir fordern, daß sie durch rektifizierbare Kurven begrenzt ist, bei denen der Bogen eine bestimmte Schwenkung von beschränkter Variation hat.[2]) Dabei handelt es sich um die Schwenkung im Sinne der innereu Geometrie (Definition vgl. § 14); im Zusammenhang damit ist es vorteilhaft, zur Fläche ihre Begrenzung hinzuzufügen, d. h. im weiteren ist die Rede von berandeten (oder schon geschlossenen) Flächen. Die Totalkrümmung wird auf innere Weise definiert, und sie ist gleich der Fläche des sphärischen Bildes der Fläche mit Ausnahme des Randes.

Zweitens kann man die Bedingung der dreifach stetigen Differenzierbarkeit beträchtlich abschwächen, indem man nur „die Beschränktheit der Normalkrümmungen“ fordert. Den genauen Sinn der letzten Bedingung kann man auf folgende Weise definieren.

Es sei $\mathfrak{x} = \mathfrak{x}(s)$ die Vektorgleichung der glatten Kurve L, wo s die Länge des Bogens dieser Kurve ist. Wir werden sagen, daß die Kurve L im Punkt $\mathfrak{x}(s_0)$ eine Krümmung nicht größer als M hat, wenn $|\mathfrak{x}'(s) - \mathfrak{x}'(s_0)| \leq M|s - s_0|$ ist bei kleinen $|s - s_0|$. Geometrisch bedeutet das, daß das Verhältnis des Winkels zwischen den Tangenten in den Punkten $\mathfrak{x}(s)$ und $\mathfrak{x}(s_0)$ zum Bogen $|s - s_0|$ beschränkt ist. Wir werden sagen, daß die glatte konvexe Fläche S *beschränkte Normalkrümmungen* hat, wenn eine solche Zahl M existiert, daß jeder Normalschnitt der Fläche S eine Krümmung hat nicht größer als M in dem Punkt, in dem seine Ebene durch die Normale zu S verläuft.

Theorem A. *Es möge die konvexe Fläche S_1 mit beschränkten Normalkrümmungen die Totalkrümmung 4π haben und, wenn sie nicht geschlossen ist, ihr Rand aus rektifizierbaren Kurven mit Schwenkungen von beschränkter Variation bestehen. Bei diesen Bedingungen stellt sich die isometrische Abbildung der Fläche S_1 auf eine andere konvexe Fläche S_2 mit beschränkten Normalkrümmungen als Bewegung oder Bewegung und Spiegelung heraus.*

Die Bedingung der Beschränktheit der Normalkrümmungen kann man durch eine andere analytische und nach der Form kräftigere, aber im wesentlichen äquivalente Bedingung ersetzen, daß die Flächen S_1 und S_2 solche Parameterdarstellungen $\mathfrak{x} = \mathfrak{x}^{(1)}(u, v)$, $\mathfrak{x} = \mathfrak{x}^{(2)}(u, v)$ zulassen, bei welchen die Ableitungen $\mathfrak{x}_u^{(i)}$, $\mathfrak{x}_v^{(i)}$ $(i = 1,2)$ einer Bedingung von LIPSCHITZ genügen, d. h. z. B.

$$|\mathfrak{x}_u^{(1)}(u + \Delta u, v + \Delta v) - \mathfrak{x}_u^{(1)}(u, v)| \leq M(|\Delta u| + |\Delta v|).$$

[1]) Dieser Paragraph ist für die vorliegende Arbeit von A. D. ALEXANDROW geschrieben worden und enthält eine von ihm früher nicht veröffentlichte Verallgemeinerung des Theorems von COHN-VOSSEN.

[2]) Der Einfachheit halber kann man sich Kurven mit stückweis stetiger geodätischer Krümmung denken. Man kann beweisen, daß aus der Existenz der Schwenkung und der Beschränkung ihrer Variation schon die Rektifizierbarkeit der Kurve folgt. Es ist wahrscheinlich, daß überhaupt irgendwelche Bedingungen für die begrenzenden Kurven überflüssig sind.

Dann erhalten wir folgendes Theorem:

Theorem B. *Es möge die konvexe Fläche S_1 die Totalkrümmung 4π haben, und wenn sie nicht geschlossen ist, ihr Rand aus rektifizierbaren Kurven mit Schwenkungen von beschränkter Variation bestehen. Es möge außerdem die Fläche S_1 in der Umgebung jedes Punktes eine solche Parameterdarstellung $\mathfrak{x} = \mathfrak{x}^{(1)}(u, v.)$ zulassen, daß die Ableitungen $\mathfrak{x}_u^{(1)}, \mathfrak{x}_v^{(1)}$ einer Bedingung von* LIPSCHITZ *genügen Es sei endlich eine isometrische Abbildung φ der Fläche S_1 auf eine konvexe Fläche S_2 gegeben und zwar eine solche, daß, wenn $\mathfrak{x} = \mathfrak{x}^{(2)}(u, v)$ eine Parameterdarstellung des Bereiches von S_2 ist, definiert durch die Abbildung φ* [1]*, die Ableitungen $\mathfrak{x}_u^{(2)}, \mathfrak{x}_v^{(2)}$ ebenfalls einer Bedingung von* LIPSCHITZ *genügen.*

Bei diesen Bedingungen stellt sich die Abbildung φ als Bewegung oder Bewegung und Spiegelung heraus.

1. Wir werden im weiteren das Theorem B beweisen. Sein Beweis ist nach folgendem Plan gebaut.

A) Es wird die Formel abgeleitet, welche die Formel von HERGLOTZ (vgl. § 17) verallgemeinert für den Fall einer willkürlichen und nicht nur isometrischen Zuordnung zwischen zwei regulären geschlossenen konvexen Flächen, wobei in dieser Formel Glieder erscheinen, welche der „Verschiedenheit" der Metriken dieser Flächen entsprechen. Die Ableitung dieser „Fundamentalformel" (12) wiederholt im wesentlichen die Ableitung der Formel von HERGLOTZ und wird weiter in Punkt 2 gegeben.

B) Durch Konstruktion von konvexen Hüllen für die gegebenen isometrischen konvexen Flächen S_1, S_2 läuft das Theorem auf dasselbe hinaus, als wenn geschlossene Flächen betrachtet würden. Dieser Teil des Beweises ist einfach; er wird in Punkt 3 verwirklicht.

C) Die zwei gegebenen isometrischen geschlossenen konvexen Flächen S_1, S_2 approximieren wir durch reguläre Flächen $S_1^n \to S_1$, $S_2^n \to S_2$. Dabei wird zwischen den Flächen S_1^n und S_2^n eine Zuordnung festgesetzt, welche sich der Isometrie nähert. Indem wir auf sie die „Fundamentalformel" anwenden und zur Grenze übergehen für $n \to \infty$, verschwinden ihre Ergänzungsglieder, welche der „Verschiedenheit" der Metriken der Flächen S_1^n und S_2^n entsprechen. Damit bekommt man für die Flächen S_1 und S_2 selbst die Formel von HERGLOTZ. Diese Ableitung wird in Punkt 4 gegeben, sie beruht im wesentlichen darauf, daß aus der Bedingung von LIPSCHITZ für die Ableitungen $\mathfrak{x}_u$, $\mathfrak{x}_v$ folgt, daß diese Ableitungen selbst fast überall differenzierbar und ihre Ableitungen beschränkt sind. [2] Mit anderen Worten, die Flächen S_1 und S_2 sind fast überall zweimal differenzierbar, wobei immer, wenn das zutrifft, sich die klassischen Formeln der Differentialgeometrie als anwendbar erweisen, sofern sie nicht weitere als die zweiten Ableitungen des Vektors enthalten, welcher die Fläche beschreibt. [3] Insbesondere gibt es fast überall zweite Formen und Christoffelsche Koeffizienten, die außerdem beschränkt sind. Deshalb kann die Formel von HERGLOTZ auch für die Flächen S_1 und S_2 geschrieben werden mit der Bedingung, daß die in ihr auftretenden Integrale im Sinne von Lebesgue anzusehen sind.

---

[1]) Wenn der Bereich U_1 auf S_1 die Darstellung $\mathfrak{x} = \mathfrak{x}^{(1)}(u, v)$ hat, so bekommt der entsprechende Bereich $U_2 = \varphi(U_1)$ auf S_2 die Darstellung $\mathfrak{x} = \varphi\{\mathfrak{x}^{(1)}(u, v)\}$; Wir setzen auch $\mathfrak{x}^{(2)}(u, v) = \varphi\{\mathfrak{x}^{(1)}(u, v)\}$.

[2]) W. W. STEPANOW, Über totale Differenzierbarkeit. Math. Ann. 90 S. 318.

[3]) A. D. ALEXANDROW, Die Existenz fast überall des zweiten Differentials einer konvexen Funktion und einige damit zusammenhängende Eigenschaften konvexer Flächen. Ученые Записки d. Leningr. staatl. Univers. No. 37 (1939) S. 3—35.

Wenn man dagegen die Flächen S_1 und S_2 als zweifach differenzierbar ansieht, so wird die ganze Ableitung wesentlich vereinfacht und für sie ist die klassische Analysis und Differentialgeometrie hinreichend.

D) Wenn wir die HERGLOTZsche Formel für die Flächen S_1 und S_2 bekommen haben, wiederholen wir die Überlegung, die in § 17 ausgeführt wurde und ermitteln, daß die zweiten Formen der Flächen S_1 und S_2 in entsprechenden Punkten mit positiver Gaußscher Krümmung gleich sind. Aber jetzt ist dieser Schluß nicht für alle, sondern nur für fast alle solche Punkte (im Sinne der Maßtheorie) möglich. Indem wir die Beschränktheit der Normalkrümmungen der Flächen S_1 und S_2 benutzen, gelingt es von hier aus nichtsdestoweniger einfach genug auf die Gleichheit dieser Flächen zu schließen, und das Theorem stellt sich als bewiesen heraus. Dieser Schlußteil des Beweises wird in Punkt 5 verwirklicht.

Danach bringen wir in Punkt 6 den Zusammenhang des Theorems A mit dem Theorem B.

2. Es seien S_1 und S_2 zwei dreifach stetig differenzierbare Flächen mit den Parametergleichungen $\mathfrak{x} = \mathfrak{x}_1\,(u, v)$, $\mathfrak{x} = \mathfrak{x}_2\,(u, v)$, so daß zwischen den Punkten dieser Flächen eine Zuordnung besteht, die durch die Gleichheit der Parameter festgelegt ist. Durch die Indizes 1, 2 werden wir die Größen bezeichnen, welche sich auf die entsprechenden Punkte dieser Flächen beziehen. Das Symbol Δf wird die Differenz der Größe f in den entsprechenden Punkten bezeichnen:

$$\Delta f = f_2 - f_1.$$

Die Symbole f_u, f_v bezeichnen die partiellen Ableitungen nach u, v. Ferner werden wir setzen $W = \sqrt{EG - F^2}$; anstatt der Koeffizienten L, M, N der zweiten Form führen wir wie in § 17

$$\lambda = \frac{L}{W},\ \mu = \frac{M}{W},\ \nu = \frac{N}{W}$$

ein. Dann wird die Gaußsche Krümmung

$$K = \lambda\nu - \mu^2. \tag{1}$$

Wir führen wie in § 17 (aber mit anderen Bezeichnungen) in jedem Punkt der Fläche S_1 zwei Vektoren ein

$$\begin{aligned} \mathfrak{p}_1 &= \Delta\mu\,\mathfrak{x}_{1u} - \Delta\lambda\,\mathfrak{x}_{1v}, \\ \mathfrak{q}_1 &= \Delta\nu\,\mathfrak{x}_{1u} - \Delta\mu\,\mathfrak{x}_{1v}. \end{aligned} \tag{2}$$

Wenn die Kontur C im Varibilitätsbereich der Parameter u, v einen einfach zusammenhängenden Teil D von ihm begrenzt, haben wir augenscheinlich

$$\oint_C \mathfrak{p}_1\,\mathfrak{x}_1\,du + \mathfrak{q}_1\,\mathfrak{x}_1\,dv = \iint_D [(\mathfrak{q}_1\,\mathfrak{x}_1)_u - (\mathfrak{p}_1\,\mathfrak{x}_1)_v]\,du\,dv. \tag{3}$$

Unsere Aufgabe besteht in der Umformung des Ausdruckes unter dem Integral

$$(\mathfrak{q}_1\,\mathfrak{x}_1)_u - (\mathfrak{p}_1\,\mathfrak{x}_1)_v = \mathfrak{x}_1\,(\mathfrak{q}_{1u} - \mathfrak{p}_{1v}) + (\mathfrak{q}_1\,\mathfrak{x}_{1u} - \mathfrak{p}_1\,\mathfrak{x}_{1v}). \tag{4}$$

Indem wir die Definition (2) der Vektoren $\mathfrak{p}_1$, $\mathfrak{q}_1$ und den bekannten Ausdruck für die mittlere Krümmung H benutzen, ist leicht einzusehen, daß

$$\mathfrak{q}_1\,\mathfrak{x}_{1u} - \mathfrak{p}_1\,\mathfrak{x}_{1v} = (H_2\,W_2 - H_1\,W_1) + C_1 \tag{5}$$

ist, wo

(6) $$C_1 = 2\mu_2\,\Delta F - \nu_2\,\Delta E - \lambda_2\,\Delta G$$

ist. Die Differenz der partiellen Ableitungen $\mathfrak{q}_{1u} - \mathfrak{p}_{1v}$ wird ausgerechnet durch Anwendung der bekannten „Ableitungsformeln von GAUSS" und der Formeln von CODAZZI. Diese Ausrechnung ergibt:

(7) $$\mathfrak{q}_{1u} - \mathfrak{p}_{1v} = W_1\,[\lambda_1\,\Delta\nu + \nu_1\,\Delta\lambda - 2\,\mu_1\,\Delta\mu]\,\mathfrak{n}_1 + 2\,A_1\,\mathfrak{x}_{1u} + 2\,B_1\,\mathfrak{x}_{1v},$$

wo $\mathfrak{n}_1$ der Einheitsvektor der Normalen und

(8) $$\begin{aligned} 2\,A_1 &= 2\,\mu_2\,\Delta\left\{ {1 \atop 12} \right\} - \lambda_2\,\Delta\left\{ {1 \atop 22} \right\} - \nu_2\,\Delta\left\{ {1 \atop 11} \right\}, \\ 2\,B_1 &= 2\,\mu_2\,\Delta\left\{ {2 \atop 12} \right\} - \lambda_2\,\Delta\left\{ {2 \atop 22} \right\} - \nu_2\,\Delta\left\{ {2 \atop 11} \right\} \end{aligned}$$

ist. Hier sind $\Delta\left\{ {i \atop jk} \right\}$ die Differenzen der Christoffelschen Koeffizienten der Flächen S_2 und S_1.

Der Ausdruck in den Klammern in (7) bei $W_1\,\mathfrak{n}_1$ läßt sich leicht umformen, wenn man $K_2 = \lambda_2\,\nu_2 - \mu_2^2$ hinzufügt und abzieht. Dann bekommen wir

(9) $$\lambda_1\,\Delta\nu + \nu_1\,\Delta\lambda - 2\mu_1\,\Delta\mu = -(\Delta\lambda\,\Delta\nu - (\Delta\mu)^2) + \Delta K.$$

Weiter bemerken wir, daß das Skalarprodukt $\mathfrak{n}\mathfrak{x}$ nichts anderes ist als der Abstand h vom Koordinatenanfang bis zur Berührungsebene, genommen mit dem entsprechenden Vorzeichen. (Das ist die „Stützfunktion" der Fläche, betrachtet für die Einheitsnormalen.)

Angesichts aller dieser Bemerkungen bekommen wir

(10) $$\mathfrak{x}_1\,(\mathfrak{q}_{1u} - \mathfrak{p}_{1v}) = -\,h_1\,(\Delta\lambda\,\Delta\nu - (\Delta\mu)^2)\,W_1 + h_1\,\Delta K \cdot W_1 + (\mathfrak{x}_1^2)_u\,A_1 + (\mathfrak{x}_1^2)_v\,B_1.$$

Indem wir (5) und (10) in (3) einsetzen und bemerken, daß $W\,du\,dv = d\sigma$ das Flächenelement ist, bekommen wir schließlich:

(11) $$\begin{aligned} \oint_C (\mathfrak{p}_1\,\mathfrak{x}_1)\,du + (\mathfrak{q}_1\,\mathfrak{x}_1)\,dv &= \iint_D H_2\,d\sigma_2 - \iint_D H_1\,d\sigma_1 - \iint_D h_1\,(\Delta\lambda\,\Delta\nu - (\Delta\mu)^2)\,d\sigma_1 + \\ &+ \iint_D h_1\,\Delta K\,d\sigma_1 + \iint_D \left[(\mathfrak{x}_1^2)_u\,A_1 + (\mathfrak{x}_1^2)_v\,B_1 + C_1\right] du\,dv. \end{aligned}$$

Wenn man die Vektoren $\mathfrak{p}_2$, $\mathfrak{q}_2$ auf der Fläche S_2 analog (2) definiert (indem man daran denkt, daß bei der Vertauschung von S_1 und S_2 $\Delta\lambda$ etc. die Vorzeichen wechseln), bekommen wir eine genau solche Formel, welche man aus (11) erhält, indem man den Index 1 durch 2 ersetzt und umgekehrt und die Vorzeichen bei den Differenzen Δ vertauscht.

Das Transformationsgesetz der Größen λ, μ, ν usw. führt unmittelbar dahin, daß alle Integrale in der Formel (11) invariant sind hinsichtlich Transformation der Parameter u, v, so daß man sie in beliebigen Parametern ausrechnen kann. Aus dieser Bemerkung folgt, daß, wenn die Flächen S_1 und S_2 geschlossen und orientiert sind, wir durch ihre Zerteilung in einfach zusammenhängende Teile erreichen, daß die Randintegrale bei Addition sich wegheben und die Summe der Doppelintegrale der Formel (11) für die ganze geschlossene Fläche gleich Null ist.

Indem wir der Kürze halber durch M das Integral der mittleren Krümmung einer Fläche bezeichnen, bekommen wir

$$(12)\quad \iint\limits_{S_1} h_1 (\Delta\lambda\,\Delta\nu - (\Delta\mu)^2)\, d\sigma_1 = \Delta M + \iint\limits_{S_1} h_1 \Delta K\, d\sigma_1 + \iint\limits_{S_1} [(\mathfrak{x}_1^2)_u A_1 + (\mathfrak{x}_1^2)_v B_1 + C_1]\, du\, dv$$

und analog für S_2. Das ist nun die „Fundamentalformel", von welcher wir ausgehen werden.

Wenn die Flächen isometrisch sind, also die zwischen ihnen bestehende Zuordnung die Isometrie ist, so werden alle Größen A_1, B_1, C_1 und ΔK zu Null und wir bekommen die Formel von HERGLOTZ:

$$(13)\quad \iint\limits_{S_1} h_1 (\Delta\lambda\,\Delta\nu - (\Delta\mu)^2)\, d\sigma_1 = \Delta M = -\iint\limits_{S_2} h_2 (\Delta\lambda\,\Delta\nu - (\Delta\mu)^2)\, d\sigma_2,$$

wobei infolge der Isometrie $d\sigma_1 = d\sigma_2$ ist.

3. Lemma. *Es möge die berandete konvexe Fläche S_1 die Totalkrümmung 4π haben und durch Kurven begrenzt sein, bei welchen jeder Bogen eine bestimmte Schwenkung hat, wobei diese Schwenkung von beschränkter Variation ist. Es sei die konvexe Fläche S_2 isometrisch zu S_1. Dann sind die Begrenzungen der konvexen Hüllen der Flächen S_1, S_2 isometrisch. (Dieses Lemma ist richtig für beliebige nichtreguläre konvexe Flächen S_1, S_2.)*

Die Begrenzung der konvexen Hülle der Fläche S_1 ist eine geschlossene konvexe Fläche $\bar{S}_1$. Jeder zusammenhängende Teil G_{1i} der Ergänzung $\bar{S}_1 - S_1$ hat die Krümmung Null und läßt sich folglich in eine Ebene abwickeln. Da die Totalkrümmnng von S_1 gleich 4π ist und die Krümmung von $\bar{S}_1$ ebenso gleich 4π ist, ist die Krümmung der gemeinschaftlichen Begrenzung von S_1 und $\bar{S}_1 - S_1$ gleich Null. Die Summe der rechten und linken Schwenkung einer Kurve ist gleich ihrer Totalkrümmung als Menge auf der Fläche. Deshalb ist die Schwenkung der Begrenzung eines Bereiches G_{1i} von der Seite dieses Bereiches her gleich der Schwenkung des entsprechenden Teiles der Begrenzung von S_1 mit umgekehrten Vorzeichen.

Da die Fläche S_2 isometrisch zu S_1 ist, so ist ihre Totalkrümmung und die Schwenkung ihrer Begrenzung eine ebensolche wie bei S_1. Deshalb lassen sich auf S_2 dieselben Überlegungen anwenden, und wir gelangen dazu, daß jeder zusammenhängende Teil G_{2i} der Ergänzung von S_2 zur Begrenzung $\bar{S}_2$ ihrer konvexen Hülle sich in die Ebene abwickeln läßt und die Schwenkung ihrer Begrenzung gleich der Schwenkung der Begrenzung des entsprechenden Teils G_{1i} der Ergänzung $\bar{S}_1 - S_1$ ist.

Folglich erscheinen die abgewickelten G_{1i} und G_{2i} als ebene Bereiche, begrenzt durch Kurven, bei welchen die entsprechenden Bogen gleiche Schwenkungen (Integrale der Krümmung längs des Bogens) haben. Hieraus folgt sofort, daß die Bereiche G_{1i} und G_{2i} gleich sind und bei ihrer Aufeinanderlegung gerade die Punkte vereinigt werden, welche den in der Isometrie zugeordneten Punkten der Begrenzungen der Flächen S_1 und S_2 entsprechen.

Somit stellen sich die geschlossenen Flächen $\bar{S}_1$ und $\bar{S}_2$ dar als zusammengesetzt aus den isometrischen Teilen S_1 und S_2 und den Bereichen G_{1i}, G_{2i}, welche ebenfalls isometrisch und auf entsprechende Weise mit S_1 und S_2 „zusammengeheftet" sind. Folglich kann man die gegebene isometrische Abbildung der Fläche S_1 auf S_2 fortsetzen zur isometrischen Abbildung der Fläche $\bar{S}_1$ auf $\bar{S}_2$. Folglich läuft die Frage nur auf die Betrachtung von geschlossenen Flächen hinaus.

4. Es sei jetzt S_1 eine geschlossene konvexe Fläche, die in der Umgebung jedes Punktes die Parameterdarstellung $\mathfrak{x} = \mathfrak{x}\,(u, v)$ zulasse mit Ableitungen $\mathfrak{x}_u$, $\mathfrak{x}_v$, die einer Bedingung von LIPSCHITZ genügen. Wir nehmen den Anfang O innerhalb von S an und setzen

$$\mathfrak{x} = \mathfrak{x}\,(u, v) = r\,(u, v)\,\xi\,(u, v), \tag{14}$$

wo ξ ein Einheitsvektor und r der Abstand von O ist. Dem Vektor $\xi\,(u, v)$ entspricht ein Punkt auf der Einheitskugel Ω mit dem Mittelpunkt in O. Deshalb kann man die Gleichung (14) auch in folgender Form schreiben:

$$\mathfrak{x} = \xi \cdot r\,(\xi).$$

Wie schon gezeigt wurde, ist der Vektor $\mathfrak{x}\,(u, v)$ fast überall zweimal differenzierbar. Nach einem bekannten Theorem aus der Theorie der Approximation der Funktionen kann man eine Folge von regulären Flächen S_1^n mit den Gleichungen $\mathfrak{x}^{(n)} = \xi\, r_n(\xi)$ bestimmen, welche gegen S_1 konvergieren derart, daß die ersten Ableitungen $\mathfrak{x}_u^{(n)}$, $\mathfrak{x}_v^{(n)}$ gleichmäßig gegen $\mathfrak{x}_u$, $\mathfrak{x}_v$ konvergieren und die zweiten Ableitungen, welche insgesamt beschränkt sind, fast überall gegen die zweiten Ableitungen $\mathfrak{x}_{uu}$, $\mathfrak{x}_{uv}$, $\mathfrak{x}_{vv}$ konvergieren in jenen Punkten $\xi\,(u, v)$, wo diese Ableitungen existieren. [1])

Wenn jetzt S_2 eine zu S_1 isometrische Fläche ist, so bilden wir genau so auch eine Folge regulärer Flächen S_2^n, welche gegen S_2 konvergieren mit denselben Konvergenzbedingungen der ersten und zweiten Ableitungen. Die isometrische Abbildung φ der Fläche S_1 auf S_2 bestimmt natürlich die Abbildung φ^n der Fläche S_1^n auf S_2^n: Wenn $X_1^n \in S_1^n$ ist und auf dem Strahl OX_1 liegt, wo $X_1 \in S_1$ ist, und wenn $X_2^n \in S_2^n$ ist und auf dem Strahl OX_2 liegt, wo $X_2 = \varphi\,(X_1)$ ist, so bestimmen wir: $X_2^n = \varphi^n\,(X_1^n)$.

Wir schreiben für das Flächenpaar S_1^n, S_2^n die Formeln (12), indem wir gerade die Abbildungen φ^n und $(\varphi^n)^{-1}$ im Auge haben, z. B.

$$\iint\limits_{S_1^{(n)}} h_1^{(n)}\left(\Delta\lambda^{(n)}\,\Delta\nu^{(n)} - (\Delta\mu^{(n)})^2\right) d\sigma_1^{(n)} = \Delta M^{(n)} + \iint\limits_{S_1^{(n)}} h_1^{(n)}\,\Delta K^{(n)} d\sigma_1^{(n)} +$$
$$\iint\limits_{S_1^{(n)}} \left[(\mathfrak{x}_1^{(n)2})_u\,A_1^{(n)} + (\mathfrak{x}_1^{(n)2})_v\,B_1^{(n)} + C_1^{(n)}\right] du\,dv.$$

Da die zweiten Ableitungen beschränkt und fast überall konvergent sind, kann man in dieser Formel zur Grenze übergehen für $n \to \infty$, und dann bekommen wir eine ebensolche Formel für die Flächen S_1 und S_2. Aber die Abbildung φ von S_1 auf S_2 ist isometrisch. Deshalb verschwinden in allen Punkten, wo die Gaußschen Krümmungen und die Koeffizienten von CHRISTOFFEL dieser Flächen bestimmt sind, deren Differenzen. Somit erweist sich fast überall

$$\Delta K = A_1 = B_1 = C_1 = 0,$$

---

[1]) Nämlich wir setzen $r_n\,(\xi) = \iint\limits_{\Omega} K_n\,(|\xi - \eta|)\, r\,(\eta)\, d\omega$, wo K_n ein geeigneter Kern und $d\omega$ das Flächenelement der Kugel ist. Insbesondere kann man nehmen

$$K_n\,(|\xi - \eta|) = \frac{n+1}{4\pi}\,\frac{(1+\xi\,\eta)^n}{2^n} = \frac{n+1}{4\pi}\cos^{2n}\frac{\widehat{\xi\eta}}{2},$$

was sich in expliziter Form durch $|\xi - \eta|$ ausdrücken läßt. (Vgl. de la Vallée Poussin, T. II, S. 119.

und wir haben:

(15) $$\iint\limits_{S_1} h_1 (\Delta\lambda\Delta\nu - (\Delta\mu)^2)\, d\sigma_1 = \Delta M = \iint\limits_{S_2} H_2 d\sigma_2 - \iint\limits_{S_1} H_1 d\sigma_1,$$

d. h. die Formel von HERGLOTZ mit nur dem Unterschied, daß hier die mittleren Krümmungen H_2, H_1 und die Differenzen $\Delta\lambda$, $\Delta\mu$, $\Delta\nu$ fast überall existieren und deshalb die Integrale im Sinne von LEBESGUE verstanden werden.

Indem wir die Rollen von S_1 und S_2 vertauschen, bekommen wir

(15 a) $$\iint\limits_{S_2} h_2 (\Delta\lambda\Delta\nu - (\Delta\mu)^2)\, d\sigma_2 = -\Delta M.$$

Aber die zweiten Formen der Flächen S_1 und S_2 sind nicht negativ und deshalb ist (fast überall)

16) $$\Delta\lambda\Delta\nu - (\Delta\mu)^2 \leqq 0.$$

Wenn aber der Anfangspunkt innerhalb der beiden Flächen ist und die Normalen $\mathfrak{n}_1$, $\mathfrak{n}_2$ innere sind, so ist

(17) $$h_1 = \mathfrak{n}_1\mathfrak{x}_1 < 0, \quad h_2 = \mathfrak{n}_2\mathfrak{x}_2 < 0.$$

Bei der Abbildung φ kann möglicherweise die Orientierung einer Schraube, die durch die innere Normale und die Parameterlinien u, v definiert ist, in die umgekehrte verändert werden. In einem solchen Falle ersetzen wir die Fläche S_2 durch eine zu ihr symmetrische, und dann wird die Orientierung der erwähnten Schraube nicht mehr verändert werden.

Die Beziehungen (16), (17) bewirken, daß die Integrale, die in (15), (15 a) auf der linken Seite stehen, nicht positiv sind; und da auf der rechten Größen mit entgegengesetzten Vorzeichen stehen, so müssen sie gleich Null sein. Hieraus folgt infolge derselben Beziehungen (16), (17), daß fast überall

$$\Delta\lambda\Delta\nu - (\Delta\mu)^2 = 0$$

ist. Hieraus folgt nach dem Lemma von den quadratischen Formen, bewiesen in § 17 (vgl. die Fußnote S. 36), daß für die Flächen S_1 und S_2 fast in allen Punkten folgendes gilt: *Wenn die* Gaußsche *Krümmung positiv, d. h.* $\lambda_1\nu_1 - \mu_1^2 = \lambda_2\nu_2 - \mu_2^2 > 0$ *ist, sind die zweiten Formen identisch:* $\lambda_1 = \lambda_2$, $\nu_1 = \nu_2$, $\mu_1 = \mu_2$; *wenn aber die* Gaußsche *Krümmung gleich Null ist, so sind die zweiten Formen proportional, d. h.* $\frac{\lambda_1}{\lambda_2} = \frac{\mu_1}{\mu_2} = \frac{\nu_1}{\nu_2}$, *wobei zugelassen ist, daß dieses Verhältnis Null sein kann, „unendlich“ oder „unbestimmt“* $\frac{0}{0}$. Das letzte bedeutet augenscheinlich, daß entweder beide zweite Formen II_1 und II_2 gleich Null sind, oder die Hauptrichtung der Krümmung Null jener von den Formen, welche nicht gleich Null ist, einer ebensolchen Hauptrichtung der anderen (durch die Abbildung φ) entspricht.

5. Jetzt werden wir zeigen, daß aus dem soeben formulierten Ergebnis die Gleichheit der Flächen S_1 und S_2 folgt.

Wir betrachten zunächst den einfachsten Fall, wenn die Fläche S_1 und folglich auch S_2 in Bereiche zerlegt werden kann derart, daß in jedem Bereich die Gaußsche Krümmung entweder gleich Null oder fast überall positiv ist. In den entsprechenden Bereichen des zweiten Typs der Flächen S_1 und S_2 sind die zweiten Formen fast überall gleich, und deshalb stellen die Ableitungsformeln von GAUSS und WEINGARTEN Differentialgleichungen der Vektoren $\mathfrak{x}_u$, $\mathfrak{x}_v$, $\mathfrak{n}$ dar, welche fast überall für beide Flächen gleich sind. Da diese Vektoren einer Bedingung von LIPSCHITZ genügen, so werden sie durch Integration dieser Gleichungen bei gegebenen Anfangsbedingungen eindeutig bestimmt. Deshalb sind die Bereiche des zweiten Typs beider Flächen entsprechend kongruent.

Die Bereiche des ersten Typs, d. h. die Bereiche der Krümmung Null, sind abwickelbare Flächen, die nicht nur isometrisch sind, sondern infolge der Proportionalität der zweiten Formen einander entsprechende geradlinige Erzeugende haben. Hieraus und aus der Kongruenz der Bereiche des zweiten Typs schließen wir, daß die Flächen S_1 und S_2 im ganzen kongruent sind.

Im allgemeinen ist es nicht möglich, auf der Fläche S_1 (und S_2) Bereiche abzuteilen, wo die Gaußsche Krümmung fast überall positiv ist. Dann betrachten wir die Einheitskugel E, auf der wir die sphärischen Bilder ψ_1, ψ_2 der Flächen S_1 und S_2 bilden. Die Menge der Punkte auf E, welche als sphärische Bilder der Punkte der Krümmung Null der Flächen S_1 und S_2 erscheinen, hat das Maß Null. Genau so hat auch die Menge der Punkte auf E, welche als sphärische Bilder der Punkte erscheinen, wo die zweiten Formen dieser Flächen nicht bestimmt sind, das Maß Null. Deshalb kann man unter der Menge aller Großkreise der Kugel E die in ihr kompakte Menge $\{L\}$ dieser Kreise L wählen mit folgenden Eigenschaften:

Wenn $L \in \{L\}$ ist, so entsprechen fast alle Punkte von L jenen Punkten auf S_1, wo die zweiten Formen von S_1 und S_2 bestimmt sind und die Gaußsche Krümmung positiv ist. Wenn $L \in \{L\}$ und $L' = \psi_2 \varphi \psi_1^{-1}(L)$ das sphärische Bild einer entsprechenden Linie auf S_2 ist, so genügt L' denselben Bedingungen hinsichtlich der Fläche S_2.

In einem solchen Falle gilt auf der Linie $L_1 = \psi_1^{-1}(L)$ der Fläche S_1 und auf der Linie $L_2 = \varphi \psi_1^{-1}(L) = \psi_2^{-1}(L')$ der Fläche S_2 in fast allen Punkteu: entweder sind die zweiten Formen der Flächen S_1 und S_2 gleich, oder L_1 und L_2 verlaufen längs Haupt-Richtungen der Krümmung Null. Unter dieser Bedingung haben die Formeln von GAUSS und WEINGARTEN fast überall längs L_1 und L_2 Geltung und haben in den entsprechenden Punkten gleiche Koeffizienten, wenn man sie für die Ableitungen von $\mathfrak{x}_u$, $\mathfrak{x}_v$, $\mathfrak{n}$ längs L_1 und L_2 schreibt, Hieraus folgt, daß bei gleichen Anfangsbedingungen die Vektoren $\mathfrak{x}_u$, $\mathfrak{x}_v$, $\mathfrak{n}$ längs dieser Linien gleich sind und dadurch die Streifen kongruent sind, die durch diese Linien und die Berührungsebenen längs ihnen bestimmt werden. Da dieser Schluß richtig ist für die kompakte Menge der Großkreise L, so geht hieraus sofort die Kongruenz der Flächen S_1 und S_2 selbst hervor.

6. Jetzt zeigen wir in kurzen Worten, in welcher Weise das im Anfang formulierte Theorem A von den Flächen mit beschränkten Normalkrümmungen mit dem Theorem B von den Flächen, bei welchen die Vektoren $\mathfrak{x}_u$, $\mathfrak{x}_v$, $\mathfrak{n}$ einer Bedingung von LIPSCHITZ genügen, zusammengebracht werden kann.

Wir geben die Fläche S_1 vor durch die Gleichung

$$\mathfrak{x} = \xi\, r(\xi),$$

wo ξ der Einheitsvektor vom Punkt O innerhalb von S_1 ist. Wenn wir auf der Einheitskugel E mit dem Mittelpunkt O das System der Koordinaten u, v einführen, so bekommen wir $\mathfrak{x} = \xi(u, v)\, r(u, v)$. Infolge der isometrischen Abbildung φ von S_1 auf S_2 wird die Fläche S_2 durch eine Gleichung desselben Typs darge stellt, aber die Koordinatenlinien u, v werden auf andere Linien auf der Kugel E projiziert. Aber wenn das erste System der Linien u, v auf E hinreichend glatt war, so haben die Koordinatenkurven auf S_1 beschränkte Krümmungen. Bei isometrischer Abbildung φ verändern sich ihre geodätischen Krümmungen nicht und die Normalkrümmungen der Fläche S_2 sind bedingungsgemäß beschränkt[1]) (diese und die anderen Krümmungen existieren fast überall). Hieraus kann man schließen, daß die bei der Abbildung φ erhaltene Parameterdarstellung der Fläche S_2 ebenso wie auch die gegebene Darstellung der Fläche S_1 die Eigenschaft besitzt, daß in ihr die Fläche S_2 fast überall zweifach differenzierbar ist und beschränkte zweite Ableitungen hat. Hiernach wiederholen sich die Überlegungen von Punkt 3, 4 und das Theorem A ist bewiesen.

§ 20

In jüngster Zeit wurde in der Frage nach der eindeutigen Bestimmtheit nichtregulärer Flächen eine Reihe anderer Ergebnisse gefunden; sie beziehen sich alle auf konvexe Flächen. Von diesen Ergebnissen geben wir zunächst die S. P. Olowjanischnikow zugehörige Verallgemeinerung des Theorems von Cauchy über konvexe Polyeder wieder (vgl. [28]).

Jede konvexe geschlossene Fläche, die zu einem konvexen Polyeder isometrisch ist, ist diesem bis auf Bewegung und Spiegelung gleich.

Es ist die Rede von einer gänzlich willkürlichen konvexen geschlossenen Fläche, d. h. von einer Fläche, die gar keinen analytischen Forderungen unterworfen ist. Als Isometrie gilt die gegenseitig eindeutige und beiderseitig stetige Abbildung der einen Fläche auf die andere, wobei ein willkürlicher rektifizierbarer Bogen auf der einen Fläche ein rektifizierbares Bild von derselben Länge auf der anderen Fläche hat.

Es ist leicht, diesen Lehrsatz von Olowjanischnikow zu beweisen, wenn man das in § 15 erwähnte Theorem von A. D. Alexandrow benutzt, das besagt, daß bei Abbildungen eines Bereiches G der Begrenzung eines konvexen Körpers auf die Einheitskugel nach Parallelität der Stützebenen der Flächeninhalt des Bildes des Bereiches G invariant ist hinsichtlich isometrischer Umformungen (vgl. [20] oder [3]).

In der Tat folgt aus dem erwähnten Theorem von Alexandrow, daß eine konvexe „Mütze", d. h. ein durch eine Ebene abgeschnittener Teil einer konvexen geschlossenen Fläche zu ebenen Mengen nicht lokal isometrisch sein kann. Hieraus kann leicht folgender Schluß gezogen werden: Wenn der Bereich F_0 der Begrenzung eines konvexen Körpers ebenen Mengen lokal isomotrisch ist, so gehört jeder nichtebene Punkt $p \in F_0$ (d. h. ein Punkt, der nicht innerhalb einer ebenen Teilfläche von F_0 liegt) einem offenen geradlinigen Abschnitt $l \subset F_0$ an, wobei l ganz aus nichtebenen Punkten besteht und die Enden auf der Begrenzung von F_0 oder im Unendlichen hat (im entgegengesetzten Fall könnte man von F_0 eine „Mütze" abschneiden.

Es sei jetzt F eine konvexe geschlossene Fläche, isometrisch zu einem konvexen Polyeder P; wir bezeichnen durch F* die Fläche, die man bekommt, indem man aus F die Bilder der Ecken des Polyeders P ausschließt. Da die Begrenzung

[1]) Hier benutzen wir insbesondere die Tatsache, daß die innergeometrisch definierte geodätische Krümmung gleich der Krümmung ihrer Projektion auf die Berührungsebene ist. Für reguläre Flächen ist das sehr bekannt, aber für nichtreguläre konvexe Flächen bedarf es eines besonderen Beweises. Er kann geführt werden auf Grund des von Busemann und Feller bewiesenen Theorems, daß die Krümmung der Projektion der Geodätischen gleich Null ist.

von F^* nur aus einer endlichen Menge von Punkten besteht, so können gemäß dem Vorhergehenden alle nichtebenen Punkte von F^* nur in einer endlichen Menge von Geraden liegen; folglich ist F^* ein Polyeder. Danach führt das Theorem von OLOWJANISCHNIKOW auf das entsprechende Theorem von den zwei Polyedern, das in § 7 bewiesen ist.

In der Abhandlung von OLOWJANISCHNIKOW [28] ist sein Theorem ganz elementar bewiesen, ohne Bezugnahme auf das Ergebnis von ALEXANDROW, welches zur Zeit der Druckvorbereitung der Abhandlung [28] noch nicht da war.

Ein allgemeiner Satz von der Kongruenz zweier isometrischer konvexer geschlossener Flächen ist bis heute unbewiesen. Aber die entsprechende Frage für konvexe unendliche (vollständige) Flächen erhielt im letzten Jahr eine sehr wesentliche Förderung in der Arbeit von S. P. OLOWJANISCHNIKOW [29]. OLOWJANISCHNIKOW bewies nämlich folgendes Theorem:

Wenn F *eine konvexe vollständige unendliche Fläche und die Integralkrümmung von* $F < 2\pi$ *ist* (d. h. das sphärische Bild von F bedeckt weniger als die Halbkugel), *so existiert eine unendliche Menge von konvexen Flächen, die isometrisch zu* F *aber weder mit* F *noch untereinander kongruent sind.*

Somit erweisen sich alle unendlichen konvexen Flächen mit einer Integralkrümmung, die kleiner als 2π ist, als nicht eindeutig bestimmt.

Gerade in der letzten Zeit ist eine Reihe sehr starker Sätze über die eindeutige Bestimmtheit und die Verbiegbarkeit nichtregulärer konvexer Flächen von A. W. POGORELOW aufgestellt worden. Nämlich A. W. POGORELOW bewies folgende Theoreme:

1. Wenn F *ein Ovaloid mit überall beschränkter Gaußscher Krümmung (vgl. § 15) ist, so ist jedes Ovaloid, das isometrisch zu* F *ist, zu dem Ovaloid* F *kongruent oder symmetrisch.*[1])

2. Wenn F *eine „Mütze" mit überall beschränkter Gaußscher Krümmung ist, so ist jede „Mütze", die isometrisch zu* F *ist, zu der „Mütze"* F *kongruent oder symmetrisch. [Vgl. § 16,2].*

Dieses Theorem gestattet zusammen mit dem Theorem von A. D. ALEXANDROW, das in Punkt 2 von § 16 dargelegt ist, zu behaupten, daß jeder geodätisch konvexe Bereich auf einer konvexen Fläche mit beschränkter Gaußscher Krümmung sich eindeutig in der Form einer „Mütze" realisieren läßt.

3. Es sei F eine unendliche vollständige konvexe Fläche mit überall beschränkter Gaußscher Krümmung und mit der Integralkrümmung $= 2\pi$. Es sei weiter G_n ein Bereich auf F, abgeschnitten durch eine Ebene α_n derart, daß $\lim_{n\to\infty} G_n = F$ ist, l_n die Länge der Begrenzung von G_n, φ_n die Integralkrümmung von $F - G_n$.

Wenn eine solche Folge von Ebenen α_n *existiert, daß* $l_n \varphi_n \to 0$ *geht, so erscheint* F *als eindeutig bestimmt, d. h. jede Fläche, die zu* F *isometrisch ist, ist zu* F F *kongruent oder symmetrisch. Wenn aber die Integralkrümmung von* $F < 2\pi$ *ist, so läßt die Fläche F eine stetige Verbiegung als Ganzes zu.*

Wir bemerken ebenfalls, daß von A. W. POGORELOW die eindeutige Bestimmtheit (in der Klasse konvexer Flächen) von „Röhren" von der Krümmung Null, die durch zwei Ebenenstücke zugeklebt sind (vgl. [57]), bewiesen ist.

[1]) Die Forderung der Beschränktheit der Gaußschen Krümmung ist schwächer als die Forderung einer Bedingung von LIPSCHITZ für die ersten Ableitungen des Ortsvektors der Fläche (vgl. § 19). Als prinzipiell erscheint, daß die Beschränktheit der Gaußschen Krümmung eine Eigenschaft der Metrik der konvexen Fläche ist, d. h. eine innere Eigenschaft von ihr. Deshalb ist bei POGORELOW die Klasse der Vergleichsflächen durch nichts beschränkt, außer durch die Bedingung der Konvexität.

Problematik zu §§ 17—20

Hier wollen wir auf die folgenden Probleme hinweisen:

1. Das Problem der eindeutigen Bestimmtheit der allgemeinen Ovaloide (dieses Problem besteht schon lange; seine größte Förderung wurde durch A. W. Pogorelow gegeben).[1])

2. Das Problem der eindeutigen Bestimmtheit eines Gebietes positiver Krümmung einer Fläche vom Typ T unter der Bedingung, daß dieses Gebiet von der Fläche abgetrennt ist. Hier kann man beliebige Forderungen der Regularität stellen, aber man kann die Vergleichsflächen nicht mehr als konvex voraussetzen; man muß allerdings fordern, daß die Vergleichsflächen nicht nur homöomorph, sondern auch isotop zu der gegebenen sind (um sich zu vergegenwärtigen, daß diese Forderung wesentlich ist, muß berücksichtigt werden, daß z. B. eine Kugel mit zwei Durchstichen nicht eine eindeutig bestimmte Fläche ist; sie läßt eine isometrische Abbildung auf eine spindelförmige Fläche mit zweimaliger Bedeckung zu).

3. Verallgemeinerung der Methode von Hilberts *Beweis der eindeutigen Bestimmtheit der Kugel für den Fall von beliebigen regulären Ovaloiden von positiver Krümmung.* Wie wir bereits in der Fußnote S. 35 angegeben haben, leitet Hilbert die eindeutige Bestimmtheit der Kugel aus einem gewissen Satz über die Verbiegungen eines beliebigen Stückes der Kugel her: Das Maximum der Normalkrümmung ist auf dem Rand (s. [1]). Ein solcher Satz, welcher sich bezieht auf die Verbiegung eines beliebigen Stückes eines willkürlichen Ovaloides (von positiver Krümmung), und aus dem sich ergibt, daß dieses Ovaloid eindeutig bestimmt ist, ist nicht gefunden.

Von speziellen Resultaten, die sich hierauf beziehen, wollen wir das folgende Resultat von Weyl hervorheben (s. die vorliegende Ausgabe der „Uspechi", S. 188): In einem Punkt einer Fläche von positiver Gaußscher Krümmung K, wo die mittlere Krümmung das Maximum H erreicht, gilt die Ungleichung

$$H^2 \leq K - \frac{1}{4K} \Delta K,$$

wo ΔK der zweite Differentialparameter von Beltrami ist. Das ist ein lokaler Satz für alle Flächen von positiver Krümmung, aber aus ihm läßt sich nur erneut herleiten, daß die Kugel eindeutig bestimmt ist (auf einer geschlossenen Fläche erreicht die mittlere Krümmung das Maximum H; wenn $K \equiv 1$, so ist $\Delta K = 0$, folglich $H^2 \leq 1$, was nur in dem Fall sein kann, wenn in jedem Punkt die Hauptkrümmungen gleich sind).

---

[1]) Dieses Problem wurde von A. W. Pogorelow im Jahre 1952 völlig gelöst (vgl. [58]).

VI. Allgemeine Übersicht über die unendlich kleinen Verbiegungen erster Ordnung

§ 21.

Wir betrachten irgendeine Fläche X, die homöomorph ist einem zusammenhängenden Bereich in der Ebene. Wir setzen voraus, daß die Fläche X in eine stetige Schar von Flächen X_ε ($\varepsilon \geqq 0$) eingebettet ist und in ihr für $\varepsilon = 0$ erhalten wird. Es sei außerdem die Fläche X eineindeutig und stetig auf X_ε abgegebildet; somit entspricht jedem Punkt M von ihr ein Punkt M_ε. In einem solchen Falle kann man sagen, daß X_ε eine Deformation der Fläche X ist, bei welcher der willkürliche Punkt M in die Lage M_ε versetzt wird.

Indem wir voraussetzen, daß auf der Fläche X die inneren Koordinaten u, v eingeführt sind, bezeichnen wir durch $\mathfrak{x}(u, v)$ den Radiusvektor des veränderlichen Punktes von X; wir nehmen an, daß die Vektor-Funktion $\mathfrak{x}(u, v)$ überall auf X stetig differenzierbar ist bis zur dritten Ordnung, und daß $\mathfrak{x}_u \times \mathfrak{x}_v \neq 0$ ist.

Es sei $\mathfrak{x}^* = \mathfrak{x}^*(u, v, \varepsilon)$ der Radiusvektor des Punktes M_ε; wir setzen

$$\mathfrak{x}^*(u, v, \varepsilon) = \mathfrak{x}(u, v) + \varepsilon \mathfrak{z}(u, v, \varepsilon); \tag{1}$$

wir fordern das Vorhandensein des Limes von $\mathfrak{z}(u, v, \varepsilon)$ für $\varepsilon \to 0$ und definieren $\mathfrak{z}(u, v, 0)$ durch die Gleichung $\mathfrak{z}(u, v, 0) = \lim\limits_{\varepsilon \to 0} \mathfrak{z}(u, v, \varepsilon)$. In einem solchen Falle kann man $\mathfrak{z}(u, v, 0)$ als Geschwindigkeitsfeld der Punkte der Fläche X im Anfangsmoment ihrer Deformation betrachten. Indem wir die Größen untersuchen, die mit der Fläche X_ε zusammenhängen, vereinbaren wir, abzusehen von unendlich kleinen von höherer als der ersten Ordnung hinsichtlich ε ($\varepsilon \to 0$). *Eine solche Theorie nennen wir Theorie der unendlich kleinen Deformationen* (erster Ordnung). Im weiteren müssen wir den Vektor $\mathfrak{x}^*(u, v, \varepsilon)$ dreimal differenzierbar nach u und v voraussetzen; wir beschränken ergänzend die Klasse der zulässigen Deformationen, indem wir fordern, daß die Funktion $\mathfrak{z}(u, v, \varepsilon)$ zusammen mit ihren partiellen Ableitungen nach u und v bis zur dritten Ordnung stetig ist für die Gesamtheit der drei Argumente u, v, ε bei $\varepsilon = 0$. Unter dieser Bedingung können wir ohne Verlust der Allgemeinheit der Folgerungen anstatt der Deformation (1) eine einfachere Deformation betrachten von der Gestalt:

$$\mathfrak{x}^* = \mathfrak{x}(u, v) + \varepsilon \mathfrak{z}(u, v), \tag{2}$$

was wir auch im weiteren tun werden.

Die Deformation (2) wird unendlich kleine Verbiegung der Fläche X genannt, wenn die Länge eines beliebigen glatten Bogens auf X bei der Deformation unverändert bleibt. Um Mißverständnisse zu vermeiden, bemerken wir, daß eine faktische Veränderung der Längen der Bogen, die auf der Fläche X liegen, zugelassen wird, aber gefordert wird, daß die Länge eines jeden Bogens sich von höherer als der ersten Ordnung hinsichtlich ε verändert (d. h. daß wir berechtigt sind, die Veränderung der Bogenlänge in unserer Theorie zu vernachlässigen). Unter dieser Bedingung ist es präziser, von unendlich kleiner Verbiegung erster Ordnung zu sprechen. Die unendlich kleinen Verbiegungen erster Ordnung sind der Gegenstand dieses Kapitels.

Wir drücken das Quadrat des Linienelementes der Fläche X_ε aus:

$$ds^{*2} = ds^2 + 2\,\varepsilon\, d\mathfrak{x}\, d\mathfrak{z} + \varepsilon^2 d\mathfrak{z}^2 .$$

Damit die Differenz $ds^* - ds$ verschwindend klein ist (von höherer als der ersten Ordnung hinsichtlich ε), ist hinreichend und notwendig die Erfüllung der Gleichung

$$d\mathfrak{x} \cdot d\mathfrak{z} = 0; \tag{3}$$

das ist die Fundamental-Gleichung für das Feld $\mathfrak{z}$ in Differentialen. Sie ist drei Gleichungen in den partiellen Ableitungen aequivalent:

$$\mathfrak{x}_u \mathfrak{z}_u = 0; \quad \mathfrak{x}_u \mathfrak{z}_v + \mathfrak{x}_v \mathfrak{z}_u = 0; \quad \mathfrak{x}_v \mathfrak{z}_v = 0 . \tag{4}$$

In der Theorie der unendlich kleinen Verbiegungen spielt folgender Satz eine fundamentale Rolle: *Wenn das Feld $\mathfrak{z}$ dem System (4) genügt, existiert ein solches Feld $\mathfrak{y}$, daß die Identitäten gelten*

$$\mathfrak{z}_u = \mathfrak{y} \times \mathfrak{x}_u , \quad \mathfrak{z}_v = \mathfrak{y} \times \mathfrak{x}_v ; \tag{5}$$

bei gegebenem Feld $\mathfrak{z}$ wird das Feld $\mathfrak{y}$ eindeutig definiert. Wir werden zunächst die Existenz des Feldes $\mathfrak{y}$ beweisen. Zu diesem Zweck bemerken wir, daß infolge der ersten und dritten der Gleichungen (4) zwei Felder $\mathfrak{y}_1$ und $\mathfrak{y}_2$ existieren, für welche die Identitäten

$$\mathfrak{z}_u = \mathfrak{y}_1 \times \mathfrak{x}_u, \quad \mathfrak{z}_v = \mathfrak{y}_2 \times \mathfrak{x}_v \tag{6}$$

gültig sind. Indem wir nach diesen Formeln $\mathfrak{z}_u$ und $\mathfrak{z}_v$ in der zweiten der Gleichungen (4) ersetzen, erhalten wir:

$$\big((\mathfrak{y}_1 - \mathfrak{y}_2)\,\mathfrak{x}_u\, \mathfrak{x}_v\big) = 0 .$$

Hieraus folgt, daß $\mathfrak{y}_1 - \mathfrak{y}_2$ sich linear ausdrücken läßt durch $\mathfrak{x}_u$, $\mathfrak{x}_v$, d. h.

$$\mathfrak{y}_1 - \mathfrak{y}_2 = \varphi \mathfrak{x}_u + \psi \mathfrak{x}_v$$

ist; somit können wir setzen

$$\mathfrak{y}_1 - \varphi \mathfrak{x}_u = \mathfrak{y}_2 + \psi \mathfrak{x}_v = \mathfrak{y} .$$

Indem wir in (6) $\mathfrak{y}_1$, $\mathfrak{y}_2$ nach den Formeln

$$\mathfrak{y}_1 = \mathfrak{y} + \varphi \mathfrak{x}_u, \quad \mathfrak{y}_2 = \mathfrak{y} - \psi \mathfrak{x}_v$$

ersetzen, bekommen wir (5).

Die Eindeutigkeit des Feldes $\mathfrak{y}$ ist augenscheinlich. In der Tat, wenn zwei Felder $\mathfrak{y}'$, $\mathfrak{y}''$ existieren, die (5) erfüllen, so ist

$$(\mathfrak{y}' - \mathfrak{y}'') \times \mathfrak{x}_u = 0 , \quad (\mathfrak{y}' - \mathfrak{y}'') \times \mathfrak{x}_v = 0 ,$$

was nur möglich ist im Falle, daß $\mathfrak{y}' - \mathfrak{y}'' = 0$ ist. Damit ist unsere Behauptung bewiesen.

Zugleich mit den Feldern $\mathfrak{z}$ und $\mathfrak{y}$ werden wir auch das Feld benutzen

$$\mathfrak{s} = \mathfrak{z} - (\mathfrak{y} \times \mathfrak{x}) . \tag{7}$$

§ 22

Jetzt werden wir die kinematische Bedeutung der Felder $\mathfrak{y}$ und $\mathfrak{s}$ beleuchten. Aus den Formeln (5) haben wir die entsprechende Gleichung in den Differentialen:

$$d\mathfrak{z} = \mathfrak{y} \times d\mathfrak{x}. \tag{8}$$

Wir stellen zuerst die kinematische Bedeutung von $d\mathfrak{z}$ fest. Wir verändern vorübergehend in der Formel (2) die Bezeichnung des Parameters und schreiben diese Formel in der Form $\mathfrak{x}^* = \mathfrak{x} + \delta\varepsilon \cdot \mathfrak{z}$; hieraus folgt $d\mathfrak{x}^* = d\mathfrak{x} + \delta\varepsilon \cdot d\mathfrak{z}$. Wir führen die Bezeichnungen: $\mathfrak{x}^* - \mathfrak{x} = \delta\mathfrak{x}$, $d\mathfrak{x}^* - d\mathfrak{x} = \delta d\mathfrak{x}$ ein; in den neuen Bezeichnungen haben wir

$$\frac{\delta\mathfrak{x}}{\delta\varepsilon} = \mathfrak{z}, \quad \frac{\delta d\mathfrak{x}}{\delta\varepsilon} = d\mathfrak{z}. \tag{9}$$

Die erste von diesen Beziehungen bringt zum Ausdruck, daß $\mathfrak{z}$ das Feld der Geschwindigkeiten der Punkte der deformierbaren Fläche X, die zweite, daß $d\mathfrak{z}$ die Geschwindigkeit der Veränderung des Linienelementes $d\mathfrak{x}$ ist. Infolge von (8) und (9) haben wir:

$$\frac{\delta d\mathfrak{x}}{\delta\varepsilon} = \mathfrak{y} \times d\mathfrak{x}. \tag{10}$$

Jetzt ist es leicht, die kinematische Bedeutung von $\mathfrak{y}$ festzustellen. Nämlich: die Formel (10) gibt an, daß *der Vektor* $\mathfrak{y}$ *in bezug auf den Punkt* M (welcher durch den Radius-Vektor $\mathfrak{x}$ definiert wird) *der Fläche* X *der Vektor der augenblicklichen Drehung des Büschels der Linienelemente der Fläche* X *im Punkte* M *ist.* (Im Sinne unserer Theorie wird jedes Büschel der Linienelemente der Fläche X bei Deformation dieser Fläche als starrer Körper bewegt, insofern die Veränderungen der Längen der Linienelemente und der Winkel zwischen ihnen kleine Größen darstellen, die vernachlässigt werden können.)

Im Hinblick auf das Gesagte werden wir das *Feld* $\mathfrak{y}$ *als Feld der Drehungen* bezeichnen. *(Rotationsfeld — Drehfeld.)*

Wir wenden uns zum Feld $\mathfrak{s}$. Wir betrachten ein willkürliches Linienelement $d\mathfrak{x}$ beim Punkt M; sein Ende M' wird durch den Radius-Vektor $\mathfrak{x} + d\mathfrak{x}$ definiert. Die wahre Geschwindigkeit des Punktes M' kann auf folgende Weise ausgedrückt werden.

$$\frac{\delta}{\delta\varepsilon}(\mathfrak{x} + d\mathfrak{x}) = \frac{\delta}{\delta\varepsilon}\mathfrak{x} + \frac{\delta}{\delta\varepsilon}d\mathfrak{x} = \mathfrak{z} + (\mathfrak{y} \times d\mathfrak{x}).$$

Aus dieser Gleichung bekommen wir infolge (7)

$$\frac{\delta}{\delta\varepsilon}(\mathfrak{x} + d\mathfrak{x}) = \mathfrak{s} + [\mathfrak{y} \times (\mathfrak{x} + d\mathfrak{x})], \tag{11}$$

d. h.

$$\mathfrak{s} = \frac{\delta}{\delta\varepsilon}(\mathfrak{x} + d\mathfrak{x}) - [\mathfrak{y} \times (\mathfrak{x} + d\mathfrak{x})].$$

Somit ist *der Vektor* $\mathfrak{s}$ *in bezug auf den Punkt M die allen Enden der Linienelemente im Punkt M gemeinschaftliche Differenz zwischen ihren wahren Geschwindigkeiten und den Geschwindigkeiten der Rotationsbewegung um eine Achse, welche durch den Koordinatenanfang läuft und durch den Vektor der augenblicklichen Drehung* $\mathfrak{y}$ *definiert wird.*

Auf Grund der Formel (11) kann man folgern, daß bei unendlich kleiner Verbiegung der Fläche X jedes Büschel ihrer Linienelemente eine unendlich kleine

Schraubenbewegung mit dem Vektor der augenblicklichen Drehung $\mathfrak{y}$ und dem Vektor der Verschiebung $\mathfrak{s}$ vollbringt. Das Feld $\mathfrak{s}$ werden wir das *Verschiebungsfeld* nennen. Das Paar der Felder $(\mathfrak{y}, \mathfrak{s})$ nennen wir *Schraubfeld.* Wenn $\mathfrak{y}=\text{const.}$, ist infolge der Formeln (8) und (7) auch $\mathfrak{s}=\text{const.}$, d. h. alle Büschel der Linienelemente der Fläche haben einen gemeinschaftlichen Vektor der augenblicklichen Drehung $\mathfrak{y}$ uud einen gemeinschaftlichen Vektor der Verschiebung $\mathfrak{s}$. In diesem Falle nennen wir die unendlich kleine Verbiegung trivial, da sie eine unendlich kleine Bewegung der Fläche X darstellt. *Wenn die Fläche* X *keine anderen unendlich kleinen Verbiegungen außer trivialen zuläßt, heißt sie starr.*

Sehr wesentlich bemerken wir, daß die unendlich kleinen Verbiegungen durch eine schwächere geometrische Bedingung definiert sind, als die stetigen Verbiegungen im eigentlichen Sinne dieses Wortes.

Die Sache ist die, daß wir, indem wir die unendlich kleine Verbiegung definieren, nicht fordern, daß die Längen der Linien sich nicht ändern, sondern nur, daß ihre Veränderungen klein sind von höherer als der ersten Ordnung hinsichtlich des Parameters. Deshalb kann es vorkommen, daß eine Fläche, die keine Verbiegungen zuläßt, gleichzeitig nicht starr ist. Insbesondere gilt: *Jedes Stück einer Ebene, das am Rande befestigt ist, ist unstarr.*

In der Tat, wir betrachten irgendein Stück der Ebene X, das am Rande befestigt ist. Wir konstruieren ein Feld $\mathfrak{z}$, das gleich Null ist am Rande von X und senkrecht zu X in den inneren Punkten, d. h. wir setzen $\mathfrak{z}=\varphi\cdot\mathfrak{e}$, wo $\mathfrak{e}$ ein konstanter Vektor, senkrecht zu X ist. Dann ist $d\mathfrak{z}=\mathfrak{e}\,d\varphi$ und folglich

$$d\mathfrak{x}\,d\mathfrak{z}=0,$$

d. h. die Fundamental-Gleichung (3) ist erfüllt.

Die Unstarrheit ebener Stücke ist die Folge der augenscheinlichen Tatsache, daß die Hypothenuse eines rechtwinklichen Dreiecks mit einer unendlich kleinen Kathete a verschieden ist von der anderen Kathete von höherer Ordnung im Vergleich mit a.

§ 23

Mitunter pflegt es nützlich zu sein, sich vorzustellen, daß die Vektoren $\mathfrak{z}, \mathfrak{y}, \mathfrak{s}$ von einem fixierten Punkt ausgehen, z. B. vom Koordinatenanfang. Dann beschreiben ihre Enden entsprechend die Flächen Z, Y, S (welche in Linien oder in Punkte ausarten können). Von diesen Flächen ist besonders häufig in den Arbeiten über unendlich kleine Verbiegungen die Fläche Y ausgenutzt worden (vgl. [1]); man nennt sie *Drehriß.*

Wir vermerken zwei einfache geometrische Tatsachen, die sich auf die Flächen Z und Y beziehen (die Fälle ihrer Entartung werden wir als ausgeschlossen voraussetzen).

1. Wenn zwischen den Punkten der Flächen X und Z eine Beziehung aufgestellt ist, durch welche dem Punkt mit dem Radiusvektor $\mathfrak{x}$ ein Punkt mit dem Radiusvektor $\mathfrak{z}$ entspricht, so sind die entsprechenden Linienelemente der Flächen X und Z orthogonal. Das folgt unmittelbar aus der Fundamentalgleichung (3):

$$d\mathfrak{x}\cdot d\mathfrak{z}=0$$

2. Wenn die Fläche Y ein Drehriß für die Fläche Y ist, so ist X ein Drehriß für die Fläche Y. In der Tat, zugleich mit den Formeln (5)

$$\mathfrak{z}_u=\mathfrak{y}\times\mathfrak{x}_u,\ \mathfrak{z}_v=\mathfrak{y}\times\mathfrak{x}_v$$

gelten augenscheinlich auch die Formeln

(12) $$\mathfrak{s}_u = \mathfrak{x} \times \mathfrak{y}_u, \quad \mathfrak{s}_v = \mathfrak{x} \times \mathfrak{y}_v$$

(welche man durch Differentiation von (7) erhält), was die Gegenseitigkeit der Beziehungen der Flächen X und Y beweist. Außerdem ist hieraus ersichtlich, daß beim Tausch der Rollen von X und Y die Felder $\mathfrak{z}$ und $\mathfrak{s}$ gegenseitig die Plätze tauschen.

3. In den entsprechenden Punkten von X und Y sind die Berührungsebenen parallel (folgt aus der Formel (14) § 24).

§ 24

Jetzt beschäftigen wir uns mit der Ableitung der Fundamental-Gleichungen der Theorie der unendlich kleinen Verbiegungen. Wir werden ausgehen von den Formeln

(5) $$\mathfrak{z}_u = \mathfrak{y} \times \mathfrak{x}_u, \quad \mathfrak{z}_v = \mathfrak{y} \times \mathfrak{x}_v.$$

Infolge der Gleichung $\mathfrak{z}_{vu} = \mathfrak{z}_{uv}$ gilt die Beziehung:

(13) $$\mathfrak{y}_v \times \mathfrak{x}_u = \mathfrak{y}_u \times \mathfrak{x}_v.$$

Hieraus kann man schließen, daß die Vektoren $\mathfrak{x}_u$, $\mathfrak{x}_v$, $\mathfrak{y}_u$, $\mathfrak{y}_v$ konplanar sind; folglich existieren Skalare α, β, γ, δ derart, daß

$$\mathfrak{y}_u = \alpha \mathfrak{x}_u - \beta \mathfrak{x}_v, \quad \mathfrak{y}_v = \gamma \mathfrak{x}_u - \delta \mathfrak{x}_v \text{ ist.}$$

Indem wir diese Ausdrücke in (13) einsetzen, finden wir $\delta = \alpha$. Somit ist

(14) $$\mathfrak{y}_u = \alpha \mathfrak{x}_u - \beta \mathfrak{x}_v, \quad \mathfrak{y}_v = \gamma \mathfrak{x}_u - \alpha \mathfrak{x}_v.$$

Wir benutzen weiter die Formeln von Gauss und zerlegen beide Seiten der Gleichung $\mathfrak{y}_{uv} = \mathfrak{y}_{vu}$ nach der Basis $\mathfrak{x}_u$, $\mathfrak{x}_v$, $\mathfrak{n}$ ($\mathfrak{n}$ ist der Einheitsvektor der Normalen der Fläche); indem wir die entsprechenden Koeffizienten der Zerlegung vergleichen, bekommen wir das folgende Gleichungssystem für α, β, γ:

(15) $$L\gamma - 2M\alpha + N\beta = 0,$$

(16) $$\alpha_v - \gamma_u = \left\{ {1 \atop 11} \right\} \gamma - 2 \left\{ {1 \atop 12} \right\} \alpha + \left\{ {1 \atop 22} \right\} \beta,$$

(17) $$\alpha_u - \beta_v = \left\{ {2 \atop 11} \right\} \gamma - 2 \left\{ {2 \atop 12} \right\} \alpha + \left\{ {2 \atop 22} \right\} \beta,$$

wo L, M, N die Koeffizienten der zweiten quadratischen Form der Fläche X sind.

Wir setzen voraus, daß α, β, γ dem System (15—17) genügen, dann ist $(\alpha \mathfrak{x}_u - \beta \mathfrak{x}_v)\,du + (\gamma \mathfrak{x}_u - \alpha \mathfrak{x}_v)\,dv$ ein vollständiges Differential; indem wir es integrieren, bekommen wir das Feld $\mathfrak{y}$, welches auf der Fläche X eindeutig ist infolge ihres einfachen Zusammenhanges. Da mit dieser Bedingung (13) erfüllt ist, so ist auch $(\mathfrak{y} \times d\mathfrak{x})$ ein vollständiges Differential; folglich kann mittels Integration von $(\mathfrak{y} \times d\mathfrak{x})$ das eindeutige Feld $\mathfrak{z}$ auf X bestimmt werden.

Somit wird die Aufgabe der Bestimmung unendlich kleiner Verbiegungen einer einfach zusammenhängenden Fläche X auf die Lösung des Systems (15—17) geführt. Deshalb werden wir das System (15—17) das Fundamentalsystem unserer Theorie nennen. Es ist wesentlich zu vermerken, daß die trivialen unendlich kleinen Verbiegungen den trivialen Lösungen $\alpha \equiv \beta \equiv \gamma \equiv 0$ entsprechen. In der

Tat ist, wie aus (14) ersichtlich ist, $\mathfrak{y} = \text{const.}$ in dem und nur in dem Falle, wenn $\alpha \equiv \beta \equiv \gamma \equiv 0$ gilt.

B e m e r k u n g. In dem Falle, wenn die Fläche durch die Gleichung $z = f(x, y)$ definiert wird, vereinfachen sich die Formeln der Theorie. Es möge das Feld $\mathfrak{z}$ die Komponenten ξ, η, ζ haben (Funktionen von x, y); die Fundamentalbeziehung $d\mathfrak{x}\, d\mathfrak{z} = 0$ nimmt die Form an:

$$dx\, d\xi + dy\, d\eta + dz\, d\zeta = 0 .$$

Hieraus bekommen wir:

$$(\alpha) \qquad \begin{aligned} &\xi_x + p\zeta_x = 0, \ \eta_y + q\zeta_y = 0, \\ &\xi_y + \eta_x + p\zeta_y + q\zeta_x = 0, \end{aligned}$$

wo $p = z_x$, $q = z_y$ (im weiteren werden auch die Bezeichnungen $r = z_{xx}$ $s = z_{xy}$, $t = z_{yy}$ gebraucht). Infolge der letzten von den Gleichungen (α) können wir setzen:

$$(\beta) \qquad \eta_x + p\zeta_y = -\xi_y - q\zeta_x = \psi .$$

Hieraus und auf Grund von (α) bekommen wir:

$$\begin{aligned} \psi_x &= p\zeta_{xy} - q\zeta_{xx} , \\ \psi_y &= p\zeta_{yy} - q\zeta_{xy} . \end{aligned}$$

Indem wir in der Identität $\psi_{xy} \equiv \psi_{yx}$ die rechten Seiten der letzten Gleichungen einsetzen, ermitteln wir

$$(*) \qquad r\zeta_{yy} - 2s\zeta_{xy} + t\zeta_{xx} = 0 .$$

Somit wird die Aufgabe der Bestimmung aller unendlich kleinen Verbiegungen der Fläche $z = f(x, y)$ auf die Integration der Gleichung (*) mit der unbekannten Funktion $\zeta = \zeta\,(x, y)$ geführt. Es ist leicht einzusehen, daß dem Geschwindigkeitsfeld $\{\xi, \eta, \zeta\}$ das Drehfeld

$$\mathfrak{y} = \{\zeta_y, -\zeta_x, \psi$$

entspricht. Das Feld $\mathfrak{y}$ ist konstant in dem und nur in dem Fall, wenn $\zeta = ax + by + c$ ist (a, b, c sind konstant). Die angeführten Formeln stammen von LIEBMANN [34]

§ 25

Hier stellen wir eine wichtige, auf den ersten Blick unerwartete Eigenschaft der Theorie der unendlich kleinen Verbiegungen fest; nämlich es stellt sich heraus, daß diese Theorie in gewissem Sinn Gegenstand der projektiven Geometrie ist (etwas später werden wir den genauen Sinn der Behauptung angeben). [1])

Wir betrachten eine projektive Transformation, bestimmt mittels DESCARTESscher rechtwinkliger Koordinaten x_1, x_2, x_3:

$$(1) \qquad x'_i = \frac{\sum_{k=1}^{3} a_{ik} x_k + a_{i4}}{\sum_{k=1}^{3} a_{4k} x_k + a_{44}} ,$$

wo $i = 1, 2, 3$, Det $\|a_{ik}\| \neq 0$ ist.

[1]) Vgl. R. SAUER [30]; zum erstenmal stellte das, wie es scheint, DARBOUX fest (vgl. [31]).

Wir bezeichnen durch p_i $(i = 1, 2, \ldots, 6)$ die PLÜCKERschen Koordinaten der Tangente zur Linie $v = \text{const.}$ der Fläche X:

$$\{p_i\} = \{x_{1_u}, x_{2_u}, x_{3_u}, [\mathfrak{x} \times \mathfrak{x}_u]_1, [\mathfrak{x} \times \mathfrak{x}_u]_2, [\mathfrak{x} \times \mathfrak{x}_u]_3\}, \tag{2}$$

wo $[\mathfrak{x} \times \mathfrak{x}_u]_i$ $(i = 1, 2, 3)$ die Koordinaten des Vektors $[\mathfrak{x} \times \mathfrak{x}_u]$ sind, durch q_i $(i = 1, 2, \ldots, 6)$ die PLÜCKERschen Koordinaten der Tangente zur Linie $u = \text{const.}$

$$\{q_i\} = \{x_{1_v}, x_{2_v}, x_{3_v}, [\mathfrak{x} \times \mathfrak{x}_v]_1, [\mathfrak{x} \times \mathfrak{x}_v]_2, [\mathfrak{x} \times \mathfrak{x}_v]_3\}. \tag{3}$$

Es seien p_i' und q_i' $(i = 1, 2, \ldots, 6)$ die auf spezielle Weise normierten PLÜCKERschen Koordinaten der Tangenten zur Linie $v = \text{const.}$ und $u = \text{const.}$ der Fläche X', welche man aus der Fläche X durch die Transformation (1) bekommt, nämlich:

$$\{p'\} = \{\varrho x_{1_u}', \varrho x_{2_u}', \varrho x_{3_u}', \varrho[\mathfrak{x}' \times \mathfrak{x}_u']_1, \varrho[\mathfrak{x}' \times \mathfrak{x}_u']_2, \varrho[\mathfrak{x}' \times \mathfrak{x}_u']_3\}, \tag{4}$$

$$\{q_i'\} = \{\varrho x_{1_v}', \varrho x_{2_v}', \varrho x_{3_v}', \varrho[\mathfrak{x}' \times \mathfrak{x}_u']_1, \varrho[\mathfrak{x}' \times \mathfrak{x}_v']_2, \varrho[\mathfrak{x}' \times \mathfrak{x}_v]_3\}, \tag{5}$$

wo

$$\varrho = \left(\sum_{k=1}^{3} a_{4k} x_k + a_{44}\right)^2 \text{ ist.}$$

Aus (1), (2) und (4) und ebenso aus (1), (3) und (5) kann man die Formeln ableiten:

$$p' = \sum_{k=1}^{6} c_{ik} p_k, \tag{6}$$

$$q_i' = \sum_{k=1}^{6} c_{ik} q_k, \tag{7}$$

wo die Matrix der Koeffizienten c_{ik} so aussieht:

$$\begin{Vmatrix} [a_{11}\, a_{44}] & [a_{12}\, a_{44}] & [a_{13}\, a_{44}] & [a_{13}\, a_{42}] & [a_{11}\, a_{43}] & [a_{12}\, a_{41}] \\ [a_{21}\, a_{44}] & [a_{22}\, a_{44}] & [a_{23}\, a_{44}] & [a_{23}\, a_{42}] & [a_{21}\, a_{43}] & [a_{22}\, a_{41}] \\ [a_{31}\, a_{44}] & [a_{32}\, a_{44}] & [a_{33}\, a_{44}] & [a_{33}\, a_{42}] & [a_{31}\, a_{43}] & [a_{32}\, a_{41}] \\ [a_{24}\, a_{31}] & [a_{24}\, a_{32}] & [a_{24}\, a_{33}] & [a_{22}\, a_{33}] & [a_{23}\, a_{31}] & [a_{21}\, a_{32}] \\ [a_{34}\, a_{11}] & [a_{34}\, a_{12}] & [a_{34}\, a_{13}] & [a_{32}\, a_{13}] & [a_{33}\, a_{11}] & [a_{31}\, a_{12}] \\ [a_{14}\, a_{21}] & [a_{14}\, a_{22}] & [a_{14}\, a_{23}] & [a_{12}\, a_{23}] & [a_{13}\, a_{21}] & [a_{11}\, a_{22}] \end{Vmatrix} \tag{8}$$

mit der Bedingung, daß $[a_{pi}\, a_{qk}] = a_{pi}\, a_{qk} - a_{pk}\, a_{qi}$ ist.

Wir betrachten jetzt das Schraubfeld $(\mathfrak{y}, \mathfrak{s})$ das durch eine unendlich kleine Verbiegung der Fläche X definiert ist. Infolge der Formeln (14) und (12) (§ 22 und 24) haben wir

$$\begin{aligned} \mathfrak{y}_u &= \alpha \mathfrak{x}_u - \beta \mathfrak{x}_v, & \mathfrak{y}_v &= \gamma \mathfrak{x}_u - \alpha \mathfrak{x}_v, \\ \mathfrak{s}_u &= \alpha[\mathfrak{x} \times \mathfrak{x}_u] - \beta[\mathfrak{x} \times \mathfrak{x}_v], & \mathfrak{s}_v &= \gamma[\mathfrak{x} \times \mathfrak{x}_u] - \alpha[\mathfrak{x} \times \mathfrak{x}_v]. \end{aligned} \tag{9}$$

Diese Gleichungen schreiben wir in einer etwas anderen Form. Nämlich wir bezeichnen durch y_1, y_2, y_3 die Koordinaten des Vektors $\mathfrak{y}$, durch y_4, y_5, y_6 die Koordinaten des Vektors $\mathfrak{s}$; dann werden die Gleichungen (9) Gleichungen für die sechs Koordinaten $y_1, y_2, y_3, y_4, y_5, y_6$ eines Schraubfeldes sein:

$$y_{i_u} = \alpha p_i - \beta q_i, \qquad y_{i_v} = \gamma p - \alpha q_i. \tag{10}$$

Wir definieren sechs Funktionen $y_1', y_2', y_3', y_4', y_5', y_6'$ durch die Beziehungen

(11) $$y_i' = \sum_{k=1}^{6} c_{ik} y_k .$$

Aus (10), (6) und (7) ermitteln wir sofort:

(12) $$y_{i_u}' = \alpha p_i' - \beta q_i', \qquad y_{i_v}' = \gamma p_i' - \alpha q_i'.$$

Das letzte System kann auf Grund von (4) und (5) in der Form geschrieben werden:

(13) $$\begin{aligned} \mathfrak{y}_u' &= \alpha' \mathfrak{x}_u' - \beta' \mathfrak{x}_v', & \mathfrak{y}_v' &= \gamma' \mathfrak{x}_u' - \alpha' \mathfrak{x}_v' \\ \mathfrak{s}_u' &= \alpha' [\mathfrak{x}' \times \mathfrak{x}_u] - \beta' [\mathfrak{x}' \times \mathfrak{x}_v'], & \mathfrak{s}_v' &= \gamma' [\mathfrak{x}' \times \mathfrak{x}_u] - \alpha' [\mathfrak{x}' \times \mathfrak{x}_v'], \end{aligned}$$

wo $\mathfrak{y}' = \{y_1', y_2', y_3'\}$, $\mathfrak{s}' = \{y_4', y_5', y_6'\}$ und α', β', γ', definiert werden durch die Gleichungen

(14) $$\frac{\alpha'}{\alpha} = \frac{\beta'}{\beta} = \frac{\gamma'}{\gamma} = \left(\sum_{k=1}^{3} a_{4k} x_k + a_{44} \right)^2 .$$

Da die Gleichungen (13) eine ebensolche Struktur wie (9) haben, so erscheint $(\mathfrak{y}', \mathfrak{s}')$ als Schraubfeld bei einer unendlich kleinen Verbiegung der transformierten Fläche X′. Aus (14) ist ersichtlich, daß, wenn auch nur eine von den Funktionen α, β, γ nicht identisch gleich 0 ist, auch die entsprechende von den Funktionen α', β', γ' nicht Null ist; das bedeutet, daß dem nichttrivialen Schraubfeld $(\mathfrak{y}, \mathfrak{s})$ auf Grund von (11) ebenfalls ein nichttriviales Schraubfeld $(\mathfrak{y}', \mathfrak{s}')$ entspricht. Damit bekommen wir das folgende Theorem (R. Sauer [30]):

Es sei die Fläche X *projektiv transformiert in die Fläche* X′ *und*

$$p_i' = \sum_{k=1}^{6} c_{ik} p_k , \quad q_i' = \sum_{k=1}^{6} c_{ik} q_k$$

die Formeln der Transformation der Plückerschen *Koordinaten der Tangenten zu den Linien* v = *const. und* u = *const., normiert nach* (2), (3), (4), (5)*; dann entspricht jedem Schraubfeld* $\{y_i\}$, $i = 1, 2, \ldots, 6$ *der Fläche* X *nach den Formeln*

$$y_i' = \sum_{k=1}^{6} c_{ik} y_k$$

ein Schraubfeld $\{y_i'\}$, $i = 1, 2, \ldots, 6$ *der Fläche* X′. *Dabei ist, wenn das Schraubfeld* $\{y_i\}$ *nichttrivial ist, auch das Schraubfeld* $\{y_i'\}$ *nichttrivial.*

Den Inhalt dieses Theorems kann man kurz (und etwas cum granu salis) auf folgende Weise ausdrücken: Das Schraubfeld ist mit der Fläche invariant verknüpft hinsichtlich projektiver Transformationen.

Bemerkung 1. Das Geschwindigkeitsfeld $\mathfrak{z}'$, das auf der Fläche X′ durch das Schraubfeld $\{y_i'\}$ definiert wird, kann algebraisch durch das Geschwindigkeitsfeld $\mathfrak{z}$ ausgedrückt werden, das auf der Fläche X durch das Schraubfeld $\{y_i\}$

definiert wird. Nämlich die Gleichung $\mathfrak{z}' = \mathfrak{s}' + [\mathfrak{y}' \times \mathfrak{x}']$ ergibt nach Transformation

$$(15)\qquad z'_i = \frac{1}{\sum\limits_{k=1}^{3} a_{4k} x_k + a_{44}} \{ A_{i1} z_1 + A_{i2} z_2 + A_{i3} z_3 - A_{i4} (x_1 z_1 + x_2 z_2 + x_3 z_3) \}$$

wo z_i $(i = 1, 2, 3)$ die Koordinaten von $\mathfrak{z}$, z'_i $(i = 1, 2, 3)$ die Koordinaten von $\mathfrak{z}'$, A_{ik} das algebraische Komplement des Elementes a_{ik} in der Determinante $|a_{ik}|$ sind.

Bemerkung 2. Das Drehfeld y ist mit der Fläche invariant verknüpft hinsichtlich affiner Transformationen. In der Tat, bei affiner Transformation des Raumes

$$x'_i = \sum_{k=1}^{3} a_{ik} x_k + a_{i4} \quad (i = 1, 2, 3)$$

transformieren sich die Koordinaten eines beliebigen Vektors $\mathfrak{r} = \{r_i\}$ nach den Formeln

$$r'_i = \sum_{k=1}^{3} a_{ik} r_k;$$

deshalb werden, wenn wir bei gegebenem Drehfeld $\mathfrak{y} = \{y_1, y_2, y_3\}$ auf der Fläche X das Feld $\mathfrak{y}' = \{y'_1, y'_2, y'_3\}$ definieren:

$$y'_i = \sum_{k=1}^{3} a_{ik} y_k,$$

auf der transformierten Fläche X', zusammen mit den Gleichungen

$$\mathfrak{y}_u = \alpha \mathfrak{x}_u - \beta \mathfrak{x}_v, \qquad \mathfrak{y}_v = \gamma \mathfrak{x}_u - \alpha \mathfrak{x}_v,$$

Gleichungen auch solcher Struktur

$$\mathfrak{y}'_u = \alpha \mathfrak{x}'_u - \beta \mathfrak{x}'_v, \qquad \mathfrak{y}'_v = \gamma \mathfrak{x}'_u - \alpha \mathfrak{x}'_v$$

bestehen. Hieraus folgt, daß $\mathfrak{y}'$ Drehfeld auf der Fläche X' ist.

§ 26

Es sei X eine orientierte Fläche von willkürlichem endlichem Zusammenhang geschlossen oder berandet durch (reguläre) Kurven.[1])

Den Radiusvektor eines veränderlichen Punktes der Fläche X werden wir wie üblich mit $\mathfrak{x}$ bezeichnen. *Das auf der Fläche X vorgegebene Feld $\mathfrak{y}$ nennen wir Drehfeld, wenn $\mathfrak{y} \times d\mathfrak{x}$ ein vollständiges Differential ist, das (dem vorgegebenen Feld $\mathfrak{y}$ entsprechende) Feld $\mathfrak{s}$ nennen wir Verschiebungsfeld, wenn $d\mathfrak{s} = \mathfrak{x} \times d\mathfrak{y}$ ist; das Feldpaar $(\mathfrak{y}, \mathfrak{s})$ nennen wir Schraubfeld.*

Bei $\mathfrak{y} = \text{const.}$ ist auch $\mathfrak{s} = \text{const.}$; in diesem Falle vereinbaren wir, die Felder $\mathfrak{y}$, $\mathfrak{s}$ und $(\mathfrak{y}, \mathfrak{s})$ trivial zu nennen. Wenn wir zu dem gegebenen Schraubfeld $(\mathfrak{y}, \mathfrak{s})$ das Feld $\mathfrak{z} = \mathfrak{s} + [\mathfrak{y} \times \mathfrak{x}]$ bestimmen, so ist die unendliche kleine De-

[1]) Die berandeten Flächen und die in ihnen vorgegebenen Funktionen werden wir als regulär am Rande ansehen im Sinne der Möglichkeit der regulären Fortsetzung.

formation $\mathfrak{x} + \varepsilon\mathfrak{z}$ eine unendlich kleine Verbiegung der Fläche X; umgekehrt definiert jede unendlich kleine Verbiegung der Fläche X ein Schraubpaar (eine unendlich kleine Verbiegung wird als trivial angesehen, wenn das ihr entsprechende Schraubfeld trivial ist). Die zwei letzten Behauptungen sind in den vorhergehenden Paragraphen bewiesen, wo die Fläche als einfach-zusammenhängend vorausgesetzt wurde; aber für den Beweis spielt der Charakter des Zusammenhanges gar keine Rolle. Wesentlich aber für die Betrachtung mehrfach zusammenhängender Flächen ist folgender Umstand. Das Feld $\mathfrak{s}$ wird mit Genauigkeit bis auf eine additive Konstante durch das Feld $\mathfrak{y}$ durch Integration von $d\mathfrak{s} = [\mathfrak{x} \times d\mathfrak{y}]$ definiert; in der Tat, $[\mathfrak{x} \times d\mathfrak{y}]$ ist ein vollständiges Differential, da $[\mathfrak{x} \times d\mathfrak{y}] = d\,[\mathfrak{x} \times \mathfrak{y}] + [\mathfrak{y} \times d\mathfrak{x}]$ und $[\mathfrak{y} \times d\mathfrak{x}]$ ein vollständiges Differential nach Voraussetzung ist. Aber bei Integration des vollständigen Differentials $[\mathfrak{x} \times d\mathfrak{y}]$ kann es bei einer mehrfach zusammenhängenden Fläche vorkommen, daß $\mathfrak{s}$ eine mehrdeutige Vektorfunktion wird. Somit kann auf einer mehrfach zusammenhängenden Fläche dem Drehfeld kein Verschiebungsfeld entsprechen. Indem wir das in Betracht ziehen, werden wir zwei Definitionen formulieren.

1. Die Fläche X nennen wir *starr im projektiven Sinn*, wenn auf ihr kein nichttriviales Schraubfeld existiert. Die so definierte Starrheit stellt ein Objekt der projektiven Geometrie dar, d. h. ist ein projektiv-invarianter Begriff infolge des Theorems, das in § 25 bewiesen ist. Die projektive Starrheit werden wir auch *schwache Starrheit* oder einfach *Starrheit* nennen.

2. Die Fläche X nennen wir *starr im affinen Sinn*, wenn auf ihr kein nichttriviales Drehfeld existiert. Die so definierte Starrheit stellt ein Objekt der affinen Geometrie dar, d. h. ist ein affin-invarianter Begriff infolge der Bemerkung 2 in § 25. Die affine Starrheit werden wir auch *starke Starrheit* nennen.

Für eine einfach zusammenhängende Fläche fallen beide Begriffe der Starrheit zusammen.

Jetzt wollen wir den physikalischen Sinn des Begriffes der affinen Starrheit festlegen (oder der affinen Unstarrheit).

Es sei eine mehrfach zusammenhängende Fläche X gegeben. Wir betrachten ein gewisses System von Schnitten $\Gamma_1, \ldots, \Gamma_k$ der Fläche X, welche zusammen die Fläche nicht in Teile zerteilen. (Jede Kurve Γ_i ist entweder geschlossen oder verbindet zwei Randpunkte der Fläche X.)

Wir setzen voraus, daß ein Feld $\mathfrak{z}$ existiert, das eindeutig auf der aufgeschnittenen Fläche X (wir bezeichnen sie durch $\widetilde{X}$) ist und regulär auf ihr mit Einschluß der Randpunkte (wir setzen voraus, daß die Fläche $\widetilde{X}$ eine reguläre Fortsetzung zuläßt; Regularität des Feldes $\mathfrak{z}$ am Rande werden wir in dem Sinn verstehen, daß das Feld $\mathfrak{z}$ außerdem auch eine reguläre Fortsetzung zuläßt).

Wenn die unendlich kleine Deformation $\mathfrak{x} + \varepsilon\mathfrak{z}$ eine nichttriviale unendlich kleine Verbiegung ist, so definiert das Feld $\mathfrak{z}$ ein auf $\widetilde{X}$ eindeutiges Drehfeld $\mathfrak{y}$.

Um die physikalische Bedeutung der affinen Starrheit festzustellen, ermitteln wir die Bedingungen für das Feld $\mathfrak{z}$, bei welchen das ihm entsprechende Feld $\mathfrak{y}$ ebenfalls auf der gegebenen Fläche X eindeutig ist.

Wir gehen zunächst von der Voraussetzung aus, daß auf der Fläche X ein nichttriviales eindeutiges Drehfeld $\mathfrak{y}$ vorhanden ist; wir nehmen auf X einen willkürlichen Punkt M_0 und betrachten das Feld $\mathfrak{z}$, das definiert ist durch die Gleichung $\mathfrak{z}\,(M) = \int_{M_0}^{M} [\mathfrak{y} \times d\mathfrak{x}]$. Wenn das Feld $\mathfrak{z}$ vieldeutig ist, führen wir die Schnitte $\Gamma_1, \ldots, \Gamma_k$ so, daß auf der aufgeschnittenen Fläche $\widetilde{X}$ das Feld $\mathfrak{z}$ eindeutig ist (das ist immer möglich, da man im Notfall ein System kanonischer Schnitte nehmen kann, bei welchen $\widetilde{X}$ einem einfach zusammenhängenden Bereich in einer Ebene homöomorph ist). Es seien $\overset{1}{\mathfrak{z}}$ und $\overset{2}{\mathfrak{z}}$ die Bezeichnungen des Feldes $\mathfrak{z}$ in zwei identifizierten Punkten auf verschiedenen Ufern eines Schnittes Γ_i; wir haben $\overset{2}{\mathfrak{z}} - \overset{1}{\mathfrak{z}} = \oint\limits_C [\mathfrak{y} \times d\mathfrak{x}]$, wo C ein geschlossener Weg ist, welcher einmal den Schnitt Γ_i und die übrigen Schnitte nicht durchschneidet. Für alle Zyklen von solcher Form sind die Werte des Integrals $\oint\limits_C [\mathfrak{y} \times d\mathfrak{x}]$ gleich, da für eine beliebige geschlossene Kontur Γ auf der Fläche $\widetilde{X}$ notwendigerweise $\oint\limits_\Gamma [\mathfrak{y} \times d\mathfrak{x}] = 0$ ist; deshalb ist längs des Schnittes Γ_i die Differenz $\overset{2}{\mathfrak{z}} - \overset{1}{\mathfrak{z}}$ konstant. Das bedeutet, daß bei der betrachteten Deformation bei beliebigem ε die Ufer eines jeden Schnittes so auseinandergehen, daß ein Ufer des Schnittes durch Parallelverschiebung mit dem anderen vereinigt werden kann. Von solchen unendlich kleinen Verbiegungen werden wir sagen, daß sie *der Schubbedingung an Schnitten genügen.* Es stellt sich heraus, daß die Schubbedingung die unendlich kleinen Verbiegungen der Fläche $\widetilde{X}$ charakterisiert, welche ein auf X eindeutiges Feld $\mathfrak{y}$ definieren, wenn die zugelassenen Schnitte durch eine gewisse Bedingung beschränkt werden. Es gilt nämlich folgendes

Theorem. *Es sei eine unendlich kleine Verbiegung der Fläche $\widetilde{X}$ gegeben, die man aus der Fläche X durch die Schnitte $\Gamma_1, \ldots, \Gamma_k$ erhält. Wenn*

1. die unendlich kleine Verbiegung der Schubbedingung an jedem Schnitt genügt,

2. keiner der Schnitte $\Gamma_1, \ldots, \Gamma_k$ einen asymptotischen Bogen enthält, so ist das durch diese unendlich kleine Verbiegung definierte Drehfeld auf der Fläche X eindeutig.

Beweis: Wir werden irgendeinen der Schnitte $\Gamma_1, \ldots, \Gamma_k$ betrachten; wir bezeichnen durch Γ einen Bogen dieses Schnittes und setzen voraus, daß in seiner Umgebung die Koordinaten (u, v) so eingeführt sind, daß Γ dargestellt wird durch die Gleichung $v = 0$. Es seien $\overset{1}{\mathfrak{z}}, \overset{2}{\mathfrak{z}}$ die Werte des Feldes $\mathfrak{z}$ auf den zwei Ufern von Γ; wir setzen voraus, daß jedes der Felder $\overset{1}{\mathfrak{z}}$ und $\overset{2}{\mathfrak{z}}$ sich regulär in der ganzen Umgebung U fortsetzt. Wenn wir durch $\overset{1}{\mathfrak{y}}, \overset{2}{\mathfrak{y}}$ die Drehfelder bezeichnen, welche den Feldern $\overset{1}{\mathfrak{z}}, \overset{2}{\mathfrak{z}}$ entsprechen, erhalten wir:

$$\overset{1}{\mathfrak{z}}_u = \overset{1}{\mathfrak{y}} \times \mathfrak{x}_u, \qquad \overset{2}{\mathfrak{z}}_u = \overset{2}{\mathfrak{y}} \times \mathfrak{x}_u.$$

Bei $v = 0$ haben wir nach Voraussetzung $\overset{2}{\mathfrak{z}} - \overset{1}{\mathfrak{z}} = \text{const.}$, folglich

$$(\overset{2}{\mathfrak{y}} - \overset{1}{\mathfrak{y}}) \times \mathfrak{x}_u = 0 \quad (v = 0);$$

hieraus folgt $\overset{2}{\mathfrak{y}} - \overset{1}{\mathfrak{y}} = \varphi \mathfrak{x}_u$ $(v = 0)$, wo φ eine Funktion des Argumentes u ist. Wir führen in der Umgebung U das Feld $\mathfrak{y} = \overset{2}{\mathfrak{y}} - \overset{1}{\mathfrak{y}}$ ein; das wird ebenfalls ein gewisses Drehfeld sein (d. h. $[\mathfrak{y} \times d\mathfrak{x}]$ ist ein vollständiges Differential). Bei $v = 0$ haben wir $\mathfrak{y} = \varphi \mathfrak{x}_u$. Indem wir $\mathfrak{y}$ nach u bei $v = 0$ differenzieren, finden wir:

$$\mathfrak{y}_u = A\mathfrak{x}_u + B\mathfrak{x}_v + \varphi L\mathfrak{n},$$

wo A und B Funktionen ohne Interesse sind, L der erste Koeffizient der zweiten quadratischen Form der Fläche X, $\mathfrak{n}$ der Einheitsvektor der Normalen ist. Indem wir die letzte Beziehung mit den Formeln (14) § 24 vergleichen, bekommen wir $\varphi L = 0$. Wir bemerken jetzt, daß L zu Null wird nur in jenen Punkten, in denen die Linie Γ asymptotische Richtung hat. Da nach der Bedingung des Theorems kein Bogen von Γ asymptotisch ist, ist L verschieden von Null in einer überall kompakten Punktmenge von Γ. Deshalb können wir aus $\varphi L = 0$ schließen, daß $\varphi = 0$ ist. Folglich haben wir längs Γ: $\mathfrak{y} = 0$. Hieraus folgt, daß bei $v = 0$ auch $\mathfrak{y}_u = 0$ ist; die erste Formel von (14) § 24 gibt in einem solchen Falle $\alpha = \beta = 0$, wonach aus (15) folgt: $\gamma = 0$.

Indem wir uns wieder zu den Formeln (14) wenden, finden wir, daß längs Γ die Gleichungen $\mathfrak{y}_u = \mathfrak{y}_v = 0$ gelten.

Wir haben längs Γ: $\alpha = \beta = \gamma = 0$; hieraus folgt $\alpha_u = \beta_u = \gamma_u = 0$ (längs Γ). Die letzten Beziehungen und die Gleichungen (16) und (17) § 24 ergeben: $\alpha_v = \beta_v = 0$ (längs Γ). Indem wir die Identität (15) § 24 nach v differenzieren und die aufgestellten Beziehungen ausnutzen, bekommen wir $\gamma_v = 0$ (längs Γ). Jetzt ergeben die Formeln (14) § 24 $\mathfrak{y}_{uu} = \mathfrak{y}_{uv} = \mathfrak{y}_{vv} = 0$ (längs Γ).

Somit sind die Felder $\overset{1}{\mathfrak{y}}$ und $\overset{2}{\mathfrak{y}}$ gleich längs Γ zusammen mit ihren partiellen Ableitungen erster und zweiter Ordnung; aber in einem solchen Fall nehmen wir zurecht an, daß die Felder $\overset{1}{\mathfrak{y}}$ und $\overset{2}{\mathfrak{y}}$ auf den verschiedenen Rändern von Γ einander als Fortsetzung haben, da in der allgemeinen Theorie die Klasse der zulässigen Felder $\mathfrak{z}$ durch die Bedingung der Glattheit dritter Ordnung beschränkt wird und folglich die Klasse der zulässigen Felder $\mathfrak{y}$ durch die Bedingung der Glattheit zweiter Ordnung beschränkt sein muß. Damit ist das Theorem bewiesen. [1])

Jetzt können wir die physikalische Bedeutung der affinen Starrheit auf folgende Weise ausdrücken: die Fläche, die affine Starrheit besitzt, läßt auch bei Vorhandensein von Schnitten keine nichttrivialen unendlich kleinen Verbiegungen zu, wenn diese Verbiegungen der Schubbedingung für jeden Schnitt unterworfen sind und wenn die Schnitte keine asymptotischen Bogen enthalten (die letzte Bedingung ist wesentlich; vgl. die Bemerkung am Ende von § 37).

B e m e r k u n g: Entsprechend der weiter oben dargelegten Definition muß man eine Fläche affin-unstarr nennen, wenn auf ihr auch nur ein nichttriviales Drehfeld existiert. Damit diese Fläche auch projektiv-unstarr ist, wird auf ihr die Existenz eines nicht-trivialen Drehfeldes $\mathfrak{y}$ gefordert, welches noch der Ergänzungs-Bedingung: $\oint_C [\mathfrak{y} \times d\mathfrak{x}] = 0$ genügt, wo C ein beliebiger geschlossener Weg ist. Aber die Integrale von $\mathfrak{y} \times d\mathfrak{x}$, genommen längs homologer Wege haben gleiche Werte; deshalb läuft die erwähnte Bedingung auf folgendes hinaus; es müssen die Gleichungen zutreffen:

$$\oint_{C_i} [\mathfrak{y} \times d\mathfrak{x}] = 0, \quad (i = 1, 2, \ldots, r)$$

wo $C_1, \ldots, C_r$ eindimensionale Zyklen sind, welche eine Homologiebasis bilden[2]).

[1]) Bei Beschränkung der Klasse zulässiger Felder durch die Bedingungen der Glattheit der Ordnung n ($n \geqq 3$) oder die Bedingung der Analytizität bleibt das Theorem richtig, da die hier angewandte Methode in einer beliebigen Zahl von Schritten fortgesetzt werden kann.

[2]) Vgl. P. S. ALEXANDROW [32].

Man kann die Vermutung haben, daß die Eigenschaft der Starrheit einer Fläche mannigfaltige Grade hat. Um diesen Gedanken zu präzisieren, setzen wir $f(C) = \oint_C [\mathfrak{y} \times d\mathfrak{x}]$, wo C ein willkürlicher Zyklus ist. Es ist leicht einzusehen, daß

1. wenn C homolog Null ist, $f(C) = 0$,
2. wenn C_1 homolog C_2, $f(C_1) = f(C_2)$,
3. wenn C_1 und C_2 willkürliche Zyklen sind, $f(C_1 + C_2) = f(C_1) + f(C_2)$ ist.

Deshalb definiert die Gleichung $f(C) = 0$ eine gewisse Untergruppe der eindimensionalen Bettischen Gruppe der Fläche.

Diese Bemerkung gibt den Anlaß zu folgender Definition. Eine Fläche besitzt Unstarrheit hinsichtlich einer Untergruppe B der eindimensionalen Betti-Gruppe, wenn 1. ein solches Drehfeld $\mathfrak{y}$ existiert, daß das Integral von $\mathfrak{y} \times d\mathfrak{x}$ für eine beliebige Homologieklasse von B gleich Null ist; 2. kein Drehfeld existiert, welches eine solche Eigenschaft für irgendeine B einschließende Untergruppe besitzt.

So ist die definierte Unstarrheit gleich der projektiven, wenn B die ganze eindimensionale Betti-Gruppe und gleich der schwächsten affinen, wenn B die Null der Betti-Gruppe ist.

Wir bemerken noch, daß der formal eingeführte Begriff physikalischen Sinn hat, welchen wir an folgendem hypothetischen Beispiel erläutern.

Wir setzen voraus, daß eine Fläche X existiert, homöomorph dem Torus, welche affine Unstarrheit besitzt; d. h. auf X existiert ein nichttriviales Drehfeld $\mathfrak{y}$. Wir bezeichnen durch C_1, C_2 Zyklen, welche einem Meridian und einem Breitenkreise des Torus entsprechen. Wenn X eine projektiv-starre Fläche ist, so läßt sie im Großen keine unendlich kleinen Verbiegungen zu; aber wenn sie längs C_1 und C_2 aufgeschnitten wird, läßt sie nichttriviale unendlich kleine Verbiegungen zu, welche der Schubbedingung in C_1 und C_2 genügen.

Wenn sich herausstellen würde, daß $\oint_{C_2} [\mathfrak{y} \times d\mathfrak{x}] = 0$ ist, so wäre der Schnitt längs C_1 überflüssig, die Fläche X würde eine nichttriviale unendlich kleine Verbiegung zulassen, welche der Schubbedingung genügt bei Vorhandensein nur eines Schnittes längs C_2. Ihre Nichtstarrheit wäre folglich ein Zwischending zwischen der schwächsten affinen und der projektiven. Wir brachten dieses hypothetische Beispiel, da wir keine Fläche kennen, welche eine Zwischen-Unstarrheit besitzt.

VII. Allgemeine Übersicht über die unendlich kleinen Verbiegungen von höherer Ordnung

§ 27

Zunächst werden wir eine Fläche X betrachten, die homöomorph zu einem einfach zusammenhängenden Bereich in einer Ebene ist; es sei $\mathfrak{x} = \mathfrak{x}\,(u, v)$ der Radiusvektor eines veränderlichen Punktes der Fläche X.

Wir definieren die Deformation X in X_ε, bei welcher der Radiusvektor des verschobenen Punktes sich ausdrücken läßt durch die Formel

$$\mathfrak{x}^*(u, v, \varepsilon) = \mathfrak{x}(u, v) + \varepsilon \overset{(1)}{\mathfrak{z}}(u, v) + \ldots + \varepsilon^{n-1} \overset{(n-1)}{\mathfrak{z}}(u, v) + \varepsilon^n \overset{(n)}{\mathfrak{z}}(u, v, \varepsilon), \tag{1}$$

wo $\overset{(i)}{\mathfrak{z}}(u, v)$, $(i = 1, 2, \ldots, n-1)$ und $\overset{(n)}{\mathfrak{z}}(u, v, \varepsilon)$ vorgegebene Vektor-Funktionen sind.

Indem wir die Größen studieren, die mit der Fläche X_ε verknüpft sind, vereinbaren wir, unendlich kleine von höherer Ordnung im Vergleich mit ε^n $(\varepsilon \to 0)$ zu vernachlässigen. Eine solche Theorie werden wir Theorie der unendlich kleinen Deformationen von der Ordnung n nennen.

Bei faktischer Entwicklung der Theorie muß man die Klasse der zulässigen Funktionen durch die Bedingung der stetigen Differenzierbarkeit bis zur dritten Ordnung beschränken; wenn wir außerdem noch fordern, daß die Funktion $\overset{(n)}{\mathfrak{z}}(u, v, \varepsilon)$ zusammen mit ihren partiellen Ableitungen bis zur dritten Ordnung nach u und v stetig ist für die Gesamtheit der drei Argumente bei $\varepsilon = 0$, so können wir ohne Einschränkung der Allgemeinheit anstelle der Deformation (1) eine einfachere Deformation betrachten, wo $\overset{(n)}{\mathfrak{z}}(u, v, \varepsilon)$ nicht von ε abhängt. So werden wir es auch im weiteren machen.

Die unendlich kleine Deformation von der Ordnung n der Fläche X heißt unendlich kleine Verbiegung der Ordnung n, wenn die Länge eines beliebigen glatten Bogens auf X bei dieser Deformation unverändert bleibt (genauer: wenn die Veränderung der Länge eines Bogens klein von höherer Ordnung ist im Vergleich mit ε^n). Die unendlich kleinen Verbiegungen von höheren Ordnungen sind der Gegenstand des gegenwärtigen Paragraphen.

In der Theorie der unendlich kleinen Verbiegungen von höherer Ordnung ist es üblich, die Formel (1) in der folgenden Form zu schreiben [1]):

$$\mathfrak{x}^*(u, v, \varepsilon) = \mathfrak{x}(u, v) + 2\varepsilon \overset{(1)}{\mathfrak{z}}(u, v) + \ldots + 2\varepsilon^n \overset{(n)}{\mathfrak{z}}(u, v), \tag{2}$$

(3) oder einfacher $$\mathfrak{x}^* = \mathfrak{x} + 2 \sum_{\alpha=1}^{n} \varepsilon^\alpha \overset{(\alpha)}{\mathfrak{z}}.$$

Wir führen sogleich die wichtigsten Formeln der Theorie an.

---

[1]) Vgl. z. B. die Abhandlung von Rembs [33]; diese Abhandlung benutzen wir bei der Darlegung des gegenwärtigen Paragraphen.

Nach der grundlegenden Definition erhalten wir die Gleichung

$$d\mathfrak{x}^{*2} \approx d\mathfrak{x}^2,$$

richtig mit der von uns angenommenen Genauigkeit, woraus folgt

$$d(\mathfrak{x}^* - \mathfrak{x})\, d(\mathfrak{x}^* + \mathfrak{x}) \approx 0$$

oder

$$d\sum_{\alpha=1}^{n} \varepsilon^\alpha \overset{(\alpha)}{\mathfrak{z}} \cdot d\left(\mathfrak{x} + \sum_{\alpha=1}^{n} \varepsilon^\alpha \overset{(\alpha)}{\mathfrak{z}}\right) \approx 0. \tag{4}$$

Die letztere Beziehung ist gleichbedeutend dem System ausführlicher Gleichungen

$$\begin{gathered} d\mathfrak{x} \cdot d\overset{(1)}{\mathfrak{z}} = 0, \\ d\mathfrak{x} \cdot d\overset{(2)}{\mathfrak{z}} + d\overset{(1)}{\mathfrak{z}}{}^2 = 0, \\ d\mathfrak{x} \cdot d\overset{(3)}{\mathfrak{z}} + 2\, d\overset{(1)}{\mathfrak{z}}\, d\overset{(2)}{\mathfrak{z}} = 0, \\ \cdots\cdots\cdots\cdots \end{gathered} \tag{5}$$

deren Anzahl gleich n ist.

Die Beziehung (4) ist der Gleichung (3) § 21 analog; aus dieser Beziehung folgt die Existenz des Vektors $\sum\limits_{\alpha=1}^{n} \varepsilon^\alpha \overset{(\alpha)}{\mathfrak{y}}$,
wo

$$\overset{(i)}{\mathfrak{y}} = \overset{(i)}{\mathfrak{y}}(u, v), \quad i = 1, 2, \ldots, n,$$

auf der Fläche X vorgegebene Vektoren sind; er genügt der Näherungsgleichung

$$d\left(\sum_{\alpha=1}^{n} \varepsilon^\alpha \overset{(\alpha)}{\mathfrak{z}}\right) \approx \left[\left(\sum_{\alpha=1}^{n} \varepsilon^\alpha \overset{(\alpha)}{\mathfrak{y}}\right) \times d\left(\mathfrak{x} + \sum_{\alpha=1}^{n} \varepsilon^\alpha \overset{(\alpha)}{\mathfrak{z}}\right)\right], \tag{6}$$

welche auf das System ausführlicher Gleichungen führt

$$\begin{gathered} d\overset{(1)}{\mathfrak{z}} = \left[\overset{(1)}{\mathfrak{y}} \times d\mathfrak{x}\right], \\ d\overset{(2)}{\mathfrak{z}} = \left[\overset{(1)}{\mathfrak{y}} \times d\overset{(1)}{\mathfrak{z}}\right] + \left[\overset{(2)}{\mathfrak{y}} \times d\mathfrak{x}\right], \\ d\overset{(3)}{\mathfrak{z}} = \left[\overset{(1)}{\mathfrak{y}} \times d\overset{(2)}{\mathfrak{z}}\right] + \left[\overset{(2)}{\mathfrak{y}} \times d\overset{(1)}{\mathfrak{z}}\right] + \left[\overset{(3)}{\mathfrak{y}} \times d\mathfrak{x}\right], \\ \cdots\cdots\cdots\cdots\cdots\cdots \end{gathered} \tag{7}$$

in der Anzahl n. Infolge der Gleichungen (7) wird das System der Vektorfelder $(\overset{(1)}{\mathfrak{y}}, \overset{(2)}{\mathfrak{y}}, \ldots, \overset{(n)}{\mathfrak{y}})$ eindeutig durch das System der Vektorfelder $(\overset{(1)}{\mathfrak{z}}, \overset{(2)}{\mathfrak{z}}, \ldots, \overset{(n)}{\mathfrak{z}})$ definiert.

Die Näherungsgleichung (6) in den Differentialen ist zwei Näherungsgleichungen in den partiellen Ableitungen gleichbedeutend

$$\begin{cases} \sum\limits_{\alpha=1}^{n} \varepsilon^\alpha \overset{(\alpha)}{\mathfrak{z}}_u \approx \left[\left(\sum\limits_{\alpha=1}^{n} \varepsilon^\alpha \overset{(\alpha)}{\mathfrak{y}}\right) \times \left(\mathfrak{x}_u + \sum\limits_{\alpha=1}^{n} \varepsilon^\alpha \overset{(\alpha)}{\mathfrak{z}}_u\right)\right], \\ \sum\limits_{\alpha=1}^{n} \varepsilon^\alpha \overset{(\alpha)}{\mathfrak{z}}_v \approx \left[\left(\sum\limits_{\alpha=1}^{n} \varepsilon^\alpha \overset{(\alpha)}{\mathfrak{y}}\right) \times \left(\mathfrak{x}_v + \sum\limits_{\alpha=1}^{n} \varepsilon^\alpha \overset{(\alpha)}{\mathfrak{z}}_v\right)\right], \end{cases} \tag{8}$$

welche den Gleichungen (5) in § 21 analog sind; aus (8) können wir, ähnlich wie wir es in § 24 getan haben, die Näherungsformeln ableiten

$$(9)\quad \begin{cases} \displaystyle\sum_{\alpha=1}^{n} \varepsilon^{\alpha} \overset{(\alpha)}{\mathfrak{y}}_{u} \approx A\Big(\mathfrak{x}_{u} + \sum_{\alpha=1}^{n} \varepsilon^{\alpha} \overset{(\alpha)}{\mathfrak{z}}_{u}\Big) - B\Big(\mathfrak{x}_{v} + \sum_{\alpha=1}^{n} \varepsilon^{\alpha} \overset{(\alpha)}{\mathfrak{z}}_{v}\Big), \\ \displaystyle\sum_{\alpha=1}^{n} \varepsilon^{\alpha} \overset{(\alpha)}{\mathfrak{y}}_{v} \approx C\Big(\mathfrak{x}_{u} + \sum_{\alpha=1}^{n} \varepsilon^{\alpha} \overset{(\alpha)}{\mathfrak{z}}_{u}\Big) - A\Big(\mathfrak{x}_{v} + \sum_{\alpha=1}^{n} \varepsilon^{\alpha} \overset{(\alpha)}{\mathfrak{z}}_{v}\Big), \end{cases}$$

analog den Formeln (14) § 24), wo

$$(10)\quad A = \sum_{k=1}^{n} \varepsilon^{k} \alpha_{k}, \quad B = \sum_{k=1}^{n} \varepsilon^{k} \beta_{k}, \quad C = \sum_{k=1}^{n} \varepsilon^{k} \gamma_{k}$$

ist und α_i, β_i, γ_i, $(i = 1, 2, \ldots, n)$ Funktionen der Koordinaten u, v sind.

Aus (8), (9) und (10) geht das System der ausführlichen Gleichungen hervor

$$(11)\quad \begin{aligned} \overset{(1)}{\mathfrak{y}}_{u} &= \alpha_{1} \mathfrak{x}_{u} - \beta_{1} \mathfrak{x}_{v}, \\ \overset{(1)}{\mathfrak{y}}_{v} &= \gamma_{1} \mathfrak{x}_{u} - \alpha_{1} \mathfrak{x}_{v}, \\ \overset{(2)}{\mathfrak{y}}_{u} &= \big[\overset{(1)}{\mathfrak{y}} \times \overset{(1)}{\mathfrak{y}}_{u}\big] + \alpha_{2} \mathfrak{x}_{u} - \beta_{2} \mathfrak{x}_{v}, \\ \overset{(2)}{\mathfrak{y}}_{v} &= \big[\overset{(1)}{\mathfrak{y}} \times \overset{(1)}{\mathfrak{y}}_{v}\big] + \gamma_{2} \mathfrak{x}_{u} - \alpha_{2} \mathfrak{x}_{v}, \\ &\ldots\ldots\ldots\ldots\ldots\ldots \\ \overset{(n)}{\mathfrak{y}}_{u} &= \sum_{i=1}^{n-1} \big[\overset{(i)}{\mathfrak{y}} \times \overset{(k)}{\mathfrak{y}}_{u}\big] + \alpha_{n} \mathfrak{x}_{u} - \beta_{n} \mathfrak{x}_{v}, \\ \overset{(n)}{\mathfrak{y}}_{v} &= \sum_{i=1}^{n-1} \big[\overset{(i)}{\mathfrak{y}} \times \overset{(k)}{\mathfrak{y}}_{v}\big] + \gamma_{n} \mathfrak{x}_{u} - \alpha_{n} \mathfrak{x}_{v}. \end{aligned}$$

In dem letzten Paar der Gleichungen ist $k = n - 1 - i$.

Indem wir die Differenz $\overset{(i)}{\mathfrak{y}}_{uv} - \overset{(i)}{\mathfrak{y}}_{vu} = 0$ $(i = 1, 2, \ldots, n)$ nach $\mathfrak{x}_u$, $\mathfrak{x}_v$, $\mathfrak{n}$ als Basis zerlegen (mittels der Formeln (11) und der Gaussschen Formeln, welche die Zerlegung von $\mathfrak{x}_{uu}$, $\mathfrak{x}_{uv}$, $\mathfrak{x}_{vv}$ geben) und die Koeffizienten bei $\mathfrak{x}_u$, $\mathfrak{x}_v$, $\mathfrak{n}$ gleich Null machen, bekommen wir das System von Gleichungen für α_i, β_i, γ_i:

$$(12, 1)\quad \begin{cases} L\gamma_1 - 2\,M\alpha_1 + N\beta_1 = 0, \\ \dfrac{\partial \alpha_1}{\partial v} - \dfrac{\partial \gamma_1}{\partial u} = \begin{Bmatrix}1\\11\end{Bmatrix}\gamma_1 - 2\begin{Bmatrix}1\\12\end{Bmatrix}\alpha_1 + \begin{Bmatrix}1\\22\end{Bmatrix}\beta_1, \\ \dfrac{\partial \alpha_1}{\partial u} - \dfrac{\partial \beta_1}{\partial v} = \begin{Bmatrix}2\\11\end{Bmatrix}\gamma_1 - 2\begin{Bmatrix}2\\12\end{Bmatrix}\alpha_1 + \begin{Bmatrix}2\\22\end{Bmatrix}\beta_1, \end{cases}$$

$$(12, 2)\quad \begin{cases} L\gamma_2 - 2\,M\alpha_2 + N\beta_2 + 2(\beta_1\gamma_1 - \alpha_1^2)\sqrt{EG - F^2} = 0, \\ \dfrac{\partial \alpha_2}{\partial v} - \dfrac{\partial \gamma_2}{\partial u} = \begin{Bmatrix}1\\11\end{Bmatrix}\gamma_2 - 2\begin{Bmatrix}1\\12\end{Bmatrix}\alpha_2 + \begin{Bmatrix}1\\22\end{Bmatrix}\beta_2, \\ \dfrac{\partial \alpha_2}{\partial u} - \dfrac{\partial \beta_2}{\partial v} = \begin{Bmatrix}2\\11\end{Bmatrix}\gamma_2 - 2\begin{Bmatrix}2\\12\end{Bmatrix}\alpha_2 + \begin{Bmatrix}2\\22\end{Bmatrix}\beta_2, \end{cases}$$

$$(12,3)\quad \begin{cases} L\gamma_3 - 2M\alpha_3 + N\beta_3 + 2(\gamma_1\beta_2 - 2\alpha_1\alpha_2 + \beta_1\gamma_2)\sqrt{EG-F^2} = 0, \\ \dfrac{\partial\alpha_3}{\partial v} - \dfrac{\partial\gamma_3}{\partial u} = \left\{ {1 \atop 11} \right\}\gamma_3 - 2\left\{ {1 \atop 12} \right\}\alpha_3 + \left\{ {1 \atop 22} \right\}\beta_3 + 2(\beta_1\gamma_1 - \alpha_1{}^2)(\overset{(1)}{\mathfrak{y}}\mathfrak{x}_v), \\ \dfrac{\partial\alpha_3}{\partial u} - \dfrac{\partial\beta_3}{\partial v} = \left\{ {2 \atop 11} \right\}\gamma_3 - 2\left\{ {2 \atop 12} \right\}\alpha_3 + \left\{ {2 \atop 22} \right\}\beta_3 - 2(\beta_1\gamma_1 - \alpha_1{}^2)(\overset{(1)}{\mathfrak{y}}\mathfrak{x}_u), \\ \dots\dots\dots\dots\dots\dots\dots\dots\dots\dots\dots\dots\dots\dots \end{cases}$$

wo L, M, N die Koeffizienten der zweiten quadratischen Form, E, F, G und $\left\{ {i \atop k\,l} \right\}$ die Koeffizienten und CHRISTOFFELschen Symbole der metrischen Form der Fläche X sind.

Wenn α_i, β_i, γ_i ($i = 1, 2, \ldots, n$) eine Lösung des Systems (12) ist, bekommen wir, indem wir diese Funktionen in (11) einsetzen, ein System, für welches die Bedingung der vollständigen Integrierbarkeit sichergestellt ist; aus (11) finden wir mittels Quadraturen $\overset{(1)}{\mathfrak{y}}, \ldots, \overset{(n)}{\mathfrak{y}}$, wonach wir aus dem System (7), welches ebenfalls vollständig integrierbar ist, durch Quadraturen $\overset{(1)}{\mathfrak{z}}, \ldots, \overset{(n)}{\mathfrak{z}}$ finden; infolge des einfachen Zusammenhangs der Fläche X sind alle Felder $\overset{(i)}{\mathfrak{y}}, \overset{(i)}{\mathfrak{z}}$ ($i = 1, 2, \ldots, n$) eindeutig. Somit wird die Bestimmung der unendlich kleinen Verbiegungen der einfach zusammenhängenden Fläche auf das System (12) geführt; infolgedessen muß man dieses System als grundlegend in der angegebenen Theorie betrachten.

§ 28

Das System (12) ist in Gruppen von Gleichungen (12,1), (12,2), ... eingeteilt mit drei Gleichungen in jeder Gruppe, wobei die Koeffizienten der Gleichungen der Gruppe (12, k) bekannt sind, wenn die vorhergehenden Gleichungen durchintegriert wurden.

Wenn man sich auf Flächen von einer von Null verschiedenen Krümmung beschränkt, so kann man als Fundamentalsystem der Theorie anstatt (12) ein anderes System angeben, wo es sich um aufeinander folgende Integration von Gleichungen handelt mit nur je einer unbekannten Funktion.

Wir setzen voraus, daß die Felder $\overset{(1)}{\mathfrak{y}}, \ldots, \overset{(k-1)}{\mathfrak{y}}$ schon ermittelt sind; wir führen als Unbekannte die Funktion ein

$$(13)\qquad \overset{(k)}{\varphi} = \overset{(k)}{\mathfrak{y}}\cdot\mathfrak{n}.$$

Indem wir (13) differenzieren und $\overset{(k)}{\mathfrak{y}}_u$, $\overset{(k)}{\mathfrak{y}}_v$ nach (11) ersetzen, erhalten wir

$$(14)\qquad \begin{cases} \overset{(k)}{\varphi}_u = \overset{(k-1)}{\Phi} + \overset{(k)}{\mathfrak{y}}\cdot\mathfrak{n}_u, \\ \overset{(k)}{\varphi}_v = \overset{(k-1)}{\Psi} + \overset{(k)}{\mathfrak{y}}\cdot\mathfrak{n}_v, \end{cases}$$

wo $\overset{(k-1)}{\Phi}$ und $\overset{(k-1)}{\Psi}$ bekannt sind

Indem wir (14) noch einmal differenzieren und wieder (11) ausnutzen, ermitteln wir

$$
(14\,a)\qquad \left\{\begin{aligned}
\overset{(k)}{\varphi}_{uu} &= \overset{(k-1)}{\Phi}_u + \overset{(k)}{\mathfrak{y}}\,\mathfrak{n}_{uu} - (L\alpha_k - M\beta_k),\\
\overset{(k)}{\varphi}_{uv} &= \overset{(k-1)}{\Phi}_v + \overset{(k)}{\mathfrak{y}}\,\mathfrak{n}_{uv} - (L\gamma_k - M\alpha_k),\\
\overset{(k)}{\varphi}_{vu} &= \overset{(k-1)}{\Psi}_u + \overset{(k)}{\mathfrak{y}}\,\mathfrak{n}_{vu} - (M\alpha_k - N\beta_k),\\
\overset{(k)}{\varphi}_{vv} &= \overset{(k-1)}{\Psi}_v + \overset{(k)}{\mathfrak{y}}\,\mathfrak{n}_{vv} - (M\gamma_k - N\alpha_k).
\end{aligned}\right.
$$

Indem wir diese Gleichungen bezüglich mit N, —M, —M und L multiplizieren und addieren, erhalten wir

$$
(15)\qquad L\overset{(k)}{\varphi}_{vv} - 2M\overset{(k)}{\varphi}_{uv} + N\overset{(k)}{\varphi}_{uu} = (L\mathfrak{n}_{vv} - 2M\mathfrak{n}_{uv} + N\mathfrak{n}_{uu})\overset{(k)}{\mathfrak{y}} + \overset{(k-1)}{T},
$$

wo $\overset{(k-1)}{T}$ eine bekannte Funktion ist.

Wenn $LN - M^2 \neq 0$, so ist $[\mathfrak{n}_u \times \mathfrak{n}_v] \neq 0$ und die Vektoren $\mathfrak{n}_u$, $\mathfrak{n}_v$, $\mathfrak{n}$ bilden eine Basis, nach welcher man jeden Vektor des Raumes zerlegen kann; insbesondere haben wir

$$
L\mathfrak{n}_{vv} - 2M\mathfrak{n}_{uv} + N\mathfrak{n}_{uu} = -P\mathfrak{n}_u - Q\mathfrak{n}_v - R\mathfrak{n},
$$

wo die Koeffizienten der Zerlegung, bezeichnet durch —P, —Q, —R durch die Fläche X definiert werden. Indem wir die entsprechende Ersetzung in (15) ausführen und $\overset{(k)}{\mathfrak{y}}\cdot\mathfrak{n}_u$, $\overset{(k)}{\mathfrak{y}}\cdot\mathfrak{n}_v$, $\overset{(k)}{\mathfrak{y}}\cdot\mathfrak{n}$ durch (13) und (14) ausdrücken, bekommen wir:

$$
(16,k)\qquad L\overset{(k)}{\varphi}_{vv} - 2M\overset{(k)}{\varphi}_{uv} + N\overset{(k)}{\varphi}_{uu} + P\overset{(k)}{\varphi}_u + Q\overset{(k)}{\varphi}_v + R\overset{(k)}{\varphi} = \overset{(k-1)}{S},
$$

wo die Funktion $\overset{(k-1)}{S}$ bekannt ist, wenn $\overset{(1)}{\mathfrak{y}}, \ldots, \overset{(k-1)}{\mathfrak{y}}$ bekannt sind; bei $k = 1$ haben wir $\overset{(0)}{S} \equiv 0$.

Wenn wir $\overset{(1)}{\mathfrak{y}}, \ldots, \overset{(k-1)}{\mathfrak{y}}$ und $\overset{(k)}{\varphi}$ kennen, ist es leicht, $\overset{(k)}{\mathfrak{y}}$ zu ermitteln; in der Tat, in diesem Falle kann man die Koeffizienten der Zerlegung

$$
\overset{(k)}{\mathfrak{y}} = \overset{(k)}{A}\mathfrak{n}_u + \overset{(k)}{B}\mathfrak{n}_v + \overset{(k)}{C}\mathfrak{n}
$$

algebraisch durch bekannte Größen mittels (13) und (14) ausdrücken. Somit erscheint das System (16, k) $k = 1, \ldots, \mathfrak{n}$ tatsächlich als Fundamentalsystem in der Theorie der unendlich kleinen Verbiegungen von einfach zusammenhängenden Flächen mit einer von Null verschiedenen Krümmung.

Wir bemerken, daß jede Gleichung (16, k) elliptisch ist für eine Fläche positiver Krümmung und hyperbolisch für eine Fläche negativer Krümmung (entsprechend den Fällen $LN - M^2 > 0$ und < 0).

§ 29

Wir werden jetzt orientierte Flächen von willkürlichem endlichen Zusammenhang betrachten (geschlossene oder durch reguläre Kurven berandete).

Es sei $\overset{(1)}{\mathfrak{y}}$ ein Drehfeld auf der Fläche X ($\overset{(1)}{\mathfrak{y}} \neq$ const.) (vgl. § 26). Das System der Felder $(\overset{(1)}{\mathfrak{y}}, \dots, \overset{(n)}{\mathfrak{y}})$ nennen wir eine Fortsetzung von der Ordnung n des Feldes $\overset{(1)}{\mathfrak{y}}$, wenn die rechten Seiten der Gleichungen (7) vollständige Differentiale sind.

Wenn durch Integration von (7) auf X eindeutige Felder $\overset{(1)}{\mathfrak{z}}, \dots, \overset{(n)}{\mathfrak{z}}$ definiert werden, so entspricht dem System der Felder $\left(\overset{(1)}{\mathfrak{y}}, \dots, \overset{(n)}{\mathfrak{y}}\right)$ eine unendlich kleine Verbiegung der Ordnung n der Fläche X; weiter oben stellten wir fest, daß eine unendlich kleine Verbiegung der Ordnung n stets auch ein System von Feldern $\left(\overset{(1)}{\mathfrak{y}}, \dots, \overset{(n)}{\mathfrak{y}}\right)$ eindeutig definiert. Die unendlich kleine Verbiegung der Ordnung n nennen wir nicht-trivial, wenn $\overset{(1)}{\mathfrak{y}} \neq$ const.

Wir vereinbaren zu sagen, daß eine Fläche *Starrheit* oder *schwache Starrheit* der Ordnung n besitzt, wenn sie keine nicht-trivialen unendlich kleinen Verbiegungen der Ordnung n zuläßt; wir sagen, daß eine Fläche *starke Starrheit* der Ordnung n besitzt, wenn auf ihr kein Drehfeld $\overset{(1)}{\mathfrak{y}}\left(\overset{(1)}{\mathfrak{y}} \neq \text{const.}\right)$ Fortsetzungen der Ordnung n zuläßt.

Bemerkung 1. Für einfach zusammenhängende Flächen sind beide Begriffe der Starrheit identisch.

Bemerkung 2. Wenn eine Fläche Starrheit (schwache oder starke) von der Ordnung n besitzt, so besitzt sie Starrheit (entsprechend schwache oder starke) von beliebiger Ordnung $m > n$.

Bemerkung 3. Die physikalische Bedeutung des Begriffes der starken Starrheit von der Ordnung n ist analog der physikalischen Bedeutung der affinen Starrheit (§ 26). Wir vereinbaren zu sagen, daß eine unendlich kleine Verbiegung der Ordnung n einer aufgeschnittenen Fläche an einem Schnitt der *Schubbedingung* genügt, wenn längs des Schnittes $\overset{(k)}{\mathfrak{z}}_{(1)} - \overset{(k)}{\mathfrak{z}}_{(2)} = \text{const.}$ ist, wo $\overset{(k)}{\mathfrak{z}}_{(1)}$ und $\overset{(k)}{\mathfrak{z}}_{(2)}$ die Werte des Feldes $\overset{(k)}{\mathfrak{z}}$ auf den zwei Ufern des Schnittes sind (das bedeutet, daß für jedes ε die Ufer des Schnittes so auseinandergehen, daß ein Ufer durch Parallelverschiebung mit dem anderen vereinigt werden kann). Für unendlich kleine Verbiegungen von der Ordnung n gilt ein Theorem, das analog ist dem Theorem, das in § 26 bewiesen ist.

Theorem. *Gegeben sei eine unendlich kleine Verbiegung der Ordnung* n *der Fläche* $\widetilde{X}$, *welche man aus der Fläche X durch die Schnitte* $\Gamma_1, \dots, \Gamma_k$ *erhält* (es wird vorausgesetzt, daß die Schnitte $\Gamma_1, \dots, \Gamma_k$, die Fläche X nicht in Stücke zerteilen).

Wenn 1. *die unendlich kleine Verbiegung der Schubbedingungen an jedem Schnitt genügt, 2. keiner der Schnitte* $\Gamma_1, \dots, \Gamma_k$ einen asyptotischen Bogen enthält,

so sind die durch diese unendlich kleine Verbiegung definierten Felder $\overset{(1)}{\mathfrak{y}}, \dots, \overset{(n)}{\mathfrak{y}}$ *alle auf der Fläche* X *eindeutig.*

Beweis. Wenn auf der Fläche zwei Systeme von Feldern vorhanden sind:

$$\left(\overset{(1)}{\mathfrak{y}}, \dots, \overset{(k-1)}{\mathfrak{y}}, \overset{(k)}{\mathfrak{y}}{}^{*}\right) \text{ und } \left(\overset{(1)}{\mathfrak{y}}, \dots, \overset{(k-1)}{\mathfrak{y}}, \overset{(k)}{\mathfrak{y}}{}^{**}\right),$$

so gelten für das Feld $\mathfrak{y} = \overset{(k)}{\mathfrak{y}}{}^{**} - \overset{(k)}{\mathfrak{y}}{}^{*}$ die Gleichungen (14) § 24, was leicht aus den Gleichungen (11) § 27 zu ersehen ist. Im Hinblick auf diese Bemerkung kann die Eindeutigkeit der Felder $\overset{(1)}{\mathfrak{y}}, \ldots, \overset{(n)}{\mathfrak{y}}$ analog festgestellt werden wie in § 26.

Die umgekehrte Behauptung (d. h. wenn die Felder $\overset{(1)}{\mathfrak{y}}, \ldots, \overset{(n)}{\mathfrak{y}}$ auf der Fläche X eindeutig sind und eine unendlich kleine Verbiegung der Ordnung n der Fläche $\tilde{X}$ bestimmen, erfüllt diese unendlich kleine Verbiegung die Schubbedingungen in jedem Schnitt) läßt sich leicht aus dem System (7) ableiten. Auf Grund des Dargelegten kann die physikalische Bedeutung des Begriffes der starken Starrheit auf folgende Weise ausgedrückt werden: die Fläche, welche starke Starrheit der Ordnung n besitzt, läßt sogar beim Vorhandensein von Schnitten keine nichttrivialen unendlich kleinen Verbiegungen der Ordnungen zu, wenn die Verbiegungen der Schubbedingung für jeden Schnitt unterworfen sind und wenn die Schnitte keine asymptotischen Bogen einschließen.

Wir bemerken, daß man für die unendlich kleinen Verbiegungen höherer Ordnungen Zwischen-Unstarrheiten definieren kann genauso, wie sie für die unendlich kleinen Verbiegungen erster Ordnung definiert sind (vgl. die Bemerkung am Ende von § 26); aber es ist uns nicht bekannt, ob Flächen existieren, welche eine Zwischen-Unstarrheit (beliebiger Ordnung) besitzen.

§ 30

Es ist natürlich, die Frage zu stellen, ob eine Fläche, die Starrheit irgendeiner Ordnung besitzt, stetige Verbiegungen zulassen kann oder Verbiegungen, welche abgesehen von der Stetigkeit, noch zusätzlichen Bedingungen der Glattheit genügen? Auf diese Frage können wir nicht vollständig und nur in Bezug auf analytische Verbiegungen antworten.

Es sei eine Deformation der Fläche X gegeben, bei welcher ein willkürlicher Punkt M der Fläche X in den Punkt M_ε übergeführt wird. Wir bezeichnen den Radius-Vektor des Punktes M_ε durch $\mathfrak{x}^*$. Der Vektor $\mathfrak{x}^*$ ist eine Funktion des Punktes M und des Parameters ε; $\mathfrak{x}^* = \mathfrak{x}(M, \varepsilon)$, wo $\mathfrak{x}(M, 0)$ den Radius-Vektor des Punktes M darstellt.

Die Deformation $\mathfrak{x}^* = \mathfrak{x}(M, \varepsilon)$ heißt analytische Verbiegung der Fläche X, wenn 1. die Funktion $\mathfrak{x}(M, \varepsilon)$ eine Potenzentwicklung in der Umgebung von $\varepsilon = 0$ zuläßt, 2. $\mathfrak{x}(M, 0)$ und alle partiellen Ableitungen von $\mathfrak{x}$ nach ε für $\varepsilon = 0$ in gewissen lokalen Koordinaten auf der Fläche X der Bedingung der stetigen Differenzierbarkeit bis zu einer gewissen Ordnung m genügen (m definiert die Glattheit der zulässigen Flächen; gewöhnlich m = 3), 3. die Länge jedes glatten Bogens auf der Fläche X bei der Deformation erhalten bleibt.

Der ersten Bedingung entsprechend können wir schreiben:

$$\mathfrak{x}^* = \mathfrak{x} + 2\varepsilon \overset{(1)}{\mathfrak{z}} + 2\varepsilon^2 \overset{(2)}{\mathfrak{z}} + \ldots + 2\varepsilon^n \overset{(n)}{\mathfrak{z}} + \ldots;$$

gemäß der zweiten Bedingung sind alle Felder $\overset{(k)}{\mathfrak{z}}$ (k = 1,2 ...) dreifach stetig differenzierbar, endlich nach der dritten Bedingung genügen die Felder $\overset{(k)}{\mathfrak{z}}$ dem unendlichen System der Gleichungen der Form (5). Aber in einem solchen Fall gelten die Gleichungen (7) und folglich definiert die analytische Verbiegung auf der Fläche X eine unendliche Folge von Feldern $\overset{(1)}{\mathfrak{y}}, \overset{(2)}{\mathfrak{y}}, \ldots, \overset{(n)}{\mathfrak{y}} \ldots$

Es gelten zwei Theoreme:

Theorem 1. *Wenn* $\overset{(k)}{\mathfrak{y}} = const.$ (k = 1, 2, ...), *so ist die analytische Verbiegung eine analytische Bewegung.*

Beweis. Das unendliche System von der Form (7) gewährleistet die Fundamentalgleichung $ds^{*2} = ds^2$, d. h. $d\mathfrak{x}^{*2} = d\mathfrak{x}^2$. Wenn $\overset{(k)}{\mathfrak{y}} = \text{const.}$ ist, kann man im System (7) alle Differentiale $d\mathfrak{x}$, $d\overset{(k)}{\mathfrak{z}}$ durch die endlichen Differenzen $\Delta\mathfrak{x}$, $\Delta\overset{(k)}{\mathfrak{z}}$ ersetzen und in einem solchen Falle ist bei beliebigem ε die Gleichung $(\Delta\mathfrak{x}^*)^2 = (\Delta\mathfrak{x})^2$ gewährleistet. Folglich ist die Fläche, welche man durch Deformation von X erhält, zu X kongruent, was den Lehrsatz beweist.

Theorem 2. *Wenn die Fläche Starrheit (wenn auch nur schwache) der Ordnung* n = 1 *oder* n = 2 *besitzt, so läßt diese Fläche keine analytischen Verbiegungen außer Bewegungen zu.*

Beweis. Die Fläche möge Starrheit der Ordnung n = 1 besitzen. Aus der ersten Gleichung des Systems (7) § 27 folgt dann, daß $\overset{(1)}{\mathfrak{y}} = \text{const.}$ Bei dieser Bedingung folgt aus der zweiten Gleichung des Systems (7), daß $\left[\overset{(2)}{\mathfrak{y}} \times d\mathfrak{x}\right]$ ein vollständiges Differential einer eindeutigen Funktion ist. Hieraus und infolge der Starrheit erhalten wir $\overset{(2)}{\mathfrak{y}} = \text{const.}$ Indem wir die Überlegung fortsetzen, finden wir, daß $\overset{(k)}{\mathfrak{y}} = \text{const.}$ (k = 1, 2, ...). Damit ist die Behauptung für den Fall n = 1 bewiesen.

Die Fläche möge jetzt Starrheit der Ordnung n = 2 besitzen. Aus den ersten zwei Gleichungen des Systems (7) folgt dann, daß $\overset{(1)}{\mathfrak{y}} = \text{const.}$ Wir fügen zur Deformation die Drehung mit der Winkelgeschwindigkeit $(-\overset{(1)}{\mathfrak{y}})$; dabei wird $\overset{(k)}{\mathfrak{y}}$ durch den Vektor $\overset{(k)}{\mathfrak{y}}{}^*$ ersetzt derart, daß $\overset{(1)}{\mathfrak{y}}{}^* = 0$ wird, und die Differenz $\overset{(k)}{\mathfrak{y}}{}^* - \overset{(k)}{\mathfrak{y}}$ wird nur von $\overset{(1)}{\mathfrak{y}}, \ldots, \overset{(k-1)}{\mathfrak{y}}$ abhängen. Infolge $\overset{(k)}{\mathfrak{y}}{}^* = 0$ und infolge der Starrheit zweiter Ordnung ermitteln wir aus den zweiten und vierten Gleichungen des Systems (7), daß $\overset{(2)}{\mathfrak{y}}{}^* = \text{const.}$ ist; daraus folgt $\overset{(2)}{\mathfrak{y}} = \text{const.}$ Indem wir die Überlegung fortsetzen, stellen wir fest, daß $\overset{(k)}{\mathfrak{y}} = \text{const.}$ gilt (k = 1, 2, . . ., n), und beweisen damit das Theorem.

Der Beweis für ein analoges Theorem für den Fall n > 2 ist dem Verfasser nicht bekannt.

Ob es möglich ist, das Theorem 2 für den Fall nicht-analytischer Verbiegungen zu verallgemeinern, ist dem Verfasser ebenso unbekannt.

§ 31

Zum Schluß dieses Abschnittes werden wir ein einfaches Theorem über unendlich kleine Verbiegungen eines Ebenenstückes beweisen:

Theorem. *Ein Stück einer Ebene, das am Rande befestigt ist, besitzt Starrheit zweiter Ordnung.*

Wie am Ende von § 22 bemerkt ist, läßt ein Ebenenstück, das am Rande befestigt ist, nichttriviale unendlich kleine Verbiegungen erster Ordnung zu. Wir müssen beweisen, daß sie nicht in unendlich kleine Verbiegungen zweiter Ordnung fortgesetzt werden können.

Es sei D ein Bereich der Ebene π, der begrenzt wird von der Linie Γ $\overset{(1)}{\mathfrak{z}}$, $\overset{(2)}{\mathfrak{z}}$ seien Felder, welche die unendlich kleine Verbiegung zweiter Ordnung des Bereiches D definieren.

Wir werden $\overset{(1)}{\mathfrak{z}}$ gleich Null auf Γ voraussetzen; mit dieser Bedingung folgt aus der Fundamentalbeziehung $d\mathfrak{x} \cdot d\overset{(1)}{\mathfrak{z}} = 0$, daß das Feld $\overset{(1)}{\mathfrak{z}}$ zu π orthogonal ist. Bei zweckmäßiger Wahl der Koordinatenachsen haben wir $\overset{(1)}{\mathfrak{z}} = \{0,\ 0,\ \psi\}$, wo die Funktion ψ gleich Null ist auf Γ. Der Vektor $\overset{(1)}{\mathfrak{y}}$, der $\overset{(1)}{\mathfrak{z}}$ entspricht, hat die Komponenten $\{\psi_v, -\psi_u, 0\}$, und die Größen α_1, β_1, γ_1 werden in diesem Fall durch die Gleichungen $\alpha_1 = \psi_{uv}$, $\beta_1 = \psi_{uu}$, $\gamma_1 = \psi_{vv}$ gegeben.
Wie aus (12, 2) § 27 ersichtlich, ist, damit die unendlich kleine Verbiegung erster Ordnung mit dem Feld $\overset{(1)}{\mathfrak{z}}$ eine Fortsetzung in die unendlich kleine Verbiegung zweiter Ordnung zuläßt, die Gleichung $\beta_1 \gamma_1 - \alpha^2{}_1 = 0$ notwendig; somit bekommen wir für ψ die Gleichung

$$\psi_{uu}\psi_{vv} - \psi_{uv}^2 = 0.$$

Aber jede zweifach stetig differenzierbare Lösung dieser Gleichung, die gleich Null auf der Kontur Γ ist, ist notwendig auch innerhalb des Bereiches D gleich Null.

Damit ist das Theorem bewiesen.

VIII. Spezielle Theoreme über die unendlich kleinen Verbiegungen

§ 32

In einer Reihe von Fällen dient als bequemes Instrument für die Untersuchung der Starrheit der Flächen mit positiver Krümmung die Integralformel von Blaschke. Sie stellt einen Spezialfall der Formel von Green dar und geht aus der Beziehung

$$\frac{\partial}{\partial u}(\mathfrak{x}\mathfrak{y}\,\mathfrak{y}_v) - \frac{\partial}{\partial v}(\mathfrak{x}\mathfrak{y}\,\mathfrak{y}_u) = 2(\mathfrak{x}\mathfrak{y}_u\mathfrak{y}_v) = 2(\beta\gamma - \alpha^2)(\mathfrak{x}\mathfrak{x}_u\mathfrak{x}_v)$$

hervor, welche infolge (13) und (14) § 24 richtig ist. Die Formel von Blaschke sieht so aus:

$$\oint\limits_{\Gamma}(\mathfrak{x}\mathfrak{y}\,d\mathfrak{y}) = 2\iint\limits_{(D)}(\beta\gamma - \alpha^2)(\mathfrak{x}\mathfrak{x}_u\mathfrak{x}_v)\,du\,dv, \tag{1}$$

wo D ein Bereich auf der Fläche X, Γ der Rand von D ist.

Wenn $\mathfrak{x}_u$, $\mathfrak{x}_v$, $\mathfrak{n}$ ein Rechtssystem ist, so muß die Kontur Γ so orientiert sein, daß ein Beobachter, der Γ in positiver Richtung durchläuft und auf der Seite der Normalen $\mathfrak{n}$ sich befindet, den Bereich links hat.

Für die Anwendung der Formel (1) auf Flächen positiver Krümmung ist grundlegend das folgende algebraische Lemma:

Lemma. *Wenn* $LN - M^2 > 0$ *und* $L\gamma - 2M\alpha + N\beta = 0$, *so ist* $\beta\gamma - \alpha^2 \leqq 0$ *Die Gleichung* $\beta\gamma - \alpha^2 = 0$ *ist nur möglich im Falle* $\alpha = \beta = \gamma = 0$.

In einer etwas anderen Formulierung ist dieses Lemma S. 36 in der Fußnote bewiesen.

In den folgenden Paragraphen werden die Ergebnisse der Untersuchungen unendlich kleiner Verbiegungen verschiedener Klassen von Flächen dargelegt.

§ 33

Das Theorem von der Starrheit der Ovaloide.[1] *Eine dreifach stetig differenzierbare geschlossene Fläche* X, *deren Krümmung* $K \geqq 0$ *ist und in keinem Bereich zu Null wird, ist starr.*

Beweis. Es sei $\mathfrak{y}$ ein gewisses Drehfeld auf X. Aus den Voraussetzungen des Lehrsatzes und aus dem Lemma § 32 folgt, daß überall auf X $\beta\gamma - \alpha^2 \leqq 0$ sein muß (vgl. ebenso (15) § 24). Wenn ferner der Koordinatenanfang sich innerhalb von X befindet und der Vektor $[\mathfrak{x}_u \times \mathfrak{x}_v]$ nach außen gerichtet ist (das letztere wird durch die Auswahl der lokalen Koordinaten u, v erreicht), haben

[1]) Liebmann [34], Blaschke [12], [15] (der hier angeführte Beweis stammt von Blaschke).

wir überall auf X $(\mathfrak{x}\mathfrak{x}_u \mathfrak{x}_v) > 0$. Endlich ergibt sich aus der Formel (1) die Gleichung

(2) $$\iint_X (\beta\gamma - \alpha^2)(\mathfrak{x}\mathfrak{x}_u \mathfrak{x}_v)\,du\,dv = 0$$

Da die Funktion unter dem Integral das Vorzeichen nicht wechselt und $(\mathfrak{x}\mathfrak{x}_u \mathfrak{x}_v) > 0$ ist, so folgt aus (2) $\beta\gamma - a^2 \equiv 0$. Aber dann ist nach dem Lemma von § 32 notwendig $\alpha = \beta = \gamma = 0$ in allen Punkten, wo die Krümmung positiv ist, und da α, β, γ stetige Funktionen sind, können wir auf Grund der in der Voraussetzung erwähnten Beschränkung für die Menge der Stellen der Krümmung Null schließen, daß $\alpha \equiv \beta \equiv \gamma \equiv 0$. Somit ist $\mathfrak{y} = \text{const.}$, und das Theorem ist bewiesen.

Bemerkung. Durch unschwere Überlegungen kann man dieses Theorem verallgemeinern, nämlich man kann die Starrheit eines beliebigen Ovaloids (bei denselben Glattheitsbedingungen) behaupten; aber mit einer obligatorischen Beschränkung: das Ovaloid darf keine ebenen Stücke enthalten. Wir erinnern den Leser, daß ebene Stücke stets unstarr sind (vgl. das Ende von § 22).

In der Tat, wir setzen voraus, daß auf dem Ovaloid X ein Bereich G existiert, wo $K \equiv 0$ ist. Infolge der vorausgesetzten Regularität von X ist der Bereich G von geradlinigen Erzeugenden regelmäßig bedeckt. Wir führen auf G ein Koordinatensystem ein, in welchem die Linien $v = \text{const.}$ geradlinige Erzeugende sind und die Linien $u = \text{const.}$ durch einen Schnitt der Fläche mit einem System paralleler Ebenen gewonnen werden. In einem solchen Falle haben wir für die Koeffizienten der zweiten quadratischen Form $M \equiv 0$, $N \equiv 0$ und $L \not\equiv 0$ (wobei die Menge der Stellen $L = 0$ keinen Bereich bedeckt). Hieraus und aus (15) § 24 folgt $\gamma \equiv 0$. Somit ist $\beta\gamma - \alpha^2 = -\alpha^2 \leq 0$. In den Punkten von X, wo die Krümmung positiv ist, ist nach dem Lemma von § 32 $\beta\gamma - \alpha^2 \leqq 0$. Folglich ist $\beta\gamma - \alpha^2 \leq 0$ überall auf X, aber dann ergibt sich aus der Formel (2), daß $\beta\gamma - \alpha^2 \equiv 0$ auf der ganzen Fläche X ist (in beliebigen lokalen Koordinaten). In den Punkten von X, wo $K > 0$ ist, folgt aus $\beta\gamma - \alpha^2 = 0$ und aus dem Lemma § 32 $\alpha = \beta = \gamma = 0$. Im Bereich G in unserem speziellen Koordinatensystem haben wir infolge $\gamma \equiv 0$ $\alpha = 0$. Es bleibt zu beweisen, daß $\beta = 0$ ist.

Wir benutzen die Gleichung (17) § 24. Eine unschwere Rechnung zeigt, daß in den Koordinaten, die wir im Bereich G eingeführt haben, $\left\{ {2 \atop 22} \right\} = 0$ ist. Deshalb folgt aus der Gleichung (17) § 24, daß $\beta_v \equiv 0$. Aber am Rande des Bereiches G gilt die Gleichung $\alpha = \beta = \gamma = 0$ (unabhängig von der Wahl des Koordinatensystems), und da jede Kurve $u = \text{const.}$ bis zum Rande von G gelangt, haben wir bei der Bedingung $\beta_v \equiv 0$ $\beta \equiv 0$. Damit ist unsere Behauptung bewiesen.

§ 34

Wir werden das Ovaloid X positiver Krümmung betrachten. Es möge ein System von Ebenen $\alpha_1, \ldots, \alpha_k$ existieren, von denen jede vom Ovaloid einen gewissen Teil abschneidet; wir bezeichnen den durch die Ebene α_i abgeschnittenen Teil durch S_i, den Rand von S_i durch L_i. Wir setzen voraus, daß die Kurven $L_1, \ldots, L_k$ paarweise keine gemeinschaftlichen Punkte haben. Dann bekommen wir, indem wir $S_1, \ldots, S_k$ entfernen, eine Fläche S, die von den Kurven $L_1, \ldots, L_k$ berandet ist.

Die geometrische Vorstellung legt uns nahe, daß bei Verbiegung der Fläche S an ihrem Rande Punkte existieren müssen (welche einer Kurve L_i angehören), zwischen welchen der Abstand (im Raume) wächst. Diese intuitive Folgerung wird durch das folgende Theorem bestätigt (N. Efimov [36]):

Theorem von den abgestumpften Ovaloiden. *Bei beliebiger nichttrivialer unendlich kleiner Verbiegung der Fläche S finden sich, wenn auch nur auf einem ihrer Ränder* $L_1, \ldots, L_k$ *Paare von Punkten, beliebig nahe beieinander, zwischen welchen der Abstand zunimmt.*

Aus diesem Theorem ergibt sich sofort:

Das Theorem von der Starrheit verklebter abgestumpfter Ovaloide. *Wenn die Fläche* S *längs der Linien* $L_1, \ldots, L_k$ *durch Stücke von Ebenen zugeklebt ist, ist sie starr* (hier ist die Rede von der Fläche S, und nicht von derjenigen geschlossenen Fläche, welche man durch Hinzufügen der ebenen Stücke zu S erhält, da die ebenen Stücke stets unstarr sind, was wir schon früher vermerkten).

Der Beweis des Theorems von den abgestumpften Ovaloiden stützt sich vor allem auf die zwei folgenden Hilfssätze (Theorem A und B).

Theorem A. Es sei Γ eine ebene Kurve, M ein beliebiger Punkt von ihr, in welchem die Krümmung von Null verschieden ist.[1]) Wenn bei unendlich kleiner Deformation von der Ordnung n der Kurve Γ alle Variationen der Länge eines beliebigen Bogens von ihr bis zur n-ten Ordnung gleich Null sind und die Krümmung im Punkte M sich verringert, so wächst der Abstand vom Punkt M bis zu jedem anderen hinreichend nahen Punkt der Kurve.

Indem wir uns nicht beim Beweis dieses Theorems aufhalten, bemerken wir nur, daß es nicht identisch ist mit dem bekannten Theorem von Schmidt[2]), da das Theorem A im Grunde genommen behauptet, daß die Veränderung des Abstandes von M bis zum Nachbarpunkt klein ist von nicht höherer als n-ter Ordnung verglichen mit dem Parameter der Deformation; das kann man durch unschwere Rechnungen feststellen. Für die besonderen Zwecke des Theorems A ist es nur für $n = 1$ erforderlich.

Theorem B. Wenn bei unendlich kleiner Deformation einer ebenen geschlossenen konvexen Kurve, die keine geradlinigen Abschnitte enthält, die Variation der Länge eines beliebigen Bogens von ihr gleich Null ist, und die Krümmung nirgends sich vermindert, so setzt sich das Geschwindigkeitsfeld dieser Deformation aus dem Geschwindigkeitsfeld einer Bewegung und einem Feld orthogonal zu der Ebene der Kurve zusammen.

Der Beweis ist nicht kompliziert und wir führen ihn durch:

Es sei $\mathfrak{x} = \mathfrak{x}(s)$ die Gleichung der gegebenen Kurve, $\mathfrak{x}^* = \mathfrak{x}(s) - \varepsilon\mathfrak{z}(s)$ ihre Deformation, ($\mathfrak{x}(s)$ und $\mathfrak{z}(s)$ sind periodische Funktionen mit gemeinsamer Periode). Wir bezeichnen durch $\mathfrak{t}, \mathfrak{n}, \mathfrak{b}$ das Frenetsche Trieder der gegebenen Kurve ($\mathfrak{b} = \text{const.}$), durch k die Krümmung. Nach den Formeln von Frenet haben wir $\mathfrak{t}' = k\mathfrak{n}$, $\mathfrak{n}' = -k\mathfrak{t}$, $\mathfrak{b}' = 0$.

Da die Variation eines beliebigen Bogens der Kurve gleich Null ist, so ist $d\mathfrak{x} \cdot d\mathfrak{z} = 0$, d. h.

$$\mathfrak{t} \cdot \mathfrak{z}' = 0, \tag{1}$$

und da die Variation der Krümmung nicht negativ ist, so folgt

$$\mathfrak{x}''\mathfrak{z}'' \geq 0. \tag{2}$$

Wir setzen $\mathfrak{z} = \mathfrak{a} + [\mathfrak{c} \times \mathfrak{x}] + \mathfrak{z}_1$, wo $\mathfrak{a}$ und $\mathfrak{c}$ konstant sind; $\mathfrak{a} + [\mathfrak{c} \times \mathfrak{x}]$ ist das Ge-

[1]) Die Krümmung k(s) ist hier der Betrag der zweiten Ableitung des Radius-Vektors nach dem Bogen s; somit ist $k(s) \geq 0$.

[2]) Vgl. [12], § 31, Theorem 1 b.

schwindigkeitsfeld bei einer gewissen Bewegung der Kurve. Augenscheinlich genügt der Vektor $\mathfrak{z}_1$ wie auch $\mathfrak{z}$ den Gleichungen (1) und (2). Die Vektoren $\mathfrak{a}$ und $\mathfrak{c}$ wählen wir so, daß die Gleichungen gelten

$$\mathfrak{z}_1(0) = 0, \quad \mathfrak{z}_1'(0) = 0. \tag{3}$$

Infolge von (1) haben wir $\mathfrak{n}'\mathfrak{z}_1' = -kt\mathfrak{z}_1' = 0$, infolge (2) $\mathfrak{x}''\mathfrak{z}_1'' = k\mathfrak{n}\mathfrak{z}_1'' \geq 0$. Die letzte Ungleichung ergibt $\mathfrak{n}\mathfrak{z}_1'' \geq 0$, da $k \geq 0$, die Menge der Stellen $k = 0$ keinen Abschnitt ausfüllt und $\mathfrak{n}\mathfrak{z}_1''$ eine stetige Funktion ist. Aus den Beziehungen $\mathfrak{n}'\mathfrak{z}_1' = 0$, $\mathfrak{n}\mathfrak{z}_1'' \geq 0$ ergibt sich $(\mathfrak{n}\mathfrak{z}_1')' \geq 0$, woraus wir infolge der Geschlossenheit der Kurve und der Eindeutigkeit der Funktion $\mathfrak{n}\mathfrak{z}_1'$ auf ihr bekommen.

$$(\mathfrak{n}\mathfrak{z}_1')' \equiv 0, \quad \text{d. h. } \mathfrak{n}\mathfrak{z}_1' = \text{const.}$$

Nach der zweiten von den Gleichungen (3) gilt dann $\mathfrak{n}\mathfrak{z}_1' = 0$; hieraus und aus der Gleichung $\mathfrak{t}\mathfrak{z}_1' = 0$ folgern wir, daß $\mathfrak{z}_1'(s) = \varphi(s)\mathfrak{b}$ ist ($\mathfrak{b} = \text{const}$). Indem wir die letzte Gleichung integrieren und die erste von den Bedingungen (3) in Betracht ziehen, ermitteln wir $\mathfrak{z}_1(s) = \psi(s)\mathfrak{b}$. Damit ist das Theorem B bewiesen.

Bemerkung. Der Beweis behält seine Kraft, wenn man voraussetzt, daß auf der Kurve nur die Vektorfunktion $\mathfrak{z}'$ eindeutig ist, aber nicht die Voraussetzung der Eindeutigkeit für $\mathfrak{z}$ macht.

Jetzt haben wir die Möglichkeit, das Theorem von den abgestumpften Ovaloiden zu beweisen.

Wir führen den Beweis indirekt.

Wir setzen voraus, daß eine nichttriviale unendlich kleine Verbiegung der Fläche S existiert, die durch das Geschwindigkeitsfeld $\mathfrak{z}$ definiert ist und daß dabei auf jeder der Kurven L_i ($i = 1, 2, \ldots, k$) der Abstand zwischen zwei beliebigen Punkten nicht wächst. Eine solche Voraussetzung gibt für das Feld $\mathfrak{z}$ Randbedingungen. Nämlich: aus dem Theorem A und B folgt dann, daß der Vektor $\mathfrak{z}$ auf jeder Kurve L_i ($i = 1, 2, \ldots, k$) in der Form $\mathfrak{z} = \overset{(1)}{\mathfrak{z}_i} + \overset{(2)}{\mathfrak{z}_i}$ dargestellt werden kann, wo $\overset{(1)}{\mathfrak{z}_i}$ ein Vektor orthogonal zur Ebene der Kurve L_i und $\overset{(2)}{\mathfrak{z}_i}$ ein trivialer Summand ist. In Übereinstimmung damit hat der Drehvektor $\mathfrak{y}$ längs L_i die Form:

$$\mathfrak{y} = \mathfrak{y}_i + \mathfrak{c}_i \quad (i = 1, \ldots, k), \tag{4}$$

wo $\mathfrak{y}_i$ ein Vektor ist, der in der Ebene der Kurve L_i liegt, und $\mathfrak{c}_i = \text{const.}$ ist.

Wir differenzieren $\mathfrak{y}$ längs L_i; infolge (4) liegt $d\mathfrak{y}$ in der Ebene der Kurve L_i und infolge der Formel (14) § 24 liegt $d\mathfrak{y}$ in der Berührungsebene der Fläche S (welche ein Teil der Fläche X ist). Aber diese zwei Ebenen können nicht identisch sein, deshalb ist $d\mathfrak{y}$ wie die Tangente zur Kurve L_i gerichtet, d. h.

$$d\mathfrak{y} = \lambda \cdot d\mathfrak{x}. \tag{5}$$

Wir wählen den Koordinatenanfang innerhalb der konvexen Hülle der Fläche S; bei dieser Bedingung können die lokalen Koordinaten u, v auf der Fläche so gewählt werden, daß überall auf ihr die Ungleichung $(\mathfrak{x}\mathfrak{x}_u\mathfrak{x}_v) > 0$ erfüllt ist.

Wir schreiben die Formel (1) § 32 in der Form:

$$\sum_{i=1}^{k} \oint_{L_i} (\mathfrak{x}\mathfrak{y}\, d\mathfrak{y}) = 2 \int_S\!\!\int (\beta\gamma - \alpha^2)(\mathfrak{x}\mathfrak{x}_u\mathfrak{x}_v)\, du\, dv. \tag{6}$$

Die Integration für jede Kurve L_1 geschieht so, daß die äußere Seite der Fläche S links bleibt. Wir werden beweisen, daß jedes Integral auf der linken Seite von (6) nicht kleiner ist als Null.

Nach (4) und indem wir in Betracht ziehen, daß $(\mathfrak{x}\times d\mathfrak{y})=d\mathfrak{z}$ das Differential einer eindeutigen Funktion ist [vgl. (7) § 21], haben wir:

$$\oint_{L_1}(\mathfrak{x}\mathfrak{y}\,d\mathfrak{y})=\oint_{L_1}(\mathfrak{x}(\mathfrak{y}_1+\mathfrak{c}_1)\,d\mathfrak{y}_1)=\oint_{L_1}(\mathfrak{x}\mathfrak{y}_1 d\mathfrak{y}_1).$$

Wir setzen $\mathfrak{x}=\mathfrak{a}+\mathfrak{x}_1$, wo $\mathfrak{a}$ der Vektor ist, der zusammenfällt mit der Senkrechten aus dem Nullpunkt auf die Ebene von L_1. Dann gilt $\oint_{L_1}(\mathfrak{x}\,\mathfrak{y}_1 d\mathfrak{y}_1)=\mathfrak{a}\oint_{L_1}[\mathfrak{y}_1\times d\mathfrak{y}_1]$.

Wir nehmen der Einfachheit halber an, daß $|\mathfrak{a}|=1/2$. Wir führen folgende Bezeichnungen ein:

$$I(y,y)=-\mathfrak{a}\oint_{L_1}[\mathfrak{y}_1\times d\mathfrak{y}_1],\quad I(x,x)=-\mathfrak{a}\oint_{L_1}[\mathfrak{x}_1\times d\mathfrak{x}_1],\quad I(x,y)=+\mathfrak{a}\oint_{L_1}[\mathfrak{x}_1\times d\mathfrak{y}_1].$$

Wir haben $I(x,x)>0$, $J(x,y)=0$. ($I(x,x)$ ist die Fläche, die begrenzt wird von der Kurve L_1). Bei diesen Bedingungen und bei der Bedingung $d\mathfrak{y}_1=\lambda d\mathfrak{x}_1$ beweisen wir, daß $I(y,y)\leq 0$ ist.

Da das gegebene Ovaloid X positive GAUSSsche Krümmung hat, so hat auch die Kurve L_1 in allen Punkten positive Krümmung. Deshalb ist die Kurve L_1', welche der Vektor

(7) $$\mathfrak{v}_1=\mathfrak{x}_1+a\mathfrak{y}_1$$

in der Ebene von L_1 beschreibt ($a=\text{const.}$), bei hinreichend kleinem a konvex.

Die Kurven L_1 und L_1' haben ferner in den entsprechenden Punkten parallele Tangenten. Folglich begrenzt die Kurve, die durch den Vektor $\mathfrak{x}_1+\mathfrak{v}_1$ beschrieben wird, einen Bereich, welcher als Vektorsumme der inneren Bereiche der Kurven L_1 und L_1' erscheint. Hieraus geht hervor, daß $I(x,v)$ der gemischte Flächeninhalt dieser Bereiche ist.

Nach dem bekannten Theorem von MINKOWSKI[1]) ist

(8) $$I(x,v)\geq\sqrt{I(x,x)\cdot I(v,v)},$$

Infolge (7) und der Gleichung $I(x,y)=0$ haben wir: $I(x,v)=y(x,x)$. Folglich ist $I(x,x)\geq I(v,v)$. Laut (7) ist

$$I(v,v)=I(x,x)+a^2 I(y,y).$$

Somit $I(y,y)\leq 0$, und das heißt $\oint_{L_1}(\mathfrak{x}\mathfrak{y}\,d\mathfrak{y})\geq 0$.

Folglich ist die linke Seite von (6) nicht negativ.

Weiter oben bemerkten wir, daß $(\mathfrak{x},\mathfrak{x}_u,\mathfrak{x}_v)>0$ ist; aber es ist $\beta\gamma-\alpha^2\leq 0$, was aus dem Lemma § 32 folgt. Indem wir das in Betracht ziehen, müssen wir auf Grund der Formel (6) schließen, daß $\beta\gamma-\alpha^2\equiv 0$ ist. Aber dann gelten nach demselben Lemma die Identitäten $\alpha\equiv\beta\equiv\gamma\equiv 0$, d. h. es gilt $\mathfrak{y}=\text{const.}$ entgegen der Voraussetzung. Das Theorem ist bewiesen.

---

[1]) Vgl. z. B. L. A. LJUSTERNIK: Konvexe Körper [14].

§ 35

In diesem Paragraphen werden wir auch berandete Flächen positiver Krümmung betrachten, aber mit Rändern von spezieller Form.

Es sei S eine Fläche, die berandet ist von ebenen geschlossenen konvexen Kurven $L_1, \ldots, L_k$, für welche wir voraussetzen, daß 1. die Ebene jeder Kurve L_i Berührungsebene der Fläche S ist (bei dieser Bedingung nennt man den Rand L_i manchmal parabolisch), 2. die Fläche S mit der Ebene der Kurve L_i eine Berührung erster Ordnung hat[1]), 3. jede Kurve L_i positive Krümmung hat. Die Krümmung der Fläche S setzen wir in allen ihren inneren Punkten als positiv voraus.

Die unendlich kleinen Verbiegungen solcher Flächen untersuchte in speziellen Fällen schon H. LIEBMANN; ein endgültiges Resultat wurde von E. REMBS erreicht 1930 [37], der folgendes Theorem bewies:

Das Theorem von den konvexen Flächen mit parabolischen Rändern: *Alle Flächen S sind starr.*

Beweis. Es genügt uns zu beweisen, daß längs jeder Kurve die Bedingung (5) erfüllt wird. Dafür führen wir auf der Fläche in der Umgebung von L_i die lokalen Koordinaten u, v derart ein, daß die Linie L_i die Gleichung $u = \text{const.}$ hat. In diesen Koordinaten haben wir längs der Kurve L_i für die Koeffizienten der zweiten quadratischen Form die Werte $L \neq 0$, $M = 0$, $N = 0$.

Aus der Formel (15) § 24 folgt dann, daß längs der Kurve L_i $\gamma = 0$ sein muß, aber aus der zweiten Formel (14) § 24 folgt, daß $\mathfrak{y}_v = -\alpha \mathfrak{x}_v$ ist, d. h. eine Gleichung von der Form (5) gilt. Damit ist dieses Theorem bewiesen.[2])

Aus diesem Theorem geht folgender Satz für die Flächen vom Typ T hervor, deren elliptischer Teil den Bedingungen am Anfang dieses Paragraphen genügt:

Das Theorem von der Starrheit der Flächen vom Typ T.[3]) *Eine analytische Fläche vom Typ* T *läßt keine nicht-trivialen analytischen unendlich kleinen Verbiegungen zu.*

§ 36

In diesem und im folgenden Paragraphen werden Flächen mit der Krümmung Null betrachtet, die definiert sind durch folgende Bedingungen:

1. die Fläche ist homöomorph einem zylindrischen Gürtel;
2. ihr Rand besteht aus zwei geschlossenen konvexen ebenen Kurven L_1 und L_2 mit stetiger Krümmung, die keine geradlinigen Strecken enthalten.

Wir vereinbaren, solche Flächen *Zylindroide* zu nennen, und wir bezeichnen sie durch C; die Fläche, die man erhält, indem man C durch Ebenenstücke längs der Linien L_1 und L_2 verklebt, werden wir mit $\overline{C}$ bezeichnen und *geschlossenes Zylindroid* nennen.

---

[1]) Das folgende Resultat kann man von dieser Bedingung befreien, wenn man die Klasse der zulässigen Flächen entsprechend beschränkt durch erhöhte Forderungen der Glattheit.

[2]) Dieses Theorem ist viel früher als das Theorem § 34 bewiesen worden. In unserem Beweis des Theorems § 34 benutzen wir die Idee von REMBS, das Vorzeichen für jedes Integral auf der linken Seite der Formel (6) einzeln zu bestimmen. Aber indem wir die Randbedingungen in der geometrischen Form (5) darstellten und das Theorem von MINKOWSKI benutzten, befreiten wir uns von den langen Rechnungen, welche REMBS ausführte, indem er für dasselbe Ziel FOURIERsche Reihen anwandte.

[3]) A. D. ALEXANDROW [26].

Indem man das Modell eines Zylindroids betrachtet, wird man bemerken, daß bei kleiner Verbiegung desselben auf dem Rande Punkte existieren (welche einer Kurve L_i angehören), zwischen denen der Abstand (im Raume) wächst.

Weiter unten ist die Untersuchung von unendlich kleinen Verbiegungen der Zylindroide durchgeführt und der Beweis für die erwähnte Eigenschaft gegeben (N. Efimow [36]).

Zunächst betrachten wir das Zylindroid C, dessen Ränder L_1, L_2 in den parallelen Ebenen π_1, π_2 liegen.

Wir bezeichnen durch $\mathfrak{x}_1(s)$ den Radius-Vektor eines veränderlichen Punktes der Kurve L_1, durch $\mathfrak{a}(s)$ den Vektor, der von diesem Punkt aus längs einer Erzeugenden der Fläche geht und sein Ende auf der Kurve L_2 hat. Der Radius-Vektor des Punktes auf L_2 ist $\mathfrak{x}_2(s) = \mathfrak{x}_1(s) + \mathfrak{a}(s)$. Da die Fläche C abwickelbar ist und die Ebenen π_1, π_2 parallel sind, sind die Vektoren $\mathfrak{x}_1'(s)$ und $\mathfrak{x}_2'(s)$ kollinear, folglich ist $\mathfrak{a}'(s) = \lambda(s)\,\mathfrak{x}_1'(s)$. Infolge der Regularität der Fläche in den inneren Punkten haben wir

$$1 + \lambda(s) \geq 0 \tag{1}$$

für alle Werte von s.

Wir definieren die Fläche C durch die Gleichung

$$\mathfrak{x}(s, v) = \mathfrak{x}_1(s) + v \cdot \mathfrak{a}(s) \quad (0 \leq v \leq 1). \tag{2}$$

Wir werden auf der Fläche C ein Vektor-Feld $\mathfrak{z}(s, v)$ suchen, welches als Geschwindigkeitsfeld einer solchen unendlich kleinen Verbiegung der Fläche C erscheint, daß alle Sehnen der Kurve L_1 und alle Sehnen der Kurve L_2 entweder abnehmen oder stationär sind. Wir bezeichnen durch $\mathfrak{y}(s, v)$ das Drehfeld, das dem Feld $\mathfrak{z}(s, v)$ entspricht. Nach dem Theorem A und B von § 34 haben wir

$$\begin{aligned} \mathfrak{y}(s, 0) &= \mathfrak{y}_1(s) + \mathfrak{c}_1, \\ \mathfrak{y}(s, 1) &= \mathfrak{y}_2(s) + \mathfrak{c}_2, \end{aligned} \tag{3}$$

wo $\mathfrak{y}_1$, $\mathfrak{y}_2$ Vektoren sind, die in den Ebenen π_1, π_2 liegen; $\mathfrak{c}_1$, $\mathfrak{c}_2$ sind konstant.

Infolge der Formeln (14) § 24 liegen die Vektoren $\mathfrak{y}_s(s, 0)$ und $\mathfrak{y}_s(s, 1)$ in einer Berührungsebene der Fläche C; infolge (3) liegen diese Vektoren ebenfalls in den Ebenen π_1, π_2; folglich sind $\mathfrak{y}_s(s, 0)$, $\mathfrak{y}_s(s, 1)$ kollinear mit dem Vektor $\mathfrak{x}_1'(s)$. Hieraus und aus der ersten Formel (14) § 24 folgt:

$$\beta(s, 0) = \beta(s, 1) = 0. \tag{4}$$

Diese Gleichung stellt die Randbedingungen dar, bei welchen man das System (15), (16), (17) § 24 integrieren muß; indem man dieses System bei den Bedingungen (4) integriert, bekommt man:

$$\alpha = c \cdot \frac{1 + \lambda(s)}{(1 + v \cdot \lambda(s))^2}, \; \beta = c \frac{\partial}{\partial s} \frac{(1 + \lambda(s)) \cdot v}{1 + v \cdot \lambda(s)}, \; \gamma \equiv 0 \quad (c = \text{const.}). \tag{5}$$

Indem wir das System (14) § 24 mit den angegebenen α, β, γ integrieren, bekommen wir nach einer Reihe von Transformationen $\mathfrak{y}(s, v)$ in der endgültigen Form:

$$\mathfrak{y}(s, v) = c \left\{ \mathfrak{x}_1(s) + \frac{1 - v}{1 + v \cdot \lambda(s)} \mathfrak{a}(s) \right\} + \mathfrak{c}_1, \tag{6}$$

wo $\mathfrak{c}_1 = \text{const.}$. Wir erhielten das auf der Fläche eindeutige Drehfeld, das nichttrivial ist bei $c \neq 0$.

Das Feld $\mathfrak{z}$ wird jetzt durch Integrieren der Gleichung $d\mathfrak{z} = [\mathfrak{y} \times d\mathfrak{x}]$ definiert, deren vollständige Integrierbarkeit gewährleistet ist. Damit das auf diese Weise ermittelte Feld $\mathfrak{z}$ eindeutig auf der Fläche C ist, ist hinreichend und notwendig, daß die Gleichung $\oint_{L_1} [\mathfrak{y} \times d\mathfrak{x}] = 0$ gilt. Aber bei $c \neq 0$ ist

$$\left| \oint_{L_1} [\mathfrak{y} \times d\mathfrak{x}] \right| = \left| c \oint_{L_1} [\mathfrak{x}_2 \times d\mathfrak{x}_1] \right| > 0,$$

da der Betrag des letzten Integrals der gemischte Flächeninhalt der Kurven L_1 und L_2 ist.

Folglich ist bei den Randbedingungen (4) das Feld $\mathfrak{z}$ (und das Schraubfeld $(\mathfrak{y}, \mathfrak{s})$) auf der Fläche C eindeutig nur in dem Fall, wenn $c = 0$ und $\mathfrak{y} = \mathfrak{c}_1 = \text{const.}$ ist.

Es sei jetzt C* ein Zylindroid von allgemeiner Form, d. h. mit nichtparallelen Grundflächen. Durch projektive Abbildung des Raumes können wir es in ein Zylindroid mit parallelen Grundflächen umformen; da das Schraubfeld mit der Fläche projektiv-invariant verknüpft ist (vgl. § 25) und die Bedingungen (4) bei projektiver Abbildung erhalten bleiben (vgl. die Formeln (14) § 25), so ist unsere Folgerung auch für C* richtig.

Somit gilt: Das Theorem über die Verbiegung des Zylindroids. *Bei beliebiger nichttrivialer unendlich kleiner Verbiegung eines Zylindroides finden sich, wenn auch nur auf einer von seinen Randkurven* L_1, L_2 *Paare von beliebig nahen Punkten, zwischen welchen der Abstand wächst.*

Hieraus ergibt sich die Folgerung: *Die Seitenfläche eines geschlossenen Zylindroides ist starr.*

Aus demselben Theorem und aus dem Theorem, das in § 31 bewiesen ist, leiten wir folgenden Satz ab:

Das geschlossene Zylindroid besitzt als Ganzes Starrheit zweiter Ordnung.

Man überzeugt sich auch leicht von der Richtigkeit der folgenden Behauptung: *Die Starrheit der Seitenfläche eines geschlossenen Zylindroids bleibt erhalten, wenn man in seine Grundflächen Öffnungen macht, deren Ränder keine Punkte der Kurven* L_1, L_2 *enthalten.*

§ 37

Wir werden ein Zylindroid mit Öffnungen in seinen Grundflächen betrachten. Es stellt sich heraus, daß der Charakter der Starrheit der Seitenfläche eines solchen Zylindroids wesentlich davon abhängt, ob die Ebenen der Grundflächen parallel sind oder nicht. Es gilt nämlich das folgende Theorem (E. G. Posnjak [38]).[1]

Theorem von der starken Starrheit der Zylindroide. *Die Seitenfläche eines Zylindroids mit Öffnungen in den Grundflächen besitzt starke Starrheit, wenn die Ebenen der Grundflächen nicht parallel sind; die starke Starrheit verschwindet, wenn die Ebenen der Grundflächen parallel werden.*

Wir führen den Beweis indirekt. Wir nehmen an, daß die Seitenfläche des Zylindroids C mit nicht-parallelen Grundflächen σ_1, σ_2 keine starke Starrheit besitzt, d. h. daß auf ihr ein eindeutiges Drehfeld $\mathfrak{y}$ (vgl. § 26) existiert, welches den Randbedingungen der Form (4) § 36 genügt. Das Feld $\mathfrak{y}$ ist eingeschlossen in ein Schraubfeld $(\mathfrak{y}, \mathfrak{s})$, welches durch Vorgabe von $\mathfrak{y}$ bestimmt wird mit Ge-

[1]) In der Abhandlung [38] ist das Theorem nur für Zylinder bewiesen; in der Formulierung des Ergebnisses ist auf den Charakter der Starrheit nicht hingewiesen.

nauigkeit bis auf einen additiven konstanten Vektor von $\mathfrak{s}$ ($\mathfrak{s}$ kann nicht-eindeutig sein).

Wir legen die Achsen des DESCARTESschen rechtwinkligen Koordinatensystems so, daß die y-Achse mit der Schnittgeraden der Ebenen der Grundflächen σ_1 und σ_2 zusammenfällt und daß σ_1 in der Ebene $z = 0$ liegt.

Die projektive Abbildung

$$x^* = \frac{1}{x},\ y^* = \frac{y}{x},\ z^* = \frac{z}{x} \tag{1}$$

verwandelt das Zylindroid C in das Zylindroid C* mit parallelen Grundflächen, das Schraubfeld $(\mathfrak{y}, \mathfrak{s})$ geht dabei in das Schraubfeld $(\mathfrak{y}^*, \mathfrak{s}^*)$ auf der Seitenfläche C* über und $\mathfrak{y}^*$ wird auf C* Grenzbedingungen der Form (4) § 36 erfüllen (infolge der Formeln (14) § 25). Wie in § 36 gezeigt wurde, ist unter diesen Bedingungen das Feld $\mathfrak{y}^*$ eindeutig, das Feld $\mathfrak{z}^*$ vieldeutig.[1] Indem wir die Koordinaten der Vektoren $\mathfrak{y}$, $\mathfrak{s}$, $\mathfrak{y}^*$, $\mathfrak{s}^*$ bezüglich mit y_i, s_i, y_i^*, s_i^* $(i = 1, 2, 3)$ bezeichnen, schreiben wir die Formeln der Transformation dieser Koordinaten in der Form:

$$y_i = \sum_{k=1}^{3} c_{ik}\, y_k^* + \sum_{j=1}^{3} c_{ij+3}\, s_j^* \quad (i = 1, 2, 3) \tag{2}$$

(vgl. die Beziehung (*) in der Formulierung des Theorems § 25), wo die c_{il} $(l = 1, 2, \ldots, 6)$ bestimmt sind durch die Matrix (8) § 25. Wir betrachten die entsprechenden Konturen L_1 und L_1^* der Grundflächen der Zylindroide C und C*; sie liegen in der Ebene $z = 0$. Auf Grund der Ausführungen am Ende des § 36 kann das Feld $\mathfrak{s}^*$ längs L_1^* durch folgende Formel ausgedrückt werden:

$$\mathfrak{s}^* = \mathfrak{z}^* - [\mathfrak{y}^* \times \mathfrak{r}^*] = c \int_{\Gamma_1^*} [\mathfrak{r}_2^* \times d\mathfrak{r}_1^*] - [\mathfrak{y}^* \times \mathfrak{r}_1^*] + \mathfrak{c}_1, \tag{3}$$

wo Γ_1^* ein Bogen der Kurve L_1^* ist mit einem veränderlichen Ende, $\mathfrak{r}_1^*, \mathfrak{r}_2^*$ dieselbe Bedeutung haben wie $\mathfrak{r}_1, \mathfrak{r}_2$ in § 36, das Sternchen aber zeigt, daß sie sich auf L_1^*, L_2^* beziehen.

Aus der Formel (3) ist ersichtlich, daß unter den drei Koordinaten des Vektors $\mathfrak{s}^*$ (längs L_1^*) nur die Koordinate s_3^* vieldeutig ist. Die Betrachtung der Matrix (8) § 25 legt an den Tag, daß für unsere projektive Abbildung $c_{26} \neq 0$. Aber in einem solchen Fall kann die Funktion s_3^* aus der Formel (2) bei $i = 2$ rational ausgedrückt werden durch y_2, y_i^*, s_1^* und s_2^*; aber alle diese Funktionen sind eindeutig auf der Kurve L_1^*, und ein solcher Ausdruck ist folglich unmöglich. Damit ist der erste Teil der Behauptung des Theorems bewiesen. Der zweite Teil der Behauptung ist schon in § 36 bewiesen, wo festgestellt wurde, daß auf der Seitenfläche eines Zylindroids mit parallelen Grundflächen die Randbedingungen der Form (4) ein eindeutiges und nichttriviales Drehfeld $\mathfrak{y}$ bestimmen (vgl. die Formel (6) § 36). Das gewonnene Ergebnis kann man anschaulicher auf folgende Weise ausdrücken:

Es sei vorhanden ein Zylindroid C (nicht geschlossen) mit den Randkurven L_1, L_2; wir schneiden C längs eines Bogens auf, der von L_1 zu L_2 geht und

[1] Es ist wesentlich zu bemerken, daß man bei der Ableitung der Formel (6) § 36 die Eindeutigkeit des Feldes $\mathfrak{z}$ nicht fordern kann; vgl. die Bemerkung hinter dem Beweis des Theorems B § 34.

keinen geradlinigen Abschnitt enthält (die aufgeschnittene Fläche bezeichnen wir durch $\tilde{\mathfrak{C}}$). Dann gilt (vgl. § 26): 1. wenn die Ebenen von L_1, L_2 nicht parallel sind, finden sich bei beliebiger nichttrivialer unendlich kleiner Verbiegung von $\tilde{\mathfrak{C}}$, welche der Schubbedingung im Schnitt genügt, wenn auch nur auf einer der Kurven L_1, L_2 Paare von beliebig nahen Punkten, zwischen denen sich der Abstand vergrößert; 2. wenn die Ebenen von L_1, L_2 parallel sind, existiert eine nichttriviale unendlich kleine Verbiegung von $\tilde{\mathfrak{C}}$, welche der Schubbedingung im Schnitt genügt und bei welcher alle Sehnen der Kurven L_1 und L_2 stationär sind.

Dieses Ergebnis ergänzen wir durch folgendes Theorem (N. Efimow [36]): *Die Seitenfläche eines Zylindroids mit parallelen Grundflächen, in denen Öffnungen vorhanden sind, besitzt starke Starrheit zweiter Ordnung.*

Beweis. Wir nehmen an, daß das Feld $\overset{(1)}{\mathfrak{y}}$, das auf der Seitenfläche des Zylindroids durch die Formel (6) § 36 definiert ist, eine solche Fortsetzung zweiter Ordnung $\overset{(1)}{\mathfrak{y}}, \overset{(2)}{\mathfrak{y}}$ (vgl. § 20) zuläßt, daß bei einer ihr entsprechenden unendlich kleinen Verbiegung zweiter Ordnung der aufgeschnittenen Seitenfläche des Zylindroids alle Sehnen jeder der Kurven L_1, L_2 nicht zunehmen. Dann folgt aus dem Theorem A § 34, daß die zweite Variation der Krümmung der Kurven L_1, L_2 nichtnegativ sein muß (die erste Variation ist gleich Null; vgl. den Beweis des Theorems B, wo aus der Voraussetzung $\mathfrak{x}''\mathfrak{z}'' \geq 0$ $\mathfrak{x}''\mathfrak{z}'' = 0$ hervorgeht). Hiernach haben wir

$$\mathfrak{x}_{ss}\overset{(2)}{\mathfrak{z}}_{ss} + \overset{(1)}{\mathfrak{z}}{}^2_{ss} \geq 0 \tag{4}$$

bei $v = 0$ und $v = 1$, wo $\mathfrak{x} = \mathfrak{x}_1(s) + v \cdot \mathfrak{a}(s)$ ist (wir behalten die Bezeichnungen von § 36 bei). Aus der Formel (6) § 36 (wo der Einfachheit halber $\mathfrak{c}_1 = 0$ gesetzt ist) bekommen wir bei $v = 0$

$$\overset{(1)}{\mathfrak{y}}_1 = c \cdot \mathfrak{x}_2\,, \quad \overset{(1)}{\mathfrak{y}}_s = c(1+\lambda)\,\mathfrak{t} \tag{5}$$

($\mathfrak{t}, \mathfrak{n}, \mathfrak{b}$, = das Frenetsche Trieder der Kurve L_1).

Wir legen den Nullpunkt in die Ebene der Kurve L_2 innerhalb dieser Kurve; dann ist

$$\overset{(1)}{\mathfrak{z}}_s = [\overset{(1)}{\mathfrak{y}} \times \mathfrak{t}] = c\,[\mathfrak{x}_2 \times \mathfrak{t}] = c \cdot p \cdot \mathfrak{b}\,, \tag{6}$$

wo p der Abstand vom Nullpunkt bis zur Tangente der Kurve L_2 ist.

Auf Grund der Formeln (7) § 27 ist

$$\overset{(2)}{\mathfrak{z}}_s = \left[\overset{(1)}{\mathfrak{y}} \times \overset{(1)}{\mathfrak{z}}_s\right] + \left[\overset{(2)}{\mathfrak{y}} \times \mathfrak{t}\right] \tag{7}$$

und aus den Formeln (11) § 27 haben wir

$$\overset{(2)}{\mathfrak{y}}_s = \left[\overset{(1)}{\mathfrak{y}} \times \overset{(1)}{\mathfrak{y}}_s\right] + \alpha_2\mathfrak{t} - \beta_2\,\mathfrak{a}\,. \tag{8}$$

Hieraus und aus (5) folgt

$$\overset{(2)}{\mathfrak{y}}{}^s\,\mathfrak{b} = \left(\overset{(1)}{\mathfrak{y}}\;\overset{(1)}{\mathfrak{y}}_s\,\mathfrak{b}\right) - \beta_2 = c^2(1+\lambda)\,p - \beta_2\,. \tag{9}$$

Indem wir (5), (6), (7) und (9) benutzen, können wir nach einer Reihe von Umformungen feststellen, daß (bei $v = 0$)

$$\overset{(2)}{\mathfrak{x}}_{ss}\,\mathfrak{z}_{ss} + \overset{(1)}{\mathfrak{z}}{}^2_{ss} = -\,k\cdot\beta_2 \tag{10}$$

ist (k ist die Krümmung der Kurve L_1).

Infolge (4) geht aus (10) hervor, daß

$$\beta_2 \leq 0 \tag{11}$$

ist. Indem wir die Gleichung (9) längs der geschlossenen Kurve L_1 integrieren, bekommen wir

$$\oint_{L_1} \{c^2(1+\lambda)\,p - \beta_2\}\,ds = 0\,,$$

d. h.

$$\oint_{L_1} \beta_2\,ds = c^2 \oint_{L_1} (1+\lambda)\,p\,ds.$$

Aber infolge (11) ist $\oint_{L_1} \beta_2\,ds \leq 0$; andererseits ist $\oint_{L_1}(1+\lambda)\,p\,ds > 0$; daraus folgt $c = 0$, und das Feld $\overset{(1)}{\mathfrak{y}}$ ist trivial (vgl. (6) § 36). Damit ist das Theorem bewiesen.

Bemerkung. Der kreiszylindrische Gürtel, der längs einer Erzeugenden aufgeschnitten ist, läßt nichttriviale unendlich kleine Verbiegungen aller Ordnungen zu, welche der Schubbedingung im Schnitte genügen und zwar solche, daß alle Sehnen der Kurven L_1 und L_2 sich verkleinern. Deshalb und infolge des vorhergehenden Lehrsatzes ist die Bedingung, welche Schnitte längs Asymptotenlinien verbietet, in Theorem § 26 (und § 29) wesentlich.

Wir betrachten jetzt eine geschlossene Fläche F, welche aus regulären Flächen von der Krümmung 0 und solchen positiver Krümmung zusammengesetzt ist durch Zusammenheftung derselben längs ebener geschlossener konvexer Linien, so daß diese Linien Kanten der Fläche F werden. Wir setzen der Einfachheit halber voraus, daß F keine ebenen Stücke enthält. Es gilt das folgende

Theorem. *Die Fläche F läßt keine nicht-trivialen unendlich kleinen Verbiegungen zu, welche in jedem ihrer Punkte einen einzigen Drehvektor $\mathfrak{y}$ besitzen.*

Beweis. Es sei L eine beliebige Kante der Fläche F, $\mathfrak{x}$ der Radius-Vektor eines veränderlichen Punktes auf L. Indem wir längs L differenzieren, haben wir:

$$d\mathfrak{y} = \lambda\cdot d\mathfrak{x}, \tag{*}$$

da $d\mathfrak{y}$ in jeder der zwei Berührungsebenen der Fläche F im Punkte $\mathfrak{x}$ auf der Kante liegt.

Somit bekommen wir, indem wir einen beliebigen regulären Teil von F betrachten, der von Kanten begrenzt ist, für $\mathfrak{y}$ Randbedingungen von der Form (*), und bei solchen Randbedingungen ist das Feld $\mathfrak{y}$ trivial (vgl. die Beweise der Lehrsätze von der Verbiegung abgestumpfter Ovaloide und Zylindroide).[1]

---

[1]) **Bemerkung.** Wir betrachten eine willkürliche unendlich kleine Verbiegung der Fläche F; es seien $\mathfrak{y}_1$, $\mathfrak{y}_2$ die Vektoren der augenblicklichen Drehung zweier Berührungsebenen von F in irgend einem Punkt $\mathfrak{x}$ auf der Kante. Indem wir wie üblich durch $\mathfrak{z}$ das Geschwindigkeitsfeld der Deformation bezeichnen und es längs der Kante differenzieren, bekommen wir: $d\mathfrak{z} = [\mathfrak{y}_1 \times d\mathfrak{x}]$, $d\mathfrak{z} = [\mathfrak{y}_2 \times d\mathfrak{x}]$, woraus $[(\mathfrak{y}_2 - \mathfrak{y}_1) \times d\mathfrak{x}] = 0$ und folglich $\mathfrak{y}_2 - \mathfrak{y}_1 = \mu\mathfrak{t}$ folgt, wo $\mathfrak{t}$ der Einheitsvektor der Tangente der Kante ist. Die Zahl μ ist die Geschwindigkeit der Drehung einer der zwei Berührungsebenen im Punkte $\mathfrak{x}$ der Fläche F hinsichtlich

§ 38

Wir führen hier ein interessantes Ergebnis von REMBS an. REMBS betrachtet in der Arbeit [33] die sogenannte *ebene Rinne*; das ist eine Fläche (wir bezeichnen sie mit S), die durch folgende Bedingungen definiert ist: 1. S enthält eine ebene geschlossene konvexe Kurve L (deren Krümmung im weiteren als positiv vorausgesetzt ist); 2. S liegt ganz auf einer Seite von der Ebene der Kurve L und berührt diese Ebene in allen Punkten von L (im weiteren setzen wir voraus, daß die Berührung von erster Ordnung ist). Es gilt das folgende

Theorem von den ebenen Rinnen: Eine analytische ebene Rinne läßt keine nichttrivialen analytischen unendlich kleinen Verbiegungen zweiter Ordnung zu.

Beweis. Es seien $\overset{(1)}{\mathfrak{z}}, \overset{(2)}{\mathfrak{z}}$ die Felder, welche eine unendlich kleine Verbiegung der Rinne definieren, $\overset{(1)}{\mathfrak{y}}, \overset{(2)}{\mathfrak{y}}$ die Felder, welche $\overset{(1)}{\mathfrak{z}}, \overset{(2)}{\mathfrak{z}}$ entsprechen nach (7) § 27. Wir führen auf der Fläche in der Umgebung der Kurve L die Koordinaten u, v so ein, daß die Kurve L in diesen Koordinaten definiert ist durch die Gleichung $u = 0$, und das räumliche System der rechtwinkligen Koordinaten legen wir so, daß die Linie L in der Ebene der Abszissen und Ordinaten liegt und den Nullpunkt umschließt. Wir vermerken zwei Umstände:

1, Wenn $\mathfrak{a}$ ein konstanter Vektor ist, senkrecht zur Ebene von L, so haben wir infolge der Formeln (11) § 27 längs der Kurve L: $\mathfrak{a}\cdot\overset{(2)}{\mathfrak{y}}_v = \mathfrak{a}[\overset{(1)}{\mathfrak{y}}\times\overset{(1)}{\mathfrak{y}}_v]$; hieraus folgt

$$\mathfrak{a}\oint_L \left[\overset{(1)}{\mathfrak{y}}\times d\overset{(1)}{\mathfrak{y}}\right] = 0. \tag{1}$$

2. Ebenso wie beim Beweis des Theorems § 35 kann man feststellen, daß längs L $d\overset{(1)}{\mathfrak{y}} = \lambda\cdot d\mathfrak{x}$ ist. Aber in einem solchen Fall wenden wir das Verfahren an, das wir im § 34 gebrauchten, indem wir das Theorem von den abgestumpften Ovaloiden bewiesen.

Infolge (1) ist $I(y, y) = 0$, und die Beziehung von MINKOWSKI (8) § 34 verwandelt sich in eine Gleichung; hieraus und aus dem Theorem von MINKOWSKI folgt, daß längs der Kurve L der Vektor $\overset{(1)}{\mathfrak{y}}$ konstant ist. Aber das ist hinreichend, um die Konstanz von $\mathfrak{y}$ in der Umgebung von L zu beweisen.

Wir haben längs der Kurve L für die Werte der Koeffizienten der zweiten quadratischen Form: $L \neq 0$, $M = N = 0$; außerdem gelten infolge des Bewiesenen längs der Kurve L die Gleichungen: $\alpha = 0$, $\gamma = 0$. Indem wir die Identität (15) § 24 nach u differenzieren, bekommen wir längs L: $L\gamma_u + N_u\beta = 0$. Nach (16) § 24 haben wir längs L: $\gamma_u = -\left\{ {1 \atop 22} \right\}\beta$. Endlich folgt aus den Gleichungen von CODAZZI $N_u + \left\{ {1 \atop 22} \right\} L = 0$. Da die Krümmung der Kurve L (die identisch ist mit ihrer geodätischen Krümmung) überall verschieden von Null ist, folgt $\left\{ {1 \atop 22} \right\} \neq 0$, und aus den letzten drei Beziehungen folgt, daß $\beta = 0$, $\gamma_u = 0$ ist (längs L). Folg-

der anderen. ω sei der Winkel zwischen diesen Berührungsebenen. Indem wir im vorhergehenden Theorem fordern, daß die unendlich kleine Verbiegung in jedem Punkte der Fläche F einen eindeutigen Drehvektor $\mathfrak{y}$ besitzt, fordern wir, daß der Winkel ω stationär ist. Diese Forderung ist wesentlich. Zum Beispiel ist die Fläche, welche aus einem kreiszylindrischen Gürtel und zwei sphärischen Kalotten besteht, welche unendlich kleine Gleitverbiegungen zulassen (vgl. § 39), unstarr (sogar von zweiter Ordnung).

lich haben wir bei $u = 0 : \alpha = \beta = \gamma = 0$, $\gamma_u = 0$; hieraus folgt auch, daß alle Ableitungen von α, β, γ, γ_u nach v bei $u = 0$ gleich Null sind. Indem wir das in Betracht ziehen, erhalten wir aus der Gleichung (17) § 24 $\alpha_u = 0$ und indem wir die Identitäten (15) und (16) § 24 noch einmal nach u differenzieren, erhalten wir bei $u = 0$ die Gleichungen $\beta_u = \gamma_{uu} = 0$. Folglich haben wir bei $u = 0$ bereits $\alpha_u = \beta_u = \gamma_u = 0$, $\gamma_{uu} = 0$. Indem wir den Prozeß fortsetzen, stellen wir fest, daß längs der Kurve L alle Ableitungen der Funktionen α, β, γ gleich Null sind, folglich in der Umgebung von $L : \alpha \equiv \beta \equiv \gamma \equiv 0$, d. h. $\mathfrak{y} = \text{const.}$ gilt. Das Theorem ist bewiesen.

Dieses Theorem ist interessant in der Beziehung, daß es als Theorem von der Starrheit (und indem es folglich die Unmöglichkeit der analytischen Verbiegung feststellt) der Rinne an der Grenze zwischen der Geometrie „im Großen" und „im Kleinen" liegt. Tatsächlich ist darin die Rede von einem beliebig schmalen Streifen einer Fläche, welcher eine gewisse geschlossene Kurve einschließt. Man muß übrigens bemerken, daß Starrheit und Unverbiegbarkeit sogar in der Geometrie „im Kleinen" stattfinden können (vgl. N. Efimow [39], [51], [53], [50]; vgl. auch § 48 dieser Abhandlung).

§ 39

Wir werden noch kurz die Frage der sogenannten „Gleitverbiegungen" darlegen, mit deren Untersuchung sich als erster Liebmann [34] beschäftigte. Die unendlich kleine Verbiegung (und ebenso die stetige Verbiegung im eigentlichen Sinn des Wortes) einer einfach zusammenhängenden Fläche mit ebenem Rand heißt Gleitverbiegung, wenn alle Punkte des Randes auf dessen Ebene verschoben werden.

Besonders einfach lassen sich die unendlich kleinen Gleitverbiegungen der „Mützen" positiver Krümmung untersuchen (eine Mütze ist eine konvexe Fläche mit ebenem Rand, die sich eindeutig auf die Ebene ihres Randes projizieren läßt). Nämlich es gilt das

Theorem: *Eine „Mütze" positiver Krümmung läßt keine nichttrivialen unendlich kleinen Gleitverbiegungen zu.*

Beweis. Wir können die „Mütze" durch die Gleichung $z = f(x, y)$ darstellen, indem wir voraussetzen, daß ihr Rand in der Ebene $z = 0$ liegt. Es sei $\mathfrak{z} = \{\xi, \eta, \zeta\}$ das Geschwindigkeitsfeld der Verbiegung (ξ, η, ζ sind Funktionen von x, y); für ζ gilt die Gleichung

$$(*) \qquad r\zeta_{yy} - 2s\zeta_{xy} + t\zeta_{xx} = 0$$

[vgl. § 24 Gleichung (*)]. Da die Krümmung der Fläche positiv ist, so ist $rt - s^2 > 0$, d. h. (*) ist eine Gleichung von elliptischem Typ. Aus der Definition der Gleitverbiegung und aus der Bedingung für die Lage des Randes ermitteln wir die Randbedingung der Aufgabe: $\zeta = 0$, aber in einem solchen Falle ist ζ identisch gleich Null. Folglich gilt $y = \{\zeta_y, -\zeta_x, \psi\} = \text{const.}$ (vgl. § 24 die Bemerkung) und das Theorem ist bewiesen.

Für konvexe Flächen mit ebenem Rand, welche sich nicht eindeutig auf die Ebene ihres Randes projizieren lassen, gilt kein ähnliches Theorem. Die Untersuchung solcher Flächen (Rotationsflächen) führte Rembs durch [56]; von ihm stammen folgende Theoreme:

1. Auf einer geschlossenen konvexen Rotationsfläche existiert eine abzählbare Menge von Breitenkreisen, von welchen jeder die Fläche in zwei Teile teilt so,

daß der Teil mit der größeren Integralkrümmung nichttriviale Gleitverbiegungen zuläßt. (Diese Breitenkreise verdichten sich zum größten Breitenkreis der Fläche).

2. Die im vorhergehenden Satz erwähnten Teile der Fläche lassen ebenso unendlich kleine Gleitverbiegungen zweiter Ordnung zu.

3. Keine Kugelkalotte läßt nichttriviale unendlich kleine Gleitverbiegungen dritter Ordnung zu.

Infolge des ersten von diesen Sätzen kann man behaupten, daß nichttrivial-isometrische konvexe Flächen existieren, jede mit ebenem Rand.[1]) Diese Tatsache ergänzt das Theorem von A. W. Pogorelow, das in § 20 formuliert ist, nach welchem die isometrischen Mützen kongruent oder zueinander spiegelbildlich sind.

§ 40

Die Theorie der unendlich kleinen Verbiegungen und ihre speziellen Ergebnisse wurden von uns dargelegt unter der Voraussetzung der hinreichenden Regularität sowohl der verbiegbaren Flächen als auch der Felder, welche die Deformation definieren. (Wir setzten mindestens dreifach stetige Differenzierbarkeit dieser Objekte voraus.) Bei Verzicht auf diese Voraussetzung muß die ganze Theorie umgebaut werden.

Stetige Verbiegungen nicht-regulärer Flächen betrachtet A. D. Alexandrow in der Arbeit [40]. Die Klasse der zulässigen Flächen beschränkt Alexandrow vor allem durch die Bedingung der Rektifizierbarkeit. Nach Lesbegues ist die Fläche S $x = f(u, v)$, $y = \varphi(u, v)$, $z = \psi(u, v)$, definiert für den Bereich D der (u, v) Ebene, rektifizierbar, wenn jeder rektifizierbaren Kurve in D eine rektifizierbare Kurve auf S entspricht (im Falle einer Fläche, die homöomorph der Kugel ist, wird als Parameterbereich D die Einheitskugel angesehen).

Es möge bei der Deformation $\mathfrak{x}^* = \mathfrak{x}(u, v) + \varepsilon\,\mathfrak{z}(u, v)$, wo $\mathfrak{z}(u, v)$ ein auf S vorgegebenes stetiges Feld ist, eine rektifizierbare Kurve in eine rektifizierbare Kurve übergehen; dann existiert, wie Alexandrow beweist, eine einseitige Ableitung $\frac{\partial s}{\partial \varepsilon}$ der Länge eines beliebigen rektifizierbaren Bogens. Wenn bei $\varepsilon = 0$ für jeden rektifizierbaren Bogen $\frac{\partial s}{\partial \varepsilon} = 0$ ist, so heißt die Deformation unendlich kleine Verbiegung der Fläche S, und $\mathfrak{z}(u, v)$ das ihr entsprechende Geschwindigkeitsfeld.

Die Starrheit der Fläche läßt sich wie üblich definieren: die Fläche ist starr, wenn sie keine unendlich kleinen Verbiegungen außer unendlich kleinen Bewegungen zuläßt.

Das hauptsächliche allgemeine Ergebnis Alexandrows ist für Flächen aufgestellt, die beschränkt sind durch die Bedingung der *stetigen Rektifizierbarkeit*, welche von Alexandrow so formuliert wird: wenn im Bereich D (in der u, v-Ebene) die Folge der Streckenzüge P_n gegen die Linie L konvergiert und die Länge von L gleich der Grenze der Längen von P_n ist, so ist die Grenze der Längen der Bilder von P_n auf der Fläche gleich der Länge des Bildes von L. In bezug auf solche Flächen wird bewiesen das

[1]) Jeder nichttrivialen unendlich kleinen Verbiegung einer Fläche kann stets eine Schar nichttrivial-isometrischer Flächenpaare gegenübergestellt werden. Vgl. S. E. Cohn-Vossen [1], S. 50.

Theorem. *Damit das Feld* $\mathfrak{z}$ (u, v) *Geschwindigkeitsfeld einer unendlich kleinen Verbiegung der Fläche* $\mathfrak{x}$ (u, v) *ist, ist hinreichend und notwendig,*

1. daß $\mathfrak{z}$ (u, v) *der Bedingung*

$$|\mathfrak{z}(u_1, v_1) - \mathfrak{z}(u_2, v_2)| < M\varrho \text{ genügt,}$$

wo (u_1, v_1) *und* (u_2, v_2) *zwei willkürliche Punkte sind und* ϱ *der geodätische Abstand zwischen ihnen auf der Fläche ist;*

2. *daß fast überall in D die Gleichung erfüllt ist*[1])

$$d\mathfrak{x} \cdot d\mathfrak{x} = 0.$$

Indem er dieses allgemeine Theorem benutzt, beweist ALEXANDROW, daß

A. *jede konvexe Rotationsfläche, die keine ebenen Stücke enthält und derart ist, daß ihre sphärische Abbildung die ganze Kugel bedeckt, starr ist.* Zur Zahl solcher Rotationsflächen gehören nur 1. geschlossene, 2. die, welche einen Pol und einen Parallelkreis haben, der in einer Ebene liegt, die tangential zur Fläche ist, 3. die, welche zwei solche Parallelkreise haben.

B. *alle konvexen Rotationsflächen, die als geschlossene Mengen erscheinen und keinem der aufgezählten Typen angehören, unstarr sind.*

Die Beweise der zitierten Theoreme führen wir nicht durch, indem wir den Leser auf die klar geschriebene Abhandlung [40] hinweisen.

---

[1]) Damit der Vektor $\mathfrak{x}(u, v)$ eine rektifizierbare Fläche definiert, ist hinreichend nnd notwendig, daß im Bereich D eine Bedingung von LIPSCHITZ erfüllt ist und bei dieser Bedingung fast überall in D das vollständige Differential existiert $d\mathfrak{x} = \mathfrak{x}_u\, du + \mathfrak{x}_v\, dv$ (vgl. LEBESGUE, Annali di Mat. (3) Bd. VII, 1902 S. 315; W. STEPANOW, Math. Ann., Bd. 90 S. 318; RADEMACHER, Math. Ann., Bd. 81, 1920, S. 52); da die Fläche $\mathfrak{x}(u, v) + \varepsilon\mathfrak{z}(u, v)$ auch als rektifizierbar vorausgesetzt ist, so erfüllt auch $\mathfrak{z}(u, v)$ eine Bedingung von LIPSCHITZ und existiert fast überall in D das vollständige Differential $d\mathfrak{z} = \mathfrak{z}_u\, du + \mathfrak{z}_v\, dv$.

Problematik zu §§ 21—40

Hier wollen wir auf die folgenden allgemeinen Probleme hinweisen:

1. *Läßt sich für ein beliebiges* n *eine geschlossene Fläche angeben, welche nichttriviale unendlich kleine Verbiegungen von der Ordnung* n *zuläßt?*

2. *Existieren geschlossene Flächen, welche nichttriviale unendlich kleine Verbiegungen von allen Ordnungen zulassen?*

3. *Existieren geschlossene Flächen, welche analytische Verbiegungen zulassen* (oder reguläre stetige Verbiegungen)?

4. *Es ist die Dichte der Verteilung nichtstarrer geschlossener Flächen unter allen geschlossenen zu charakterisieren.*

Die erste Frage hat S. E. Cohn-Vossen untersucht und eine bestätigende Anwort für n = 1 und n = 2 (vgl. [27]) gegeben, indem er sich auf Rotationsflächen beschränkte. In den Arbeiten von S. E. Cohn-Vossen [27], E. Rembs [41] und W. S. Ljukschin [42] sind interessante Daten erlangt über die Dichte der Verteilung nichtstarrer Rotationsflächen unter allen Rotationsflächen. Eingehendere Auskunft hierüber wird der Leser in der Übersicht von A. D. Alexandrow [43] finden.

Die hier bezeichneten Probleme sind allgemeine Probleme der Theorie und bestehen schon lange. Aber die Theorie der unendlich kleinen Verbiegungen ist noch derartig arm an Tatsachen, daß eine Untersuchung der Starrheit auch einzelner Klassen von Flächen (z. B. Rotationsflächen; sogar für sie sind diese Probleme ungelöst) von Interesse ist.

IX. Stetige Verbiegungen einer Fläche „im Kleinen“

§ 41

Es sei in der Umgebung U des Nullpunktes der (u, v)-Ebene die reguläre Metrik

(1) $$ds^2 = E\,du^2 + 2\,F\,du\,dv + G\,dv^2 \quad (ds^2 > 0) \text{ eingeführt.}$$

Wir werden sagen, daß die Metrik (1) *im Kleinen realisiert wird* durch die (reguläre) Fläche S, wenn auf S die lokalen Koordinaten u, v unter folgenden Bedingungen eingeführt werden können: 1. als Variabilitätsbereich der Koordinaten u, v erscheint eine gewisse Umgebung $U' \subset U$, welche den Nullpunkt enthält; 2. im Bereich U′ ist die metrische Form der Fläche S in den Koordinaten u, v identisch mit der Form (1). Wenn die Koefizienten der Form (1) E, F, G analytische Funktionen in der Umgebung von O sind, so nennen wir die analytische Fläche bei denselben Bedingungen *analytische Realisierung der Metrik* (1) *im Kleinen.*

Die Frage nach der Bestimmung aller Realisierungen im Kleinen einer vorgegebenen Metrik führt auf die Differentialgleichung von Darboux[1]), deren Ableitung sich auf folgende Idee stützt.

Wir setzen voraus, daß die Fläche S ($x = x(u, v)$, $y = y(u, v)$, $z = z(u, v)$) (1) im Kleinen realisiert; dann ist

$$ds^2 = dx^2 + dy^2 + dz^2 = E\,du^2 + 2\,F\,du\,dv + G\,dv^2.$$

Hieraus folgt, daß die quadratische Differentialform

(2) $$(E - z_u^2)\,du^2 + 2\,(F - z_u z_v)\,du\,dv + (G - z_v^2)\,dv^2 = dx^2 + dy^2$$

eine Euklidische Metrik definiert. Indem wir die Gaußsche Krümmung der Form, die auf der linken Seite von (2) steht, gleich Null setzen, erhalten wir eine Gleichung für die Funktion z (u, v), welche nach gehörigen Umformungen in folgender Form geschrieben werden kann:

(3) $$z_{11}\,z_{22} - z_{12}^2 = K\,(EG - F^2 - E z_v^2 + 2\,F z_u z_v - G z_u^2);$$

hier sind z_{ik} die kovarianten Ableitungen zweiter Ordnung, gebildet bezüglich der Metrik (1), K ist die Gaußsche Krümmung der Metrik (1). Die Gleichung (3) ist nun die Gleichung von Darboux. Wenn $z = z(u, v)$ eine Lösung der Gleichung (3) ist und $(E - z_u^2)(G - z_v^2) - (F - z_u z_v)^2 > 0$ ist, so ist die linke Seite von (2) eine positiv definite Form der Krümmung Null; indem wir sie auf die Form $dx^2 + dy^2$ bringen, ermitteln wir zwei Funktionen x (u, v), y (u, v) mit einer Jakobischen Determinante, die verschieden von Null und deren

[1]) Vgl. [11]; bei uns kommt in § 4 schon die Gleichung von Darboux vor, aber in einer solchen Form, welche für die hier gegebenen Fragen zu künstlich ist.

Quadrat $\left\{D\left(\frac{x, y}{u, v}\right)\right\}^2 = (E - z_u^2)(G - z_v^2) - (F - z_u z_v)^2$ ist; die Gleichungen $x = x(u, v)$, $y = y(u, v)$, $z = z(u, v)$ bestimmen eine Fläche, welche die Metrik (1) realisiert. Der Lösung $z = z(u, v)$ der Gleichung (3) entspricht mit Genauigkeit bis auf die Lage im Raum eine einzige Fläche, welche die Metrik (1) realisiert, da die Beziehung (2) die Funktionen x, y mit Genauigkeit bis auf orthogonale Transformation bestimmt. Mittels des Lehrsatzes von CAUCHY-KOWALEWSKY in Anwendung auf die Gleichung (3) bekommt man leicht folgendes Ergebnis: jede analytische Metrik läßt unendlich viele verschiedene analytische Realisierungen zu.

Genauer: die analytische Metrik (1) kann man stets analytisch realisieren im Kleinen, so daß eine beliebige vorgegebene Geodätische, die durch den Punkt $u = 0$, $v = 0$ geht, durch eiue analytische Linie von vorher bestimmter Form realisiert wird, aber unter der Bedingung, daß die Krümmung dieser Linie verschieden von Null ist.

§ 42

Wenn die Gaußsche Krümmung $K(u, v)$ der analytischen Metrik (1) im Punkt $u = 0$, $v = 0$ nicht gleich Null ist, gelten folgende Sätze:

1. Jede analytische Lösung $z(u, v)$ der Gleichung (3) kann man einschließen in eine analytische Schar von Lösungen $z(u, v, t)$ (genauer: es existiert eine Funktion $z(u, v, t)$ die analytisch in der Umgebung von $u = v = t = 0$ ist, welche bei $t = \text{const.}$ als Lösung der Gleichung (3) erscheint, und für die $z(u, v, 0) = z(u, v)$ ist).

Hieraus folgt, daß jede analytische Fläche mit einer Krümmung $K \neq 0$ im Kleinen stets analytische Verbiegungen zuläßt.

Bemerkung: Wenn $K > 0$, so ist eine beliebige reguläre Lösung der Gleichung (3) eine analytische Funktion (vgl. S. N. BERNSTEIN [22]), das bedeutet, daß bei $K > 0$ jede reguläre Realisierung der analytischen Metrik analytisch ist. Insbesondere geht daraus hervor, daß man bei regulärer Verbiegung einer analytischen Fläche positiver Krümmung gleichfalls eine analytische Fläche erhält.

2. Es seien S_1 und S_2 zwei analytische Flächen, die definiert sind durch die Gleichungen $x = x_1(u, v)$, $y = y_1(u, v)$, $z = z_1(u, v)$ und $x = x_2(u, v)$, $y = y_2(u, v)$, $z = z_2(u, v)$ und im Kleinen die analytische Metrik (1) realisieren. Wir werden sagen, daß S_1 und S_2 eine analytische Verbiegung aufeinander gestatten, wenn eine Schar von Flächen S_t existiert, die im Kleinen die Metrik (1) realisieren und definiert sind durch Gleichungen $x = x(u, v, t)$, $y = y(u, v, t)$, $z = z(u, v, t)$ wo x, y, z in der Umgebung ihrer Werte $u = 0$, $v = 0$, $t\,(t_1 \leq t \leq t_2)$ analytische Funktionen der drei Argumente u, v, t sind und $x(u, v, t_i) = x_i(u, v)$, $y(u, v, t_i) = y_i(u, v)$, $z(u, v, t_i) = z_i(u, v)$, $(i = 1, 2)$ ist. Eine gewisse Gesamtheit der Flächen $\{S\}$, welche die Metrik (1) im Kleinen realisieren, heißt zusammenhängend, wenn, welches auch die zwei Flächen S_1, S_2 dieser Gesamtheit sein mögen, eine von ihnen durch analytische Verbiegung $S_t\,(t_1 \leq t \leq t_2)$ in die andere so umgestaltet werden kann, daß bei jedem $t\,(t_1 \leq t \leq t_2)$ die Fläche S_t $\{S\}$ angehört.

E. E. LEVI hat ein Theorem bewiesen[1]), das in unseren Bezeichnungen auf folgende Weise formuliert wird:

Wenn die Krümmung der analytischen Metrik (1) kleiner als Null ist, ist die Gesamtheit aller ihrer analytischen Realisierungen im Kleinen zusammenhängend;

---

[1]) E. E. LEVI [44].

wenn die Krümmung der analytischen Metrik (1) größer als Null ist, so teilt sich die Gesamtheit aller ihrer Realisierungen im Kleinen in zwei Komponenten, von denen die eine die Flächen enthält, welche mit Genauigkeit bis auf die Bewegungen spiegelbildlich zu den Flächen der anderen sind.

Hieraus ist ersichtlich, daß, wenn man die analytischen Flächen im Kleinen und mit Genauigkeit bis auf Spiegelung betrachtet, im Falle $K \neq 0$ die Isometrie der Flächen stets die Möglichkeit ihrer analytischen Verbiegung ineinander zur Folge hat.

Der Beweis des angeführten Satzes stützt sich auf den Lehrsatz von CAUCHY-KOWALEWSKY. Im Falle, wenn die Gaußsche Krümmung $K(u, v)$ der Metrik (1) im Punkte $u = 0, v = 0$ zu Null wird (aber in keiner Umgebung dieses Punktes identisch Null ist) wird die Anwendbarkeit des Lehrsatzes von CAUCHY-KOWALEWSKY auf die Untersuchung der Gesamtheit aller Realisierungen im Kleinen einer gegebenen Metrik wesentlich eingeschränkt.

Eine Spezialuntersuchung zeigt, daß die in diesem Paragraphen formulierten Theoreme nicht auf den Fall einer willkürlichen Metrik mit der Krümmung $K(0, 0) = 0\,(K(u, v) \not\equiv 0)$ ausgedehnt werden können. Für Flächen, die Punkte vom Werte Null der Krümmung $K(u, v)$ besitzen, gelten gewisse Theoreme über die Verbiegbarkeit; aber zugleich mit ihnen gelten für solche Flächen ebenso auch spezielle Theoreme über die Stabilität bekannter Eigenschaften der lokalen Struktur der Fläche in bezug auf stetige Verbiegungen, solcher Eigenschaften, welche in bezug auf isometrische Abbildungen nicht stabil sind. Viele von den Theoremen „über die Stabilität“ beziehen sich auf Flächen, die durch verhältnismäßig schwache Regularitätsforderungen eingeschränkt sind und auf bei weitem allgemeinere Deformationen als die hier definierten analytischen Verbiegungen. Die lokale Struktur einer Fläche mit einem Punkt vom Wert Null der Krümmung wird durch spezielle arithmetische Invarianten charakterisiert, deren Definition in den folgenden zwei Paragraphen gegeben wird (die entsprechenden Regularitätsforderungen, die für die Fläche geltend gemacht werden, werden in jedem Fall einzeln hervorgehoben).

§ 43

Der Index einer isolierten Stelle der Krümmung Null

Es sei S eine zweifach stetig differenzierbare Fläche, M_0 ein Punkt von ihr, wo die Gaußsche Krümmung K gleich Null ist. Wir bezeichnen durch $U_\varepsilon(M_0)$ eine ε-Umgebung des Punktes M_0 auf S abgesehen vom Punkt M_0 selbst. Wir setzen voraus, daß in $U_\varepsilon(M_0)$ überall $K \neq 0$ ist.

Wir betrachten die Abbildungen der Fläche S auf die Einheitskugel E durch Parallelität der Normalen; das Bild des Punktes M_0 bezeichnen wir durch M_0'.

Man kann beweisen, daß bei hinreichend kleinem ε

1. $U_\varepsilon(M_0)$ keine Urbilder des Punktes M_0' enthält,
2. die Abbildung von $U_\varepsilon(M_0)$ in E lokal homöomorph ist,
3. die Anzahl der Blätter der Abbildung von $U_\varepsilon(M_0)$ in E endlich ist.

Wir bezeichnen die Anzahl der Blätter der Abbildung von $U_\varepsilon(M_0)$ in E durch m und definieren den Index des Punktes M_0 auf der Fläche S (wir bezeichnen ihn mit ind M_0) durch folgende Bedingungen: ind $M_0 = m$, wenn in $U_\varepsilon(M_0)$ die Krümmung $K > 0$ ist, ind $M_0 = -m$, wenn in $U_\varepsilon(M_0)$ die Krümmung $K < 0$ ist.

Im Falle $K>0$ ist die Abbildung von $U_\varepsilon(M_0)$ in E homöomorph und $m=1$; wenn in diesem Falle auf der Fläche S ein veränderlicher Punkt M, indem er sich längs einer einfachen geschlossenen Kontur bewegt, den Punkt M_0 einmal umläuft, bewegt sich auch dessen Bild M' auf E längs einer einfachen geschlossenen Kurve und umläuft den Punkt M_0' auch einmal, wobei die Umläufe von M und M' in bezug auf die Normale gleich orientiert sind. Im Falle $K<0$ kann die Zahl m in Abhängigkeit von der Struktur der Fläche einen beliebigen Wert haben; bei einfachem Umlaufen des Punktes M_0 auf S durch den Punkt M vollbringt in diesem Fall der Punkt M' auf E einen m-fachen Umlauf des Punktes M_0' so, daß die Umlaufrichtung der Punkte M und M' entgegengesetzte Orientierung in bezug auf die Normale haben. Die möglichen Werte des Indexes sind $+1, -1, -2, -3, \ldots$[1])

Die Sattelordnung. Wenn in $U_\varepsilon(M_0)$ die Krümmung $K<0$ ist, so nennen wir die Fläche S in der Umgebung des Punktes M_0 einen Sattel mit dem Jochpunkt M_0[2]). Es sei τ_0 die Berührungsebene im Punkte M_0. Bei hinreichend kleinem ε läßt sich der Bereich $U_\varepsilon(M_0)$ eindeutig auf einen Bereich $U_\varepsilon(\tau_0)$ der Ebene τ_0 projizieren. In bezug auf $U_\varepsilon(\tau_0)$ kann man folgendes beweisen: in der τ_0-Ebene existiert eine gerade Zahl 2n von Linien, welche, ohne sich zu schneiden, vom Punkt M_0 zur Peripherie von $U_\varepsilon(\tau_0)$ gehen; längs dieser Linien durchschneidet die Fläche S die τ_0-Ebene, indem sie folglich von ihrer einen Seite zur anderen übergeht.

Die Zahl n werden wir die Ordnung des Sattels mit dem Jochpunkt M_0 nennen. (Das hyperbolische Paraboloid ist ein Sattel zweiter Ordnung; die Zahl 2 ist die kleinste Ordnung eines Sattels).

Der Index eines Feldes asymptotischer Richtungen. Im Bereich $U_\varepsilon(M_0)$ existieren bei $K<0$ zwei reguläre Felder asymptotischer Richtungen. Indem wir diese zwei Felder auf die τ_0-Ebene projizieren, erhalten wir zwei reguläre Felder im Bereich $U_\varepsilon(\tau_0)$. Wir betrachten eins von ihnen. Es sei Γ eine einfache geschlossene Kontur in $U_\varepsilon(\tau_0)$, welche den Punkt M_0 umgibt; wir werden auf Γ den Bogen s rechnen, indem wir von einem willkürlichen Punkt in beliebiger Richtung gehen. Wir bezeichnen durch $\varphi(s)$ den Winkel, welchen die Richtung des Feldes im Punkte s auf Γ mit irgendeiner fixierten Richtung der τ_0-Ebene bildet; $\varphi(s)$ ist definiert bis auf ein Vielfaches von π, aber wenn in einem Punkt der Wert von φ genommen ist, so ist die Funktion $\varphi(s)$ für alle s, $-\infty<s<+\infty$ eindeutig durch die Bedingung der Stetigkeit definiert. Der Zuwachs $\Delta\varphi$, der einem einfachen Durchlaufen der Kontur Γ entspricht, ist ein Vielfaches von π. Die Zahl $a=\frac{|\Delta\varphi|}{\pi}$ hängt nicht von der Wahl von Γ ab und ist für die zwei Felder, die wir im Bereich $U_\varepsilon(\tau_0)$ betrachtet haben, dieselbe. Wir nennen diese Zahl *Index des Feldes asymptotischer Richtungen* im Punkt M_0 (wir werden ihn manchmal durch $a(M_0)$ bezeichnen).

---

[1]) Die Invariante m untersuchte S. E. Cohn-Vossen [45], alsdann H. Schilt [46] und N. Efimow [47], [48]. Der Beweis der Sätze 1, 2, 3 ist in der Abhandlung von Schilt [46] enthalten. In dem Buch [45] ist die Beschreibung der Invariante m durch schöne Zeichnungen illustriert, welche wir der Aufmerksamkeit des Lesers empfehlen.

[2]) Wir setzen voraus, daß die Krümmung im Punkte M_0 gleich Null ist. Wenn die Krümmung überall negativ ist, so kann man als Jochpunkt einen beliebigen Punkt der Fläche bezeichnen.

Die Abhängigkeit der eingeführten Invarianten voneinander. Theorem. *Wenn der Sattel S den Index des Jochpunktes —m hat (ind* $M_0 = -m$), *den Index des Feldes der asymptotischen Richtungen* a *und die Ordnung* n, *so ist*

$$n = m + 1 = a + 2.$$

Diese Behauptung ist in anschaulicher Form im Buch von D. HILBERT und S. COHN-VOSSEN [45] erklärt; der strenge Beweis ist in der Abhandlung von SCHILT [46] enthalten.

§ 44

Die allgemeine Definition des Index. Es sei M_0 ein Punkt der Fläche S, wo die Krümmung Null ist, wobei M_0 nicht notwendig eine isolierte Nullstelle der Krümmung ist.

Wir setzen voraus, daß die Fläche S durch die Gleichung $z = f(x, y)$ definiert ist und so liegt, daß der Punkt M_0 mit dem Anfangspunkt des Systems DESCARTEscher rechtwinkliger Koordinaten zusammenfällt und die (x, y)-Ebene in ihm die Fläche berührt. Bei dieser Bedingung werden die Funktionen $p = f_x(x, y)$, $q = f_y(x, y)$ im Nullpunkt zu Null. Wenn eine solche Umgebung des Nullpunktes $U(M_0)$ existiert, daß in $U(M_0)$ der Punkt M_0 die einzige gemeinschaftliche Nullstelle der Funktionen p, q ist [d. h. M_0 in der Umgebung $U(M_0)$ ist der einzige kritische Punkt der Funktion $f(x, y)$], dann definieren wir den *Index des Punktes* M_0 (ind. M_0) auf der Fläche S durch

$$\text{(1)} \qquad \operatorname{ind} M_0 = \frac{1}{2\pi} \oint_{\Gamma} \frac{p\,dq - q\,dp}{p^2 + q^2},$$

wo Γ eine positiv orientierte einfache geschlossene Kontur ist, die im Bereich $U(M_0)$ den Punkt M_0 umgibt. Wir bezeichnen durch ψ das Argument des Vektors $\{p, q\}$; wir erhalten:

$$\frac{p\,dq - q\,dp}{p^2 + q^2} = d\psi.$$

Deshalb hat ind M_0 ganzzahlige Werte. Für die Unabhängigkeit des Index von der Wahl von Γ ist es hinreichend, Stetigkeit der Funktionen f_{xx}, f_{xy}, f_{yy} zu fordern. Wenn die Fläche um M_0 eine von Null verschiedene Krümmung hat, so gibt die Formel (1) den Index in dem Sinne, wie er im vorhergehenden Paragraphen definiert wurde.[1]) Im allgemeinen Fall sind die möglichen Werte des Index $+1$, 0, -1, $-2, \ldots$ Der Index von M_0 ist gleich $+1$, wenn die Fläche im Punkt M_0 lokal konvex ist; bei den übrigen Werten des Index durchschneidet die Fläche ihrer Berührungsebene im Punkt M_0.

Wenn der Punkt M_0 Grenze einer gewissen Folge kritischer Punkte der Funktion $f(x, y)$ ist, so läßt sich der Index des Punktes M_0 nicht definieren. Auf der analytischen Fläche S läßt sich der Index des Punktes M_0 nicht definieren, in dem und nur in dem Falle, wenn S die Ebene längs einer Linie berührt, die durch M_0 hindurchgeht.

Die Berührungsordnung. Wir müssen uns noch mit einer arithmetischen Invariante des Punktes M_0 vom Wert Null der Krümmung beschäftigen; das ist

[1]) Die allgemeine Definition des Index ist in der Note von N. EFIMOW [47].

die *Ordnung der Berührung* der Fläche mit der Berührungsebene. Wir werden sie durch den Buchstaben p (oder p (M_0)) bezeichnen. Für die Definition von p wird (p+1)-fache stetige Differenzierbarkeit der Fläche gefordert.

Wenn im Punkt M_0 die Krümmung $= 0$ und p (M_0) $= 1$ ist, so wird M_0 *parabolischer Punkt* der Fläche genannt; wenn p (M_0) > 1, werden wir M_0 einen *Flachpunkt* nennen.

§ 45

Gegeben sei in der Umgebung des Nullpunktes der (u, v)-Ebene die analytische Metrik $ds^2 = E du^2 + 2 F du dv + G dv^2$, deren Krümmung im Nullpunkt gleich Null ist. Wir werden die analytischen Realisierungen dieser Metrik im Kleinen mit Genauigkeit bis auf Spiegelung betrachten. Die Gesamtheit aller analytischen Realisierungen der Metrik (1) kann eine verwickelte Struktur vom Gesichtspunkt der Art des Zusammenhangs haben (jedenfalls sind die Theoreme, die in § 42 dargelegt worden sind, wenn $K(0,0) = 0$, nicht richtig, worauf wir schon weiter oben hinwiesen; vgl. auch § 46).

Wir bezeichnen mit {S} die Gesamtheit aller analytischen Flächen, die die Metrik (1) im Kleinen realisieren *und im Punkte* $u = 0$, $v = 0$ *eine Berührung erster Ordnung mit der Ebene haben.*

Der Charakter des Zusammenhangs einer solchen Gesamtheit von Realisierungen ergibt sich leicht durch Untersuchung mittels des Lehrsatzes von Cauchy-Kowalewsky, nämlich: die Gesamtheit {S} ist zusammenhängend im Sinne der Definition in § 42 (Schilt [46]; wir erinnern daran, daß die Flächen {S} mit Genauigkeit bis auf Spiegelung betrachtet werden); hieraus folgt insbesondere, daß jede Fläche von {S}, d. h. jede Fläche mit einem parabolischen Punkt (vgl. § 44) im Kleinen analytische Verbiegungen zuläßt.

Die Frage nach der Möglichkeit stetiger Verbiegungen einer Fläche mit Flachpunkt wird später erörtert; hier aber geben wir das Ergebnis einer detaillierteren Untersuchung des Zusammenhanges von {S} an, das wichtig ist insbesondere für die Erläuterung der Stabilität der lokalen Struktur der Fläche mit einem Punkt vom Wert Null der Krümmung in bezug auf stetige Verbiegungen.

Wir bezeichnen mit $\{\bar{S}\}$ den Teil von {S}, welcher Flächen mit einem bestimmten Index des Punktes $u = 0$, $v = 0$ enthält, mit $\{\bar{\bar{S}}\}$ den übrigen Teil von {S}. Das unten angeführte Theorem von dem Zusammenhang gibt die notwendigen und hinreichenden Bedingungen des Zusammenhangs von $\{\bar{S}\}$. Damit wir sie bequemer formulieren können, führen wir folgenden Terminus ein: eine geodätische Linie in der Metrik (1) nennen wir speziell, wenn sie aus speziellen Punkten des Feldes der Krümmung besteht, d. h. wenn in jedem ihrer Punkte $K_u = K_v = 0$ ist.

Das Theorem vom Zusammenhang. *Damit die Gesamtheit der Flächen* $\{\bar{S}\}$, *welche der Metrik* (1) *entspricht, zusammenhängend ist, ist hinreichend und notwendig, daß durch den Punkt* $u = 0$, $v = 0$ *höchstens eine spezielle Geodätische hindurchgeht.* [1])

Da eine willkürlich vorgegebene Metrik im allgemeinen keine speziellen Geodätischen hat, folgt aus diesem Theorem, daß die Gesamtheit $\{\bar{S}\}$ im allgemeinen zusammenhängend ist.

[1]) N. Efimow [49] Dissertation, [50].

Mittels des Theorems vom Zusammenhang wird folgender Satz aufgestellt: *Es ist eine solche analytische Verbiegung* S_t $(0 \leq t \leq 1)$ *einer analytischen Fläche* S_0 *mit parabolischem Punkt* $u = 0$, $v = 0$ *möglich, daß der Index des Punktes* $u = 0$, $v = 0$ *— er möge für alle* t, $0 \leq t \leq 1$, *definiert sein — eine „überspringende" Funktion von* t *darstellt.* Das bedeutet, daß eine analytische Fläche, die im Punkte $u = 0$, $v = 0$ konvex ist, analytisch in eine sattelförmige Fläche so verbogen werden kann, daß sie im Vorgang der Verbiegung nicht ein einziges Mal die Ebene längs einer Linie berührt, welche durch den Punkt $u = 0$, $v = 0$ geht. Um eine solche Möglichkeit festzustellen, betrachten wir die Metrik $ds^2 = du^2 + (1 + u^3 v)\, dv^2$. Die entsprechende Gleichung von DARBOUX (vgl. § 41) hat (unter anderen) zwei Lösungen: $z = F_1(u, v) = \frac{1}{2}(u + v) - \frac{1}{4}(u^4 + 2u^3 v) + \ldots$ und $z = F_2(u, v) = \frac{1}{2}(u - v)^2 - \frac{1}{4}(-u^4 + 2u^3 v) + \ldots$, welchen die Flächen $S_1 \in \{\bar{S}\}$ und $S_2 \in \{\bar{S}\}$ entsprechen. Es ist leicht einzusehen, daß ind $S_1(u = 0, v = 0) = +1$, ind $S_2(u = 0, v = 0) = -1$ ist; in der Tat, auf der Kurve $F_1(u, v) = 0$ ist der Nullpunkt ein isolierter, aber auf der Kurve $F_2(u, v) = 0$ ein Punkt der Selbstberührung; folglich ist die Fläche S_1 im Punkt $u = 0$, $v = 0$ konvex, und die Fläche S_2 ist sattelförmig. Wir bemerken weiter, daß der Punkt $u = 0$, $v = 0$ ein isolierter kritischer Punkt der Funktion $K(u, v) = -3uv + \ldots$ ist, folglich sind in der gegebenen Metrik keine speziellen Geodätischen vorhanden. Somit ist die Gesamtheit $\{\bar{S}\}$ zusammenhängend, und es existieren in ihr Flächen mit verschiedenen Werten des Index des Punktes $u = 0$, $v = 0$ [1]).

Wie wir sehen, kann es vorkommen, daß der Index eines parabolischen Punktes keine Stabilität in bezug auf stetige (sogar analytische) Verbiegungen besitzt. Gleichzeitig gelten Theoreme, welche für weitgehende Klassen von Flächen mit Flachpunkten Stabilität des Index und der anderen Invarianten dieser Punkte für allgemeinere Deformationen als analytische Verbiegungen feststellen (vgl. H. SCHILT [46], H. HOPF und H. SCHILT [52], N. EFIMOW [47], [48], [49], [50], [51]). Am kräftigsten unter ihnen sind (vom Gesichtspunkt des Mindestmaßes der Regularitätsforderungen, die für die Klasse der betrachteten Flächen und für die Klasse der zulässigen Deformationen gemacht werden) die Theoreme über Flächen mit isolierten Nullstellen der Krümmung.

§ 46

Gegeben sei eine Vektorfunktion $\mathfrak{r} = \mathfrak{r}(u, v, t)$, definiert im Bereich T $(u^2 + v^2 < \varepsilon^2,\ 0 \leq t \leq 1)$; wir werden sagen, daß damit eine Deformation der Fläche S_0 $(\mathfrak{r} = \mathfrak{r}(u, v, 0))$ gegeben ist, bei welcher ihr Punkt $\mathfrak{r}(u, v, 0)$ in den Punkt $\mathfrak{r}(u, v, t)$ der Fläche S_t $(\mathfrak{r} = \mathfrak{r}(u, v, t))$ übergeführt wird. Wenn im Bereich T die Funktion $\mathfrak{r}(u, v, t)$ und ihre partiellen Ableitungen nach u, v bis zur Ordnung m stetig sind für die Gesamtheit der drei Argumente u, v, t, so nennen wir die Deformation gleichmäßig glatt von m-ter Ordnung.

Wir betrachten die zweifach stetig differenzierbare Fläche S $(\mathfrak{r} = \mathfrak{r}(u, v))$, deren Krümmung im Punkte M_0 $(u = 0, v = 0)$ gleich Null und in der Umgebung dieses Punktes negativ ist. Auf der Fläche S mit dem ausgeschlossenen Punkt M_0 existieren zwei reguläre Felder asymptotischer Richtungen mit ge-

[1]) In unserer Abhandlung [48] und in den Noten in DAN, XXV No. 3, 1939 und XXVI No. 2, 1940 ist eine falsche Behauptung über die Unveränderlichkeit des Index aufgestellt, wenn er definiert ist in jedem Moment der Verbiegung. Hieraus wurde der falsche Schluß gezogen, daß alle Flächen der zusammenhängenden Gesamtheit $\{\bar{S}\}$ einen gemeinschaftlichen Wert des Index des Punktes $u = 0$, $v = 0$ hätten. (Theorem VII in der Abhandlung [48].) Der Irrtum wurde vermerkt in [51], [49] und [50].

meinschaftlichem Index $a(M_\sigma)$ (vgl. § 43). Wir stellen uns vor, daß die Fläche S einer stetigen Deformation unterworfen wird, welche 1. das Vorzeichen der Krümmung um den Punkt M_0 beibehält, 2. der Bedingung der gleichmäßigen Glattheit zweiter Ordnung genügt. Bei diesen Bedingungen verändert sich jedes Feld asymptotischer Richtungen der Fläche S stetig [1]) und behält den regulären Charakter um den Punkt M_0; deshalb bleibt a (M_0) im Verlauf der Deformation unverändert. Infolge der Abhängigkeit der Invarianten a (M_0), ind M_0, n (M_0) [n (M_0) ist die Sattelordnung; vgl. § 43] bleiben bei dieser Deformation ebenso ind M_0 und n (M_0) unverändert (SCHILT [46]). Es stellt sich heraus, daß die Invarianten ind M_0, a (M_0) und n (M_0) stabil sind in bezug auf die Deformationen, welche (indem sie das Vorzeichen der Krümmung in der Umgebung von M_0 beibehalten) nur der Bedingung der gleichmäßigen Glattheit erster Ordnung [2]) genügen; solche Deformationen werden wir einfach gleichmäßig glatt nennen (gleichmäßig glatte Deformationen können anschaulich auf folgende Weise definiert werden: wenn die Folge der Punkte $M_i \in S_{t_i}$ gegen den Punkt $M^* \in S_{t^*}$ konvergiert, so müssen die Berührungsebenen in den Punkten M_i gegen die Berührungsebene im Punkt M^* konvergieren).

Indem wir für die Deformation nicht Glattheit zweiter Ordnung fordern, können wir uns beim Studium der Invarianten ind M_0, $a(M_0)$, $n(M_0)$ nicht mehr auf ein asymptotisches Netz stützen; hier ist eine wesentlich neue Methode erforderlich. Diese Methode ist im folgenden Paragraphen in den hauptsächlichen Zügen dargelegt (ausführlicher vgl. N. EFIMOW [50]).

§ 47

Lemma 1. *Wenn die Funktion* $U(x, y) \geq 0$ *stetig mit den partiellen Ableitungen* U_x, U_y *im Kreis* $x^2 + y^2 < 1$ *ist, eine endliche oder abzählbare Menge von Nullstellen* $O(x = 0, y = 0)$, A_1, A_2 . . . *hat, wobei (im zweiten Fall)* $A_n \to 0$ *gilt, und mit der Menge* O, A_n $(n = 1, 2, \ldots)$ *ihre kritischen Punkte sich erschöpfen, so existiert auf jeder Strecke* OA_n *ein solcher Punkt* P_n, *daß die durch ihn hindurchgehende Niveaulinie* $U = U(P_n)$ *sich unbeschränkt dem Kreis* $x^2 + y^2 = 1$ *nähert (die Behauptung bezieht sich auf beliebiges fixiertes* n).

Wir erläutern das Lemma anschaulich. Wir setzen voraus, daß die Funktion U nur zwei Nullstellen O und A hat. Es sei G_ε ein Bereich, wo $U < \varepsilon$ ist $(\varepsilon > 0)$. Bei kleinem ε besteht der Bereich G_ε aus zwei Teilen, $G_\varepsilon(O)$, enthaltend O und $G_\varepsilon(A)$, A enthaltend. Wenn ε wächst, so dehnen sich $G_\varepsilon(O)$ und $G_\varepsilon(A)$ aus; sie können sich nicht innerhalb des Kreises $x^2 + y^2 < 1$ vereinigen, da die Funktion U keine kritischen Punkte außer O und A hat. Aus demselben Grunde können diese Bereiche keine Grenzen haben, welche genau innerhalb des Kreises $x^2 + y^2 < 1$ liegen. Somit müssen sich $G_\varepsilon(O)$ und $G_\varepsilon(A)$ mit wachsendem ε dem Kreis $x^2 + y^2 = 1$ nähern. Aber der Rand von $G_\varepsilon(O)$

---

[1]) Hinsichtlich des betrachteten Punktes und des Deformationsparameters insgesamt als zweier Argumente.

[2]) Es ist leicht einzusehen, daß die Bedingung der gleichmäßigen Glattheit erster Ordnung für die Deformation die Eigenschaft der Glattheit zweiter Ordnung nicht garantiert. Es genügt, das Beispiel der Funktionenfolge $f_n(x) = \frac{\sin nx}{n^2}$ zu betrachten, welche für $n \to \infty$ gleichmäßig gegen die Funktion $f(x) \equiv 0$ konvergiert; genauso konvergiert $f'_n(x) = \frac{\cos nx}{n}$ gegen $f'(x) \equiv 0$. Aber die zweiten Ableitungen $f''_n(x) = -\sin nx$ konvergieren nicht gegen $f''(x) \equiv 0$

(wie auch der Rand von G_ε (A)) schneidet die Strecke OA in einem Punkt P_ε; die Grenze des veränderlichen Punktes P_ε wird ein Punkt sein, dessen Existenz das Lemma behauptet. Mit einigen Überlegungen ist es leicht, die gehörige Genauigkeit anzugeben (vgl. N. EFIMOW [50]).

Lemma 2. *Wenn* S_t *eine Schar von Funktionen* f (x, y, t) *ist, die vorgegeben sind im Bereich* $x^2 + y^2 < 1$, $0 \leq t \leq 1$, *und folgende Bedingungen erfüllen:*

1. *für jedes* t, $0 \leq t \leq 1$ *ist die Funktion* $f(x, y, t) \in S_t$ *zweimal stetig differenzierbar nach* x, y,

2. $f(x, y, t)$, $f_x(x, y, t)$, $f_y(x, y, t)$ *sind stetig für die Gesamtheit der Argumente* x, y, t,

3. $f(0, 0, t) = f_x(0, 0, t) = f_y(0, 0, t) = 0$,

4. *für jedes* t *im Bereich* $0 < x^2 + y^2 < 1$ *gilt die Ungleichung* $f_{xx} f_{yy} - f_{xy}^2 < 0$,

so existiert ein solches $\varepsilon > 0$, *daß die* ε*-Umgebung des Punktes* O (x = 0, y = 0) *für alle* t, $0 \leq t \leq 1$ *keine kritischen Punkte der Funktion* f (x, y, t) *enthält, die verschieden vom Punkt* O (x = 0, y = 0) *sind.*

Den Beweis geben wir, indem wir die Details weglassen. Wir setzen $U(x, y, t) = f_x^2(x, y, t) + f_y^2(x, y, t)$; die Funktion U besitzt für jedes t folgende Eigenschaften: 1. $U \geq 0$, 2. alle kritischen Werte von U sind gleich Null, 3. die kritischen Punkte der Funktion U sind identisch mit den kritischen Punkten der Funktion f, 4. die Menge der Nullstellen der Funktion U ist höchstens abzählbar; sie besteht aus dem Punkt O und vielleicht noch aus einer Menge K_t, welche sich nur zum Punkt O verdichten kann.

Wenn die Behauptung des Theorems nicht richtig ist, dann existiert eine Folge von Funktionen $f(x, y, t_n)$, $t_n \to t_0$, von denen jede in der ε_n-Umgebung des Punktes O einen kritischen Punkt hat, der verschieden ist vom Punkt O, wobei $\varepsilon_n \to 0$. Da die Menge K_{t_0} höchstens abzählbar ist, existiert ein Kreis $x^2 + y^2 = r^2$, $0 < r < 1$, der keine Punkte von K_{t_0} enthält. Es sei m das Minimum der Funktion $U(x, y, t_0)$ auf dem Kreis $x^2 + y^2 = r^2$; $m > 0$.

Infolge der Stetigkeit der Funktion U (x, y, t) für die Gesamtheit der Argumente x, y, t (welche durch die Bedingungen des Lemma gewährleistet ist) existiert eine solche Zahl $\eta > 0$, daß bei allen t, $|t - t_0| < \eta$, auf dem Kreis $x^2 + y^2 = r^2$ $U(x, y, t) > \frac{1}{2}m$ ist.

Da $U(0, 0, t_0) = 0$ ist, existieren die positiven Zahlen σ und η_1, $\eta_1 < \eta$ derart, daß für $x^2 + y^2 \leq \sigma^2$, $|t - t_0| < \eta_1$ $U(x, y, t) < \frac{1}{2}m$ ist. Infolge der Konvergenz $t_n \to t_0$, $\varepsilon \to 0$ haben wir bei hinreichend großen n $|t_n - t_0| < \eta_1$ $\varepsilon_n < \sigma$. Hieraus und aus Definition von ε_n folgt, daß ein kritischer Punkt A_n der Funktion $U(x, y, t_n)$ existiert, der innerhalb des Kreises $x^2 + y^2 < \sigma^2$ liegt. Auf dem Radius OA_n muß $U(x, y, t_n) < \frac{1}{2}m$ sein.

Infolge von Lemma 1 ist auf dem Radius OA_n ein solcher Punkt P_n vorhanden, daß die durch ihn hindurchgehende Niveaulinie der Funktion $U(x, y, t_n)$ sich unbeschränkt der Pheripherie des Kreises $x^2 + y^2 < 1$ nähert; diese Niveaulinie muß den Kreis $x^2 + y^2 = r^2$ schneiden. Deshalb ist in einem Punkt dieses Kreises $U(x, y, t_n) < \frac{1}{2}m$, was der früher aufgestellten Beziehung $U(x, y, t_n) > \frac{1}{2}m$ widerspricht. Damit ist das Lemma bewiesen.

Als geometrische Folgerung von Lemma 2 gilt das folgende Theorem:

Die Flächen S_t $(0 \leq t \leq 1)$ *mögen durch gleichmäßig glatte Deformation der Fläche* S_0 *gewonnen sein, deren* GAUSS*sche Krümmung im Punkte* M_0 *gleich Null, in den übrigen Punkten negativ ist; wir bezeichnen durch* M_t^0 *den Punkt der Fläche* S_t, *in welchen der Punkt* M_0 *übergeführt wird, durch* $\overline{M_t^0}$ *dessen Bild bei*

Abbildung durch Parallelität der Normalen auf die Einheitskugel. Wenn bei der Deformation das Vorzeichen der Krümmung der Fläche unverändert bleibt, existiert eine solche Zahl ε ($\varepsilon > 0$), *daß bei beliebigem* t, $0 \leq t \leq 1$, *die* ε*-Umgebung des Punktes* M_t^0 *auf der Fläche* S_t *keine Urbilder des Punktes* $\overline{M}_t$ *enthält.*

Dieses Theorem setzt die Existenz einer Umgebung U_t des Punktes M_t^0 auf der Fläche S_t mit folgenden Bedingungen fest:

1. Bei Veränderung von t von 0 bis 1 zieht sich die Umgebung U_t nicht zum Punkt M_t^0 zusammen (d. h. enthält stets eine gewisse ε-Umgebung des Punktes M_t^0 bei festem ε);

2. Bei Abbildung von S_t auf die Einheitskugel E durch Parallelität der Normalen bedeckt die Umgebung U_t mit dem ausgeschlossenen Punkt M_t^0 auf E regulär eine gewisse Umgebung $\overline{U}_t$ des Punktes $\overline{M}_t^0$ ($\overline{M}_t^0$ ist das Bild von M_t^0) mit dem ausgeschlossenen Punkt $\overline{M}_t^0$.[1]) Hieraus kann man durch allgemeine topologische Überlegungen ableiten, daß die Zahl der Blätter der Abbildung (welche den Index des Punktes M_t^0 definiert) im Verlauf der Deformation unverändert bleibt (vgl. N. Efimow [50]). Wir erhalten folgenden Satz:

T h e o r e m v o n d e r E r h a l t u n g d e s I n d e x. *Bei gleichmäßig glatter Deformation der Fläche mit einem isolierten Punkt des Wertes Null der Gaußschen Krümmung bleibt der Index dieses Punktes unverändert, wenn das Vorzeichen der Krümmung unverändert bleibt.*

Aus diesem Theorem folgt sofort (vgl. § 43), daß bei den erwähnten Deformationen auch die Invarianten $a(M_t^0)$ (der Index des Feldes asymptotischer Richtungen) und $n(M_t^0)$ (die Sattelordnung) unverändert bleiben.

Aus dem Theorem von der Erhaltung des Index läßt sich ebenso leicht ableiten, daß für Flächen mit den Werten Null der Gaußschen Krümmung die Isometrie der Flächen im Kleinen und ihre Abwickelbarkeit aufeinander mittels stetiger Verbiegung wesentlich verschiedene Eigenschaften sein können. Genauer: *Es existieren zweifach glatte isometrische Flächen* S *und* S′ *mit den entsprechenden Punkten* M_0 *und* M_0', *welche folgende Eigenschaften besitzen: keinerlei Umgebung des Punktes* M_0 *auf der Fläche* S *kann mittels gleichmäßig glatter Verbiegung weder auf die Umgebung des Punktes* M_0 *der Fläche* S′, *noch auf deren Spiegelbild abgewickelt werden.*

Für den Beweis nehmen wir einen analytischen Sattel dritter Ordnung S mit dem Jochpunkt M_0 (z. B. $z = x^2y + xy^2$); wir haben ind $M_0 = -2$. Indem wir die Gleichung von Darboux und das Theorem von Cauchy-Kowalewsky benutzen, ist es leicht zu beweisen, daß man die Metrik der Fläche S im Kleinen durch eine analytische Fläche S′ realisieren kann, welche in dem in der Isometrie dem Punkte M_0 entsprechenden Punkt M_0 mit der Ebene eine Berührung erster Ordnung hat. Es ist leicht einzusehen, daß ind $M_0 = -1$ ist.

Da ind $M_0' \neq$ ind M_0, so kann (infolge des Theorems von der Erhaltung des Index) keine Umgebung des Punktes M_0 auf der Fläche S durch gleichmäßig glatte Verbiegungen (sogar durch gleichmäßig glatte Deformationen, welche das Vorzeichen der Krümmung beibehalten) in die Umgebung des Punktes M_0 auf S′ oder auf das Spiegelbild von S′ abgsbildet werden.

Der Unterschied zwischen den Eigenschaften der Isometrie im Kleinen zweier Flächen und ihrer Abwickelbarkeit aufeinander durch stetige Verbiegungen im Falle der Beschränkung der Verbiegungen durch die Bedingung der gleichmäßigen

[1]) Über den Begriff der regulären Bedeckung vgl. Seifert und Threlfall. Topologie, Kapitel 8.

Glattheit zweiter Ordnung ist von SCHILT [46] festgestellt worden. In diesem Falle ist keine Notwendigkeit, den Index des Punktes der Krümmung Null zu benutzen, es ist hinreichend, den Index eines Feldes asymptotischer Richtungen in diesem Punkt zu betrachten.

In der Tat, auf der Fläche S hat der Index eines Feldes asymptotischer Richtungen im Punkt M_0 den Wert $a(M_0) = 1$ (wir haben dieselben Flächen S und S' im Auge, die eben betrachtet wurden). Auf S' ist der Punkt M'_0 parabolisch; in einem parabolischen Punkt gibt es eine bestimmte (mehrfache) asymptotische Richtung. Deshalb ist jedes Feld asymptotischer Richtungen auf S' regulär in allen Punkten, einschließlich M'_0. Folglich haben wir auf S' $a(M'_0) = 0$. Somit ist $a(M'_0) \neq a(M_0)$, woraus ohne weiteres die Nichtabwickelbarkeit der Flächen S und S' (im Kleinen) aufeinander durch Verbiegungen (oder Deformationen, welche das Vorzeichen der Krümmung beibehalten), die gleichmäßig glatt von zweiter Ordnung sind, hervorgeht; dieser Umstand ist, wie wir sehen, eine unmittelbare Folge der Definition solcher Deformationen.

Aus dem Theorem von der Erhaltung des Index kann man ebenso das folgende Theorem von der Erhaltung der Berührungsordnung der Fläche mit der Ebene herleiten (vgl. N. EFIMOW [50]):

Bei beliebig großem $p \geq 1$ *existiert eine Fläche* S, *welche in einem Punkte* M_0 *mit der Ebene eine Berührung p-ter Ordnung hat und folgende Eigenschaft besitzt: eine beliebige Umgebung des Punktes* M_0 *der Fläche* S *behält bei jeder gleichmäßig glatten Verbiegung im Punkte* M_0 *unverändert die Berührungsordnung mit der Ebene.*

(Es ist natürlich, daß die Klasse der zulässigen Flächen in diesem Theorem beschränkt sein muß durch die Bedingung der Glattheit wenigstens der Ordnung $p + 1$).

Der Beweis ist auf einen rein algebraischen Satz gegründet: wenn $f^{(n)}(x, y)$ eine homogene Form der Potenz n ist, die sich in n verschiedene reelle lineare Faktoren zerlegen läßt, so ist $f^{(n)}_{xx} f^{(n)}_{yy} - f^{(n)2}_{yx}$ eine negativ definite homogene Form.[1]) Hieraus folgt unmittelbar, daß die Fläche $z = f^{(n)}(x, y) + R(x, y)$, wo $R(x, y)$ eine Potenzreihe ist, welche mit dem Glied $(n + 1)$-ter Potenz beginnt, die Eigenschaft besitzt, welche das Theorem aussagt. Augenscheinlich ist diese Fläche (wir bezeichnen sie durch S) ein Sattel mit dem Jochpunkt $M_0(0, 0)$, welcher die Ordnung n hat; folglich ist $|\text{ind } M_0| = n - 1$. Wir nehmen an, daß sich die Fläche S mittels gleichmäßig glatter Verbiegung in die Fläche S' umgestalten läßt und der Punkt M_0 in den Punkt M'_0 übergeht derart, daß die Berührungsordnung von S' mit der Ebene im Punkt M'_0 den Wert $p(M'_0) < n - 1$ $(n - 1 = p(M_0)$ auf S) hat. Dann hat die Schnittlinie von S' mit der Berührungsebene im Punkte M'_0 weniger als 2 n Zweige, die von M_0 ausgehen, deshalb ist $|\text{ind } M'_0| < n - 1$, d. h. es gilt $|\text{ind } M'_0| \neq |\text{ind } M_0|$, was dem Theorem von der Erhaltung des Index widerspricht. Nun kann die Berührungsordnung nicht herabgesetzt werden. Aber sie kann auch nicht erhöht werden, da in diesem Fall die Ordnung der Kleinheit der Gaußschen Krümmung der Fläche S im Punkte M_0 sich ändern müßte, was bei Verbiegung nicht möglich ist (die letzte Überlegung ist ausführlicher dargelegt in der Abhandlung von N. EFIMOW [50]). Somit ist die Behauptung bewiesen.

Wenn man die Klasse der zulässigen Verbiegungen durch stärkere Forderungen der Regularität beschränkt, kann man entsprechend stärkere Theoreme über die

[1]) Vgl. N. EFIMOW [48].

möglichen Fälle der Erhaltung der Berührungsordnung der Fläche mit der Ebene aufstellen. (H. Hopf und H. Schilt [52], N. Efimow [47], [48], [53]). Wir werden diese Theoreme nicht anführen, da wir im folgenden Paragraphen Theoreme von der Erhaltung solcher Merkmale der lokalen Struktur der Fläche mit einem Punkt vom Wert Null der Krümmung darlegen, welche sie in weit größeren Grad charakterisieren, als die Berührungsordnung der Fläche mit der Ebene. Mehr als das, es gelten Theoreme, welche die Existenz von Flächen mit absoluter Erhaltung behaupten, d. h. solcher Flächen, welche sogar „im Kleinen“ durchaus keine stetigen Verbiegungen zulassen. Aber davon später; hier geben wir ein Beispiel der Verbiegung, bei der sich die Berührungsordnung der Fläche mit der Ebene ändert; dieses Beispiel stammt von Hopf und Schilt [52].

Wir betrachten das System von Differentialgleichungen, dessen unbekannte Funktionen die Vektoren $\mathfrak{y}_1, \mathfrak{y}_2, \mathfrak{y}_3$ sind; die unabhängige Veränderliche ist u:

$$\begin{aligned} \mathfrak{y}_1' &= t\mathfrak{y}_2, \\ \mathfrak{y}_2' &= -t\mathfrak{y}_1 + u\mathfrak{y}_3, \\ \mathfrak{y}_3' &= -u\mathfrak{y}_2. \end{aligned} \tag{1}$$

Durch die Anfangsbedingungen $\mathfrak{y}_1(0) = \{1, 0, 0\}$, $\mathfrak{y}_2(0) = \{0, 1, 0\}$, $\mathfrak{y}_3(0) = \{0, 0, 1\}$ werden für jedes t drei Lösungen $\mathfrak{y}_1(u)$, $\mathfrak{y}_2(u)$, $\mathfrak{y}_3(u)$ bestimmt. Da die Gleichungen (1) Gleichungen von Frenet darstellen, so bilden die $\mathfrak{y}_i$ identisch in bezug auf u ein normiertes orthogonales System.

Wir setzen:

$$\mathfrak{r}(u, v, t) = \int_0^u \mathfrak{y}_1(w)\,dw + v \cdot \mathfrak{y}_3(u).$$

Dann ist $\mathfrak{r}_u = \mathfrak{y}_1 - uv\mathfrak{y}_2$, $\mathfrak{r}_v = \mathfrak{y}_3$. Infolge der Orthogonalität der $\mathfrak{y}_i$ sind die Vektoren $\mathfrak{r}_u$, $\mathfrak{r}_v$ linear unabhängig, folglich definiert die Gleichung $\mathfrak{r} = \mathfrak{r}(u, v, t)$ bei willkürlichem t eine reguläre (analytische) Fläche F_t. Die zwei quadratischen Formen der Fläche F_t haben die Form:

$$ds^2 = (1 + u^2v^2)\,du^2 + dv^2, \tag{I}$$

$$\vartheta = \frac{(t^2u^2v^2 + t - v)\,du^2 - 2u\,du\,dv}{\sqrt{1 + u^2v^2}}; \tag{II}$$

die Gausssche Krümmung der Fläche F_t wird bestimmt durch die Formel

$$K = \frac{-u^2}{(1 + u^2v^2)^2}. \tag{2}$$

Aus (I) ist ersichtlich, daß ds^2 nicht von t abhängt, aus (2), daß die Schar $\{F_t\}$ aus nichtabwickelbaren Flächen besteht. Im Punkt M_0 $(u = 0,\ v = 0)$ hat die Berührungsordnung der Fläche F_t mit der Ebene den Wert $p(M_0) = 1$ bei $t \neq 0$, $p(M_0) > 1$ bei $t = 0$. Somit ist eine reguläre analytische Verbiegung konstruiert, bei welcher die Berührungsordnung der Fläche mit der Ebene sich ändert.

§ 48

In diesem Paragraphen betrachten wir Verbiegungen einer Fläche bei den unten definierten Bedingungen der Regularität.

S sei eine Fläche, die in einem rechtwinkligen Koordinatensystem durch folgende Gleichungen gegeben ist:

$$x = x(u, v),\quad y = y(u, v),\quad z = z(u, v), \tag{1}$$

deren rechte Seiten stetig in einer gewissen Umgebung $U(u, v)$ des Punktes M_0 ($u = 0$, $v = 0$) sind und in ihr stetige partielle Ableitungen bis zur Ordnung q haben; außerdem setzen wir voraus, daß $D\left(\frac{x, y}{u, v}\right) \neq 0$ ist.

Wenn eine Schar von Flächen S_t existiert, deren Gleichungen

$$x = x(u, v, t), \quad y = y(u, v, t), \quad z = z(u, v, t) \tag{2}$$

folgende Bedingungen erfüllen:

1. für $t = 0$ sind die Funktionen (2) mit den Funktionen (1) identisch,
2. die metrische Form ds^2 einer Fläche S_t hängt nicht von t ab,
3. bei jedem fixierten Wert von t aus einem gewissen Intervall $-\varepsilon < t < +\varepsilon$ sind die Funktionen (2) definiert im Bereich $U(u, v)$ und denselben Bedingungen wie auch die Funktionen (1) unterworfen,
4. bei fixierten Werten von $u, v \in U(u, v)$ sind die Funktionen (2) im Intervall $-\varepsilon < t < +\varepsilon$ stetig bezüglich t mit ihren partiellen Ableitungen nach u und v bis zur Ordnung m ($m < q$),

dann sagen wir, daß die Fläche S sich in die Fläche S_t ($-\varepsilon < t < +\varepsilon$) verbiegen läßt und daß die Verbiegung der Glattheit der Ordnung m genügt (gleichmäßige Glattheit ist hier nicht gefordert; wir bemerken noch, daß alle unten angeführten Resultate, die sich auf die soeben definierten Deformationen beziehen, zu Recht bestehen bleiben, wenn in der Definition die Forderungen des vierten Punktes nur für den Punkt $u = 0$, $v = 0$ erfüllt sind).

Wir setzen der Einfachheit der Darlegung halber voraus, daß der Teil S_t^0 von jeder Fläche S_t, der irgendeinem Bereich $U_0(u, v) \subset U(u, v)$ $[(0, 0) \in U_0(u, v)]$ entspricht, in einem gewissen System geradliniger Koordinaten durch die Gleichung $z = f(x, y, t)$ definiert ist; wir setzen außerdem voraus, daß der Anfangspunkt dieses Systems im Punkt $u = 0$, $v = 0$ gelegen ist und die x- und y-Achse auf der Berührungsebene der Fläche S_t liegen und starr verknüpft sind mit dem Bündel der Linienelemente der Fläche S_t im Punkte $u = 0$, $v = 0$ (damit wird eine Bewegung der Fläche S_t in bezug auf die Koordinatenachsen ausgeschlossen). Bei solcher Lage der Achsen hat die Gleichung der Fläche S_t^0 die Form:

$$z = F^{(2)}(x, y, t) + \ldots + F^{(r)}(x, y, t) + R(x, y, t), \tag{3}$$

wo $F^{(k)}(x, y, t)$ ($k = 2, \ldots r$) eine homogene Form in bezug auf x, y von der k-ten Potenz, $R(x, y, t)$ das Restglied, $r \geq m$ ist.

Wenn bei beliebiger Wahl des Bereiches $U_0(u, v)$ und bei allen Verbiegungen der Fläche S^0, die der Bedingung der Glattheit der Ordnung m genügen [S^0 ist der Teil von S, der dem Bereich $U^0(u, v)$ entspricht], in den Gleichungen (3) der entsprechenden Schar der Flächen S_t^0 die homogenen Formen $F^{(2)}(x, y, t), \ldots, F^{(l)}(x, y, t)$ nicht von t abhängen (die Zahl l ist fixiert), sagen wir, daß die Fläche S in der Umgebung des Punktes $u = 0$, $v = 0$ *relative Unverbiegbarkeit* besitzt. Die Ordnung der relativen Unverbiegbarkeit (sozusagen der Grad der Stabilität der Fläche) muß man durch den maximalen Wert der Zahl l charakterisieren; aber bei einigen Überlegungen ist es nicht zweckdienlich, das Maximum der Zahl l als Ordnung der relativen Unverbiegbarkeit zu bezeichnen. Es liegt daran, daß, wenn in der Gleichung der Ausgangsfläche

$$z = F^{(2)}(x, y) + \ldots + F^{(r)}(x, y) + R(x, y)$$

die Anfangsform der Zerlegung $F^{(2)}(x, y)$ nicht identisch gleich Null ist, die Erscheinung der relativen Unverbiegbarkeit für diese Fläche nicht stattfinden kann (vgl. §§ 42 und 45). Somit müssen wir annehmen, daß die Zerlegung von z die Form hat:

$$z = F^{(n)}(x, y) + \ldots + F^{(r)}(x, y) + R(x, y), \tag{4}$$

wo $n > 2$ und $F^{(n)}(x, y) \not\equiv 0$ ist; wenn die Fläche relativ unverbiegbar ist und das Koordinatensystem starr mit dem Bündel der Linienelemente der Fläche im Punkte M_0 verknüpft ist, so bleiben bei allen Verbiegungen der Fläche (welche den vorgeschriebenen Bedingungen der Glattheit genügen) 1. die homogenen Formen $F^{(n)}(x, y), \ldots, F^{(l)}(x, y)$, wo l eine fixierte Zahl ist, unverändert, 2. tritt keine Form von einem Grad $< n$ auf.

Es ist natürlich, den Grad der Stabilität der Fläche zu charakterisieren durch die Länge des längsten Teils der Zerlegung von z nach Potenzen von x, y: $F^{(n)}(x, y) + \ldots + F^{(l)}(x, y)$, welcher bei allen Verbiegungen der Fläche (im Kleinen) unverändert bleibt; dem entsprechend definieren wir die Ordnung der relativen Unverbiegbarkeit durch die Gleichung

$$L = \sup(l - n + 1).$$

Die relative Unverbiegbarkeit und ihre Ordnung kann man auch mit anderen Worten so definieren: die Fläche (4) besitzt relative Unverbiegbarkeit, wenn für ein gewisses l $(l \geq n)$ das sie im Punkt M_0 berührende Paraboloid l-ter Ordnung [d. h. die Fläche $z = F^{(n)}(x, y) + \ldots + F^{(l)}(x, y)$] bei beliebiger (hinreichend glatter) Verbiegung der Fläche einer Deformation nicht unterzogen wird; die Ordnung der relativen Unverbiegbarkeit ist die Zahl $l - n + 1$ (bei maximalem l).

Die folgenden Definitionen führen zwei arithmetische Invarianten der homogenen Form $F^{(n)}(x, y)$ ein, mittels deren man die Ordnung der relativen Unverbiegbarkeit der Fläche nach unten abschätzen und gleichzeitig die Möglichkeit des Eintretens der relativen Unverbiegbarkeit dartun kann:

1. die Invariante s ist die Zahl der reellen mehrfachen Linearfaktoren der Form $F^{(n)}(x, y)$.

2. die Invariante N:

$$N = \sup\{h\},$$

wo $\{h\}$ eine Menge natürlicher Zahlen bedeutet, definiert durch folgende Bedingungen: die Zahl $h > 0$ gehört zu $\{h\}$, wenn aus

$$F^{(n)}_{xx}\,\Phi^{(m)}_{yy} - 2F^{(n)}_{xy}\,\Phi^{(m)}_{xy} + F^{(n)}_{yy}\,\Phi^{(m)}_{xx} \equiv 0$$

($\Phi^{(m)}$ ist eine homogene Form der Potenz m) folgt $\Phi^{(m)}(x, y) \equiv 0$ für $m = n + 1, \ldots, n + h$; außerdem vereinbaren wir anzunehmen, daß $\{h\}$ stets Null einschließt. Es ist augenscheinlich, daß N vollständig durch die Form $F^{(n)}(x, y)$ bestimmt ist.

Wir bemerken, daß s und N invariant sind in bezug auf die linearen Transformationen der $F^{(n)}(x, y)$.

Es sei die Fläche S definiert durch die Gleichung

$$z = F^{(n)}(x, y) + \ldots + F^{(r)}(x, y) + R(x, y);$$

s und N sind die oben definierten Invarianten der homogenen Form $F^{(n)}(x, y)$, mit welcher die Zerlegung von z beginnt; wir betrachten stetige Verbiegungen der Umgebung des Nullpunktes der Fläche S, indem wir sie durch die Bedingung der Glattheit der Ordnung $m = n$ beschränken. Es gelten folgende Sätze (N. Efimow [51], [53]).

Das Theorem von der Abschätzung der Ordnung der relativen Unverbiegbarkeit: *Wenn* $s = 0$ *und* $N > 0$ *ist, so genügt die Ordnung der relativen Unverbiegbarkeit der Fläche* S *der Ungleichung*

$$L \geq N + 1 .$$

Durch dieses Theorem wird die Frage nach der Stabilität der Fläche auf eine rein algebraische Analyse der Form $F^{(n)}(x, y)$ zurückgeführt, mit welcher die Zerlegung von z in der Descartesschen Gleichung der Fläche beginnt. Es ist leicht, Formen des Grades n ($n \geq 4$) zu bilden, für welche $s = 0$ und N einen beliebig großen Wert hat. Damit wird die Existenz von Flächen festgestellt, die Unverbiegbarkeit beliebig hoher Ordnung besitzen.

Bei einigen Werten von n ($n = 9$, $n = 50$) gelingt es, die Existenz von Formen zu beweisen, für welche $s = 0$ und $N = \infty$ ist. Hieraus folgt, daß Flächen existieren, die durchaus keine stetigen Verbiegungen, selbst im Kleinen nicht, zulassen. Dabei müssen wir die Klasse der zulässigen Deformationen durch eine entsprechende Bedingung der Regularität beschränken; es ist notwendig vorauszusetzen, daß die Verbiegung in der Klasse analytischer Flächen vor sich geht, und daß sie einer Bedingung der Glattheit endlicher, aber hinreichend hoher Ordnung m genügt (m muß von nicht geringerem Grad sein als die Form, mit welcher die Zerlegung von z in der Descartesschen Gleichung der betrachteten Fläche beginnt).

Bevor wir den Satz von der Existenz von Flächen, die unverbiegbar im Kleinen sind, genau formulieren, machen wir eine Bemerkung: Wenn für ein gewisses n eine Form $F^{(n)}(x, y)$ existiert, für welche $N = \infty$ ist, so haben fast alle Formen der Potenz n $N = \infty$ (vgl. N. Efimow [53]); es ist leicht außerdem zu beweisen, daß fast alle Formen die Invariante s gleich Null haben. Wenn wir mit $\{F^{(n)}(x, y)\}$ die Gesamtheit der Formen der Potenz n bezeichnen, für welche $s = 0$ und $N = \infty$ ist, so kann man den angedeuteten Satz auf folgende Weise ausdrücken (N. Efimow [51], [53]):

Das Theorem von der Existenz von Flächen die unverbiegbar sind im Kleinen: *Auf jeder analytischen Fläche*

$$z = F_0^{(n)}(x, y) + R(x, y),$$

wo $F_0^{(n)}(x, y)$ *zu* $\{F^{(n)}(x, y)\}$ *gehört, läßt eine beliebige Umgebung des Nullpunktes in der Klasse analytischer Flächen keine stetigen Verbiegungen zu, die der Bedingun der Glattheit der Ordnung* $m \geq n$ *genügen.*

Wie weiter oben bemerkt wurde, erscheint die Gesamtheit $\{F^{(n)}(x, y)\}$ entweder als leer oder sie schließt fast alle Formen von $F^{(n)}(x, y)$ ein. Das letztere findet bei $n = 9$, $n = 50$ statt; insbesondere besitzt die Form $x^9 + \lambda x^6 y^3 + y^9$, wo λ eine beliebige transzendente Zahl ist, die Invarianten $s = 0$, $N = \infty$ (das Beispiel wurde angegeben von W. A. Tartakowski). Hieraus folgt, daß das Paraboloid $z = x^9 + \lambda x^6 y^3 + y^9$ zu der Zahl der Flächen gehört, die im Kleinen unverbiegbar sind.

Die Untersuchung der Gesamtheit $\{F^{(n)}(x, y)\}$ bei beliebigem n stößt auf rechnerische Schwierigkeiten.[1])

[1]) Im Jahre 1953 bewies W. A. Tartakowskiy, daß die Gesamtheit $\{F^{(n)}(x, y)\}$ bei beliebigen $n > 5$ nicht leer ist (vgl. [59]).

Die Beweise der in diesem Paragraphen formulierten Sätze führen wir nicht durch. Sie sind ausführlich dargelegt in der Abhandlung von N. Efimow [53]; außerdem werden die wichtigsten Etappen des Beweises des Theorems von der Abschätzung der Ordnung der relativen Unverbiegbarkeit kurz in der Übersichtsarbeit von A. D. Alexandrow [54] mitgeteilt.

Wir bemerken zum Schluß, daß man mittels des Theorems von der Erhaltung des Index der isolierten Nullstelle der Krümmung (vgl. § 47) folgenden Satz aufstellen kann, der sich auf Deformationen bezieht, welche der Forderung der Glattheit nur der ersten Ordnung genügen (N. Efimow [50]):

Theorem. *Es existiert eine unendliche Menge von analytischen Flächen, von denen jede folgende Eigenschaft besitzt: auf der Fläche gibt es einen Punkt, dessen beliebige Umgebung in der Klasse analytischer Flächen keine gleichmäßig glatten Verbiegungen zuläßt.*

Problematik zu §§ 41—48

Hier können folgende allgemeine Fragen gestellt werden:
1. Existieren analytische Flächen, welche in der Klasse der analytischen Flächen eine endliche Ordnung von relativer Unverbiegbarkeit besitzen?
(Es kann vorkommen, daß in der Klasse der analytischen Flächen alle relativ unverbiegbaren Flächen auch absolut unverbiegbar im Kleinen sind.)
2. Es ist die analoge Frage für die Klasse der mehrfach (oder unbeschränkt) differenzierbaren Flächen zu untersuchen. Andererseits ist es wesentlich zu ermitteln, unter welchen Bedingungen der Regularität (für die Klasse der zulässigen Flächen) behauptet werden kann, daß es im Kleinen unverbiegbare Flächen (in dieser Klasse) gibt.

Da für die Lösung der zweiten Frage dieses Problems ein Beispiel von wenigstens einer im Kleinen unverbiegbaren Fläche angegeben werden muß, so ist es vollkommen zulässig, ein Beispiel einer analytischen Fläche zu suchen. Was aber die Vergleichsflächen anbetrifft, so müssen sie natürlich schon beschränkt werden durch eine gewisse Regularitätsbedingung, aber nicht als analytisch betrachtet werden. Wie im letzten Paragraph erwähnt ist, existiert eine Form von gerader Potenz, für welche $N = \infty$ ist; hieraus folgt, daß eine Fläche S existiert, die im Kleinen unverbiegbar in der Klasse der analytischen Flächen ist, deren Krümmung überall, mit Ausnahme eines Punktes M_0, positiv ist. Auf Grund eines bekannten Satzes von S. N. Bernstein kann behauptet werden, daß jede dreimal stetig differenzierbare Fläche, welche zu S isometrisch ist, überal analytisch sein wird, mit Ausnahme vielleicht eines Punktes, der dem Punkte M_0 der Fläche S entspricht. Somit würden sich die Vergleichsflächen von selbst als analytisch erweisen, wenn entsprechende Sätze statthaben würden, welche dem Satz von S. N. Bernstein analog sind, aber sich auf Gleichungen in den partiellen Ableitungen zweiter Ordnung beziehen, für welche die Bedingung der Elliptizität in einem Punkte gestört ist.
3. Es ist zu untersuchen, ob Gleichungen von der Form $F(z, u, v, p, q, r, s, t) = 0$ *mit analytischem linken Teil existieren, welche der Bedingung der Elliptizität in der Umgebung* U *des Punktes* $u = 0$, $v = 0$ *mit dem ausgeschlossenen Punkt* $u = 0$, $v = 0$ *genügen, und für welche alle genügend regulären Lösungen* $z = z(u, v)$ *analytisch in der Umgebung* U *sind. Es ist festzustellen, wie umfangreich solch eine Klasse von Gleichungen ist.*

Schließlich muß der Fall, wenn die Gleichung $F = 0$ auf eine elliptische, durch Division durch einen gewissen Faktor $\not\equiv 0$ (wie z. B. $(u^2 + v^2)(r + t) = 0$) reduziert wird, als ein trivialer, ausgeschlossen werden. Für die oben bezeichneten Ziele der Geometrie ist von Interesse eine ähnliche Erforschung der Gleichungen von Monge-Ampère, nämlich der Gleichungen von Darboux (3) § 41, unter folgender Bedingung für die Lösungen: $z = z_u = z_v = z_{uu} = z_{uv} = z_{vv} = 0$ im Punkte $u = 0$,

$v = 0$, und unter der Voraussetzung daß die DARBOUXsche Gleichung gebildet ist für die Fläche $x = x^*(u, v)$, $y = y^*(u, v)$, $z = z^*(u, v)$ unter derselben Bedingung für die Funktion $z = z^*(u, v)$.

Anmerkung. Eine wörtliche Verallgemeinerung des Satzes von S. N. BERNSTEIN auf die bezeichnete Klasse von Gleichungen kann es nicht geben. Das zeigt das folgende Beispiel: die Gleichung $rt - s^2 = (u^2 + v^2)^n$ hat eine Lösung von der Form

$$z = A\,(u^2 + v^2)^{\frac{n+2}{2}}$$

Bei einem genügend großen ungeraden n wird die Funktion $A\,(u^2 + v^2)^{\frac{n+2}{2}}$ eine entsprechend hohe Regularität besitzen, jedoch analytisch (im Punkte $u = 0$, $v = 0$) ist sie nicht. Dagegen garantiert im Satz von S. N. BERNSTEIN die dreifache Glattheit, daß die Lösung analytisch ist.

LITERATURVERZEICHNIS

1. Кон-Фоссен, С. Э., Изгибаемость поверхностей в целом.
   COHN-VOSSEN, S. E., Verbiegbarkeit von Flächen im Großen. Fortschr. d. Math., H. 1, 1936, S. 33—76.
2. HOPF, H. und RINOW, W., Über den Begriff der vollständigen differentialgeometrischen Fläche. Commentarii Math. Helvetici, Bd. 3, 1931, S. 209—224.
3. Александров, А. Д., Внутренняя геометрия выпуклых поверхностей
   ALEXANDROW, A. D., Innere Geometrie konvexer Flächen. Gostechisdat, 1948.
4. Ефимов, Н. В., Высшая геометрия (глава V)
   EFIMOW, N. W., Höhere Geometrie (Kap. V). Gostechisdat, 1945.
5. HILBERT, D., Grundlagen der Geometrie. 1930.
6. Вейль, Г., Определение замкнутой выпуклой поверхности её линейным элементом.
   WEYL, H., Die Bestimmung einer geschlossenen konvexen Fläche durch ihr Linienelement. Vierteljahrsschrift der Naturforschenden Gesellschaft in Zürich, 1916, S. 40—72.
7. LEWY, H., On the existance of a closed surface realising a given Riemannian metric. Proc. Nat. Acad. Sci. USA, Bd. 24, 1938, S. 104—106.
8. Леви, Г., Априорные оценки решений уравнений монж-амперовского вида.
   LEWY, H., Apriorische Abschätzungen der Lösungen von Gleichungen von Monge-Ampere'scher Form. I, Trans. Amer. Math. Society, 37 (1935) S. 417—434.
9. Леви, Г., Априорные оценки решений уравнений монж-амперовского вида.
   LEWY, H., Apriorische Abschätzungen der Lösungen von Gleichungen von Monge-Ampere'scher Form. II, Trans. Amer. Math. Society 41 (1937) S. 365.
10. Леви, Г., О необращении в нуль якобиана некоторых взаимно однозначных отображений.
    LEWY, H., Über das Nichtverschwinden der Funktionaldeterminante einiger eineindeutiger Abbildungen. Bull. Amer. Math. Society 42 (1936) S. 689—692.
11. BIANCHI, L., Lezioni di Geometria differentiale. Bd. I, T. 1, S. 360.
12. Бляшке, В., Дифференциальная геометрия, §100.
    BLASCHKE, W., Differentialgeometrie, § 100, 1935.
13. Александров, А. Д., Существование выпуклого многогранника и выпуклой поверхности с заданной метрикой.
    ALEXANDROW, A. D., Die Exiztenz eines konvexen Vielflachs und einer konvexen Fläche mit vorgegebener Metrik. Math. Sammlung, Bd. II (53): 1—2, 1942, S. 15—65.

14. Люстерник, Л. А., Выпуклые тела.
LJUSTERNIK, L. A., Konvexe Körper. Gostechisdat, 1941.

15. Александров, А. Д., Применение теоремы об инвариантности области к доказательствам существования.
ALEXANDROW, A. D., Anwendung des Satzes über die Invarianz des Gebietes auf Existenzbeweise. Mitt. d. Akad. d. Wiss. der UdSSR, 1939, S. 243—256.

16. Либерман, И. М., Геодезические линии на выпуклых поверхностях.
LIEBERMANN, I. M., Geodätische Linien auf konvexen Flächen. Berichte d. Akad. der Wiss. der UdSSR, Bd. 32, 1941, S. 310—313.

17. Александров, А. Д., Кривые на выпуклых поверхностях.
ALEXANDROW, A. D., Kurven auf konvexen Flächen. Berichte d. Akad. der Wiss. der UdSSR, Bd. XLVII, Nr. 5, 1945.

18. Александров, А. Д., О склеивании выпуклых поверхностей.
ALEXANDROW, A. D., Über das Zusammenheften konvexer Flächen. Berichte d. Akd. der Wiss. der UdSSR, Bd. LIV, Nr. 2, 1946, S. 99—102.

19. Александров, А. Д., Гладкость вылуклой поверхности с органиченной гауссовой кривизной.
ALEXANDROW, A. D., Die Glattheit einer konvexen Fläche mit einer beschränkten GAUSSschen Krümmung. Berichte d. Akad. der Wiss. der UdSSR, Bd. XXXVI, Nr. 7, 1942, S. 211—216.

20. Александров, А. Д., Кривизна выпуклых поверхностей.
ALEXANDROW, A. D., Die Krümmung konvexer Flächen. Berichte d. Akad. der Wiss. der UdSSR, Bd. L, 1944, S. 23—26.

21. COHN-VOSSEN, S. E., Die parabolische Kurve. Math. Ann. 99, 1928, S. 273—308.

22. Бернштейн, С. Н., Доказательство теоремы Гильберта об аналитическом характере решений эллиптических уравнений без использования нормальных рядов.
BERNSTEIN, S. N., Beweis des HILBERTschen Satzes über den analytischen Charakter der Lösungen von elliptischen Gleichungen ohne Benutzung von Normalreihen. Fortschr. d. Math., H. VIII.

23. Александров, А. Д., Метод склеивания в теории поверхностей.
ALEXANDROW, A. D., Die Methode des Zusammenheftens in der Theoie der Flächen. Berichte d. Akad. der Wiss. der UdSSR, Bd. LVII, Nr. 9, 1947, S. 863—865.

24. COHN-VOSSEN, S. E., Zwei Sätze über die Starrheit der Eiflächen. Göttinger Nachr., 1927, S. 125—134.

25. HERGLOTZ, G., Über die Starrheit der Eiflächen. Abh. math. Semin. Hansische Univ. 15, 1943, S. 127—129.

26. Александров, А. Д., Об одном классе замкнутых поверхностей.
ALEXANDROW, A. D., Über eine Klasse geschlossener Flächen, Math. Sammlung. Bd. 4 (46), Nr. 1, 1938, S. 69—77.

27. COHN-VOSSEN, S. E., Unstarre geschlossene Flächen. Math. Ann. 102, 1929, S. 10—29.

28. Оловянишников, С. П., Обобщение теоремы Коши о выпуклых многогранниках.
OLOWJANISCHNIKOW, S. P., Verallgemeinerung des CAUCHYschen Satzes über konvexe Vielflache. Math. Sammlung. Bd. 18 (60): 3, 1946, S. 441—446.

29. Оловянищников, С. П., Об изгибании бесконечных выпуклых поверхностей.
OLOWJANISCHNIKOW, S. P., Über die Verbiegung unendlicher konvexer Flächen. Math. Sammlung. Bd. 18 (60): 3, 1946, S. 429—440.

30. SAUER, R., Infinitesimale Verbiegungen zueinander projektiver Flächen. Math. Ann. 111, 1935, S. 71—82.

31. DARBOUX, G., Leçons sur la théorie générale des surfaces IV. 1925, S. 76.

32. Александров, П. С., Комбинаторная топология.
ALEXANDROW, P. S., Kombinatorische Topologie. Gostechisat, 1947.

33. REMBS, E., Verbiegungen höherer Ordnung und ebene Flächenrinnen. Math. Zeitschrift 36, 1932.

34. LIEBMANN, H., Die Verbiegung von geschlossenen und offenen Flächen positiver Krümmung. Sitzber. der bayer. Akad. d. Wiss., Münchener Berichte, 1919, S. 267—291. Bedingte Flächenverbiegungen, insbesondere Gleitverbiegungen, Münchener Berichte, 1920, S. 21—48.

35. BLASCHKE, W., Die Starrheit der Eiflächen, Math. Zeitschrift, 9, 1921.

36. Ефимов, Н., Исследование бесконечно малых изгибаний некоторых классов поверхностей.
EFIMOW, N., Untersuchung unendlich kleiner Verbiegungen gewisser Klassen von Flächen. Math. Sammlung, Bd. 20 (62): 1, 1947, S. 27—53.

37. REMBS, E., Unverbiegbare offene Flächen. Sitzber. d. Preuß. Akad. d. Wiss., 1930.

38. Позняк, Э., Бесконечно малые изгибания цилиндрического пояса.
POSNJAK, E., Unendlich kleine Biegungen eines zylindrischen Gürtels. Fortschr. d. Math., Bd. II, H. 4 (20), 1947, S. 170—174.

39. Ефимов, И., О жёсткости в малом.
EFIMOW, N., Über Starrheit im Kleinen, Berichte d. Akad. der Wiss. der UdSSR, 1948.

40. Александров, А. Д., О бесконечно малых изгибаниях нерегулярных повpехностей.
ALEXANDROW, A. D., Über unendlich kleine Verbiegungen nichtregulärer Flächen. Math. Sammlung. Bd. 1 (43): 3, 1936, S. 307—322.

41. REMBS, E., Über die Verbiegung parabolisch berandeter Flächen negativer Krümmung. Math. Zeitschrift 35 1932, S. 529—535.

42. Люкшин, В. С., К теории изгибания поверхностей вращения отрицахтельной кривизны.
LJUKSCHIN, W. S., Zur Theorie der Verbiegung von Rotationsflächen von negativer Krümmung. Math. Sammlung. Bd. 2 (44): 3, 1937, S. 551—664.

43. Александров, А. Д., О работах С. Э. Кон-Фоссена.
ALEXANDROW, A. D., Über die Arbeiten von S. E., COHN-VOSSEN. Fortschr. d. Math. Bd. II, H. 3 (19), 1947, S. 105—141.

44. LEVI, E. E., Sulla deformatione delle superficie flessibili ed inestendibile. Reale Acad. delle Sc. die Torino, 1907—1908.

45. Гильберт, Д., и Кон-Фоссен, С., Наглядная геометрия.
HILBERT, D., und COHN-VOSSEN, S. E., Anschauliche Geometrie. 1936.

46. SCHILT, H., Über die isolierten Nullstellen der Flächenkrümmung und einige Verbiegbarkeitssätze. Compositio Math. 1937, Bd. 5, H. 2.

47. **Ефимов, Н.**, Исследование некоторых арифметических инвариантов параболической точки поверхности.
EFIMOW, N., Untersuchung einiger arithmetischer Invarianten eines parabolischen Punktes einer Fläche. Berichte d. Akad. der Wiss. der UdSSR, Bd. XXIII, Nr. 9, 1939, S. 855—858.

48. **Ефимов, Н.**, Изгибание окрестности параболической точки поверхности
EFIMOW, N., die Verbiegung der Umgebung eines parabolischen Punktes einer Fläche. Math. Sammlung. Bd. 6 (48): 3, 1939, S. 427—474.

49. **Ефимов, Н.**, Изгибание поверхностей с параболическими точками.
EFIMOW, N., Die Verbiegung von Flächen mit parabolischen Punkten. 1940, Dissertation; wird aufbewahrt in der Bibliothek des MGU.

50. **Ефимов, Н.**, Исследование деформаций поверхности, содержащей точку с нулевым значением гауссовой кривизны.
EFIMOW, N., Untersuchung der Deformationen einer Fläche, welche einen Punkt mit der Gaußschen Krümmung vom Werte Null enthält. Math. Sammlung. 1948, 2, S. 23.

51. **Ефимов, Н.**, Доказательство существования поверхности, неизгибаемой в малом.
EFIMOW, N., Existenzbeweis einer im Kleinen unverbiegbaren Fläche. Berichte d. Akad. der Wiss. der UdSSR, Bd. XXVII, Nr. 4, 1940, S. 314—317.

52. HOPF, H., und SCHILT, H., Über Isometrie und stetige Verbiegung von Flächen. Math. Ann., 1938.

53. **Ефимов, Н.**, Исследование изгибания поверхности с точкой уплощения.
EFIMOW, N., Untersuchung der Verbiegung einer Fläche mit einem Flachpunkt. Math. Sammlung. Bd. 19 (61); 3, 1946, S. 461—488.

54. **Александров, А. Д.**, Геометрия и топология в Советском Союзе.
ALEXANDROW, A. D., Die Geometrie und die Topologie in der Sowjetunion. II, Fortschr. d. Math., Bd. II. H. 5 (21), 1947, S. 9—92.

55. **Люстерник, Л. А.**, О геометрическом и аналитическом методе в теории выпуклых поверхностей.
LJUSTERNIK, L. A., Über die geometrische und analytische Methode in der Theorie der konvexen Flächen. Referat im Steklow-Institut, 1943.

56. REMBS, E., Über Gleitverbiegungen. Math. Ann. 111, 1932, S. 587—595.

57. **Погорелов, А. В.**, Однозначная определённость закрытых трубок.
POGORELOW, A. W., Die eindeutige Bestimmtheit geschlossener Röhren. Fortschr. d. Math. NS 3 No 3 (25), 1948, S. 170—182.

58. Погорелов, А. В., Однозначная определённость общих выпуклах поверхностей, Киев, 1952, Акабемия Наук Украинской ССР, Институт математики, серия монографий, выпуск второи.
POGORELOW, A. W., Die eindeutige Bestimmtheit allgemeiner konvexer Flächen.

59. Тартаковский, В. А., Об N-инвариантах Н. В. Ефимова из теорий изгибаня поверхностей. математический сборник, 1953, 32 (74): 1, стр. 225—248.
TARTAKOWSKIJ, W. A., Über die N-Invarianten N. W. EFIMOWs aus der Theorie der Flächenverbiegung.

NACHTRAG ZU I—IV

Probleme der Existenz

§ 49

In diesem und den folgenden Paragraphen behandeln wir die Existenz einer analytischen ebenrandigen Mütze, die eine gegebene analytische Metrik im E_3 realisiert (Pogorelow {1}).

Für den Existenzsatz werden einige a-priori-Abschätzungen nötig sein. Diese besitzen aber auch selbständiges Interesse, und wir formulieren deshalb die Ergebnisse als Hilfssätze. Im übrigen wird der Existenzsatz unter Benutzung zweier Hilfssätze in ganz ähnlicher Weise geführt werden, wie auch H. Weyl das entsprechende Problem für Eiflächen angegriffen hat. Man vergleiche die Darstellung auf Seite 5 ff. Man benötigt insbesondere eine *Abschätzung der Normalkrümmung auf einer Mütze durch die Metrik.* Sehr große Mühe macht der Beweis des folgenden Hilfssatzes:

Hilfssatz 1: *$\mathfrak{M}$ sei eine 5-mal stetig differenzierbare Mütze, die folgende Bedingungen erfüllt:*

1. Für die Gaussche Krümmung K *gilt* $K \geqq \frac{1}{A^2} =$ *const.*

2. Es existiert eine 5-mal stetig differenzierbare Fläche $\mathfrak{F}$, auf der $\mathfrak{M}$ mitsamt der Randkurve $\partial\mathfrak{M}$ liegt. Man sagt dann: „$\mathfrak{M}$ läßt sich über den Rand im Sinne einer 5-fachen stetigen Differenzierbarkeit fortsetzen.“

3. Längs $\partial\mathfrak{M}$ gilt für die geodätische Krümmung $c(s) \geq \alpha =$ *const.* > 0

Man kann dann eine obere Schranke für alle Normalkrümmungen in den Randpunkten von $\mathfrak{M}$ angeben, die nur abhängt von den folgenden Größen:

a) Von A^2 und α.

b) Von der oberen Grenze der Beträge der Koeffizienten der Metrik und ihren Ableitungen bis zur dritten Ordnung.

c) Von der unteren Grenze der Diskriminante der Metrik.

d) Von den Beträgen der Ableitungen der Koordinaten u^1 der Mütze $\mathfrak{M}$ nach der Bogenlänge s von $\partial\mathfrak{M}$ bis zur vierten Ordnung.

Auf Grund dieses Satzes besitzt man eine Abschätzung für die maximale Normalkrümmung in den Randpunkten einer Mütze. Es soll jetzt noch ein weiterer Hilfssatz angegeben werden, der eine Erweiterung des Hilfssatzes 1 nach sich zieht:

Hilfssatz 2: *Wenn das Maximum der Hauptkrümmungen (und damit auch das aller Normalkrümmungen) in einem inneren Flächenpunkt eines positiv gekrümmten Flächenstückes angenommen wird, so läßt sich dieses Maximum abschätzen durch eine obere Schranke. Diese Abschätzung hängt nur ab von dem Maximum und Minimum der Gaussschen Krümmung, dem Maximum der Beträge der Koeffizienten der Metrik und ihrer Ableitungen bis zur vierten Ordnung und dem Minimum der Diskriminante der Metrik.*

Beim Beweis dieses Satzes unterscheidet man zwei Fälle. Ist die Stelle, an der die Hauptkrümmungen das Maximum annehmen, ein Nabelpunkt, dann ist die Schranke gegeben durch $|\sqrt{K}|$. Ist dagegen die Stelle kein Nabelpunkt, so führt man in der

Umgebung Krümmungslinien als Parameterlinien ein und benutzt Formeln der klassischen Differentialgeometrie und die elementaren Methoden der Maximumbestimmung aus der Differentialrechnung.

Betrachtet man jetzt wieder eine Mütze und auf derselben die Stelle, in welcher die Normalkrümmung den größten Wert annimmt. Entweder liegt diese Stelle auf dem Rand der Mütze, dann läßt sich der Wert durch Größen der inneren Flächentheorie abschätzen; oder die Stelle liegt nicht auf dem Rande, und nach Hilfssatz 2 existiert dann ebenfalls eine solche Schranke. Allgemein dürfen wir daher sagen:

Auf einer 5-mal stetig differenzierbaren Mütze, die die Voraussetzungen des Hilfssatzes 1 erfüllt, kann man eine obere Schranke angeben für alle Normalkrümmungen. Diese Schranke hängt nur ab von den Größen der inneren Flächentheorie, die unter a) . . . d) in Hilfssatz 1 aufgezählt sind.

Die große Nützlichkeit dieses Ergebnisses besteht darin, daß man jetzt in der Lage ist, die Beträge der zweiten Ableitungen des Ortsvektors einer Mütze durch Größen abzuschätzen, die der inneren Flächentheorie angehören.

§ 50

Zwei Hilfssätze über die Existenz analytischer Mützen, die eine gegebene Metrik positiver GAUSSscher Krümmung im E_3 realisieren.

Hilfssatz 3: *In einer ε-Umgebung des Einheitskreises der u^1-Ebene sei eine analytische Metrik $g_{ik}(u^1, \tau)$ mit positiver GAUSSscher Krümmung gegeben, die analytisch von dem Parameter τ abhängt. Der Rand des Einheitskreises besitzt in der durch g_{ik} gegebenen Metrik positive geodätische Krümmung. Wenn dann für einen gewissen Wert $\tau = \tau_0$ des Parameters die gegebene Metrik durch eine analytische Mütze im E_3 realisiert wird, die eine analytische Fortsetzung über ihren Rand gestattet, dann wird die Metrik $g_{ik}(u^1, \tau)$ für alle genügend nahe bei τ_0 gelegenen Parameterwerte τ durch analytische Mützen realisiert, die ebenfalls über den Rand hinaus analytisch fortsetzbar sind.*

Zum Beweis legt man die Mütze $\mathfrak{M}_{\tau_0}$, die die Metrik $g_{ik}(u^1, \tau_0)$ im E_3 realisiert so, daß die Randebene mit der xy-Ebene zusammenfällt und $\mathfrak{M}_{\tau_0}$ im Halbraum $z \geq 0$ liegt. $z(u_1, \tau_0)$ genügt dann der DARBOUXschen Gleichung $\Phi_{\tau_0} = 0$ die im Einheitskreis der Parameterebene elliptisch ist, auf dem Rande des Einheitskreises verschwindet die Funktion. Nach einem Satz von S. N. BERNSTEIN existiert für jedes τ in der Umgebung von τ_0 eine analytische Lösung $z(u^1, \tau)$ der Gleichung, $\Phi_\tau = 0$, die analytisch über den Rand hinaus fortsetzbar ist, und auf dem Rande des Einheitskreises verschwindet. Durch Betrachtung der Metrik $g_{ik}(u^1,\tau) - z_i(u^1, \tau)\, z_k(u^1, \tau)$ die für $\tau = \tau_0$ positiv definit ist und die Metrik der Randebene von $\mathfrak{M}_{\tau_0}$ darstellt, läßt sich zeigen, daß auch die x,y-Komponenten von $\mathfrak{M}_\tau$: $x(u^1, \tau)$, $y(u^1, \tau)$ über den Rand hinaus fortsetzbar sind.

Hilfssatz 4: *In einer ε-Umgebung des Einheitskreises der Parameterebene sei eine analytisch vom Parameter $\tau\ (\tau_0 \leq \tau \leq \tau_1)$ abhängende analytische Metrik $g_{ik}(u^1, \tau)$ mit positiver GAUSSscher Krümmung gegeben. Der Rand des Einheitskreises besitze in der durch $g_{ik}(u^1, \tau)$ gegebenen Metrik positive geodätische Krümmung. Wenn dann für $\tau = \tau_0$ die Metrik $g_{ik}(u^1, \tau)$ durch eine analytische Mütze $\mathfrak{M}_{\tau_0}$ im E_3 realisiert wird, die eine analytische Fortsetzung über den Rand hinaus gestattet, dann wird $g_{ik}(u^1, \tau)$ auch für $\tau = \tau_1$ durch eine analytische Mütze im E_3 realisiert, die eine analytische Fortsetzung über den Rand hinaus gestattet.*

Beweis: Es sei τ' die obere Grenze aller Parameterwerte τ, die die folgenden Bedingungen erfüllen. Für jedes τ aus dem Intervall $\tau_0 \leq \tau < \tau'$ wird die gegebene Metrik durch eine Mütze mit den genannten Eigenschaften realisiert. Nach Hilfssatz 3 ist $\tau' > \tau_0$. Wir wollen jetzt zeigen, daß $\tau' = \tau_1$ ist. $\mu_1, \mu_2, \ldots, \mu_n, \ldots$ sei eine Folge von Parameterwerten aus dem Intervall $\tau_0 \leqq \tau < \tau'$, die gegen τ' konvergieren. Zu jedem μ_k gibt es eine analytische Mütze $\mathfrak{M}_k$, die die Metrik $g_{ik}(u^l, \mu_k)$ realisiert. $\overset{(k)}{\mathfrak{x}}(u^l)$ sei der Ortsvektor dieser Mütze. Die Randebene der Mützen $\mathfrak{M}_k$ sei die x,y-Ebene, und die Mützen sollen im Halbraum $z \geqq 0$ liegen. Ohne Beschränkung der Allgemeinheit darf man annehmen, daß die Vektorfunktionen $\overset{(k)}{\mathfrak{x}}(u^l)$ gleichmäßig beschränkt sind. Nach Hilfssatz 1 und 2 läßt sich für die Normalkrümmung und damit auch für den Winkel zwischen den Tangentialebenen und der Randebene einer Mütze $\mathfrak{M}_k$ eine obere Schranke angeben, die nur von inneren Größen abhängt. Aus den Bedingungen des Hilfssatzes folgt, daß diese Abschätzung als von k unabhängig angenommen werden kann, wobei die Abschätzung für den Winkel kleiner als $\frac{\pi}{2}$ ist. Auf Grund dieser Abschätzung der Normalkrümmung erhält man eine Abschätzung für die zweiten Ableitungen der Vektorfunktionen $\overset{(k)}{\mathfrak{x}}(u^l)$.

Es werden jetzt zwei neue Achsen durch den Ursprung des Koordinatensystems gelegt, die mit der z-Achse nicht in einer Ebene liegen und mit dieser Winkel bilden, die $\frac{1}{2}\left\{\frac{\pi}{2} - \vartheta_0\right\}$ nicht übertreffen, wobei ϑ_0 das Maximum der Winkel zwischen den Tangentialebenen aller Mützen und der x,y-Ebene ist. Wir bezeichnen diese beiden Achsen mit $\mathfrak{a}_1$ und $\mathfrak{a}_2$. Wegen der Wahl der Richtungen von $\mathfrak{a}_1$ und $\mathfrak{a}_2$ sind die Projektionen des Vektors $\overset{(k)}{\mathfrak{x}}(u^l)$ auf diese Achsen, d. h. $\overset{(k)}{p}_1(u^l) = (\overset{(k)}{\mathfrak{x}}\,\mathfrak{a}_1)$ und $\overset{(k)}{p}_2 = (\overset{(k)}{\mathfrak{x}}\,\mathfrak{a}_2)$ eindeutige Funktionen. Jede der Funktionen genügt einer partiellen Differentialgleichung von elliptischem Typ, der DARBOUXschen Gleichung. Nach einem Satz*)

*) Dieser Satz lautet so:
Es sei $F(x, y, z, p, q, r, s, t) = 0$ eine partielle Differentialgleichung elliptischen Typs und $z(x, y)$ eine reguläre Lösung im Kreis G_ε: $x^2 + y^2 \leqq \varepsilon^2$. Dann kann man im Innern des Kreises $G_{\bar{\varepsilon}}$ $(\bar{\varepsilon} < \varepsilon)$ die k-ten Ableitungen der Lösung $z(x, y)$ abschätzen in Abhängigkeit nur von den oberen Genzen der Beträge von z und der Ableitungen von z bis zur zweiten Ordnung im Kreis G_ε, der oberen Grenze der Beträge der Größen

$$|F_r|^{-1};\ |F_t|^{-1};\ \left\{F_r F_s - \frac{1}{4} F_s^2\right\}^{-1}$$

und der oberen Grenze der Beträge der Ableitungen der Funktion F bis zur s-ten Ordnung, wobei $s = 3$ für $k = 3$ und $s = k - 1$ für $k > 3$ ist. Darüber hinaus kann man in Abhängigkeit von denselben Größen die kleinste HÖLDERsche Konstante der k-ten Ableitungen der Funktion z bezüglich eines beliebigen Exponenten α $(0 < \alpha < 1)$ abschätzen.
Speziell für die dritten Ableitungen gilt der Satz;
Es sei $F(x, y, z, p, q, r, s, t) = 0$ eine partielle Differentialgleichung elliptischen Typs und $z(x, y)$ sei eine reguläre Lösung im Gebiet G der x,y-Ebene. Dann kann man die Beträge der dritten Ableitungen der Funktion z im Punkt (x, y) des Gebiets G abschätzen in Abhängigkeit nur von der oberen Grenze der Beträge der Funktion z und ihrer Ableitungen bis zur zweiten Ordnung, der oberen Grenze der Beträge der partiellen Ableitungen der Funktion F bis zur dritten Ordnung, der oberen Grenze der Größen

$$|F_r|^{-1},\ |F_t|^{-1},\ \left\{F_r F_t - \frac{1}{4} F_s^2\right\}^{-1}$$

und dem Abstand des Punktes (x, y) vom Rand des Gebietes G.

kann man für die vierten Ableitungen der Funktionen $\overset{(k)}{z}$, $\overset{(k)}{p}_1$, $\overset{(k)}{p}_2$ im Kreis $(u^1)^2 + (u^2)^2 \leq 1 - \varepsilon_1$, $(\varepsilon_1 > 0)$ eine Abschätzung erhalten, da man Abschätzungen für die Ableitungen erster und zweiter Ordnung kennt. Aus der speziellen Form der Gleichungen für $\overset{(k)}{z}$, $\overset{(k)}{p}_1$, $\overset{(k)}{p}_2$ folgt, daß die Abschätzungen der vierten Ableitungen von k unabhängig angegeben werden können. Aus diesen Abschätzungen kann man solche für die Ableitungen der Vektorfunktion $\overset{(k)}{\mathfrak{x}}$ erhalten. Man kann daher annehmen, daß die vierten Ableitungen von $\overset{(k)}{\mathfrak{x}}$ im Kreis $(u^1)^2 + (u^2)^2 \leq 1 - \varepsilon_1$ gleichmäßig in k beschränkt sind.

Ist M eine obere Schranke von den Funktionen $g_{ik}(u^l, \tau)$ für $\tau_0 \leq \tau \leq \tau_1$ und u^l aus dem Einheitskreis $(u^1)^2 + (u^2)^2 \leq 1$, so gilt für benachbarte Parameterwerte u^l und $\bar{u}^l$:

$$\left| \overset{(k)}{\mathfrak{x}}(u^l) - \overset{(k)}{\mathfrak{x}}(\bar{u}^l) \right| \leq \sqrt{M} \cdot \sqrt{(u^1 - \bar{u}^1)^2 + (u^2 - \bar{u}^2)^2}.$$

Die Funktionen $\overset{(k)}{\mathfrak{x}}$ sind also gleichgradig stetig und nach dem früher Gesagten auch gleichmäßig beschränkt. Man kann also aus $\overset{(k)}{\mathfrak{x}}$ eine konvergente Teilfolge auswählen. Wir können ohne Beschränkung der Allgemeinheit annehmen, daß die $\overset{(k)}{\mathfrak{x}}$ selbst gegen eine gewisse Funktion $\mathfrak{x}$ konvergieren. Dieser Konvergenz entspricht die Konvergenz der Mützen $\mathfrak{M}_k$ gegen eine gewisse Mütze $\mathfrak{M}$ mit dem Ortsverkehr $\mathfrak{x}$, die die Metrik $g_{ik}(u^l, \tau')$ realisiert.

Aus der gleichmäßigen Beschränktheit der vierten Ableitungen von $\overset{(k)}{\mathfrak{x}}$ folgt die dreimalige Differenzierbarkeit der Funktion $\mathfrak{x}(u^l)$. Also sind auch die Funktionen z, p_1, p_2 dreimal differenzierbar. Da jede der Funktionen z, p_1, p_2 einer analytischen Differentialgleichung von elliptischem Typus genügt, so sind nach einem bekannten Satz von S. N. BERNSTEIN über die Analytizität der Lösungen einer Gleichung elliptischen Typs die Funktionen z, p_1, p_2 im Inneren des Einheitskreises analytisch. Ganz entsprechend wie im Beweis des Hilfssatzes 3 läßt sich zeigen, daß die Mütze eine analytische Fortsetzung zuläßt. Somit ist also die Mütze $\mathfrak{M}$ analytisch, realisiert die Metrik $g_{ik}(u^l, \tau')$ und ist analytisch über den Rand hinaus fortsetzbar.

Nach Hilfssatz 3 kann nun aber τ' nicht kleiner als τ_1 sein. Also ist notwendig $\tau' = \tau_1$. Damit ist alles bewiesen.

§ 51

Der Existenzsatz: *In einer ε-Umgebung des Einheitskreises der u^r-Ebene sei durch $g_{ik}(u^r)$ eine analytische Metrik mit positiver* GAUSS*scher Krümmung* $K \leq \frac{1}{B^2}$ *gegeben, wobei der Rand des Einheitskreises bezüglich g_{ik} positive geodätische Krümmung besitzt. Jede geodätische Linie, die vom Mittelpunkt des Einheitskreises ausgeht, soll den Umfang des Kreises in einem Punkt treffen, dessen Abstand vom Mittelpunkt längs dieser geodätischen Linie kleiner als B ist. Dann existiert eine analytische Mütze im E_3, die eine analytische Fortsetzung über den Rand hinaus gestattet und die gegebene Metrik realisiert.*

Es werden zunächst geodätische Polarkoordinaten ϱ, φ eingeführt, die den Mittelpunkt des Einheitskreises als Pol besitzen. Die Metrik nimmt dann die Form an:

$$ds^2 = d\varrho^2 + h^2(\varrho,\varphi)\, d\varphi^2 \quad \text{mit } h(0,\varphi) = 0;\; h_\varrho(0,\varphi) = 1.$$

Wegen der gemachten Voraussetzung über die vom Mittelpunkt des Kreises ausgehenden Geodätischen ist das Polarkoordinatennetz im ganzen Einheitskreis regulär.

Es sei $\varrho = \varrho_1(\varphi)$ die Gleichung für den Rand des Einheitskreises. Auf Grund der Formel von GAUSS-BONNET läßt sich zeigen, daß die Kurve mit der Gleichung $\varrho = \tau\varrho_1(\varphi)$ $(0 < \tau < 1)$ größere geodätische Krümmung als die Kurve $\varrho_1(\varphi)$ besitzt in den Punkten, die denselben Werten von φ entsprechen.

G_τ sei das durch die Kurve $\varrho = \tau\varrho_1$ berandete Gebiet des Einheitskreises G_1. Ordnet man nun die Punkte des Gebietes G_τ mit den Koordinaten ϱ, φ und die Punkte des Gebietes G_1 mit den Koordinaten $\frac{1}{\tau}\varrho, \varphi$ einander zu, so wird das Gebiet G_τ auf den Einheitskreis G_1 abgebildet. Außerdem gehen die Randkurven ineinander über. Bei dieser Abbildung geht die in G_τ definierte Metrik

$$ds^2 = d\varrho^2 + h^2(\varrho, \varphi)\, d\varphi^2$$

über in die Metrik

$$ds_\tau^2 = \tau d\varrho^2 + h^2(\tau\varrho, \varphi)\, d\varphi^2,$$

die in G_1 definiert ist. ds_τ^2 hängt analytisch von τ ab. Ferner ist nach einer eben gemachten Bemerkung die geodätische Krümmung des Randes des Einheitskreises bezüglich dieser Metrik positiv. Wir haben also die gegebene Metrik für $\tau = 1$ eingebettet in eine Schar, die analytisch von einem Parameter τ abhängt und in G_1 definiert ist. Nach Hilfssatz 4 (man überzeugt sich leicht, daß alle Voraussetzungen erfüllt sind) ist also die gegebene Metrik durch eine analytische Mütze im E_3 realisierbar, wenn wir ds_τ^2 für irgendein $\tau \neq 0$ durch eine Mütze realisieren können, oder was dasselbe ist auf Grund der oben betrachteten Abbildung, wenn wir die gegebene Metrik ds^2 in einem Gebiet G_τ durch eine analytische Mütze realisieren.

Wir betrachten jetzt den Wert der GAUSSschen Krümmung von ds^2 im Mittelpunkt des Kreises $G_1 : K(0,\varphi)$. $d\bar{s}^2 = d\varrho^2 + \bar{h}^2 d\varphi^2$ stelle das Linienelement einer Kugel $\mathfrak{S}$ vom Radius $\left(\sqrt{K(0,\varphi)}\right)^{-1}$ dar. Wir betrachten dann die Metrik

$$d\bar{s}_\lambda^2 = d\varrho^2 + \{\lambda h + (1-\lambda)\bar{h}\}^2\, d\varphi^2; \qquad 0 \leq \lambda \leq 1.$$

An der Stelle $\varrho = 0$ stimmen die Funktionen h und $\bar{h}$ und auch ihre Ableitungen bis zur zweiten Ordnung überein. Daher besitzt die Metrik $d\bar{s}_\lambda{}^2$ in einem Gebiet G_{τ_0} (τ_0 genügend klein) positive GAUSSsche Krümmung, und die Randkurve ∂G_{τ_0} dieses Gebietes besitzt nicht nur bezüglich der Metrik ds^2 sondern auch bezüglich der Metrik $d\bar{s}_\lambda{}^2$ positive geodätische Krümmung.

Nach dem Hilfssatz 4 wird daher die Metrik $ds^2 = d\bar{s}_1{}^2$ in dem Gebiet G_{τ_0} sicher dann durch eine Mütze im E_3 realisiert, wenn die Metrik $d\bar{s}_0{}^2 = d\bar{s}^2$ (Metrik der Kugel $\mathfrak{S}$) über dem Gebiet G_{τ_0} durch eine Mütze realisiert wird. Die Möglichkeit einer solchen Realisierung wird jetzt bewiesen werden.

Es sei $\bar{G}_{\tau_0}$ ein Gebiet auf der Kugel $\mathfrak{S}$, das durch die Kurve $\partial\bar{G}_{\tau_0}$ berandet wird, welche in den geodätischen Polarkoordinaten ϱ, φ dieselbe Gleichung besitzt wie die Kurve ∂G_{τ_0}. Wir haben jetzt eine zu G_{τ_0} isometrische Mütze zu konstruieren. Zunächst projizieren wir dazu die Kurve $\partial\bar{G}_{\tau_0}$ vom Mittelpunkt der Kugel $\mathfrak{S}$ aus auf die Tangentialebene T der Kugel im Punkte $\varrho = 0$. Wir erhalten eine konvexe Kurve $\partial\bar{G}'_{\tau_0}$ mit positiver Krümmung. Führt man jetzt auf T Polarkoordinaten ein r, ϑ (Berührungspunkt von T und $\mathfrak{S}$ wird der Pol, $\vartheta = 0$ bezeichnet dieselbe Richtung wie $\varphi = 0$), so sei $r = f(\vartheta)$ die Gleichung der Kurve $\partial\bar{G}'_{\tau_0}$. Darauf betrachtet man die Kurvenschar

$$\partial G'_{\tau_0, t} \qquad r(\vartheta, t) = \frac{f(\vartheta)}{(1-t) + t f(\vartheta)}; \quad 0 \leq t \leq 1.$$

Für $t = 0$ erhalten wir $\partial \bar{G}'_{\tau_0}$ und für $t = 1$ den Kreis $r = 1$. Berechnet man nach der Formel $\left\{\frac{1}{r} + \left(\frac{1}{r}\right)''\right\}\left\{1 + \left(\frac{1}{r}\right)'^2\right\}^{-3/2}$ die Krümmung der Kurven r (ϑ, t), so zeigt sich, daß dieselbe für $0 \leqq t \leqq 1$ positiv ist. Projizieren wir jetzt die Kurve $\partial \bar{G}'_{\varepsilon_0, t}$ auf die Kugel zurück und nennen das von ihr auf der Kugel berandete Gebiet $\bar{G}_{\varepsilon_0, t}$.

Dafür, daß eine zu $\bar{G}_{\varepsilon_0}$ isometrische Mütze existiert, ist hinreichend, daß eine solche Mütze auch nur über dem Gebiet $\bar{G}_{\varepsilon_0, t}$ existiert. (Folgt wieder aus dem Hilfssatz 4.) Für $t = 1$ existiert aber eine solche Mütze; denn $\bar{G}_{\varepsilon, 1}$ ist eine ebenrandige Kugelkalotte von $\mathfrak{S}$, in die sich der Kreis $r \leqq 1$ projiziert. Somit existiert eine zu $\bar{G}_{\varepsilon_0}$ isometrische Mütze, und die Metrik ds^2 wird über G_{ε_0} und damit auch über G_1 durch eine Mütze realisiert. q. e. d.

Es sei noch darauf hingewiesen, daß beim Beweis des Existenzsatzes an drei Stellen wesentlich der Hilfssatz 4 benutzt worden ist:

1. Beim Übergang von G_1 zu G_ε. (Verkleinerung des Gebietes).
2. Beim Übergang von der Metrik in G_{ε_0} zur Kugelmetrik in $\bar{G}_{\varepsilon_0}$.
3. Beim Übergang von $\bar{G}_{\varepsilon_0}$ zu $\bar{G}_{\varepsilon_0}, t$ (Verkleinerung des Gebietes auf der Kugel, durch welche man schließlich auf eine ebenrandige Kugelkalotte geführt wird).

§ 52

Ein Satz über die Differenzierbarkeit von konvexen Flächen bei gegebener Metrik.

Als Anwendung des Existenz- und Eindeutigkeitssatzes für konvexe Mützen (gemeint sind immer ebenrandige Mützen) bei gegebener Metrik soll jetzt der Beweis eines Satzes skizziert werden, der eine Aussage macht über die Differenzierbarkeit einer konvexen Fläche mit bekannter Metrik. Beim Beweis dieses Satzes zeigt sich, daß es sehr nützlich ist, die Mützen als einfachste „Bausteine" konvexer Flächen zu benutzen.

Satz: *Eine konvexe Fläche mit m-mal differenzierbarer Metrik ($m \geqq 5$) und positiver Gaussscher Krümmung ist mindestens (m-1)-mal differenzierbar.*

Beweisskizze: Es sei $\mathfrak{F}$ eine konvexe Fläche mit m-mal differenzierbarer Metrik. Dann ist nach Sätzen von A. D. Alexandrow die Fläche $\mathfrak{F}$ glatt und wesentlich konvex in dem Sinne, daß jede Tangentialebene der Fläche $\mathfrak{F}$ mit ihr nur einen Punkt gemeinsam hat, den Berührungspunkt. Es sei nun P ein beliebiger Punkt auf $\mathfrak{F}$. Durch eine zur Tangentialebene im Punkt P parallele Ebene schneiden wir von der Fläche $\mathfrak{F}$ eine kleine Mütze ab, deren innerer Durchmesser kleiner als $\frac{1}{\sqrt{K_0}}$ ist, wo K_0 das Maximum der Gaussschen Krümmung der Mütze ist. Dies ist möglich, weil die Fläche $\mathfrak{F}$ wesentlich konvex ist und daher die von einer in genügender Nachbarschaft des Punktes P gelegten Schnittebene abgeschnittene Mütze beliebig kleinen Durchmesser haben wird. Die so erhaltene Mütze sei mit $\mathfrak{M}$ bezeichnet. Wir bilden jetzt die Mütze $\mathfrak{M}$ auf das Innere des Einheitskreises topologisch ab. Dabei wird im Einheitskreis eine m-mal differenzierbare Metrik $g_{ik}(u^l)$ definiert, die die Metrik von $\mathfrak{M}$ darstellt. (u^l seien solche Koordinaten, in denen g_{ik} m-mal differenzierbar ist.) Wir konstruieren dann eine Folge von analytischen Funktionen $\overset{(\nu)}{g}_{ik}(u^l)$ im Innern des Kreises, die gleichmäßig gegen $g_{ik}(u^l)$ konvergieren und entsprechend auch ihre Ableitungen bis einschließlich zur fünften Ordnung. Für genügend großes ν ist die geodätische Krümmung des Randes

des Einheitskreises bezüglich der Metrik $\overset{(\nu)}{g}_{ik}$ positiv. Nach dem Existenzsatz wird nun aber die Metrik $\overset{(\nu)}{g}_{ik}(u^l)$ durch eine Mütze $\mathfrak{M}_\nu$ im E_3 realisiert. Wir bezeichnen mit $\overset{(\nu)}{\mathfrak{x}}(u^l)$ den Ortsvektor der Mütze $\mathfrak{M}_\nu$. (Man erkennt leicht, daß die Mützen $\mathfrak{M}_\nu$ bei genügend großem ν angenähert isometrisch zu $\mathfrak{M}$ sind.) Außerdem ist die Folge der Funktionen $\overset{(\nu)}{\mathfrak{x}}(u^l)$ gleichgradig stetig, da $\left|\overset{(\nu)}{\mathfrak{x}}(u^l) - \overset{(\nu)}{\mathfrak{x}}(\bar{u}^l)\right|$ kleiner ist als die Entfernung der Punkte $u^l, \bar{u}^l$ bezüglich der Metrik $\overset{(\nu)}{g}_{ik}$. Dieser Abstand ist aber, wenn die Punkte $u^l, \bar{u}^l$ genügend benachbart sind, gleich $c\sqrt{(u^1 - \bar{u}^1)^2 + (u^2 - \bar{u}^2)^2}$, wo c eine Konstante ist. Wir dürfen außerdem noch annehmen, daß die Vektorfunktionen $\overset{(\nu)}{\mathfrak{x}}(u^l)$ gleichmäßig beschränkt sind. Wir können nun aus der Folge $\overset{(\nu)}{\mathfrak{x}}(u^l)$ eine konvergente Teilfolge auswählen. Wir nehmen ohne Beschränkung der Allgemeinheit an, daß schon die Folge $\overset{(\nu)}{\mathfrak{x}}(u^l)$ selbst gegen eine Funktion $\mathfrak{x}^*(u^l)$ konvergiert. Der Konvergenz der Funktionen entspricht eine Konvergenz der Mützen $\mathfrak{M}_\nu$ gegen eine Mütze $\mathfrak{M}^*$ mit dem Ortsvektor $\mathfrak{x}^*(u^l)$. Die Mützen $\mathfrak{M}^*$ und $\mathfrak{M}$ sind dann offenbar durch gleiche Parameterwerte isometrisch aufeinander abgebildet.

Damit die Grenzfunktion $\mathfrak{x}^*$ der Folge $\overset{(\nu)}{\mathfrak{x}}$ k-mal differenzierbar ist, genügt es, daß die $k+1$-ten Ableitungen der Funktionen $\overset{(\nu)}{\mathfrak{x}}$ gleichmäßig beschränkt sind. Ganz ähnlich wie beim Beweis des Hilfssatzes 4 kann man unter Benutzung der Hilfssätze 1 und 2 sowie nach Einführung neuer Koordinatenachsen (wie im Beweis von Hilfssatz 4) mit Hilfe des in der Fußnote genannten Satzes die dreimalige Differenzierbarkeit von $\mathfrak{x}^*(u^l)$ zeigen. Die Komponenten von $\mathfrak{x}^*(u^l)$ in Richtung der neuen Koordinatenachsen, die wie im Beweis des Hilfssatzes 4 gewählt sind, genügen DARBOUXschen Gleichungen. Ein Satz aus der Theorie elliptischer Differentialgleichungen[1]) liefert dann die (m-1)-malige Differenzierbarkeit von $\mathfrak{x}^*(u^l)$. Auf Grund eines Eindeutigkeitssatzes von A. W. POGORELOW[2]) sind die Mützen $\mathfrak{M}$ und $\mathfrak{M}^*$ kongruent oder symmetrisch. Es besitzt daher auch die Mütze $\mathfrak{M}$ dieselben Differentiationseigenschaften wie die Mütze $\mathfrak{M}^*$. Da der Punkt P auf der Fläche $\mathfrak{F}$ beliebig gewählt war, so besitzt $\mathfrak{F}$ in allen Punkten die genannten Eigenschaften. Damit ist der Satz bewiesen.

§ 53

Man kann jetzt die Frage stellen, **ob jede gelochte Eifläche stetige endliche Verbiegungen zuläßt.** Dabei wird natürlich vorausgesetzt, daß die gelochte Eifläche und auch der Rand hinreichend regulär sind. Ein diesbezügliches Ergebnis ist von G. HELLWIG {1} geliefert worden:

---

[1]) Dieser Satz lautet so:
Es sei $F(x, y, z, p, q, r, s, t) = 0$ eine partielle Differentialgleichung elliptischen Typs, $z(x,y)$ eine im Gebiet G dreimal stetig differenzierbare Lösung. Wenn die Funktion F m-mal nach allen Argumenten differenzierbar ist, so ist die Funktion $z(x, y)$ in G mindestens $(m+1)$-mal differenzierbar.

[2]) Will man sich hier auf einen wesentlich einfacher zu beweisenden Eindeutigkeitssatz für Mützen berufen, so hat man im Satz die Voraussetzung aufzunehmen, daß der Ortsvektor der Fläche $\mathfrak{F}$ Ableitungen besitzt, die einer Lipschitzbedingung genügen. Vgl. § 84.

Es sei $\mathfrak{F}$ ein beschränktes[1]) *offenes und einfach zusammenhängendes Flächenstück mit positiver* Gaussscher *Krümmung. u, v sei ein auf ganz $\mathfrak{F}$ gültiges Parametersystem, $\mathfrak{F}$ sei bezüglich u, v viermal H-stetig differenzierbar. Der Randkurve $\partial\mathfrak{F}$ entspreche in der u,v-Ebene eine geschlossene stetig gekrümmte, doppelpunktlose Kurve $\mathfrak{r}$. Dann gestattet $\mathfrak{F}$ stetige endliche Verbiegungen.*

Wir skizzieren den Beweis dieses Satzes. Sind L, M, N die Größen der 2. Fundamentalform des verbogenen Flächenstückes, so kann man bekanntlich aus den drei Gleichungen für L, M, N (Theorema egregium, zwei Codazzi-Gleichungen) etwa die Größe L eliminieren, und man erhält dann ein wegen $LN - M^2 > 0$ elliptisches System für N und M:

$$-NM_u + 2MM_v - (M^2 + g)N^{-1}\cdot N_v = N\cdot l(u, v, M, N) - g_v$$
$$M_v - N_u = \bar{l}(u, v, M, N).$$

Dabei ist $g(u, v) = K(EG - F^2)$ (K ist die Gausssche Krümmung) und

$$l = \Gamma_{12}{}^1\left\{\frac{g + M^2}{N}\right\} + \left\{\Gamma_{12}{}^2 - \Gamma_{11}{}^1\right\}M - \Gamma_{11}{}^2 N,$$

$$\bar{l} = \Gamma_{22}{}^1\left\{\frac{g + M^2}{N}\right\} + \left\{\Gamma_{22}{}^2 - \Gamma_{12}{}^1\right\}M - \Gamma_{12}{}^2 N.$$

Mit $\mathring{L}, \mathring{N}, \mathring{M}$ wollen wir die Größen der 2. Fundamentalform von $\mathfrak{F}$ bezeichen. Ist s die Bogenlänge von $\mathfrak{r}$, dann sollen die Werte von $\mathring{M}$ auf $\mathfrak{r}$ mit $\mathring{\mu}(s)$ bezeichnet werden. Eine endliche und stetige Verbiegung von $\mathfrak{F}$ ist dann möglich, wenn das System (1) mit den Randwerten

$$M(s) = \mathring{\mu}(s) + \varepsilon\left\{\mu(s) - \mathring{\mu}(s)\right\} \tag{2}$$

Lösungen bei positivem ε besitzt. Setzt man nun $M - \mathring{M} = w$; $\mathring{N} - N = z$ und schreibt die (1) entsprechende Gleichung für $\mathfrak{F}$ auf, so liefert Subtraktion von (1) und eine Umformung, die vom genannten Verfasser {2} schon früher angegeben wurde, ein System von nichtlinearen Differentialgleichungen:

$$-\mathring{N}w_u + 2\mathring{M}w_v - \mathring{L}z_v + Pw + Qz = \Phi(u, v, w, z, w_u, z_u, w_v, z_v).$$
$$w_v - z_u + \bar{P}w + \bar{Q}z = \bar{\Phi}(u, v, w, z, w_u, z_u, w_v, z_v) \tag{3}$$

mit der Randbedingung $w = \varepsilon\cdot(\mu(s) - \mathring{\mu}(s))$ auf $\mathfrak{r}$.

Darin sind $P, Q, \bar{P}, \bar{Q}$ nur von u, v und den bekannten Funktionen $\mathring{L}, \mathring{M}, \mathring{N}$ abhängig. Durch Koordinatentransformationen und Einführung neuer gesuchter Funktionen W und Z läßt sich das System (3) auf die Form

$$W_x - Z_y + S(x, y)\cdot W + T(x, y)Z = \chi(x, y, W, Z, W_x, Z_x, W_y, Z_y)$$
$$W_y + Z_x + \bar{S}(x, y)\cdot W + \bar{T}(x, y)Z = \bar{\chi}(x, y, W, Z, W_x, Z_x, W_y, Z_y) \tag{4}$$

mit der Randbedingung $W = \varepsilon\,(\mu(s) - \mathring{\mu}(s)$ auf $\mathfrak{r}$ bringen. Das homogene Problem $\chi = \bar{\chi} = 0$; $\varepsilon = 0$ hat als Lösungsgesamtheit

$$W = \varrho\cdot W_h \qquad Z = \varrho\cdot Z_h.$$ [2])

[1]) Daß man die Beschränktheit fordern muß, folgt schon daraus, daß offene vollständige Flächen positiver Gaussscher Krümmung mit 2π als Totalkrümmung durch die Metrik im euklidischen Raum eindeutig bestimmt sind und sich daher sicher nicht verbiegen lassen. Vgl. § 86.

[2]) Wir betrachten das Randwertproblem

$$U_x - V_y = aU + bV + c,$$
$$U_y + V_x = \bar{a}U + \bar{b}V + \bar{c} \qquad \text{in } F$$
$$\mu_1(s)\,U + \mu_2(s)\,V = \mu(s) \qquad \text{auf } \partial F.$$

Dann liefert aber ein Existenzsatz des Verfassers {2} die Existenz stetig differenzierbarer Lösungen von (4), aus denen man dann

$$M = w + \overset{\circ}{M}; \qquad N = z + \overset{\circ}{N}; \qquad L = \frac{g + M^2}{N}$$

berechnet. Damit ist aber eine Biegefläche von $\mathfrak{L}$ bestimmt.

Auf die Frage, ob man eine gelochte Eifläche in jede zu ihr isometrische Fläche, die natürlich ebenfalls singularitätenfrei sein soll, durch eine endliche stetige Verbiegung überführen kann, gibt der folgende Satz von Pogorelow {1} Auskunft. Beim Beweis dieses Satzes wird der Verheftungssatz von A. D. Alexandrow (siehe §§ 13 ff.) verwendet. Wir geben den Satz ohne Beweis an:

Wenn eine konvexe, dreimal stetig differenzierbare Fläche mit positiver Gaussscher Krümmung durch eine glatte Kurve mit überall positiver oder negativer geodätischer Krümmung berandet wird, so gestattet sie nicht nur Verbiegungen, sondern kann durch endliche stetige Verbiegung in eine beliebige isometrische Fläche überführt werden.

Für ebenrandige Mützen (vgl. § 76) gilt der ebenfalls von Pogorelow {1} stammende Verbiegungssatz, wonach man den Flächeninhalt des sphärischen Bildes der Biegefläche vorschreiben kann:

$\mathfrak{M}$ sei eine ebenrandige Mütze mit $^{(\mathfrak{M})}\iint K\,do = \omega$. Außerdem sei G ein beliebiges konvexes Gebiet auf der Kugel vom Flächeninhalt ω. Dann kann man $\mathfrak{M}$ durch stetige Verbiegung in eine konvexe Fläche $\mathfrak{M}^*$ überführen, deren sphärisches Bild das vorgeschriebene Gebiet G auf der Einheitskugel ist.

Dieses Ergebnis steht in engem Zusammenhang mit Verbiegungsaussagen, die Olowjanischnikow [29] (vgl. auch § 20 und § 87) für offene vollständige konvexe Flächen angegeben hat.

§ 54

In diesem Paragraphen wollen wir uns mit der Verbiegung der Halbkugel beschäftigen. (Nitsche, Joachim {2}). Dabei sollen Biegeflächen bestimmt werden, deren Randkurve vorgegebene Krümmung besitzt. (Genauer gesagt wird die Ableitung der Krümmung der Randkurve vorgegeben.) Zuerst bemerkt man, daß die Randkurvenkrümmung k^* keineswegs willkürlich vorgeschrieben werden kann, sondern es müssen drei Integralbedingungen

(siehe § 89, (96)) $\oint \dot{k}^* \mathfrak{x}\, ds = 0$

für dieselbe erfüllt sein. Dabei ist $\mathfrak{x}$ der Ortsvektor des Randkreises der Halbkugel.

$$\text{(1)} \qquad \mathfrak{x}(x, y) = \left\{\sigma x,\ \sigma y,\ \frac{\sigma}{2}(1 - x^2 - y^2)\right\}; \quad \sigma = \frac{2}{1 + x^2 + y^2}$$

stellt für $x^2 + y^2 < 1$ das Innere und für $x^2 + y^2 = 1$ den Rand der Halbkugel dar.

(F sei einfach zusammenhängend und ∂F stetig gekrümmt und doppelpunktlos) μ_1, μ_2, μ seien H-stetig, und das Vektorfeld $\{\mu_1\ \mu_2\}$ mit $\mu_1^2 + \mu_2^2 \neq 0$ besitze die Charakteristik Null:

$$^{(\partial F)}\oint \left\{\frac{d}{ds} \operatorname{arctg}\left(\frac{\mu_1}{\mu_2}\right)\right\} ds = 0.$$

Es gilt dann:

1. Das homogene, Problem $c \equiv \bar{c} \equiv \mu \equiv 0$ hat stets die Lösungsgesamtheit $U = \varrho U_h$; $V = \varrho V_h$. Dabei ist U_h, V_h irgend eine Lösung des homogenen Problems mit $U_h^2 + V_h^2 \not\equiv 0$. ϱ ist eine beliebige Konstante.
2. Das inhomogene Problem ist für beliebige $c, \bar{c}, \mu$ lösbar. Die Lösungsgesamtheit besteht aus

$$U = \varrho U_h + U_p; \quad V = \varrho V_h + V_p,$$

wo U_p, V_p eine Lösung des homogenen Problems ist. Vgl. Wekua {1}.

Ferner ist

$$E = G = \sigma^2;\quad F = 0. \tag{2}$$

Das Problem, eine Biegefläche für die Halbkugel aufzufinden, ist mit der Auffindung dreier in $x^2 + y^2 \leq 1$ stetig differenzierbarer Funktionen L, M, N äquivalent, die die CODAZZI-Gleichungen und das Theorema egregium erfüllen:

$$\begin{aligned} L_y - M_x &= -\sigma \cdot y(L+N), \\ N_x + M_y &= -\sigma \cdot x(L+N), \\ LN - M^2 &= \sigma^4. \end{aligned} \tag{3}$$

Man verschafft sich zunächst Integralrelationen für L, M, N mit Hilfe der stetig differenzierbaren Funktionen $\alpha(x, y)$, $\beta(x, y)$:

$$\begin{aligned} &\oint \alpha(L\,dx + M\,dy) + \beta(M\,dx + N\,dy) = \\ &\iint \left\{[\sigma \cdot y \cdot \alpha - \sigma \cdot x \cdot \beta](L+N) + M\alpha_x - L\alpha_y + N\beta_x - M\beta_y\right\} dx\,dy. \end{aligned} \tag{4}$$

Man führt jetzt, da die drei Funktionen L, M, N noch durch eine Gleichung miteinander verknüpft sind, zwei unabhängige Funktionen U, V ein:

$$\begin{aligned} U &= M;\quad V = \frac{1}{2}(L-N), \\ L &= \sqrt{\sigma^4 + U^2 + V^2} + V, \\ N &= \sqrt{\sigma^4 + U^2 + V^2} - V. \end{aligned} \tag{5}$$

Da die Randkurve der Halbkugel geodätisch ist, so gilt für k^* die Darstellung:

$$k^*(s) = L\dot{x}^2 + 2M\dot{x}\dot{y} + N\dot{y}^2. \tag{6}$$

Dabei ist $x(s) = \cos s$, $y(s) = \sin s$ die Darstellung des Randkreises der Halbkugel:

$$k^*(s) = L\sin^2 s - 2M\sin s\cos s + N\cos^2 s. \tag{7}$$

Wählt man jetzt noch α und β so, daß am Rande $\alpha = -R\sin s$, $\beta = R\cos s$ gilt, d. h. ist

$$\alpha\cos s + \beta\sin s = 0 \quad \text{und} \quad (9)\ R = -\alpha\sin s + \beta\cos s, \tag{8}$$

so erhalten die Integralrelationen die Form

$$\begin{aligned} &\oint R \cdot (\overset{\circ}{k}{}^* + \gamma)\,ds = \\ &\iint \{U(\alpha_x - \beta_y) - V(\alpha_y + \beta_x)\}\,dx\,dy + \iint \frac{1}{\sigma^2}\sqrt{\sigma^4 + U^2 + V^2} \cdot \left((\sigma^2\beta)_x - (\sigma^2\alpha)_y\right) dx\,dy. \end{aligned} \tag{10}$$

Dabei ist $\overset{\circ}{k}{}^* = \int_0^s \dot{k}^*\,ds$, und γ ist eine beliebige Konstante.

Wir beweisen jetzt den Existenzsatz:

Es sei $\mu(s)$ eine mit der Periode 2π periodische und H-stetige Funktion, deren HÖLDER-*Konstante unter einer festen und hinreichend kleinen Schranke liegt. Weiter erfülle $\mu(s)$ die drei Bedingungen*

$$\oint \mu\,ds = 0;\quad \oint \mu\cos s\,ds = 0;\quad \oint \mu\sin s\,ds = 0.^{1)} \tag{11}$$

Dann existiert eine dreimal stetig differenzierbare Biegefläche der Halbkugel, für welche die Randkurvenkrümmung $k^*(s)$ die Eigenschaft $\dot{k}^*(s) = \mu(s)$ besitzt.

Zum Beweis dieses Satzes haben wir die Existenz eines Lösungspaares U, V der Integralrelation (10) nachzuweisen; denn partielle Integration liefert nach Einsetzen

1) Das sind gerade die Bedingungen für $\oint \dot{k}^* \mathfrak{x}\,ds = 0$ für $\dot{k}^* = \mu$ und $\mathfrak{x} = \{\cos s,\ \sin s,\ 1\}$.

der Werte von U und V nach (5) und nach Beachtung der für α und β geltenden Randbedingungen:

$$\oint R\cdot(\overset{\circ}{k}{}^* + \gamma - L\sin^2 s + 2M\sin s\cos s - N\cos^2 s)\,ds =$$

$$(12)\qquad \iint \left\{\alpha\cdot\left(L_y - M_x - \frac{\sigma_y}{\sigma}(L+N)\right) + \beta\left(N_x - M_y - \frac{\sigma_x}{\sigma}(L+N)\right)\right\} dx\,dy\,.$$

Wegen der Willkür der beiden Funktionen α, β in $x^2 + y^2 \leq 1$ müssen die Koeffizienten von α und β im Integranden des Gebietsintegrals verschwinden. Damit haben wir die CODAZZI-Gleichungen erfüllt. Weiter muß im Randintegral ebenfalls der Faktor von R gleich Null sein. Daher ist auch die Randbedingung erfüllt.
Vermöge der Zuordnung

$$(13)\qquad \begin{aligned} \alpha_x - \beta_y &= f(x,y),\\ \alpha_y + \beta_x &= g(x,y) \end{aligned}$$

ist ein Homomorphismus $(\alpha, \beta) \to (f, g)$ gegeben. Da das homogene Randwertproblem

$$(14)\qquad \begin{aligned} &\alpha_x - \beta_y = 0,\\ &\alpha_y + \beta_y = 0 \qquad \text{in}\quad x^2+y^2<1,\\ &\alpha\cos s + \beta\sin s = 0 \ \text{auf}\ x^2+y^2=1 \end{aligned}$$

nach NOETHER {1} genau drei linear unabhängige Lösungen besitzt, zu denen nach (9) die Werte

$$(15)\qquad \overset{(1)}{R} = 1;\quad \overset{(2)}{R} = \sin s;\quad \overset{(3)}{R} = \cos s$$

gehören, so läßt sich jedem Paar (f, g) ein durch

$$(16)\qquad \oint R\overset{(1)}{R}\,ds = 0;\qquad \oint R\overset{(2)}{R}\,ds = 0;\qquad \oint R\overset{(3)}{R}\,ds = 0$$

eindeutig festgelegtes Paar (α, β) als Lösungen des Randwertproblems

$$(17)\qquad \begin{aligned} &\alpha_x - \beta_y = f(x,y),\\ &\alpha_y + \beta_x = g(x,y) \qquad \text{in}\quad x^2+y^2<1,\\ &\alpha\cos s + \beta\sin s = 0 \qquad \text{auf}\quad x^2+y^2=1 \end{aligned}$$

zuordnen. Der Raum der Funktionenpaare (α, β), die die Randbedingung (8) erfüllen, ist darstellbar als Summe des Raumes $\mathfrak{E}_h$ (mit drei Erzeugenden) der Lösungen des homogenen Problems (14) und des Raumes $\mathfrak{E}$ der nach (16) normierten Lösungen des inhomogenen Problems (17). Bezeichnet man mit $E_{n,\lambda}$ den Raum der in $x^2 + y^2 \leq 1$ n-mal H-stetig differenzierbaren Funktionen, so ist $\alpha, \beta \in E_{1,\lambda}$, wenn $f, g \in E_{0,\lambda}$ ist und umgekehrt. Ist $(\alpha, \beta) \in \mathfrak{E}$; so ist die Abbildung $(\alpha, \beta) \to (f, g)$ ein Isomorphismus.

Sind nun die Fnnktionen f und g vorgeschrieben, so findet man für $(\alpha, \beta) \in \mathfrak{E}$:

$$(18)\qquad \begin{aligned} \alpha(x,y) &= \iint \{K_{11} f + K_{12} g\}\,d\xi\,d\eta,\\ \beta(x,y) &= \iint \{K_{21} f + K_{22} g\}\,d\xi\,d\eta. \end{aligned}$$

Darin sind $K_{\nu\mu}$ geeignet bestimmte Kerne. Die Integralrelation (10) muß jetzt sowohl für $(\alpha, \beta) \in \mathfrak{E}_h$ als auch für $(\alpha, \beta) \in \mathfrak{E}$ erfüllt sein. Im ersten Fall erhalten wir die Bedingungen

$$(19)\qquad \begin{aligned} &\oint (\overset{\circ}{k}{}^* + \gamma)\,ds = 2\iint \frac{1-x^2-y^2}{1+x^2+y^2} H\,do,\\ &\oint (\overset{\circ}{k}{}^* + \gamma)\sin s\,ds = 0,\\ &\oint (\overset{\circ}{k}{}^* + \gamma)\cos s\,ds = 0, \end{aligned}$$

$$H = \frac{1}{\sigma^2}\sqrt{\sigma^4 + U^2 + V^2} \tag{20}$$

ist die mittlere Krümmung der zu bestimmenden Biegefläche. Jetzt wird $(\alpha, \beta) \in \mathfrak{C}$ unter Beachtung von (18) in (10) eingesetzt. Dann lassen wir $(f, g) \in E_{0,\lambda}$ $(\lambda > 0)$ beliebig variieren. Nach Vertauschen der Integrationsreihenfolge erhält man wegen der Willkür der f und g schließlich

$$\begin{aligned} U(\xi,\eta) &= \iint \{K_{21}(x,y;\xi,\eta)\sigma^2 H_x - K_{11}(x,y;\xi,\eta)\sigma^2 H_y\}\,dx\,dy + \oint P_1(s;\xi,\eta)\{\mathring{k}^* - H\}\,ds, \\ V(\xi,\eta) &= \iint \{-K_{22}(x,y;\xi,\eta)\sigma^2 H_x + K_{12}(x,y;\xi,\eta)\sigma^2 H_y\}\,dx\,dy - \oint P_2(s;\xi,\eta)\{\mathring{k}^* - H\}\,ds, \end{aligned} \tag{21}$$

mit

$$P_i(s;\xi,\eta) = -\sin s \cdot K_{1i}(s;\xi,\eta) + \cos s \cdot K_{2i}(s;\xi,\eta) \quad (i = 1,2).$$

Setzt man noch den Ausdruck für H nach (20) ein, so stellt (21) ein System von nichtlinearen Integrodifferentialgleichungen für U, V dar. Auf Grund der vorangegangenen Betrachtungen sind nun die Gleichungen (19) und (21) der Integralrelation (10) äquivalent.

(21) wird nun in üblicher Weise mittels sukzessiver Approximation ausgehend von $\mathring{U} = \mathring{V} = 0$ gelöst, und man findet $U, V \in E_{1,\lambda}$. Unter den gemachten Voraussetzungen über $\mathring{k}^*(s)$ gelingt der Konvergenzbeweis. Man überzeugt sich leicht, daß die Gleichungen (19) durch die gefundenen Funktionen U, V erfüllt werden können: Die beiden letzten Gleichungen (19_2) und (19_3) sind ja auf Grund der Wahl von $\mathring{k}^*(s)$ erfüllt; (19_1) wird durch geeignete Wahl der Konstanten γ erfüllt. Mit dem so gewonnenen Funktionenpaar U, V und der eben bestimmten Konstanten γ ist aber die Integralbedingung (10) erfüllt, was zum Beweis des Existenzsatzes erforderlich war.

Die Frage der Eindeutigkeit der Realisierung ist ebenfalls von NITSCHE in {2} behandelt. Vgl. auch § 75.

§ 55

Im § 78 wird ein lokales Maß für den Grad einer Verbiegung und ebenso ein solches für die Verbiegbarkeit im Großen angegeben. Man möchte vielleicht noch ein mehr geometrisches Maß haben. Nehmen wir etwa an, es handle sich um ein einfach zusammenhängendes positiv gekrümmtes Flächenstück. So kann man geneigt sein, als Maß für die Verbiegbarkeit der Fläche irgendeine Größe anzusehen, die durch die Deformation der Randkurve oder des Randstreifens ausgedrückt werden kann. Wenn es sich z. B. bei der Randkurve um eine geschlossene geodätische Linie handelt, so wird man sich fragen, ob die Fläche so stark verbogen werden kann, daß der Rand in eine doppelt belegte Strecke ausgezogen erscheint. Allgemeiner wird man fragen können, ob es möglich ist, eine Fläche so zu verbiegen, daß ein genügend kurzes Stück einer geodätischen Linie in eine gerade Strecke umgewandelt wird. Natürlich wird man im Falle positiver Krümmung nicht mehr erwarten dürfen, daß längs dieser Linie die Fläche regulär ist.

Im allgemeinen ist man von der Beantwortung solcher Fragen noch sehr entfernt, aber man hat doch bei der Kugel und den Rotationsellipsoiden Beispiele, die von heuristischem Wert sein können. So berechtigt vielleicht auch die Meinung von der größeren Verbiegbarkeit der Flächen negativer Krümmung sein mag, zeigen diese Beispiele doch, daß auch positiv gekrümmte Flächen einen unerwarteten Grad von Verbiegbarkeit besitzen können.

Bei den erwähnten Beispielen handelt es sich um ENNEPERsche Flächen, soweit Biegungsflächen der Kugel gemeint sind, und bei den Rotationsellipsoiden um Flächen, die aus ENNEPERschen Flächen durch die GUICHARD-BIANCHIsche Theorie abgeleitet wurden. Der erste, der in der genannten Hinsicht Ergebnisse aufzuweisen hatte, war LIEBMANN [34]. Er zeigte, daß man eine Kugel verbiegen kann, wenn man ein beliebig kleines Loch hineinschneidet. Er benutzte zum Beweis ENNEPERflächen, die wohl zuerst von KUEN {1} und BIANCHI {1} angegeben waren, aber erst von SIEVERT genauer beschrieben wurden. Das ist eine einparametrige Schar von Flächen mit dem Flächenparameter C, die für $C \to \infty$ stetig in Kugeln übergehen. Dabei wurden zunächst nur Werte eines Vorzeichens von C genommen, sagen wir negative, weil dies der gleich zu gebenden Darstellung entspricht. Zu besseren Ergebnissen kam man aber, als man auch positive Werte in Betracht zog (REMBS {3}). Auch diese Flächen hatten schon KUEN und BIANCHI angegeben, ohne aber etwas über die gestaltlichen Verhältnisse zu erwähnen, die in der Tat erst von Interesse wurden, als man daran ging, Fragen der Verbiegung im Großen zu diskutieren.

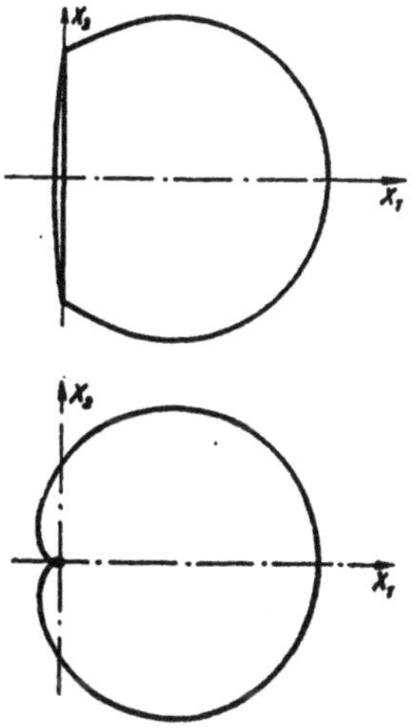

Fig. 1. nach E. REMBS {1}

Die Gleichungen der fraglichen Flächen sind

$$x_1 = \frac{2V(U\cos u - U'\sin u)}{(C+1)(U^2 - V^2)}, \quad x_2 = \frac{2V(U\sin u + U'\cos u)}{(C+1)(U^2 - V^2)},$$

$$x_3 = v - \frac{2VV'}{(C+1)(U^2 - V^2)}.$$

Hier sind U und V Abkürzungen für $\frac{1}{\sqrt{C}} \operatorname{Cos}(u\sqrt{C})$ bzw. $\frac{1}{\sqrt{C+1}} \cos(v\sqrt{C+1})$, und U', V' bedeuten die Ableitungen nach u bzw. v. Die Abbildung (Fig. 1) zeigt ein Stück einer solchen Fläche für $C = 3$ im Schnitt mit der 1,2-Ebene (unten) und im Schnitt mit der 1,3-Ebene (oben). Auf der 3-Achse erkennt man zwei konische Punkte im Abstand $\frac{\pi}{\sqrt{C+1}}$. Um die volle Fläche zu erhalten, dreht man das dargestellte Stück um die 3-Achse um π, verschiebt es um $\frac{\pi}{\sqrt{C+1}}$ etwa nach oben und setzt es an das erste an; dann setzt man das ganze so entstandene Gebilde periodisch nach oben und unten fort. Für uns genügt demnach die Beschreibung des dargestellten Flächenteils. Die beiden aufgezeichneten Ebenen sind Symmetrieebenen der Fläche. Wir betrachten Halbebenen, die von der 3-Achse begrenzt werden, entsprechend $0 \leqq |u| \leqq \infty$. Alle diese Halbebenen schneiden die Fläche in einem die konischen Punkte verbindenden konvexen Bogen, von denen der für $u = 0$ die größte Fläche mit der geraden Verbindungslinie der konischen Punkte umspannt (rechts). Mit wachsendem $|u|$ werden die Bogen flacher. Der folgende in der nach links gehenden Halbebene gelegene ist noch eingetragen. Die Annäherung an die 3-Achse ist so stark, daß der nun folgende in der rechten Halbebene schon nicht mehr dargestellt werden konnte. So wie der Schnitt mit der 1,2-Ebene (unten) den Nullpunkt, so umwindet die Fläche die 3-Achse unendlich oft, wobei sie sich ihr unbegrenzt nähert. Wegen der Symmetrie liegen in der 1,2-Ebene unendlich viele Durchdringungslinien. Diese Selbstdurchdringungen wollen wir nicht als singuläre Linien der Fläche werten. Für $C \to \infty$

geht die Entfernung $\frac{\pi}{\sqrt{C+1}}$ der konischen Punkte ersichtlich gegen Null. Das Flächenstück geht in eine Kugel über, die im Nullpunkt die 2,3-Ebene berührt.

Jetzt wollen wir den durch die obigen Gleichungen für von unendlich abnehmendes C dargestellten Verbiegungsvorgang betrachten. Die Kugel möge im Nullpunkt die 2,3-Ebene von rechts berühren. Man stelle sich vor, sie werde längs des halben Großkreises, der in der 2,3-Ebene liegt und der 3-Achse zugewandt ist, aufgeschlitzt; das heißt, die Punkte dieses Halbkreises mögen aus der Kugel entfernt werden. Die Umgebung jedes Kugelpunktes erfährt nun für abnehmendes C eine stetige Verbiegung. Die beiden Ufer des Schnittes winden sich um die 3-Achse herum, die Entfernung der konischen Punkte nimmt zu. Sie bleiben auf der 3-Achse, aber stets andere Punkte der Kugel rücken in die Lage der konischen Punkte. Durch Hinzufügen der geraden Verbindungslinie der konischen Punkte kann man in jedem Moment die Fläche wieder zu einer geschlossenen machen, man kann also geradezu von einer Verbiegung der Kugel als Ganzes sprechen, bei der ein wachsendes Stück eines Großkreises in eine gerade Strecke ausgezogen wird.

Je größer das geradlinige Stück wird, um so flacher werden alle in den Halbebenen durch die 3-Achse gelegenen Flächenschnitte. Der Vorgang kann natürlich nicht über eine Entfernung der konischen Punkte, die gleich π ist für $C \to 0$ hinausgehen. Für C nahe bei 0 ist die ganze Kugel in ein langgestrecktes spindelförmiges sich unendlich oft durchdringendes Gebilde ausgezogen.

Wie man sieht, wird hier ein geodätisches Bogenstück bei der Verbiegung in eine gerade, auf der Biegungsfläche hochgradig singuläre Strecke ausgezogen. Ersetzt man in den Flächengleichungen den Parameter C durch $-C-1$, so erhält man für denselben Variabilitätsbereich der Parameter u, v eine Fläche, die man als Hazzidakissche Fläche der Ausgangsfläche bezeichnet. Bildet man diese durch parallele Normalen in der üblichen Weise auf die Kugel ab, so ist das sphärische Bild zur Ausgangsfläche isometrisch. Man kann also die „Abwicklung“ jeder Fläche C auf die Kugel angeben.

§ 56

Eine der Kugelverbiegung des § 55 ganz entsprechende Verbiegung kann man für die Rotationsellipsoide (Joh. Rembs {1}) angeben. Die Gleichungen der Biegungsflächen lauten für das verlängerte Rotationsellipsoid

$$x_1 = \sqrt{\frac{C}{\beta}}\,\frac{2V(U\cos u - U'\sin u)}{(C+1)(U^2-V^2+k_1^2)},$$

$$x_2 = \sqrt{\frac{C}{\beta}}\,\frac{2V(U\sin u + U'\cos u)}{(C+1)(U^2-V^2+k_1^2)},$$

$$x_3 = v - \frac{2VV'}{(C+1)(U^2-V^2+k_1^2)}.$$

U, V, U′, V′ haben hier dieselbe Bedeutung wie vorhin, k bedeutet die Exzentrizität des Ellipsoides, und es ist $\beta = (1-k^2)C - k^2$, $k_1{}^2 = \frac{k^2}{\beta C}$. Fig. 2 zeigt den Fall $C = 3$, $k = 0{,}6$. Auch für diese Flächen ist die „Abwicklung“ auf das Ellipsoid ermittelt. Singulär werden hier, von derselben Art wie vorhin, Punkte des Ellipsoidäquators. Man kann die Verbiegung so weit treiben, daß der ganze Äquator in eine Doppelgerade ausgezogen ist. Fig. 3 zeigt den Endzustand der Verbiegung. Die Ent-

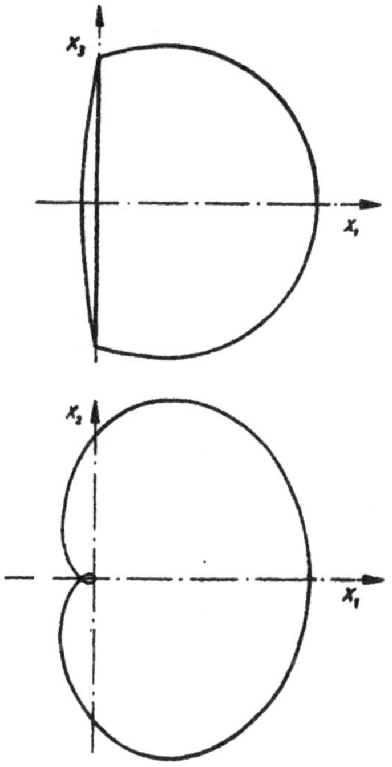

Fig. 2 nach J. Rembs {1}

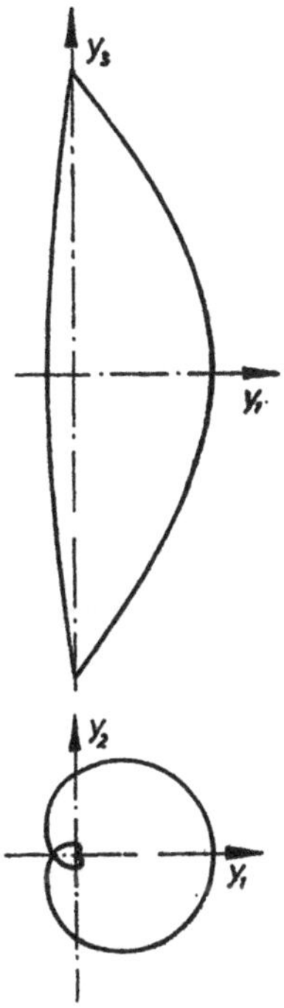

Fig. 3 nach J. Rembs {1}

fernung der konischen Punkte ist hier gleich dem halben Äquator. Die dargestellte Fläche ($k = 0{,}6$) entspricht in der Isometrie einem halben Ellipsoid. Die Gleichung der Fläche, die man aus den allgemeinen Flächengleichungen für $\beta = (1 - k^2)\, C - k^2 = 0$ erhält, lautet

$$y_1 = \frac{k \cos \frac{v}{\sqrt{1-k^2}}}{\operatorname{Cos} \frac{ku}{\sqrt{1-k^2}}} \cos u, \quad y_2 = \frac{k \cos \frac{v}{\sqrt{1-k^2}}}{\operatorname{Cos} \frac{ku}{\sqrt{1-k^2}}} \sin u, \quad y_3 = v\,.$$

Die Fläche ist zuerst von Bianchi angegeben worden, er kannte aber nicht die stetige Deformation des Ellipsoids, die zu ihr hinführt.

§ 57

Ersetzt man in den Gleichungen der Biegungsflächen des verlängerten Rotationsellipsoids k^2 durch $-k^2$, so erhält man Biegungsflächen des abgeplatteten Rotationsellipsoids. Auch hier ist das Endergebnis der Verbiegung für $k = 2$ (nach der Ersetzung von k^2 durch $-k^2$) dargestellt. Man erhält es für $C \to 0$ (Rembs {6}, {8}). Hier beträgt die Entfernung der konischen Punkte π. Ein längeres Stück des Äquators kann hier nicht in eine gerade Strecke ausgezogen werden. Die Gausssche Krümmung am Äquator ist nämlich gleich 1, und ein Bogen des Äquators, der größer als π ist, ist dann nicht mehr kürzeste Verbindung seiner Endpunkte auf dem Ellipsoid. Fig. 4 zeigt diese Fläche, deren Gleichungen sich zur folgenden Gestalt vereinfachen:

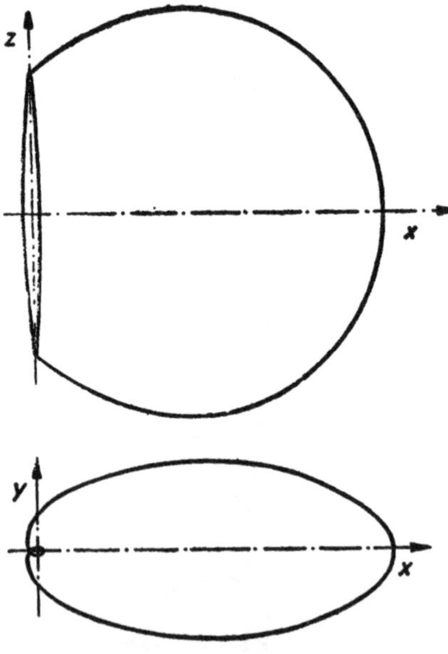

Fig. 4 nach E. Rembs {8}

$$x = \frac{2k\cos u\cos v}{1 + k^2u^2 + k^2\sin^2 v},\quad y = \frac{2k\sin u\cos v}{1 + k^2u^2 + k^2\sin^2 v},$$

$$z = v + \frac{k^2\sin 2v}{1 + k^2u^2 + k^2\sin^2 v}.$$

Bisher hat man zu gerade gestreckten Stücken nur Teile des Äquators der Rotationsellipsoide umwandeln können. Und es ist ganz ungewiß, ob der Vorgang sich auch für andere geodätische Linien, z. B. für ein Stück eines Meridians bewerkstelligen läßt. Mit den Enneperschen Flächen und daraus abgeleiteten Flächen hat man aber noch andere interessante Verbiegungen der Kugel und der Rotationsellipsoide angeben können. Auch dabei wurden Enneperschen Flächen mit konischen Punkten benutzt, deren Existenz erstmals Steuerwald {2} ermittelt hat. Wir geben ihre Gleichungen hier wieder, verzichten aber darauf, die Ausdehnung auf die Rotationsellipsoide, die bereits durchgeführt wurde, zu erörtern. Es ist (vgl. Goebel {1})

$$x = r\cos\varphi,\quad y = r\sin\varphi,\quad z = \frac{1}{AB}\left\{\zeta u + e_1 u - \frac{\sigma_1}{\sigma}u\,\frac{a\frac{\sigma_3}{\sigma}u\frac{\sigma_2}{\sigma}v - b\frac{\sigma_2}{\sigma}u\frac{\sigma_1}{\sigma}v}{a\frac{\sigma_2}{\sigma}u\frac{\sigma_2}{\sigma}v - b\frac{\sigma_3}{\sigma}u\frac{\sigma_1}{\sigma}v}\right\}$$

mit

$$r = \frac{(A^2 - B^2)\sqrt{pv - pv_0}}{AB\,(a\frac{\sigma_2}{\sigma}u\frac{\sigma^2}{\sigma}v - b\,\frac{\sigma_3}{\sigma}u\frac{\sigma_1}{\sigma}v)},$$

$$\varphi = iv\left\{\zeta\,(v + \frac{\overline{\omega}_2}{2}) - \frac{\overline{\eta}_2}{2} - \frac{i}{2}\lg\frac{\sigma(v_0 + v)}{\sigma(v_0 - v)}\right\}.$$

Hier sind A, B Flächenscharparameter, es handelt sich also um eine zweiparametrige Flächenschar; es ist $a = \sqrt{A^2 - 1}$, $b = \sqrt{B^2 - 1}$; σ, p, ζ sind die aus der Weierstraßschen Theorie der elliptischen Funktionen bekannten Bezeichnungen, und die Perioden $\overline{\omega}_1, \overline{\omega}_2$ beziehen sich auf die Funktionen von v. Die Periodenparallelogramme für Funktionen beider Variablen sind Rechtecke. Ferner ist

$$e_1 = \frac{A^2 + B^2}{3},\quad e_2 = -\frac{2B^2 - A^2}{3},\quad e_3 = -\frac{2A^2 - B^2}{3},$$

$$\overline{e}_1 = \frac{2A^2 - B^2}{3} - \frac{1}{3},\quad \overline{e}_2 = \frac{2B^2 - A^2}{3} - \frac{1}{3},\quad \overline{e}_3 = \frac{A^2 + B^2}{3} + \frac{2}{3}.$$

Die überstrichenen Größen gelten für die Funktionen von v. Endlich bedeutet

$$pv_0 = \overline{e}_3 - (\overline{e}_1 - \overline{e}_3)(\overline{e}_1 - \overline{e}_2) = \overline{e}_3 - (A^2 - 1)(B^2 - 1).$$

Figur 5 gibt ein Stück einer solchen Fläche wieder im Schnitt mit der 1,2-Ebene (unten) und der 1,3-Ebene (oben). Man hat sich alle Flächen dieses Typs so erhalten zu denken: Man schlitzt die Kugel ($r = 1$) auf längs eines Großkreisbogens $< \pi$ und biegt sie dann so zusammen, daß sich die Ufer des Schlitzes durchdringen. Die Enden des Schlitzes werden konische Punkte. Man kann Flächen mit einer beliebigen Zahl von Durchdringungslinien erhalten. Die volle Fläche erhält man aus dem dargestellten Stück durch periodische Fortsetzung um die z-Achse und durch eine Fortsetzung in ihrer Richtung, die der bei der Fläche 1 geschilderten genau entspricht. Dies dargestellte Flächenstück hat eine Durchdringung. Bei weiterer Zusammenbiegung und bevor man zwei Durchdringungslinien hat, geht es in eine geschlosssene Fläche über, wie sie in Figur 6 veranschaulicht ist. Wie man sieht, gibt es geschlossene Flächen, die isometrisch der Vollkugel entsprechen und nur zwei singuläre Punkte haben. Auch solche mit mehr Durchdringungslinien sind in unserer zweiparametrigen Schar. Bei stärkerer Zusammenbiegung erhalten wir die im Anfang dargestellten Flächen als Grenzlage. Auch hier sind dank den Eigenschaften der Hazzidakisschen Transformation die „Abwicklungen“ auf die Kugel bekannt. Leider hat man aber auch nicht einmal für die allgemeinen Ellipsoide ähnliche Resultate erzielen können, so daß schließlich für allgemeine Eiflächen, selbst analytische, alles ungewiß ist.

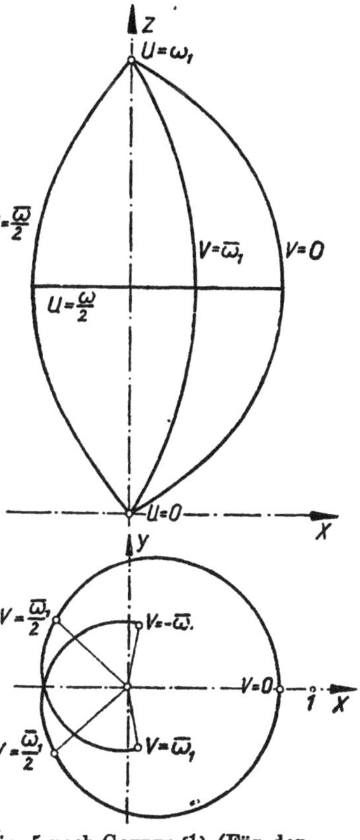

Fig. 5 nach GOEBEL {1} (Für den Aufriß wurde der Schnitt $v = \bar{\omega}_1$ in die x, z-Ebene gedreht)

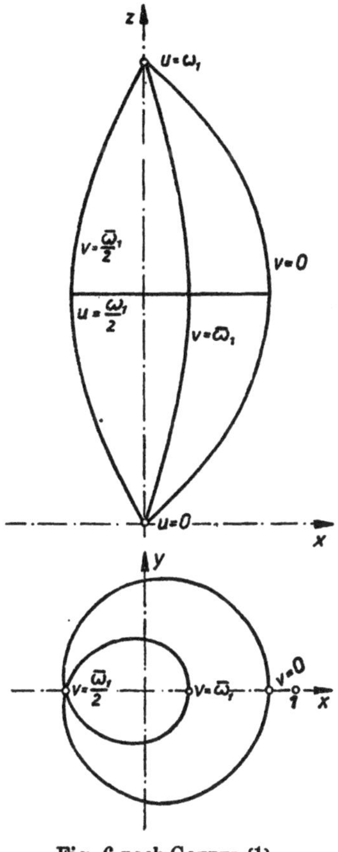

Fig. 6 nach GOEBEL {1}

§ 57a

Wir fügen zum Schluß als lehrreiche Illustration zum Polyedersatz von A. D. Alexandrow zwei verschiedene Kantenzerlegungen eines Polyedernetzes an. Die linke von W. Blaschke {5} stammende hat bereits eine gewisse literarische Berühmtheit; sie liefert ein nichtkonvexes Polyeder. Die des konvexen Polyeders mit demselben Netz, die nach dem Satz von Alexandrow existieren muß, zeigt die rechte Figur. Sie ist der Diplomarbeit der Technischen Universität Berlin von Frau G. Lambrecht-Graef entnommen; zuerst angegeben wurde sie von W. Goebel, dem Verfasser der Arbeit {1} über die Verbiegung der Rotationsellipsoide. Darunter sieht man die Bilder der Polyeder selbst. Der Leser wird sie nach den Netzen leicht „zusammenheften" können. Sehr instruktiv ist es auch, sich ein Modell irgendeines nichtkonvexen Polyeders mit der richtigen Eckenbedingung selbst zu verschaffen und das isometrische konvexe aufzusuchen.

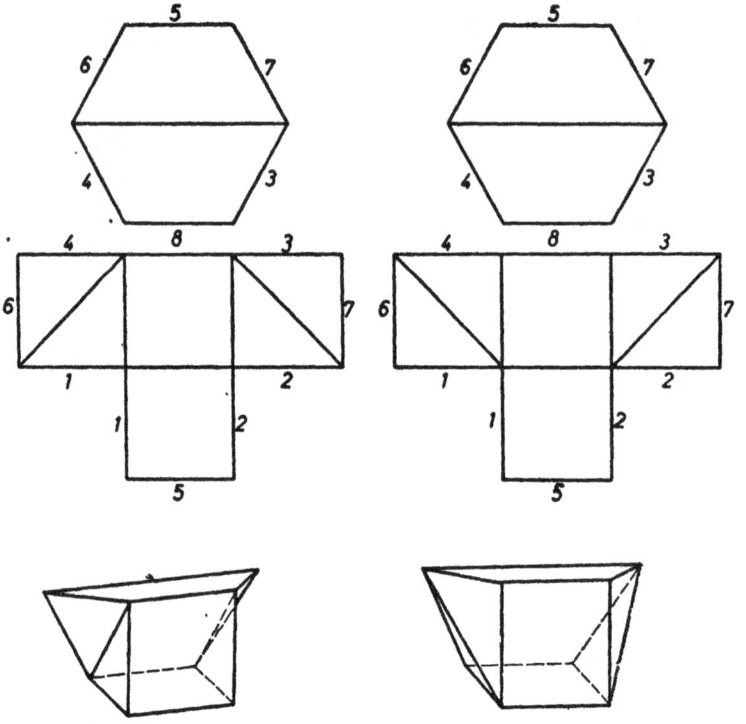

Fig. 6a Isometrische Polyeder

NACHTRAG ZU V:

Probleme der Eindeutigkeit.

§ 58

Dieser und der folgende Paragraph enthalten das älteste Ergebnis dieser Art:

CAUCHYS Beweis von der eindeutigen Bestimmtheit der geschlossenen konvexen Polyeder (CAUCHY {1}, COHN-VOSSEN [1]).

Mehr als 100 Jahre älter als der Beweis von der eindeutigen Bestimmtheit der Ovaloide ist der für die geschlossenen konvexen Polyeder. Er stammt von CAUCHY (1813). Wir bringen ihn hier vor dem Beweis von COHN-VOSSEN für die Ovaloide, da dieser mit ihm eine gewisse Verwandtschaft besitzt. COHN-VOSSEN hat dies ausdrücklich bemerkt.

Wir betrachten zwei Polyeder, die beide konvex sind, mit eineindeutiger Zuordnung der Seitenflächen, wobei die entsprechenden Seitenflächen kongruent sind und jedem Paare von Seitenflächen, die eine gemeinsame Kante haben, beim ersten Polyeder ein Paar von Seitenflächen des zweiten entspricht, die gleichfalls durch die in der Kongruenz entsprechende Seite aneinander geheftet sind. Es wird behauptet, daß die Polyeder kongruent oder symmetrisch sein müssen. Das ist nicht ohne weiteres klar, denn es wäre sehr wohl denkbar, daß irgendwelche Winkel, die von zwei zusammenstoßenden Seitenflächen im ersten Polyeder gebildet werden, den entsprechenden Winkeln des zweiten Polyeders nicht gleich wären.

Der Beweis wird indirekt geführt. Man nimmt also an, es käme doch vor, daß irgendwelche Winkel von Seitenflächen des ersten Polyeders den ihnen entsprechenden im zweiten nicht gleich wären. Dann wird man zu einem Widerspruch geführt. Daraus, daß alle entsprechenden Winkel von Seitenflächen einander gleich sind, folgt aber die Kongruenz unmittelbar.

Jetzt wollen wir sehen, wie die gemachte Annahme zu einem Widerspruch führt. E sei eine Ecke des ersten Polyeders, E' die ihr entsprechende beim zweiten. Möge k eine Kante der Ecke E sein und k' die ihr entsprechende an E', w und w' seien die Winkel der Seitenflächen, die in k und k' zusammenstoßen. Wenn $w > w'$ ist, so werden wir die Kante k mit dem Zeichen + versehen und eine positive Kante nennen, wir geben ihr das Zeichen — und nennen sie negativ im Falle $w < w'$; für $w = w'$ bleibt die Kante unbezeichnet. E und E' können nur dann kongruent sein, wenn alle Kanten unbezeichnet sind. Wir wollen annehmen, daß wenigstens eine mit einem Zeichen versehene Kante an E existiert. Wir stellen die Frage, wie oft sich das Zeichen bei einem Umlauf um E ändert. Die Antwort gibt der folgende Hilfssatz 1 von CAUCHY: *Wenn* E *und* E' *beide konvex und nicht kongruent sind, kann die Zahl der Zeichenwechsel nicht kleiner sein als vier.* Dabei werden die unbezeichneten Kanten nicht in Betracht gezogen.

Der Beweis des Hilfssatzes 1 stützt sich auf den jetzt zu formulierenden Hilfssatz 2. Dazu denken wir uns um die Ecken E und E' Kugeln mit gleichen Radien gelegt, die alle Kanten der Ecken E bzw. E' schneiden. Die Ecken bestimmen auf den Kugeln konvexe sphärische Polygone mit entsprechend gleichen Seiten; da aber bezeichnete Kanten vorkommen sollen, so sind nicht alle entsprechenden Winkel gleich. Der Hilfssatz 2 über konvexe sphärische Polygone lautet nun so: *Die ersten n-1 Seiten des ersten n-Ecks seien den entsprechenden des zweiten gleich, aber die von ihnen gebildeten Innenwinkel seien alle oder teilweise größer als sie; dann ist die Schlußseite des ersten Polygons größer als die des zweiten.* Daß daraus Hilfssatz 1 folgt, sieht man sofort ein. Denn es können nicht nur mit + oder nur mit — bezeichnete Kanten vorkommen. Aber es kann auch nicht eine Reihe von positiven Kanten und eine solche von negativen in Betracht kommen. Sonst ziehe man eine Transversale des ersten Polygons, die die beiden Arten von Seiten trennt, und im zweiten die, welche die entsprechenden Punkte des Umfangs verbindet, und wende den Hilfssatz 2 auf die Teilpolygone an.

Der Hilfssatz 2 gilt genauso gut für ebene wie für sphärische konvexe Polygone; aber so sehr er auch unserer Anschauung gemäß ist, so ist ein Beweis doch zu umständlich, als daß wir ihn ausführen möchten. Einfache Beweise für ebene Polygone bei Egloff {2} und Fenchel {2}.

§ 59

Um nun den Cauchyschen Hauptsatz zu beweisen, denken wir uns in den beiden betrachteten Polyedern $\mathfrak{P}$, $\mathfrak{P}'$ alle Kanten bezeichnet oder unbezeichnet, je nach der Beschaffenheit der Kantenwinkel, wie soeben angegeben wurde. Es genügt, $\mathfrak{P}$ mit seinen Bezeichnungen zu betrachten. Projizieren wir noch $\mathfrak{P}$ aus einem in seinem Innern gelegenen Punkt auf eine Kugel mit diesem Punkt als Mittelpunkt und betrachten statt $\mathfrak{P}$ das so erhaltene krummflächige Polyeder $\mathfrak{P}^*$ auf der Kugeloberfläche, dessen „Kanten“ Teile von Großkreisen sind. Die Bezeichnungen werden auf diese „Kanten“ übernommen.

Aus $\mathfrak{P}^*$ denke man sich nun alle unbezeichneten Kanten und die Ecken, die Kongruenzecken von $\mathfrak{P}$ und $\mathfrak{P}'$ entsprechen, entfernt. Man erhält so ein System $\mathfrak{S}$ auf der Kugeloberfläche, das aus den bezeichneten Kanten, ihren Endpunkten und aus Flächenstücken besteht, die insgesamt die Kugeloberfläche überdecken und von denen jedes mit einer schon vorher vorhandenen Seitenfläche identisch ist oder aus mehreren solcher Seitenflächen durch Entfernen von Kanten entstanden ist. Von jeder Ecke werden jetzt mindestens vier Kanten ausgehen. Unter den neuen Flächenstücken können mehrfach zusammenhängende sein.

Die Anzahlen der Ecken, Kanten und Flächen des Systems $\mathfrak{S}$ seien e, f, k. $\mathfrak{T}$ sei das System der Kanten und Ecken (nicht Flächen) von $\mathfrak{S}$. Wenn $\mathfrak{T}$ zusammenhängend ist, so folgt aus dem Eulerschen Polyedersatz in Anwendung auf $\mathfrak{S}$, daß $e - k + f = 2$ ist. Jetzt sei $\mathfrak{T}$ nicht zusammenhängend. $\mathfrak{T}_1$ sei ein zusammenhängendes Teilsystem von $\mathfrak{T}$ und $\mathfrak{T} = \mathfrak{T}_1 + \mathfrak{T}_2$. Zunächst sei $\mathfrak{T}_2$ auch zusammenhängend. Es muß dann ganz auf einer Seitenfläche der durch $\mathfrak{T}_1$ bewirkten Kugelteilung liegen.

Für die durch $\mathfrak{T}_1$ bewirkte Teilung gilt $e_1 - k_1 + f_1 = 2$ ebenso für die durch $\mathfrak{T}_2$ bewirkte $e_2 - k_2 + f_2 = 2$. Ferner ist $e = e_1 + e_2$ und $k = k_1 + k_2$. Dagegen ist $f = f_1 + f_2 - 1$. Denn jetzt zählen die Seitenfläche von $\mathfrak{T}_1$, in der $\mathfrak{T}_2$ liegt, und die von $\mathfrak{T}_2$, in der $\mathfrak{T}_1$ liegt, nicht mehr mit, sondern ihr Durchschnitt. Durch Addition folgt

$$e_1 + e_2 - (k_1 + k_2) + (f_1 + f_2) = 4,$$

oder

$$e - k + (f + 1) = 4,$$

das ist

$$e - k + f = 3.$$

Indem man diese Schlußweise fortsetzt, ergibt sich, daß $e - k + f$ um 1 größer ist als die Anzahl der nicht zusammenhängenden Teilsysteme, aus denen $\mathfrak{T}$ besteht. Hier genügt die Feststellung

$$e - k + f \geq 2.$$

Wir kommen aber zu einer dieser widersprechenden Ungleichung, wenn wir die „charakteristischen Winkel“ des Systems $\mathfrak{S}$ betrachten. Ein Winkel des Systems $\mathfrak{S}$ heißt charakteristisch, wenn von seinen Schenkeln der eine positiv, der andere negativ ist. Wir wollen die Anzahl ω der charakteristischen Winkel von $\mathfrak{S}$ einmal mit Benutzung der Ecken und dann mit Hilfe der Seitenflächen von $\mathfrak{S}$ abschätzen:

a) Aus dem Hilfssatz von CAUCHY folgt

(1) $$\omega \geq 4e.$$

b) Die Anzahl der charakteristischen Winkel eines Flächenstückes kann nicht größe sein als die Anzahl n seiner Kanten; wenn n ungerade ist, so kann sie sogar nicht größer sein als $n-1$. Es sei a_n die Anzahl der n-Ecke des Systems $\mathfrak{S}$. Dann folgt

$$\omega \leq 2a_3 + 4a_4 + 4a_5 + 6a_6 + \cdots \leqq 2a_3 + \sum_{n \geq 4} n\,a_n$$

Nun ist aber

$$2k = \sum_{n \geq 3} n\,a_n$$

und

$$f = \sum_{n \geq 3} a_n,$$

also

$$4k - 4f = \sum_{n \geq 3} (2n-4)a_n \geq 2a_3 + \sum_{n \geq 4} n\,a_n,$$

denn für $n \geq 4$ ist $2n - 4 \geq n$.

Demnach ist

(2) $$4k - 4f \geq \omega.$$

Durch Kombination der Ungleichungen (1) und (2) ergibt sich aber

$$e - k + f \leq 0$$

im Widerspruch zu der oben erhaltenen Ungleichung $e - k + f \geq 2$. Es können also auf $\mathfrak{P}^*$ und demnach auf $\mathfrak{P}$ keine bezeichneten Kanten vorhanden sein. Alle Ecken sind Kongruenzecken, und daher sind die gleichorientierten Polyeder $\mathfrak{P}$, $\mathfrak{P}'$ kongruent.

Man bemerkt, daß der Beweis der Starrheit der geschlossenen konvexen Polyeder mit genau derselben Methode bewiesen werden kann. Es gibt einen Beweis für die Starrheit konvexer geschlossener Polyeder, der von DEHN herrührt, und einen solchen von WEYL, die später dargelegt werden; sie sind für den Beweis der Eindeutigkeit nicht zu verwenden.

Unser Beweis folgt dem von COHN-VOSSEN [1]; eine sehr ansprechende Darstellung findet sich auch bei FENCHEL {2}.

Nur kurz gehen wir auf die Frage ein, wie es sich mit geschlossenen nicht-konvexen Polyedern verhält. Unter ihnen gibt es jedenfalls solche, die nicht eindeutig bestimmt sind. Das bekannteste Beispiel stellt das BRICARDsche octaèdre articulé dar. Aus einem Papierstreifen kann man es folgendermaßen herstellen. Ist a die Breite des Streifens, so zeichne man auf ihn ein rechtwinkliges gleichschenkliges Dreieck, dessen Hypotenuse $\sqrt{2} \cdot a$ beträgt und auf den einen Rand des Streifens fällt, während die gegenüberliegende Ecke also auf den anderen Rand zu liegen kommt. Daran schließe man fünf weitere kongruente Dreiecke an, so daß jedes folgende mit dem vorhergehenden eine Kathete gemeinsam hat. Die Hypotenusen werden also abwechselnd auf den beiden Streifenrändern liegen. Nun schneidet man längs der ersten und letzten Dreiecksseite ab, knickt längs der innern Dreiecksseiten um und heftet die erste und letzte Seite zusammen, nachdem man den Streifen einmal verwunden hat. Auf diese beabsichtigte Verwindung hat man natürlich bei der Richtung des Umknickens schon Rücksicht zu nehmen. Das Polyeder ist noch offen, aber man kann es durch Einfügen von zwei gleichseitigen Dreiecken in ein geschlossenes verwandeln. Leider hat es Selbstdurchdringungslinien, aber es ist, wenn man die Durchdringungslinien nicht als Hindernisse ansieht, beweglich, wobei sich nur Winkel zwischen Seitenflächen ändern, diese selbst aber nicht.

§ 60

Die eindeutige Bestimmtheit der Kugel durch die Metrik

Es ist eines der Hauptergebnisse von GAUSS, daß isometrische Flächen in entsprechenden Punkten gleiche Krümmung haben, aber für Flächen konstanter Krümmung gilt auch die Umkehrung. Sie sind isometrisch aufeinander abbildbar. Wenn wir also von der eindeutigen Bestimmtheit der Kugel sprechen, so können wir das so formulieren: Die Kugel ist die einzige geschlossene singularitätenfreie Fläche konstanter positiver Krümmung. Für diesen LIEBMANNschen Satz geben wir den einfachen Beweis an, der von HILBERT [5] stammt, ein wenig modifiziert durch COHN-VOSSEN [1].

Wenn auf einem Stück einer Fläche konstanter positiver Krümmung, sagen wir 1, die Hauptkrümmungen in allen Punkten gleich sind, so ist es ein Stück der Einheitskugel. Andernfalls müssen Stellen auf ihm existieren, wo die größere Hauptkrümmung die also > 1 ist, ein Maximum hat. Der HILBERTsche Satz besagt, daß solch eine Stelle nur am Rande der Fläche liegen kann, nicht im Innern. Wenn nämlich P eine Stelle maximaler Hauptkrümmung im Innern wäre, so wäre P kein Nabelpunkt und besäße auch eine gewisse Umgebung, die frei von Nabelpunkten wäre. Für diese Umgebung könnten wir dann das singularitätenfreie Netz der Krümmungslinien als Parameterlinien annehmen, wodurch das Linienelement die Form $ds^2 = E\,du^2 + G\,dv^2$ annähme. Wir bezeichnen mit $k(u,v)$ die größere Hauptkrümmung; die kleinere ist also $\frac{1}{k}$, und die Koeffizienten der zweiten Fundamentalform wären $L = -\frac{E}{k}$, $M = 0$, $N = -kG$. Dann erhalten die Fundamentalgleichungen der Flächentheorie folgende Gestalt

$$k_v = -\left(k - \frac{1}{k}\right)\frac{E_v}{2E},$$

$$\left(\frac{1}{k}\right)_u = \left(k - \frac{1}{k}\right)\frac{G_u}{2G},$$

$$-\frac{1}{\sqrt{EG}}\left\{\left(\frac{(\sqrt{E})_v}{\sqrt{G}}\right)_v + \left(\frac{(\sqrt{G})_u}{\sqrt{E}}\right)_u\right\} = 1.$$

Nun müßte in P sein: $k_u = k_v = 0$, $k_{uu} \leqq 0$, $k_{vv} \leqq 0$.

also nach den zwei ersten Gleichungen und wegen $k - \frac{1}{k} > 0$:

$$(\sqrt{E})_v = (\sqrt{G})_u = 0, \quad (\sqrt{E})_{vv} \geq 0, \quad (\sqrt{G})_{uu} \geq 0.$$

Aber das ist mit der letzten Gleichung nicht verträglich. Aus diesem Widerspruch ergibt sich, daß ein Maximum der größeren Krümmung am Rande liegen muß. Wenn also die Fläche geschlossen ist, gibt es kein solches Maximum, die Hauptkrümmungen müssen in jedem Punkt übereinstimmen.

§ 61

Der Paragraph enthält einen neuen Beweis der eindeutigen Bestimmtheit der Kugel auf Grund Minkowskischer Integralformeln. Grotemeyer (nicht publiziert).

Wir haben zu zeigen, daß die Kugel die einzige geschlossene, singularitätenfreie Fläche mit fester positiver Gaussscher Krümmung K ist. Weil $K > 0$ ist, so kann man sich beim Beweis auf Eiflächen beschränken. Es sei $\mathfrak{E}$ eine Eifläche mit $K =$ konst. Es soll gezeigt werden, daß $H^2 - K \equiv 0$ ist auf $\mathfrak{E}$. Dann ist $\mathfrak{E}$ notwendig eine Kugel. H bedeutet, wie üblich, die mittlere Krümmung. Es gilt stets $H^2 - K \geqq 0$, d. h. wegen $K > 0$ auch $H - \sqrt{K} \geqq 0$. Für die Eifläche $\mathfrak{E}$ sind nun die Integralformeln von Minkowski gültig:

$$\begin{aligned} {}^{(\mathfrak{E})}\iint KP\,do &= -{}^{(\mathfrak{E})}\iint H\,do, \\ {}^{(\mathfrak{E})}\iint HP\,do &= -{}^{(\mathfrak{E})}\iint do. \end{aligned} \qquad P = (\mathfrak{x}\,\mathfrak{\xi})$$

$\mathfrak{\xi}$ ist der Normalenvektor.

Wir dividieren die erste Formel durch $\sqrt{K}$ und subtrahieren sie von der zweiten. Dann wird

$${}^{(\mathfrak{E})}\iint (H - \sqrt{K})\,P\,do = {}^{(\mathfrak{E})}\iint \frac{H - \sqrt{K}}{\sqrt{K}}\,do$$

und

$$\text{(A)} \qquad {}^{(\mathfrak{E})}\iint \{H - \sqrt{K}\}\left\{P - \frac{1}{\sqrt{K}}\right\} do = 0.$$

Liegt der Ursprung des Koordinatensystems im Innern der Eifläche, die durch nach innen weisende Normalenvektoren orientiert ist, so ist $P \leqq 0$. Da der Integrand von (A) das Vorzeichen nicht wechselt, so muß wegen $P - \frac{1}{\sqrt{K}} \neq 0$ gelten $H^2 - K \equiv 0$.

§ 62

Der Beweis von Cohn-Vossen für die eindeutige Bestimmtheit der Ovaloide.

A. Bei seinem Beweis für die eindeutige Bestimmtheit der Ovaloide bedient sich Cohn-Vossen [1] der Mittelfläche $\mathfrak{F}$ der beiden Ovaloide $\mathfrak{F}_1$ und $\mathfrak{F}_2$, besonders für den Fall, daß $\mathfrak{F}_1$, $\mathfrak{F}_2$ gleiche Orientierung haben und zwei entsprechende Punkte P_1 und P_2 so zur Deckung gebracht sind, daß auch die Tangentialebenen und entsprechende Richtungen in P_1 und P_2 zusammenfallen. Wenn $\mathfrak{x} = \frac{1}{2}\{\mathfrak{x}_1 + \mathfrak{x}_2\}$ die Mittelfläche ist, so gilt wegen der Isometrie $d\mathfrak{x}_1{}^2 - d\mathfrak{x}_2{}^2 = 0$, daher ist $d(\mathfrak{x}_1 + \mathfrak{x}_2) \cdot d(\mathfrak{x}_1 - \mathfrak{x}_2) = 0$ und die Fläche $\mathfrak{z} = \frac{1}{2}\{\mathfrak{x}_1 - \mathfrak{x}_2\}$ ist Zusatzfläche einer infinitesimalen Verbiegung von $\mathfrak{F}$. Im Beweis von Cohn-Vossen spielt auch der Drehriß $\mathfrak{D}$ dieser infinitesimalen Verbiegung eine Rolle. Um den Beweis darzulegen, wollen wir hier zunächst noch etwas auf Eigenschaften des Drehrisses $\mathfrak{D}$ von $\mathfrak{F}$ eingehen.

1. Wenn $\alpha\delta - \gamma\beta$ in einem Punkt P einer Fläche positiver Krümmung verschwindet, so folgt bekanntlich $\alpha = \beta = \gamma = \delta = 0$ und daher $\mathfrak{y}_u = \mathfrak{y}_v = 0$, d. h. $\mathfrak{y}$ ist in einen solchen Punkt stationär. Wir behaupten nun, daß, wenn $\alpha\delta - \beta\gamma$ nicht $\equiv 0$ ist, dann diese singulären, d. i. stationären Punkte isoliert liegen. Zum Beweis stellen wir uns vor, die Parameter u, v seien so gewählt, daß in einer gewissen Umgebung von P gilt $L = N$, $M = 0$. Das ist bei dreifacher Differenzierbarkeit stets möglich. Dann würden nach Gleichung (15) S. 57 β und γ einander entgegengesetzt gleich und die varriierten CODAZZI-Gleichungen erhielten die Form

$$\alpha_v - \beta_u = L_1(\alpha, \beta), \; \alpha_u + \beta_v = L_2(\alpha, \beta),$$

wobei L_1, L_2 in α, β linear sind mit bekannten stetigen Koeffizienten. Aber dann liegen nach einem Satz von CARLEMAN die gemeinsamen Nullstellen von α, β isoliert.

2. Der Drehriß $\mathfrak{D}$ der Mittelfläche sei ein Punkt. Dann hat man bekanntlich

$$\frac{1}{2}\{\mathfrak{x}_1 - \mathfrak{x}_2\} = \mathfrak{a} + [\mathfrak{b} \times \frac{1}{2}\{\mathfrak{x}_1 + \mathfrak{x}_2\}].$$

Daraus folgt aber für die Entfernungen entsprechender Punkte der Flächen $\mathfrak{x}_1$, $\mathfrak{x}_2$, nämlich $\triangle\mathfrak{x}_1$, $\triangle\mathfrak{x}_2$, daß

$$\triangle\mathfrak{x}_1 - \triangle\mathfrak{x}_2 = [\mathfrak{b} \times (\triangle\mathfrak{x}_1 + \triangle\mathfrak{x}_2)]$$

ist. Durch skalare Multiplikation mit $\triangle\mathfrak{x}_1 + \triangle\mathfrak{x}_2$ erhält man

$$(\triangle\mathfrak{x}_1)^2 = (\triangle\mathfrak{x}_2)^2,$$

d. h. die Flächen sind kongruent. $\mathfrak{x}_2$ geht aus $\mathfrak{x}_1$ durch die Bewegung

$$(1 + \mathfrak{b}^2)\mathfrak{x}_2 = (1 - \mathfrak{b}^2)\mathfrak{x}_1 - 2[\mathfrak{b} \times \mathfrak{x}_1] + 2(\mathfrak{b}\mathfrak{x}_1)\mathfrak{b} - 2\mathfrak{a} - 2[\mathfrak{a} \times \mathfrak{b}] - 2(\mathfrak{a}\mathfrak{b})\mathfrak{b}$$

hervor.

3. Wir wollen uns vorstellen, die Flächen seien in die eingangs erwähnte Lage gebracht und sie seien gleich orientiert. Entweder stimmen dann die Normalkrümmungen für alle entsprechenden Richtungen in P überein, oder nur für zwei. Ich will annehmen, für die Richtung $dv = 0$ stimmen sie überein. Was kann man dann über $\mathfrak{D}$ sagen? Da $L_1 - L_2 = 0$*) sein muß, hat man den Ausdruck zu bilden

$$X = (\mathfrak{x}_{1u}\,\mathfrak{x}_{1v}\,\mathfrak{x}_{1uu}) - (\mathfrak{x}_{2u}\,\mathfrak{x}_{2v}\,\mathfrak{x}_{2uu}).$$

Hier setzt man $\mathfrak{x} = \frac{1}{2}\{\mathfrak{x}_1 + \mathfrak{x}_2\}$, $\mathfrak{z} = \frac{1}{2}\{\mathfrak{x}_1 - \mathfrak{x}_2\}$, d. i. $\mathfrak{x}_1 = \mathfrak{x} + \mathfrak{z}$, $\mathfrak{x}_2 = \mathfrak{x} - \mathfrak{z}$

und erhält

$$\frac{1}{2}X = (\mathfrak{z}_u\,\mathfrak{x}_v\,\mathfrak{x}_{uu}) + (\mathfrak{x}_u\,\mathfrak{z}_v\,\mathfrak{x}_{uu}) + (\mathfrak{x}_u\,\mathfrak{x}_v\,\mathfrak{z}_{uu}) + (\mathfrak{z}_u\,\mathfrak{z}_v\,\mathfrak{z}_{uu}).$$

Dann ist zu berücksichtigen, daß

$$\mathfrak{z}_u = [\mathfrak{y} \times \mathfrak{x}_u], \; \mathfrak{z}_v = [\mathfrak{y} \times \mathfrak{x}_v], \; \mathfrak{z}_{uu} = [\mathfrak{y}_u \times \mathfrak{x}_u] + [\mathfrak{y} \times \mathfrak{x}_{uu}], \; \mathfrak{y}_u = \alpha\mathfrak{x}_u + \beta\mathfrak{x}_v$$

ist. Somit ergibt sich nach einer kleinen Rechnung, bei der nur die elementaren Regeln der Vektorrechnung anzuwenden sind:

$$\frac{1}{2}X = -\beta\{(\mathfrak{x}_u \times \mathfrak{x}_v)^2 + (\mathfrak{y}\,\mathfrak{x}_u\,\mathfrak{x}_v)^2\}.$$

Der Ausdruck in der Klammer ist aber $\neq 0$. Wir finden also:

Wenn $\mathfrak{F}_1$ und $\mathfrak{F}_2$ in einer Richtung gleiche Normalkrümmungen haben, stimmen die entsprechenden Richtungen auf der Mittelfläche und dem Drehriß überein, z. B. $\mathfrak{y}_u = \alpha\mathfrak{x}_u$, und umgekehrt, denn X und β in vorstehender Gleichuug werden nur gleichzeitig Null.

4. Wir nehmen jetzt an, es handle sich um einen stationären Punkt auf $\mathfrak{D}$. Dann ist $d\mathfrak{y}$ für alle Richtungen mit $d\mathfrak{x}$ übereinstimmend, denn der Nullvektor $d\mathfrak{y}$ ist zu allen

*) L_1, L_2 sind Fundamentalgrößen 2. Ordnung.

Richtungen parallel. Also stimmen auf $\mathfrak{F}_1$ und $\mathfrak{F}_2$ für alle Richtungen die Hauptkrümmungen überein. Solche Punkte von $\mathfrak{F}_1$, $\mathfrak{F}_2$ heißen Kongruenzpunkte.

Handelt es sich umgekehrt um Kongruenzpunkte, so muß $d\mathfrak{y}$ für jede Richtung zu $d\mathfrak{x}$ parallel sein. Also ist zunächst einmal $\beta = \gamma = 0$, $\mathfrak{y}_u = \alpha\mathfrak{x}_u$, $\mathfrak{y}_v = -\alpha\mathfrak{x}_v$. Jetzt braucht man die Parallelität nur noch für eine Richtung, z. B. $du : dv = 1$ zu benutzen; dann erhält man $\mathfrak{y}_u + \mathfrak{y}_v$ parallel $\mathfrak{x}_u + \mathfrak{x}_v$, also $\alpha(\mathfrak{x}_u - \mathfrak{x}_v)$ parallel $\mathfrak{x}_u + \mathfrak{x}_v$, d.i.

$$\alpha\,[(\mathfrak{x}_u - \mathfrak{x}_v) \times (\mathfrak{x}_u + \mathfrak{x}_v)] = 0,$$

d. h., weil das gleich $2\alpha\,[\mathfrak{x}_u \times \mathfrak{x}_v]$ und $[\mathfrak{x}_u \times \mathfrak{x}_v] \neq 0$ ist, es muß $\alpha = 0$ sein. Es liegt also ein stationärer Punkt des Drehrisses vor. Daß wirklich $[\mathfrak{x}_u \times \mathfrak{x}_v] \neq 0$ ist, braucht nicht für die allgemeine Lage zu gelten; es gilt jedenfalls für die im Anfang vorausgesetzte.

5. Da die Kongruenzpunkte den stationären Punkten des Drehrisses entsprechen, für die aber schon festgestellt wurde, daß sie isoliert liegen, so folgt, daß auf konvexen isometrischen Flächen die Kongruenzpunkte isoliert liegen.

6. Wir wollen uns noch mit Hilfe eines Beispiels eine Vorstellung vom Verhalten des Drehrisses in der Umgebung eines singulären Punktes machen.
Wir betrachten das Paraboloid

$$\mathfrak{x}(u, v) = \left\{u, v, \frac{u^2 + v^2}{2}\right\}.$$

Der Vektor

$$\mathfrak{z} = \frac{1}{4}\{-8u^3 v, -u^4 - 6u^2 v^2 + 3v^4, 12u^2 v - 4v^3\}$$

ist Zusatzvektor einer infinitesimalen Verbiegung von $\mathfrak{x}$: denn es ist

$$\mathfrak{x}_u = \{1, 0, u\}, \quad \mathfrak{x}_v = \{0, 1, v\},$$

$$\mathfrak{z}_u = \{-6u^2 v, -u^3 - 3uv^2, 6uv\}, \quad \mathfrak{z}_v = \{-2u^3, -3u^2 v + 3v^3, 3u^2 - 3v^2\}$$

und die Gleichungen

$$(\mathfrak{x}_u \mathfrak{z}_u) = 0; \quad (\mathfrak{x}_u \mathfrak{z}_v) + (\mathfrak{x}_v \mathfrak{z}_u) = 0; \quad (\mathfrak{x}_v \mathfrak{z}_v) = 0$$

sind erfüllt. Man findet für den Drehvektor

$$\mathfrak{y} = \{3u^2 - 3v^2, -6uv, 2u^3 - 6uv^2\}$$

und bestätigt, daß $\mathfrak{z}_u = [\mathfrak{y} \times \mathfrak{x}_u]$, $\mathfrak{z}_v = [\mathfrak{y} \times \mathfrak{x}_v]$ gilt. $\alpha = 6u$, $\beta = -6v$, $\gamma = -6v$ $\delta = -6u$ verschwinden für $u = v = 0$. D. h. es liegt für $u = v = 0$ ein stationärer Punkt vor. Längs $u = \cos\varphi$, $v = \sin\varphi$ erhält man

$$\mathfrak{y} = \{3\cos 2\varphi, -3\sin 2\varphi, \cdots\}.$$

Während φ von 0 bis 2π läuft, macht der Vektor $3\cos 2\varphi$, $-3\sin 2\varphi$ zwei Umläufe und zwar im entgegengesetzten Sinn. Die Fläche $\mathfrak{y}$ ist zweiblättrig, vom Charakter der Riemannschen Fläche für $\sqrt{z}$. Die Schnitte mit den Halbebenen, die von der 3-Achse begrenzt werden, sind semikubische Parabeln, nur die mit $u = 0$ und $u = \pm\sqrt{3}\cdot v$ sind Doppelgeraden, Durchdringungslinien des Drehrisses.

§ 63

B. Cohn-Vossen hat seinen Beweis erstmalig 1927 publiziert. Er galt aber nur für stückweise analytische Flächen. Der Satz von Carleman ermöglichte dann die Verallgemeinerung auf dreifach stetig differenzierbare Ovaloide.

Die Flächen $\mathfrak{F}_1$ und $\mathfrak{F}_2$ seien gleich orientiert. Die beiden Richtungen in irgend zwei entsprechenden Punkten, längs derer die Normalkrümmungen beider Flächen übereinstimmen, nennt er charakteristische Richtungen. In Kongruenzpunkten bezeichnet er alle entsprechenden Richtungen als charakteristisch. Er unterscheidet mit

Ausnahme der Kongruenzpunkte die Richtungen als positive und negative. Wenn man die charakteristische Richtung um P ein wenig im positiven Sinne dreht und dann die Normalkrümmung von $\mathfrak{F}_2$ für die neue Richtung größer ist als die von $\mathfrak{F}_1$, so heißt die charakteristische Richtung positiv, sonst negativ. Es wird nun das Feld etwa der positiven Richtungen untersucht. Die Kongruenzpunkte erscheinen als Ausnahmepunkte des Feldes. Nehmen wir sie aus, so erscheint das Feld als überall stetig, es wird als Richtungsfeld bezeichnet.

Man denke sich auf einem Flächenstück $\mathfrak{F}$, das orientiert ist, eine einfache geschlossene stetig differenzierbare Kurve $\mathfrak{C}$ mit bestimmter Umlaufsrichtung gelegen. Die Kurve, die man aus $\mathfrak{C}$ durch Veränderung der Umlaufsrichtung erhält, heiße $\mathfrak{C}'$. Weiter sei auf $\mathfrak{F}$ ein Richtungsfeld $\mathfrak{R}$ gegeben, welches keine Ausnahmepunkte hat. Wir wählen einen Punkt der Kurve aus und versehen die Richtung des Feldes dort mit einem Pfeil. Ein solcher war vorher an keiner „Richtung" des Feldes vorzustellen. w sei der Winkel, der vom Tangentenvektor im Kurvenpunkt als Anfangsschenkel und dem Pfeil als Endschenkel gebildet wird. Jetzt durchlaufe der Punkt die Kurve in positivem Sinne stetig einmal. Dabei setzen wir den Winkel stetig fort und bezeichnen die Änderung von w bei einmaligem Umlauf, die ein ganzzahliges Vielfaches von π ist, mit $W\pi$. Insofern W zur Kurve $\mathfrak{C}$ gehört, heiße es $W(\mathfrak{C})$. Es ist $W(\mathfrak{C}') = - W(\mathfrak{C})$. W ist auch definiert bei der Annahme, daß $\mathfrak{C}$ eine endliche Zahl von Ecken hat. Es ändert sich bei stetiger Änderung von $\mathfrak{C}$ nicht.

Wir richten unser Augenmerk auf die Stellen von $\mathfrak{C}$, von denen die Feldrichtung die Kurve berührt. Je nachdem w in einem Berührungspunkte zunimmt, abnimmt oder stationär ist, nennt man den Berührungspunkt positiv, negativ oder unbezeichnet. Wenn p die Anzahl positiver und n die Anzahl negativer Berührungspunkte auf $\mathfrak{C}$ ist, gilt die Formel

$$W = p - n,$$

die hier nicht ausführlich begründet zu werden braucht. Sie gibt ein bequemes Mittel, in jedem Falle W zu bestimmen. Bei topologischer Abbildung von $\mathfrak{F}$, $\mathfrak{R}$, $\mathfrak{C}$ ändert sich W nicht, es ist eine topologische Invariante.

Jetzt habe das Feld $\mathfrak{R}$ auf $\mathfrak{F}$ eine endliche Zahl von Ausnahmepunkten. $\mathfrak{C}$ enthalte keinen von ihnen, seine Umlaufsrichtung entspreche der Orientierung der Fläche. Man verbindet zwei Punkte von $\mathfrak{C}$ mittels eines einfachen Bogens $\mathfrak{B}$, der ganz innerhalb von $\mathfrak{C}$ verläuft. Dann ist $\mathfrak{C} = \mathfrak{C}_1 + \mathfrak{C}_2$, wobei $\mathfrak{B}$ in $\mathfrak{C}_1$ und $\mathfrak{C}_2$ in entgegengesetztem Sinne durchlaufen wird. Wir bilden $W(\mathfrak{C}_1)$ und $W(\mathfrak{C}_2)$; indem wir die Winkel an den Enden des Bogens $\mathfrak{B}$ in Rechnung stellen, folgt

$$W(\mathfrak{C}) = W(\mathfrak{C}_1) + W(\mathfrak{C}_2) + 2.$$

Wenn man dann

$$V(\mathfrak{C}) = W(\mathfrak{C}) + 2$$

einführt, schreibt sich die Formel einfacher:

$$V(\mathfrak{C}) = V(\mathfrak{C}_1) + V(\mathfrak{C}_2)$$

in der Art, wie das bei Kurvenintegralen der Fall ist. Sind innerhalb $\mathfrak{C}$ keine Ausnahmepunkte von $\mathfrak{R}$, dann ändern sich W und V bei Zusammenziehung von $\mathfrak{C}$ auf einen Punkt nicht, und daraus läßt sich leicht folgern

$$W(\mathfrak{C}) = -2, \quad V(\mathfrak{C}) = 0.$$

Infolge der topologischen Invarianz kann man sich bei den Winkelbestimmungen vorstellen, es handle sich um einen ebenen Bereich; so werden wir gleich verfahren.

Sind im Innern von $\mathfrak{C}$ die Ausnahmepunkte $P_1, \ldots, P_n$, so werde jeder mit einer kleinen geschlossenen, wie $\mathfrak{C}$ orientierten Kurve $\mathfrak{C}_k$ umgeben, und man erhält so wie in der Funktionentheorie

$$V(\mathfrak{C}) = \sum_{k=1}^{n} V(\mathfrak{C}_k).$$

Insofern $V(\mathfrak{C}_k)$ von der Beschaffenheit des Feldes in beliebig kleiner Umgebung von P_k abhängt, nennen wir es den Index $j(P_k)$ von P_k und können unsere Formel schreiben:

$$V(\mathfrak{C}) = \sum_{k=1}^{n} j(P_k).$$

Von POINCARÉ stammt eine Formel für die Summe der Indizes eines Richtungsfeldes $\mathfrak{R}$ auf einer Fläche $\mathfrak{F}$ vom Typ der Kugel mit den Ausnahmepunkten $P_1, \ldots, P_n$. Sie lautet

$$\sum_{k=1}^{n} j(P_k) = 4,$$

und man erhält sie sofort aus der vorigen Formel, wenn man diese auf die 2 einfach zusammenhängenden Stücke anwendet, in die $\mathfrak{F}$ durch eine einfach geschlossene Kurve zerteilt wird, welche keine Ausnahmepunkte trifft, und berücksichtigt, daß $V(\mathfrak{C}) = W(\mathfrak{C}) + 2$, $V(\mathfrak{C}') = W(\mathfrak{C}') + 2$ und $W(\mathfrak{C}') = -W(\mathfrak{C})$ ist. Dabei bedeutet $\mathfrak{C}'$ wieder die mit $\mathfrak{C}$ zusammenfallende, aber entgegengesetzt orientierte Kurve.

Wir geben ein paar Beispiele für den Index eines Punktes P der Ebene an, indem wir jeweils die Schar der Kurven benennen, die das Richtungsfeld „tragen":

1. Büschel der Geraden durch P oder der Kreise mit Mittelpunkt P: $j(P) = 2$.
2. Schar konfokaler Parabeln mit Brennpunkt P und gleicher Achse: $j(P) = 1$.
3. Kreisbüschel durch P mit gemeinsamer Tangente in P: $j(P) = 4$.
4. Gesamtheit der Hyperbeln mit Mittelpunkt P und gleichen Asymptoten: $j(P) = -2$.
5. Niveaulinien von $\mathrm{Re}(z^n)$ oder $\mathrm{Im}(z^n)$, n ganzahlig: $j = 2(1-n)$.

§ 64

Wir werden nun zu einem Widerspruch mit der Formel von POINCARÉ kommen, wenn wir annehmen, auf einem Ovaloid könne es ein Feld positiver charakteristischer Richtungen geben. Nämlich der Index jedes Ausnahmepunktes in einem solchen Feld ist negativ.

Die Flächen $\mathfrak{F}_1$ und $\mathfrak{F}_2$ mögen sich in einem Ausnahmepunkt P berühren und so liegen, wie anfangs gefordert. Wir betrachten eine so kleine Umgebung von P auf $\mathfrak{F}_1$, $\mathfrak{F}_2$, $\mathfrak{F}$, $\mathfrak{D}$, daß sie alle auf die Tangentialebene in P sich eindeutig projizieren lassen. P muß in bezug auf die Richtungsfelder auf $\mathfrak{F}$ und $\mathfrak{D}$, die durch die von $\mathfrak{F}_1$ und $\mathfrak{F}_2$ aufgeprägt sind, gleichen Index j haben. Statt der Flächen $\mathfrak{F}$ und $\mathfrak{D}$ betrachten wir die senkrechten Projektionen in die Tangentialebene von P in einer genügend kleinen Umgebung von P. Sie ist für $\mathfrak{D}$ nicht eindeutig; jedem Punkt der Ebene außer P werden auf $\mathfrak{D}$ eine gleiche Anzahl von Punkten entsprechen. Wir können sie eineindeutig machen, wenn wir statt der Tangentialebene E die darüber ausgebreitete RIEMANNsche Fläche E' mit n-fachem Verzweigungspunkt in P heranziehen. Jetzt haben wir zwischen der Projektion $\mathfrak{A}$ von $\mathfrak{F}$ und $\mathfrak{B}$ von $\mathfrak{D}$ (auf die RIEMANNsche Fläche) einen Homöomorphismus. Der Homöomorphismus ruft auf $\mathfrak{B}$ eine zu der von $\mathfrak{A}$ entgegengesetzte Orientierung hervor. Ist $\mathfrak{C}''$ das Bild einer einfach geschlossenen Kurve $\mathfrak{C}$, die P in $\mathfrak{A}$ umgibt, so nimmt der Winkel, der von der Tangente von $\mathfrak{C}''$ mit einer festen Richtung in E' gebildet wird, bei einmaligem Durchlaufen der Kurve zwar um $2n\pi$ ab, wenn wir die Orientierung wie bei $\mathfrak{A}$ wählen, er nimmt aber um $2n\pi$ zu bei Zugrundelegung der durch den Homöomorphismus aufgeprägten Orientierung. Jetzt bilden wir $W(\mathfrak{C})$ und $W(\mathfrak{C}'')$ in bezug auf die in E bzw. E' übertragenen Richtungsfelder, wobei wir auf $\mathfrak{B}$ die letztere Orientierung wählen.

Angenommen der Winkel, den die Richtung des Feldes in $\mathfrak{A}$ mit einer festen Richtung bildet, ändere sich bei einmaligem Durchlaufen von $\mathfrak{C}$ um $X\pi$. Man erhält dann $W(\mathfrak{C})$, indem man die gesamte Drehung 2π der Tangente abzieht und durch π dividiert, also

$$W(\mathfrak{C}) = X - 2.$$

Auf $\mathfrak{C}''$ ist die gesamte Drehung des Feldes $-X\pi$. Denn die Richtungsfelder in $\mathfrak{F}$ und $\mathfrak{D}$ sind in entsprechenden Punkten parallel. Und die Parallelität bleibt bei orthogonaler Projektion erhalten. Sie wäre also auch $X\pi$ bei der $\mathfrak{A}$ entsprechenden Orientierung, aber bei der von uns benutzten ist sie $-X\pi$. Somit erhalten wir nach demselben Verfahren wie eben:

$$W(\mathfrak{C}'') = -X - 2n.$$

Da W eine topologische Invariante ist, folgt $X - 2 = -X - 2n$, also $2X = 2 - 2n$. Für X erhalten wir $1-n$, für W den Wert $-1-n$, also für den gesuchten Index

$$j = V(\mathfrak{C}) = W(\mathfrak{C}) + 2,$$

das ist

$$j = 1 - n.$$

Da also in jedem Ausnahmepunkt der Index negativ ist, während für eine geschlossene Fläche vom Geschlecht 0 die Summe der Indizes nach dem Satz von POINCARÉ 4 sein muß, kann auf einem Ovaloid kein Feld charakteristischer Richtungen existieren. Alle entsprechenden Punkte der isometrischen Ovaloide müssen Kongruenzpunkte und die Ovaloide kongruent sein.

§ 65

Der Beweis von HOPF und SAMELSON {1} für die eindeutige Bestimmtheit der Ovaloide bezieht sich nur auf analytische Flächen. Das kommt daher, daß zwei Fälle zu untersuchen sind: 1. Es gebe eine Häufungsstelle von Kongruenzpunkten. 2. Es gebe nur isolierte Kongruenzpunkte.

Die Analytizität wird gebraucht, um den ersten Fall zu erledigen. Dann folgt aus ihr: Die Isometrie ist eine Kongruenz.

Nun hat ja COHN-VOSSEN aus den Ergebnissen von CARLEMAN gefolgert, daß der erste Fall nicht eintreten kann, und zwar unter der Voraussetzung nur dreimaliger Differenzierbarkeit, von der er annahm, daß sie sich sogar noch einschränken lasse.

Indem also nur der Fall 2 untersucht zu werden braucht, wird die Analytizität nicht benötigt, und dann hat der Beweis von HOPF und SAMELSON vor dem von COHN-VOSSEN den Vorzug, daß der Drehriß der Mittelfläche, definiert durch die Differenzenfläche, nicht herangezogen zu werden braucht. Hier wird zwar auch festgestellt, daß der Index eines isolierten Kongruenzpunktes negativ ist, und es werden dazu auch die Flächen $\mathfrak{x}_1$ und $\mathfrak{x}_2$ in solcher Lage angenommen, daß sie sich in dem zu untersuchenden Kongruenzpunkt berühren und entsprechende Richtungen zusammenfallen; während aber COHN-VOSSEN $\mathfrak{x}_1$ und $\mathfrak{x}_2$ gleich orientiert voraussetzte, wodurch die Mittelfläche $\frac{1}{2}\left\{\mathfrak{x}_1 + \mathfrak{x}_2\right\}$ positive Krümmung in der Umgebung von P und in P mit $\mathfrak{x}_1$ und $\mathfrak{x}_2$ eine Berührung zweiter Ordnung hatte, wird hier gerade $\mathfrak{x}_2$ zu $\mathfrak{x}_1$ als entgegengesetzt orientiert vorausgesetzt. Dadurch wird die Krümmung von $\frac{1}{2}\left\{\mathfrak{x}_1 + \mathfrak{x}_2\right\}$, wie wir sehen werden, negativ, und der Punkt P wird darauf ein Flachpunkt. Den Kongruenzrichtungen auf $\mathfrak{x}_1$ und $\mathfrak{x}_2$ aber entspicht das Netz der Asymptotenlinien von $\mathfrak{x} = \frac{1}{2}\left\{\mathfrak{x}_1 + \mathfrak{x}_2\right\}$.

Während wir in der Besprechung der Arbeit von COHN-VOSSEN nur vom Index eines Punktes für ein Feld sprachen, wird hier auch der Begriff des Index für ein Netz erörtert, insbesondere eben der des Asymptotenliniennetzes der Fläche $\mathfrak{x}$. Dazu betrachtet man das rechtwinklige Kreuz der Winkelhalbierer der Netzkurvenrichtungen, im speziellen Fall also das der Krümmungslinien, und bestimmt den Winkel, um den sich dieses Kreuz beim Durchlaufen eines geschlossenen Weges dreht, der ein Vielfaches von $\frac{\pi}{2}$ ist. Aus diesem „Index des Netzes längs des Weges" erhält man dann wie früher den Index eines Punktes, insbesondere eines Ausnahmepunktes. Es stellt sich heraus, daß der Index für das Netz halb so groß ist wie der für ein in bestimmter Weise damit zusammenhängendes Feld. Der Beweis von HOPF-SAMELSON verläuft im einzelnen folgendermaßen:

Der Normalenvektor der Mittelfläche $\mathfrak{x}$ der zwei isometrischen Flächen $\mathfrak{x}_1$ und $\mathfrak{x}_2$, die sich in der angegebenen Lage befinden mögen, bildet mit den Normalenvektoren von $\mathfrak{x}_1$ und $\mathfrak{x}_2$ den gleichen Winkel γ, und dieser ist stets $\neq \frac{\pi}{2}$, also $(\xi\xi_1) = (\xi\xi_2) = \cos\gamma \neq 0$. Sind E, F, G die ersten Fundamentalgrößen von $\mathfrak{x}_1$ und $\mathfrak{x}_2$, so ist

$$(\xi\xi_1) = \frac{1}{|[\mathfrak{x}_u \times \mathfrak{x}_v]|} \cdot \frac{1}{\sqrt{EG - F^2}} \cdot \frac{1}{4} [(\mathfrak{x}_{1u} + \mathfrak{x}_{2u}) \times (\mathfrak{x}_{1v} + \mathfrak{x}_{2v})] [\mathfrak{x}_{1u} \times \mathfrak{x}_{1v}].$$

Man überzeugt sich leicht, daß in der Umgebung von P der Nenner $\neq 0$ ist. Das Produkt der Klammern wird

$$\{E + (\mathfrak{x}_{1u}\mathfrak{x}_{2u})\}\{G + (\mathfrak{x}_{1v}\mathfrak{x}_{2v})\} - \{F + (\mathfrak{x}_{1u}\mathfrak{x}_{2v})\}\{F + (\mathfrak{x}_{1v}\mathfrak{x}_{2u})\}.$$

Aber es wird für $(\xi\xi_2)$ denselben Wert haben.

Wäre $(\xi\xi_1)$ irgendwo $= 0$, so müßte ξ identisch mit einem Tangentenvektor $\mathfrak{x}'_1$ sein: $\mathfrak{x}'_1 = \xi$. Jetzt müßte ξ als Normalenvektor von $\mathfrak{x}$ insbesondere zu $\frac{1}{2}\{\mathfrak{x}_1' + \mathfrak{x}_2'\}$ senkrecht sein, d. h. $\frac{1}{2}(\mathfrak{x}_1' + \mathfrak{x}_2')\mathfrak{x}_1' = 0$. Es ist aber in Wirklichkeit (wegen $\mathfrak{x}'^2_1 = \mathfrak{x}'^2_2$)

$$\frac{1}{2}(\mathfrak{x}_1'^2 + (\mathfrak{x}_1'\mathfrak{x}_2')) = \frac{1}{4}\left\{\mathfrak{x}'^2_1 + \mathfrak{x}'^2_2 + 2(\mathfrak{x}_1'\mathfrak{x}_2')\right\} = \frac{1}{4}(\mathfrak{x}_1' + \mathfrak{x}_2')^2 > 0,$$

d. h. $\gamma \neq \frac{\pi}{2}$.

§ 66

Jetzt bestimmen wir die Koeffizienten L_{ik} der zweiten Fundamentalform von $\mathfrak{x} = \frac{1}{2}(\mathfrak{x}_1 + \mathfrak{x}_2)$.

Die GAUSSschen Ableitungsgleichungen für $\mathfrak{x}_1$ lauten

$$\mathfrak{x}_{1ik} = \left\{\begin{matrix} ik \\ 1 \end{matrix}\right\} \mathfrak{x}_{1u} + \left\{\begin{matrix} ik \\ 2 \end{matrix}\right\} \mathfrak{x}_{2v} + L_{1ik}\, \xi_1$$

und analog für $\mathfrak{x}_2$. In dieser zweiten Gleichung stehen wegen der Isometrie dieselben CHRISTOFFELschen Symbole. Durch Addition und Division durch 2 erhält man:

$$\mathfrak{x}_{ik} = \left\{\begin{matrix} ik \\ 1 \end{matrix}\right\} \mathfrak{x}_u + \left\{\begin{matrix} ik \\ 2 \end{matrix}\right\} \mathfrak{x}_v + \frac{1}{2}\left\{L_{1ik}\, \xi_1 + L_{2ik}\, \xi_2\right\}.$$

Jetzt bildet man

$$L_{ik} = \frac{1}{\|[\mathfrak{x}_u \times \mathfrak{x}_v]\|} (\mathfrak{x}_{ik}\, \mathfrak{x}_u\, \mathfrak{x}_v) =$$

$$\frac{1}{\|[\mathfrak{x}_u \times \mathfrak{x}_v]\|} \cdot \frac{1}{2}\left\{ L_{1ik} (\xi_1\, \mathfrak{x}_u\, \mathfrak{x}_v) + L_{2ik} (\xi_2\, \mathfrak{x}_u\, \mathfrak{x}_v) \right\} =$$

$$\frac{1}{2}\left(L_{1ik} (\xi_1 \xi) + L_{2ik} (\xi_2 \xi)\right) =$$

$$\frac{1}{2}\left\{L_{1ik} + L_{2ik}\right\} \cos\gamma .$$

Wir wollen die Gleichungen noch mit der Bezeichnung von BLASCHKE

$$L = \frac{1}{2}(L_1 + L_2)\cos\gamma, \quad M = \frac{1}{2}(M_1 + M_2)\cos\gamma, \quad N = \frac{1}{2}(N_1 + N_2)\cos\gamma$$

schreiben. Offenbar ist

$$(L_1 + L_2)\, du^2 + 2(M_1 + M_2)\, du\, dv + (N_1 + N_2)\, dv^2 = 0$$

die Gleichung der Asymptotenlinien von $\mathfrak{x}$. Wären die Flächen gleich orientiert, so würde man durch

$$\frac{L_1\, du^2 + 2 M_1\, du\, dv + N_1\, dv^2}{ds^2} = \frac{L_2\, du^2 + 2 M_2\, du\, dv + N_2\, dv^2}{ds^2}$$

die Gleichheit der Normalkrümmungen für die Richtung du : dv andeuten. Da sie aber gerade entgegengesetzt orientiert sein sollten, ist die Gleichung der Asymptotenlinien von $\mathfrak{x}$ zugleich die Bedingung für die Kongruenzrichtungen auf $\mathfrak{x}_1$ und $\mathfrak{x}_2$. Im Punkte P ist überdies, da jede Richtung Kongruenzrichtung ist, $L_1 + L_2 = M_1 + M_2 = N_1 + N_2 = 0$, aber dann ist P auf $\mathfrak{x}$ Flachpunkt, und es handelt sich darum, den Index des Punktes P auf $\mathfrak{x}$ für das Netz der Asymptotenlinien zu ermitteln. Daß die Fläche $\mathfrak{x}$ negative Krümmung hat, also $(L_1 + L_2)(N_1 + N_2) - (M_1 + M_2)^2 < 0$ ist, spielte bereits in der Theorie von HERGLOTZ eine wichtige Rolle. Nur waren dort die Flächen $\mathfrak{x}_1$ und $\mathfrak{x}_2$ gleich orientiert, so daß in den Klammern überall das Minuszeichen stand.

Die Bestimmung des Index eines Flachpunktes für das Netz der Asymptotenlinien ist von Bedeutung bei den Fragen der Verbiegung im kleinen solcher Flächen mit Flachpunkt. Ihre Theorie ist im 7. Kapitel dieses Buches bis 1948 dargestellt und wird von uns noch ergänzt. Sie ist insbesondere mit der Sattelordnung s dieser Flächen in Verbindung gebracht worden. Ist die Sattelordnung s, so beträgt der Index 1 — s. In einem gewöhnlichen Punkt ist die Sattelordnung s = 1, bei einem Affensattel = 2. Bei HOPF und SAMELSON wird der Index für das Netz der Asymptotenlinien

$$L\, du^2 + 2M\, du\, dv + N\, dv^2 = 0,$$

wie oben bemerkt, mit dem des Feldes

$$L\, du + M\, dv = 0$$

verglichen. Es zeigt sich, daß dieser das Doppelte ist. Liegt die Fläche in der Form $z = f(x, y)$ vor, so stellt

$$L\,du + M\,dv = z_{xx}\,dx + z_{xy}\,dy = 0$$

die Gleichung der Niveaulinien von $z_x(x, y)$ dar. Die Umgebung von P zerfällt in $2n$ Sektoren, in denen z_x verschiedenes Zeichen hat. P hat für dieses Feld den Index $2 - 2n$. In jedem Fall erhält man einen negativen Index im Widerspruch zum Satz von POINCARÉ, daß die Summe der Indizes auf einem Ovaloid 4 sein muß.

§ 67

Im Fall positiv gekrümmter isometrischer Flächenstücke hat ZHITOMIRSKY {1} einen einfachen Weg zur Bestimmung des Index in einem Kongruenzpunkt angegeben. Allerdings wird dabei Analytizität der Flächen vorausgesetzt, die sich höchstwahrscheinlich jedoch durch Differenzierbarkeitsforderungen ersetzen läßt. Übrigens läßt sich die Methode auch bei anderen Problemen anwenden, bei denen die Bestimmung des Index eines Kurvennetzes wichtig ist. Wir geben nachstehend eine vereinfachte Darstellung der ZHITOMIRSKYschen Methode. Dabei bedienen wir uns der Bezeichnungsweise von § 69 und § 70.

A_{ik} bezeichne die Differenz der Tensoren der zweiten Fundamentalformen der beiden isometrischen Flächenstücke. Dann ist bekanntlich das Netz $A_{ik}\,du^i\,du^k = 0$ der Kongruenzrichtungen (charakteristische Richtungen) reell, wenn $K \geqq 0$ ist (vgl. § 70). Ferner gilt

(1) $$(\underline{B}^{ik} + \overset{*}{\underline{B}}{}^{ik})\,A_{ik} = 0 \quad \text{und} \quad (2)\ \ \varepsilon^{ik}\,A_{ik\|l} = 0.$$

(Vgl. § 70). Es sei jetzt $\overset{\circ}{u}{}^k$ ein Kongruenzpunkt. Wir führen in der Umgebung von $\overset{\circ}{u}{}^k$ ein Kurvennetz als Parameterlinien so ein, daß der positiv definite Tensor $\underline{B}^{ik} + \overset{*}{\underline{B}}{}^{ik}$ „isotherme Form" erhält: $\underline{B}^{11} + \overset{*}{\underline{B}}{}^{11} = \underline{B}^{22} + \overset{*}{\underline{B}}{}^{22}$; $\underline{B}^{12} + \overset{*}{\underline{B}}{}^{12} = 0$. (Nach LICHTENSTEIN ist das stets möglich, wenn $\underline{B}^{ik} + \overset{*}{\underline{B}}{}^{ik}$ stetig differenzierbar ist.) Aus (1) folgt zunächst $A_{11} + A_{22} = 0$. Die Gleichungen (2) nehmen daher die Form

(3) $$\begin{aligned} A_{11\|2} - A_{12\|1} &= 0, \\ A_{12\|2} + A_{11\|1} &= 0 \end{aligned}$$

an. Setzt man $U = A_{11}$, $V = A_{12}$, so läßt sich (3) schreiben als

$$\begin{aligned} U_{|1} + V_{|2} &= \bar{a}\,U + \bar{b}\,V, \\ U_{|2} - V_{|1} &= \bar{\bar{a}}\,U + \bar{\bar{b}}\,V. \end{aligned}$$

Hieraus geht wiederum hervor (vgl. § 62), daß die Kongruenzpunkte isoliert liegen müssen; denn auf Grund des Satzes von CARLEMAN können U und V nur in isoliert liegenden Punkten gleichzeitig verschwinden. Da $U = V = 0$ mit $A_{ik} = 0$ äquivalent ist, so liegen auch die Kongruenzpunkte isoliert. ZHITOMIRSKY beweist die Isoliertheit der Kongruenzpunkte (siehe unten) ohne Benutzung der CARLEMANschen Methode unter der Voraussetzung der Analytizität.

Benutzen wir jetzt die Analytizität der Flächen in der Umgebung des Kongruenzpunktes $\overset{\circ}{u}{}^k$. Dann können wir A_{ik} nach Potenzen von $(u^k - \overset{\circ}{u}{}^k)$, $k = 1,2$ entwickeln:

(4) $$A_{ik} = \sum_{\nu = n} A_{ik}^{(\nu)}.$$

Darin sind $A_{ik}^{(\nu)}$ homogene Formen in $(u^k - \overset{\circ}{u}{}^k)$, $k = 1,2$ vom Grade ν und $A_{ik}^{(n)}$ verschwindet nicht identisch.

Aus der Gleichung (3) folgt unmittelbar durch Einsetzen von (4) wegen $A_{ik}^{(\varrho)} = 0$ mit $\varrho < n$:

$$(5) \qquad \begin{aligned} A_{11|2}^{(n)} - A_{12|1}^{(n)} &= 0\,, \\ A_{12|2}^{(n)} + A_{11|1}^{(n)} &= 0\,. \end{aligned}$$

Diese CAUCHY-RIEMANNschen Gleichungen besagen, daß die Funktion $w = A_{12}^{(n)} + i\, A_{11}^{(n)}$ eine analytische Funktion der komplexen Veränderlichen $z = (u^1 - \overset{\circ}{u}{}^1) + i\,(u^2 - \overset{\circ}{u}{}^2)$ ist. Da $A_{ik}^{(n)}$ homogene Formen n-ten Grades sind, so besitzt w an der Stelle $z = 0$ eine Nullstelle n-ter Ordnung. (Es ist sogar $w = c \cdot z^n$, $c = \text{const.}$) Weiter findet man

$$\operatorname{Im}(w) = A_{11}^{(n)} = -A_{22}^{(n)}\,, \quad \operatorname{Re}(w) = A_{12}^{(n)}\,,$$

woraus $\|A_{ik}^{(n)}\| = -|w|^2$ folgt. (Daraus erkennt man die Isoliertheit der Kongruenzpunkte.) Wichtiger ist, daß jetzt das Kurvennetz $A_{ik}^{(n)}\, du^i\, du^k = 0$ in der Form

$$(6) \qquad \operatorname{Im}(w\, dz^2) = 0$$

geschrieben werden kann. Dieses Netz stimmt in einer genügend kleinen Umgebung der Stelle $z = 0$ beliebig genau mit dem Kurvennetz $A_{ik}\, du^i\, du^k = 0$ überein. Daher sind die Indizes beider Netze an der Stelle $z = 0$ gleich. Der Index des Netzes (6) läßt sich aber leicht angeben:

Es sei j der Index an der Stelle $z = 0$. Dann gilt

$$\pi j = \delta\,[\arg dz]\,, \quad ^{1})$$

wenn wir unter $\delta\,[\arg dz]$ die Winkeländerung bei einmaliger Umlaufung von $z = 0$ verstehen. Aus (6) folgt nun

$$\arg(w\, dz^2) = r\pi\,,$$

wo r eine ganze Zahl ist. Somit gilt schließlich

$$\arg w + 2 \arg dz = r\pi$$

und

$$\delta\,[\arg dz] = -\frac{1}{2}\,\delta\,[\arg w]\,.$$

Nun besitzt w für $z = 0$ eine Nullstelle n-ter Ordnung. D. h. es ist $\delta\,[\arg w] = 2\pi n$. Daher gilt $j = -n < 0$.

§ 68

Das am weitesten gehende Ergebnis über die eindeutige Bestimmtheit geschlossener konvexer Flächen stammt von POGORELOW {2}.

In seiner Arbeit wird die e i n d e u t i g e B e s t i m m t h e i t a l l g e m e i n e r g e s c h l o s s e n e r k o n v e x e r F l ä c h e n d u r c h d i e M e t r i k b e w i e s e n. Eine allgemeine geschlossene konvexe Fläche ist die Begrenzung eines endlichen konvexen Körpers. Wir werden sie im folgenden kurz als geschlossene konvexe Fläche bezeichnen. Hier werden solche geschlossenen konvexen Flächen $\mathfrak{F}_0$ und $\mathfrak{F}_1$ betrachtet, die isometrisch sind. Wir wollen sie überdies als gleich orientiert voraussetzen. POGORELOW beweist, daß sie kongruent oder, wie wir statt dessen auch sagen wollen, gleich sind. Wir werden, bevor wir den Beweis wiedergeben, einige Begriffe und Sätze anführen:

1. Aus dem Punkt P der konvexen Fläche $\mathfrak{F}$ ziehen wir alle Halbgeraden, die ins Innere des Körpers gehen, dessen Begrenzung die Fläche $\mathfrak{F}$ ist. Sie füllen das Innere

[1]) Diese einfache, aber nützliche Formel geht unseres Wissens auf H. HOPF {2} zurück. Durch Benutzung derselben ließ sich der Beweis von ZHITOMIRSKY vereinfachen.

eines konvexen Kegels aus, der *Tangentenkegel* von $\mathfrak{F}$ in P genannt wird. Er kann in ein Zweiflach oder eine Ebene entarten. Je nachdem heißt P konisch, kantig oder glatt.

2. Beim Beweis der Kongruenz von $\mathfrak{F}_0$ und $\mathfrak{F}_1$ insbesondere für „benachbarte" $\mathfrak{F}_0$ und $\mathfrak{F}_1$ spielen die *gemischten* Flächen $\mathfrak{F}_\lambda$ eine besondere Rolle. $\mathfrak{x}_0$ und $\mathfrak{x}_1$ seien die Ortsvektoren von $\mathfrak{F}_0$ und $\mathfrak{F}_1$, $\mathfrak{x}_\lambda$ der von $\mathfrak{F}_\lambda$. Dann ist $\mathfrak{F}_\lambda$ definiert durch die Gleichung

$$\mathfrak{x}_\lambda = \lambda \mathfrak{x}_0 + (1-\lambda)\mathfrak{x}_1 .$$

Besonders angewandt werden die Flächen mit λ nahe bei $\frac{1}{2}$. Bezeichnet man $1-\lambda$ mit μ, und sind $\mathfrak{F}_0$ und $\mathfrak{F}_1$ benachbart und konvex, so gilt das auch für $\mathfrak{F}_\lambda$ und $\mathfrak{F}_\mu$. Sie sind auch isometrisch zueinander, wenn $\mathfrak{F}_0$ und $\mathfrak{F}_1$ isometrisch sind. Für $\lambda = \frac{1}{2}$ erhält man die Mittelfläche $\overline{\mathfrak{F}}$ mit dem Ortsvektor $\overline{\mathfrak{x}} = \frac{1}{2}(\mathfrak{x}_0 + \mathfrak{x}_1)$, die auch Mittelfläche von $\mathfrak{F}_\lambda$ und $\mathfrak{F}_\mu$ ist.

3. Eine Fläche, die eindeutig auf eine Ebene e projiziert werden kann, heißt zu ihr in *kanonischer Lage*, wenn sie ihr die konvexe Seite zuwendet und ihre Stützebenen mit e einen Winkel bilden, der kleiner ist als $\vartheta < \frac{\pi}{2}$. Zwei isometrische Flächen $\mathfrak{F}_0$ und $\mathfrak{F}_1$ befinden sich zu e in kanonischer Lage, wenn das von jeder einzelnen gilt, sie gleich orientiert sind, jede Verbindungsstrecke zweier Punkte P_0 und Q_0 von $\mathfrak{F}_0$ mit der entsprechenden Strecke $P_1 Q_1$ einen Winkel bildet, der kleiner ist als $\varphi < \pi$, für alle λ nahe bei $\frac{1}{2}$ die Fläche $\mathfrak{F}_\lambda$ sich in kanonischer Lage befindet und die Abbildung von $\mathfrak{F}_0$ auf $\mathfrak{F}_\lambda$ ein Homöomorphismus ist.

4. Zwei Kurven γ_0 und γ_1, die sich in der Isometrie auf $\mathfrak{F}_0$ und $\mathfrak{F}_1$ entsprechen, heißen *abstandsgleich* bezüglich e, wenn alle entsprechenden Punktepaare von e gleichen Abstand haben. Solche Kurven heißen *normal*, wenn folgende Bedingungen erfüllt sind: γ_0 und γ_1 sind von beschränkter Variation der Schwenkung und enthalten keine konischen Punkte von $\mathfrak{F}_0$ bzw. $\mathfrak{F}_1$. Wenn der Punkt P_1 von γ_1 ein Kantenpunkt ist, dann fallen die Richtungen der Halbtangenten von γ_1 in P_1 nicht in die Kante des tangierenden Zweiflachs von $\mathfrak{F}_1$ in P_1. Die Stützebene von $\mathfrak{F}_0$ in P_0 auf γ_0, die durch die z. B. rechte Halbtangente t_0 von γ_0 geht, bildet mit e einen größeren Winkel als die Stützebene von $\mathfrak{F}_1$ in P_1 auf γ_1 durch t_1. Für glatte Punkte würde man diese Formulierung natürlich einfacher machen können.

Wir deuten den Beweis des folgenden Hilfssatzes an:

Es sei $\mathfrak{F}_0$ eine geschlossene konvexe Fläche. Wenn eine geschlossene konvexe Fläche $\mathfrak{F}'$ existiert, die zu $\mathfrak{F}_0$ isometrisch, aber ihr nicht gleich ist, dann existiert auch eine Fläche $\mathfrak{F}_1$ dieser Art, die $\mathfrak{F}_0$ beliebig benachbart ist.

Man zerteile $\mathfrak{F}_0$ und $\mathfrak{F}'$ in geodätische Dreiecke, die sich in der Isometrie entsprechen, mit Seiten $< \varepsilon$, Winkeln $< \pi$ und Krümmungen $< \omega$, deren Seiten die einzigen Kürzesten sind, welche die Ecken verbinden. Dann markiert man auf $\mathfrak{F}_0$ ein genügend dichtes Punktnetz S_0, das alle Ecken der Dreiecke enthält, und das in der Isometrie entsprechende S' auf $\mathfrak{F}'$. Man bildet die konvexen Hüllen von S_0 und S'. Das sind konvexe Polyeder $\mathfrak{P}_0$ und $\mathfrak{P}'$. Verbindet man die Ecken der Polyeder, die den Ecken der Dreieckseilung der Flächen entsprechen, durch Kürzeste, so erhält man Zerteilungen der Polyeder in Dreiecke $\sigma_{\mathfrak{P}_0}$ und $\sigma_{\mathfrak{P}'}$. Sie brauchen nicht eben zu sein und geradlinige Seiten zu haben, aber ihre Krümmungen werden klein sein von der Art wie ω. Jetzt werden die Polyeder durch eine Reihe von Umformungen in solche, auch geschlossene konvexe und $\mathfrak{F}_0$ und $\mathfrak{F}'$ benachbarte deformiert, deren Seitenflächen ebene Dreiecke sind mit Seiten, die denen der Dreiecke σ_p, und $\sigma_{p'}$ gleich sind. Daß das möglich ist, folgt aus dem Verheftungssatz von ALEXANDROW. Die neuen Polyeder haben dreieckige Seitenflächen, deren Seiten sich bei genügend dichtem S_0 und S' wegen der Isometrie nur wenig unterscheiden. Aber dann ist wichtig, daß auch die Polyeder sich nur wenig unterscheiden. Wenn man jetzt $\varepsilon \to 0$, $\omega \to 0$ gehen läßt, so werden die Polyeder gegen Flächen konvergieren, die $\mathfrak{F}_0$ und $\mathfrak{F}'$, aber auch untereinander benachbart sind, oder in solche Lage gebracht werden können. Die Grenzflächen werden vielleicht nicht mit $\mathfrak{F}_0$ bzw. $\mathfrak{F}'$ identisch sein. Jedenfalls aber wird, wenn $\mathfrak{F}_0$ und $\mathfrak{F}'$ nicht gleich sind, eine zu $\mathfrak{F}_0$ isometrische und benachbarte $\mathfrak{F}_1$ existieren müssen, die $\mathfrak{F}_0$ nicht gleich ist.

Der Beweis, daß zwei geschlossene konvexe isometrische und benachbarte Flächen, die nicht kongruent sind, nicht existieren können, wird nun folgendermaßen geführt.

Wir nehmen das Gegenteil an. Dann ist es möglich, zwei isometrische Flächen in kanonischer Lage zu einer Ebene zu konstruieren und auf ihnen zwei entsprechende geschlossene abstandsgleiche Normalkurven anzugeben. Das ergibt aber einen Widerspruch: Da alle Tangentialebenen längs der einen mit der Ebene größere Winkel bilden als die ihnen entsprechenden längs der anderen, würden von den beiden Kurven Gebiete berandet, deren sphärische Bilder nicht flächengleich wären, im Gegensatz zu der Isometrie. Im einzelnen gestaltet sich das folgendermaßen.

$\mathfrak{F}_0$, $\mathfrak{F}_1$ seien die Ausgangsflächen. Wir konstruieren die Fläche $\overline{\mathfrak{F}}$ und beschreiben ihr die Kugel mit kleinstem Radius um. O sei ein Punkt, der $\overline{\mathfrak{F}}$ und dieser Kugel angehört. Er wird als Nullpunkt des Koordinatensystems und die Tangentialebene der Kugel in O als x, y-Ebene gewählt. Die Fläche $\overline{\mathfrak{F}}$ soll auf der positiven Seite der Ebene liegen. Ohne Beschränkung der Allgemeinheit kann man annehmen, daß die dem Punkt O von $\overline{\mathfrak{F}}$ entsprechenden Punkte von $\mathfrak{F}_0$ und $\mathfrak{F}_1$ mit O zusammenfallen.

Man zeigt nun, daß die Gleichung $|\mathfrak{x}_0| = |\mathfrak{x}_1|$ nicht identisch erfüllt sein kann. Zum Beweis legt man durch P_0 und Q_0, zwei beliebige Punkte von $\mathfrak{F}_0$, und O die Ebene, die auf $\mathfrak{F}_0$ den Bogen $\gamma_0 = P_0Q_0$ ausschneidet, auf dem nicht O liegen soll. In der Isometrie entspreche ihm der Bogen $P_1Q_1 = \gamma_1$. Verbindet man seine Punkte mit O und wickelt den erhaltenen Kegel in eine Ebene ab, so müßte, falls identisch $|\mathfrak{x}_0| = |\mathfrak{x}_1|$ wäre, γ_1 in eine zu γ_0 kongruente Kurve übergehen, und dabei könnte die räumliche Entfernung der Punkte P_1, Q_1 gewiß nicht kleiner werden. Es müßte also für beliebige Wahl von P_0, Q_0 die räumliche Entfernung $P_1Q_1 \leq P_0Q_0$ sein. Bei Vertauschung der Flächen käme man zum gegenteiligen Schluß. Daher müßte also für beliebige P_0, Q_0 gelten $P_0Q_0 = P_1Q_1$, d. h. $\mathfrak{F}_0$ und $\mathfrak{F}_1$ wären kongruent, entgegen unserer Annahme.

G_0 sei ein Bereich auf $\mathfrak{F}_0$, in dem $|\mathfrak{x}_0| \neq |\mathfrak{x}_1|$ ist, und $\overline{G}$ der entsprechende auf $\overline{\mathfrak{F}}$. Wir können offenbar annehmen, es sei $|\mathfrak{x}_0| > |\mathfrak{x}_1|$ in G_0. Dann ist durch

$$\mathfrak{x} = \frac{\mathfrak{x}_0 + \mathfrak{x}_1}{\mathfrak{x}_0^2 - \mathfrak{x}_1^2}$$

eine Fläche definiert, die in $\overline{G}$ durch Strahlen von Koordinatenanfangspunkt eineindeutig $\overline{\mathfrak{x}}$ zugeordnet ist. Sie heiße Φ. Ist $\mathfrak{e}$ der Einheitsvektor in Richtung der positiven z-Achse, so folgt aus $\mathfrak{e}\,(\mathfrak{x}_0 + \mathfrak{x}_1) > 0$ (mit Ausnahme von O), $\mathfrak{x}_0^2 > \mathfrak{x}_1^2$, daß Φ ganz in dem „oberen“ Halbraum liegt. Wenn sich $\mathfrak{x}_0$ dem Rand von G_0 nähert, so entfernt sich der Punkt $\mathfrak{x}$ unbeschränkt von der x,y-Ebene. Das ist augenscheinlich, wenn der Randpunkt nicht mit dem Nullpunkt des Koordinatensystems zusammenfällt, da am Rande $\mathfrak{x}_0^2 = \mathfrak{x}_1^2$ ist. Es gilt aber auch im andern Falle.

Nämlich die Kurve, längs deren sich $\mathfrak{x}_0$ dem Nullpunkt nähert, habe in O den Tangenteneinheitsvektor $\mathfrak{t}_0$, die in der Isometrie entsprechende auf $\mathfrak{F}_1$ den Vektor $\mathfrak{t}_1$; dann gelten die Darstellungen

$$\mathfrak{x}_i = s \cdot (\mathfrak{t}_i + \mathfrak{N}_i),$$

wobei s der Bogen der Kurven ist, gerechnet von O aus und $\mathfrak{N}_i$ Vektoren sind, die in der Grenze gegen den Nullvektor streben. Da $\mathfrak{F}_0$ und $\mathfrak{F}_1$ benachbart sind, bilden die Vektoren $\mathfrak{x}_i$ miteinander einen Winkel $< \pi$. Bei genügender Annäherung der Punkte gegen O ist daher

$$|\mathfrak{x}_0 + \mathfrak{x}_1| > c_1 s,$$

wo $c_1 > 0$ eine Konstante ist. Mit Rücksicht auf die Wahl von O folgt

$$(\mathfrak{x}_0 + \mathfrak{x}_1)\mathfrak{e} > c_2 s^2,$$

während

$$\mathfrak{x}_0^2 - \mathfrak{x}_1^2 = \varepsilon s^2$$

ist, wo ε mit s gegen Null strebt, wie aus den Formeln für $\mathfrak{x}_i$ sich ergibt.. Also strebt auch hier $(\mathfrak{e}\mathfrak{x})$ über alle Grenzen.

Man zerschneidet die Fläche Φ durch eine Ebene im Abstand $h > 0$ von der x,y-Ebene und bezeichnet mit $\overline{\Phi}$ den Teil von Φ mit $(\mathfrak{e}\mathfrak{x}) < h$. Ein Rotationsparaboloid mit Scheitel in O und der x,y-Ebene als Tangentialebene möge so gewählt sein, daß $\overline{\Phi}$ in seinem Innern liegt. Es wird stetig perspektiv-affin mit der Schnittebene als Affinitätsebene und $\mathfrak{e}$ als Affinitätsrichtung so deformiert, bis es sich gegen einen Punkt von $\overline{\Phi}$ mit Ortsvektor $\mathfrak{a}$ anlehnt. Ist $\mathfrak{x}$ ein $\mathfrak{a}$ benachbarter Punkt von $\overline{\Phi}$, so gilt

$$|\mathfrak{x} - \mathfrak{a}| > c_3 s,$$

wo $c_3 > 0$ eine Konstante und s den Abstand der entsprechenden Punkte $\mathfrak{x}_0$, $\mathfrak{a}_0$ auf $\mathfrak{F}_0$ bedeute. Bezeichnet man mit $\mathfrak{n}$ den Einheitsvektor der inneren Normalen des Parabolids in $\mathfrak{a}$, so ist

$$(*) \qquad (\mathfrak{x} - \mathfrak{a})\,\mathfrak{n} > c_4 s^2.$$

Man setze

$$\mathfrak{x}_i = \mathfrak{a}_i + \mathfrak{y}_i \qquad (i = 0,1).$$

Dann folgt

$$\mathfrak{x} = \frac{\mathfrak{a}_0 + \mathfrak{a}_1 + \mathfrak{y}_0 + \mathfrak{y}_1}{\mathfrak{a}_0^2 - \mathfrak{a}_1^2 + 2(\mathfrak{a}_0\mathfrak{y}_0 - \mathfrak{a}_1\mathfrak{y}_1)}, \quad \mathfrak{a} = \frac{\mathfrak{a}_0 + \mathfrak{a}_1}{\mathfrak{a}_0^2 - \mathfrak{a}_1^2}.$$

Die Ungleichung (*) liefert

$$\{\mathfrak{y}_0 + \mathfrak{y}_1 - 2\mathfrak{a}((\mathfrak{a}_0\mathfrak{y}_0) - (\mathfrak{a}_1\mathfrak{y}_1))\}\,\mathfrak{n} > c s^2$$

oder

$$(1) \qquad -(\mathfrak{c}_0\mathfrak{y}_0) + (\mathfrak{c}_1\mathfrak{y}_1) > c s^2,$$

wenn

$$\mathfrak{c}_0 = -\mathfrak{n} + 2(\mathfrak{a}\mathfrak{n})\mathfrak{a}_0, \qquad \mathfrak{c}_1 = \mathfrak{n} + 2(\mathfrak{a}\mathfrak{n})\mathfrak{a}_1$$

gesetzt wird.

Der Vektor $\mathfrak{a}$ kann nicht auf $\overline{\Phi}$ und also $\overline{\mathfrak{F}}$ liegen, weil ihm geradlinige Stücke $\mathfrak{a}_0$, $\mathfrak{a}_1$ auf $\mathfrak{F}_0$, $\mathfrak{F}_1$ entsprächen und also $\mathfrak{a}_0^2 - \mathfrak{a}_1^2 = 0$ wäre. Er gehört also dem Innern des Tangentenkegels der Fläche $\overline{\mathfrak{F}}$ für den Punkt $\overline{\mathfrak{a}} = \frac{1}{2}(\mathfrak{a}_0 + \mathfrak{a}_1)$ an. Er bildet überdies mit $\mathfrak{e}$ einen Winkel $< \frac{\pi}{2}$, da die Fläche $\overline{\Phi}$ sich ganz über der x, y-Ebene in einem gewissen Abstand von ihr befindet. Da andererseits bei genügend flachem Paraboloid der Winkel zwischen $\mathfrak{n}$ und $\mathfrak{e}$ beliebig klein gewählt werden kann, ist $(\mathfrak{a}\,\mathfrak{n}) > 0$.

Man konstruiert mit den Flächen $\mathfrak{F}_\lambda = \lambda \mathfrak{x}_0 + \mu \mathfrak{x}_1$ und $\mathfrak{F}_\mu = \mu \mathfrak{x}_0 + \lambda \mathfrak{x}_1$, die isometrisch sind, die Mittelfläche und Φ_λ, von denen erstere mit $\overline{\mathfrak{F}}$ zusammenfällt, während Φ_λ aus Φ durch Ähnlichkeitstransformation mit dem Ähnlichkeitsfaktor $\frac{1}{\lambda - \mu}$ hervorgeht. Es sei $\lambda > \mu$. Analog zu (1) erhält man die Ungleichung

(2) $$-(\mathfrak{c}_\lambda \mathfrak{y}_\lambda) + (\mathfrak{c}_\mu \mathfrak{y}_\mu) > \mathfrak{c}_\lambda \mathfrak{s}_\lambda^2$$

mit

$$\mathfrak{c}_\lambda = -\mathfrak{n} + \frac{2(\mathfrak{a}\,\mathfrak{n})}{\lambda - \mu}(\lambda \mathfrak{a}_0 + \mu \mathfrak{a}_1),$$

$$\mathfrak{c}_\mu = \mathfrak{n} + \frac{2(\mathfrak{a}\,\mathfrak{n})}{\lambda - \mu}(\mu \mathfrak{a}_0 + \lambda \mathfrak{a}_1).$$

Wie eine kleine Rechnung zeigt, ist $|\mathfrak{c}_\lambda| = |\mathfrak{c}_\mu|$. Für $\lambda \to \frac{1}{2}$ konvergieren $\lambda \mathfrak{a}_0 + \mu \mathfrak{a}_1$ und $\mu \mathfrak{a}_0 + \lambda \mathfrak{a}_1$ gegen einen Vektor der Richtung $\mathfrak{a}$ und also, da $\lambda - \mu \to 0$ geht, die Richtungen von $\mathfrak{c}_\lambda$ und $\mathfrak{c}_\mu$ gegen die Richtung von $\mathfrak{a}$. Daher werden für λ nahe bei $\frac{1}{2}$ die von den Punkten $\lambda \mathfrak{a}_0 + \mu \mathfrak{a}_1$ und $\mu \mathfrak{a}_0 + \lambda \mathfrak{a}_1$ ausgehenden Vektoren $-\mathfrak{a}_\lambda$ und $-\mathfrak{a}_\mu$ innerhalb der Tangentenkegel von $\mathfrak{F}_\lambda$ und $\mathfrak{F}_\mu$ in jenen Punkten verlaufen.

Durch Verschiebung und Drehung von $\mathfrak{F}_\mu$ wird der Punkt $\mu \mathfrak{a}_0 + \lambda \mathfrak{a}_1$ mit dem Punkt $\lambda \mathfrak{a}_0 + \mu \mathfrak{a}_1$ und der Vektor $\mathfrak{c}_\mu$ mit $\mathfrak{c}_\lambda$ zur Deckung gebracht. Die Fläche $\mathfrak{F}_\mu$ in der neuen Lage heiße $\mathfrak{F}_\mu'$. Darauf wird ein neues Koordinatensystem mit dem Punkt $\lambda \mathfrak{a}_0 + \mu \mathfrak{a}_1$ als Koordinatenanfangspunkt und der Richtung des Vektors $\mathfrak{c}_\lambda$ als negativer z-Achse gewählt. Ist G eine ε-Umgebung von $\mathfrak{a}_0$ auf $\mathfrak{F}_0$, so mögen ihr auf $\mathfrak{F}_\lambda$, $\mathfrak{F}_\mu'$ die Bereiche $\overline{\mathfrak{F}}_\lambda$, $\overline{\mathfrak{F}}_\mu'$ entsprechen. Die Fläche $\frac{1}{2}(\overline{\mathfrak{F}}_\lambda + \overline{\mathfrak{F}}_\mu')$ ist konvex für λ nahe bei $\frac{1}{2}$ und besitzt eine eindeutige Projektion auf die x, y-Ebene. $\overline{\mathfrak{F}}_\mu'^*$ sei das Spiegelbild von $\overline{\mathfrak{F}}_\mu'$ an der x, y-Ebene. Die Fläche $\frac{1}{2}(\overline{\mathfrak{F}}_\lambda + \overline{\mathfrak{F}}_\mu'^*)$ heiße Φ'. Sie hat, wie aus 2 folgt, nur einen Punkt mit der x, y-Ebene gemeinsam, während die anderen über dieser Ebene liegen. Nun gilt der Satz, daß fast alle Ebenen α, die die Fläche Φ' schneiden, sie wesentlich schneiden, d. h. daß sie nirgends Tangentenebenen sind oder den Charakter von Tangentenebenen haben.

α sei eine Ebene, die mit der x, y-Ebene einen genügend kleinen Winkel bildet und den Rand von Φ' nicht trifft. Man spiegelt $\overline{\mathfrak{F}}_\mu'^*$ an α. $\overline{\mathfrak{F}}_\mu'^{**}$ sei das Spiegelbild. Jetzt sind $\overline{\mathfrak{F}}_\lambda$ und $\overline{\mathfrak{F}}_\mu'^{**}$ zu α in kanonischer Lage. Die Ebene α schneidet $\frac{1}{2}(\overline{\mathfrak{F}}_\lambda + \overline{\mathfrak{F}}_\mu'^*)$ in einer geschlossenen Kurve. Ihr entsprechen auf $\overline{\mathfrak{F}}_\lambda$ und $\overline{\mathfrak{F}}_\mu'^{**}$ geschlossene normale, bezüglich α abstandsgleiche Kurven. Aber es wurde schon bemerkt, daß es solche Kurven auf isometrischen konvexen Flächen in kanonischer Lage nicht geben kann. Zu diesem Widerspruch aber kamen wir durch die Annahme der Verschiedenheit der Flächen $\mathfrak{F}_0$ und $\mathfrak{F}_1$.

Die Resultate der Arbeit gestatten, die Forderung der Beschränktheit der „spezifischen Krümmung" in den von POGORELOW früher bewiesenen Sätzen fallen zu lassen. Es handelt sich um drei Fälle eindeutiger Bestimmtheit: 1. Die konvexen Mützen. 2. Die unendlichen konvexen Flächen mit der Gesamtkrümmung 2π. Hier bleibt der Beweis aber an die Bedingung $(2\pi - \omega_n) S_n \to 0$ geknüpft. 3. Die unendlichen Flächen mit einer Gesamtkrümmung $< 2\pi$, die einen gemeinsamen Grenzkegel besitzen.

§ 69

In den folgenden Paragraphen soll die Frage der eindeutigen Bestimmung von Flächen durch die Metrik mit Hilfe der einheitlichen Methode der Integralformeln behandelt werden. Bezüglich der gemachten Differenzierbarkeitsvoraussetzungen sei gesagt, daß diese sich fast durchweg wesentlich verringern lassen unter Benutzung der Methode von A. D. ALEXANDROW (siehe § 19) und auf Grund von Untersuchungen von A. WINTNER {1}, ohne, daß die angewandte Methode der Integralformeln aufgegeben wird.

Da wir uns der Tensorrechnung bedienen, soll zunächst ein kurzer Abriß der benutzten Bezeichnungsweise gegeben werden:

Es sei $\mathfrak{x}(u^i), i = 1,2$ ein dreimal stetig differenzierbares Flächenstück und $\xi(u^i)$ bezeichne den Normaleinheitsvektor dieses Flächenstückes.*) Als Grundtensoren der Flächentheorie haben wir

(I) $$g_{ik} = (\mathfrak{x}_i \mathfrak{x}_k); \qquad \varepsilon_{ik} = (\xi \mathfrak{x}_i \mathfrak{x}_k); \qquad B_{ik} = (\xi \mathfrak{x}_{i\|k}).$$

g_{ik} ist der sogenannte Maßtensor. Das Heben und Senken der Indizes soll durch ihn geschehen. Die kovarianten Ableitungen, die wir durch zwei kleine Doppelstriche vor dem Index der Ableitung kennzeichnen, sollen sich auf die CHRISTOFFEL-Größen beziehen, die aus g_{ik} gebildet werden.

ε_{ik} wird als Diskriminantentensor bezeichnet, da $\varepsilon_{11} = \varepsilon_{22} = 0$, $\varepsilon_{12} = -\varepsilon_{21} = |\sqrt{g}|$ ist. Weiter gilt:

(II) $$\varepsilon_{ik} = -\varepsilon_{ki}; \qquad \varepsilon^{il}\varepsilon_{kl} = \delta_k^i; \qquad \varepsilon_{ik}\varepsilon_{\alpha\beta} = g_{i\alpha}g_{k\beta} - g_{i\beta}g_{k\alpha}.$$

Ist $C_{\alpha\beta}$ ein beliebiger Tensor, so definieren wir

$$\underline{C}^{ik} = \varepsilon^{i\alpha}\varepsilon^{k\beta} C_{\alpha\beta}$$

und nennen $\underline{C}^{ik}$ den zu C_{ik} „adjungierten Tensor". Es gilt nämlich die Beziehung

(III) $$\underline{C}^{il} C_{kl} = \frac{\|C_{ik}\|}{g}\delta_k^i.$$

Aus (II) folgt auch

$$\underline{C}^{ik} = C_{l.}^{\ l} g^{ik} - C^{ik}.$$

Die GAUSSsche Krümmung K und die mittlere Krümmung H lassen sich so darstellen:

(IV) $$2K = \underline{B}^{ik} B_{ik}; \qquad 2H = g^{ik} B_{ik}.$$

Auf dem betrachteten Flächenstück bilden die drei linear unabhängigen Vektoren $\mathfrak{x}_i$, ξ eine räumliche Basis. Die Ableitungsgleichungen haben daher die Form

(V) $$\mathfrak{x}_{i\|k} = B_{ik}\xi; \qquad \xi_i = -B_{i.}^{\ l}\mathfrak{x}_l.$$

Die zugehörigen Integrabilitätsbedingungen liefern das THEOREMA EGREGIUM

$$4K = R_{iklm}\varepsilon^{ik}\varepsilon^{lm}$$

und die CODAZZI-Gleichungen

(VI) $$\varepsilon^{ik} B_{lk\|l} \qquad \text{oder} \qquad \underline{B}^{ik}{}_{\|k} = 0.$$

*) Von § 103 ab wird auch $\mathfrak{n}$ für die Flächennormale geschrieben.

Es soll noch der Tensor des sphärischen Bildes angegeben werden:

$$(\xi_i \xi_k) = e_{ik}.$$

Zwischen g_{ik}, B_{ik}, e_{ik} besteht der bekannte Zusammenhang

$$K g_{ik} - 2H B_{ik} + e_{ik} = 0.$$

(In der hier benutzten Schreibweise läßt sich diese Gleichung sofort aus der Beziehung $\underline{B}^{ik} = 2\,H\,g^{ik} - B^{ik}$, die nach (III) gültig ist, durch Überschieben mit B_{il} finden.)

Es mag jetzt noch etwas über die Streifeninvarianten gesagt werden.

Durch Angabe einer zweimal stetig differenzierbaren Funktion $u^i(s)$ mit $g_{ik}\,\dot{u}^i\,\dot{u}^k \neq 0$ wird auf der Fläche eine Kurve festgelegt. s möge die Bogenlänge dieser Kurve bezeichnen: $g_{\alpha\beta}\dot{u}^\alpha\,\dot{u}^\beta = 1$.

Der Vektor $\dot{u}^\alpha$ heißt „innerer" Tangentenvektor und $n^\alpha = \varepsilon_{\beta\cdot}{}^{\alpha}\,\dot{u}^\beta$ heißt „innerer" Normalenvektor. Wegen

$$g_{\alpha\beta}\;\dot{u}^\alpha\;n^\beta = 0; \qquad \varepsilon_{\alpha\beta}\dot{u}^\alpha\,n^\beta = 1$$

sind sie orthogonal und bilden ein Rechtssystem beim Blick von der positiven Flächennormalenrichtung her. Die Tangentenebenen bilden längs $u^i(s)$ einen Streifen, den wir mit $\{\mathfrak{x}(s), \xi(s)\}$ bezeichnen wollen. Für diesen Flächenstreifen wählen wir die drei linear unabhängigen Vektoren

$$\dot{\mathfrak{x}} = \mathfrak{x}_i\,\dot{u}^i; \qquad \eta = \mathfrak{x}_i\,n^i; \qquad \xi$$

als begleitendes Dreibein. Diese drei Vektoren sind orthonormiert. Man vergleiche das Lehrbuch von W. Blaschke [12]. Die zugehörigen Ableitungsgleichungen lauten

$$\text{(VII)}\qquad \begin{aligned} \ddot{\mathfrak{x}} &= c\,\eta - b\,\xi, \\ \dot{\eta} &= -c\,\dot{\mathfrak{x}} + a\,\xi, \\ \dot{\xi} &= b\,\dot{\mathfrak{x}} - a\,\eta. \end{aligned}$$

a heißt geodätische Windung, b Normalkrümmung und c geodätische Krümmung des Streifens. Längs einem Flächenstreifen lassen sich diese Invarianten so darstellen:

$$a = B_{\alpha\beta}\,\dot{u}^\alpha n^\beta; \qquad b = -B_{\alpha\beta}\,\dot{u}^\alpha\,\dot{u}^\beta; \qquad c = g_{\alpha\beta}\,n\,\frac{D\,\dot{u}^\alpha}{ds}$$

wobei $\frac{D}{ds}$ die kovariante Ableitung längs $u^i(s)$ bedeutet.

Zwischen den Ortsinvarianten K und H und den Streifeninvarianten besteht der Zusammenhang:

$$\text{(VIII)}\qquad a^2 + b^2 + 2\,H\,b + K = 0.$$

Natürlich lassen sich auch Kurvenkrümmung k und Kurvenwindung $\varkappa$ durch die Streifeninvarianten darstellen. Ist nämlich $\mathfrak{h}$ die Hauptnormale der Raumkurve $\mathfrak{x}\,(u^i(s))$, so gilt der Ansatz

$$\text{(IX)}\qquad \mathfrak{h} = \cos\varphi\;\eta + \sin\varphi\;\xi,$$

und man findet sofort

$$\text{(X)}\qquad c = |k|\,\cos\varphi; \qquad b = -\,|k|\,\sin\varphi.$$

Außerdem ist

$$\text{(XI)}\qquad \varkappa = a + \dot{\varphi}.$$

Auf einem dreimal stetig differenzierbaren Flächenstück, welches durch den Normalenvektor orientiert ist, liege das Gebiet $\mathfrak{G}$, welches auf der gegebenen Fläche schlicht ist. Der Rand $\partial\mathfrak{G}$ dieses Gebietes sei glatt. Wir wählen den Durchlaufungssinn von $\partial\mathfrak{G}$ so, daß das Gebiet $\mathfrak{G}$ beim Blick von der positiven Flächennormalenrichtung her (längs $\partial\mathfrak{S}$) stets zur Linken liegt. Ist nun $c_k(u^i)$ ein in $\mathfrak{S}$ stetig differenzierbares Vektorfeld, welches auf $\partial\mathfrak{S}$ noch stetig ist, so gelten die beiden Integralsätze von STOKES und GAUSS

$$\text{(XII)} \quad \begin{aligned} {}^{(\mathfrak{S})}\!\iint \varepsilon^{ik} c_{k\,||\,i}\, do &= {}^{(\partial\mathfrak{S})}\!\oint c_k \dot{u}^k\, ds\,, \\ {}^{(\mathfrak{S})}\!\iint c^k{}_{||\,k}\, do &= -\, {}^{(\partial\mathfrak{S})}\!\oint c^k n_k\, ds\,. \end{aligned}$$

§ 70

Die Invariante $\dfrac{\|A_{ik}\|}{g}$

$\mathfrak{F}$ und $\mathfrak{F}^*$ seien zwei dreimal stetig differenzierbare Flächenstücke[1]) im E_3 die aufeinander isometrisch abgebildet sind. Wir denken uns außerdem die Flächen in entsprechenden Punkten auf ein gemeinsames, die Isometrie vermittelndes Parametersystem bezogen[2]). Da wir uns mit der Frage der Kongruenz oder Symmetrie von isometrischen Flächen beschäftigen wollen, entsteht die Frage nach einer Invarianten beider Flächen, aus deren Verschwinden die Kongruenz oder Symmetrie der Flächen folgt. Nach dem Fundamentalsatz der Flächentheorie sind $\mathfrak{F}$ und $\mathfrak{F}^*$ sicher dann kongruent oder symmetrisch, wenn für die Tensoren B_{ik} und B^*_{ik} der zweiten Fundamentalformen von $\mathfrak{F}$ und $\mathfrak{F}^*$ die Gleichheit gilt:

$$B_{ik} = B^*_{ik}\,. \tag{1}$$

Es wird daher zweckmäßig sein, den folgenden Tensor zu betrachten

$$A_{ik} = B_{ik} - B^*_{ik}\,. \tag{2}$$

Überschiebt man $A_{\alpha\beta}$ mit $\varepsilon^{i\alpha}\,\varepsilon^{k\beta}$, so erhält man

$$\underline{A}^{ik} = \underline{B}^{ik} - \underline{\overset{*}{B}}{}^{ik}\,. \tag{3}$$

$$J = \underline{B}^{ik}\, \overset{*}{B}_{ik} = B_{ik}\, \underline{\overset{*}{B}}{}^{ik} \tag{4}$$

ist eine Invariante beider Flächen. Das Verschwinden von J bedeutet, daß auf $\mathfrak{F}$ und $\mathfrak{F}^*$ den Asymptotenlinien der einen Fläche ein konjugiertes Netz auf der anderen entspricht.

Aus der Formel

$$2\,\frac{\|A_{ik}\|}{g} = \underline{A}^{ik} A_{ik}$$

berechnet man

$$\frac{\|A_{ik}\|}{g} = 2K - J\,. \tag{5}$$

Also ist auch

$$\frac{\|A_{ik}\|}{g} = \underline{A}^{ik} B_{ik}\,. \tag{6}$$

---

[1]) Wir legen hier die Definition einer Fläche im Sinne von Seite 1 zugrunde. Es mag noch gesagt werden, daß diese Definition für Untersuchungen mit Hilfe von Integralformeln durchaus noch etwas erweitert werden kann, so daß Selbstdurchdringungen nicht ausgeschlossen zu werden brauchen.

[2]) Dieses sei bei isometrischen Flächen fortan stets vorausgesetzt. Die Größen der Fläche $\mathfrak{F}^*$, die von den entsprechenden der Fläche $\mathfrak{F}$ verschieden sind, sind von diesen durch einen Stern unterschieden.

Weiter sind für beide Flächen die CODAZZI-Gleichungen erfüllt. Daher ist

$$\underline{A}^{ik}{}_{||k} = 0. \tag{7}$$

Der folgende Satz zeigt nun, daß $\frac{||A_{ik}||}{g}$ die gesuchte Invariante darstellt, aus deren Verschwinden die Kongruenz oder Symmetrie der Flächen $\mathfrak{F}$ und $\mathfrak{F}^*$ folgt:

Satz 1: *Es seien $\mathfrak{F}$ und $\mathfrak{F}^*$ zwei isometrische, dreimal stetig differenzierbare Flächenstücke. Die Punkte auf $\mathfrak{F}$, in denen die* GAUSS*sche Krümmung verschwindet, und die Punkte, in denen die geodätische Krümmung der Asymtotenlinien von $\mathfrak{F}$ verschwindet, sollen Mengen bilden, die auf $\mathfrak{F}$ nirgends dicht sind. Dann folgt aus dem Verschwinden von $\frac{||A_{ik}||}{g}$ die Kongruenz oder Symmetrie von $\mathfrak{F}$ und $\mathfrak{F}^*$.*

Beweis: Zunächst folgt aus $\frac{||A_{ik}||}{g} = 0$ die Zerlegung $\underline{A}^{ik} = a^i a^k$. Nach (6) ist daher

$$B_{ik}\, a^i a^k = 0. \tag{8}$$

Wir unterscheiden jetzt drei Fälle nach dem Vorzeichen von K.

1. In den Punkten mit $K > 0$ ist B_{ik} definit. Dann folgt aus (8) das Verschwinden von a^i. Also ist $A_{ik} = 0$ in den Punkten positiver GAUSSscher Krümmung.

2. Betrachten wir jetzt das Teilgebiet der Fläche $\mathfrak{F}$, in welchem $K < 0$ ist. Nach (8) verschwinden entweder die a^i oder sie geben im betrachteten Punkt eine Asymptotenlinienrichtung an. Aus (7) folgt weiter

$$0 = (a^i a^k)_{||k} = a^i{}_{||k}\, a^k + a^i\, a^k{}_{||k}.$$

Nach Überschieben mit $\varepsilon_{il}\, a^l$ wird daraus

$$\varepsilon_{il}\, a^l\, a^i{}_{||k}\, a^k = 0. \tag{9}$$

Es sei jetzt $\dot{u}^i(s)$ der normierte Einheitsvektor in Richtung der durch a^i definierten Asymptotenlinie. ($u^i(s)$ ist die Darstellung der betrachteten Asymptotenlinie.) Dann ist

$$\varrho\, \dot{u}^i = a^i. \tag{10}$$

Aus (9) wird dann

$$\varrho^3\, \varepsilon_{ik}\, \dot{u}^k \frac{D\dot{u}^i}{ds} = 0. \tag{9'}$$

Dabei bedeutet $\frac{D}{ds}$ die kovariante Ableitung in Richtung $\dot{u}^i(s)$. Nun stellt aber der Faktor von ϱ^3 in (9') gerade die geodätische Krümmung $c(s)$ in Richtung $\dot{u}^i(s)$, d. h. in Richtung der einen Asymptotenlinie dar:

$$\varrho^3 \cdot c(s) = 0. \tag{9''}$$

Aus der Gleichung (10) erhält man

$$\varrho^2 = A_k{}^k.$$

ϱ ist also eine auf $\mathfrak{F}$ stetige Funktion. Nach (9'') verschwindet ϱ in allen Punkten mit $K < 0$, abgesehen von den Punkten einer nirgends dichten Menge. Dann ist aber $\varrho = 0$ überall im Gebiet mit $K < 0$. Nach (10) ist dann $a^i = 0$ und damit auch $A_{ik} = 0$.[3])

[3]) Wegen (8) folgt aus 2. auch unmittelbar ein Satz von BONNET {1}: Zwei isometrische Flächen mit $K < 0$ sind kongruent oder symmetrisch, wenn die eine Schar der Asymptotenlinien der einen Fläche einer Schar von Asymptotenlinien der anderen Fläche durch die Isometrie zugeordnet ist. Dabei sind allerdings Regelflächen auszuschließen.

3. In den Punkten mit $K = 0$ gilt zunächst nach Voraussetzung $\underline{A}^{ik} = a^i a^k$. Da $\underline{A}_k^k$ eine auf $\mathfrak{F}$ stetige Funktion ist, die in den Punkten mit $K \neq 0$ verschwindet, so folgt daraus auch das Verschwinden dieser Funktion in den Punkten mit $K = 0$, weil diese Punkte auf $\mathfrak{F}$ eine nirgends dichte Menge bilden. Aus

$$\underline{A}_k^k = g_{ik} a^i a^k = 0$$

folgt aber wieder $a^i = 0$ und damit auch $A_{ik} = 0$.

Insgesamt ist also gezeigt, daß A_{ik} auf der ganzen Fläche $\mathfrak{F}$ verschwindet. Damit ist der Satz 1 bewiesen.

Die Voraussetzungen des Satzes 1 sind beispielsweise dann erfüllt, wenn $\mathfrak{F}$ ein Flächenstück ist, auf dem höchstens endlich viele Geraden, oder Teile von endlich vielen Geraden liegen.

Speziell für parabolisch gekrümmte Flächenstücke beweisen wir jetzt den folgenden Satz:

Satz 2: *Es seien $\mathfrak{F}$ und $\mathfrak{F}^*$ zwei isometrische, dreimal stetig differenzierbare Flächenstücke mit verschwindender* GAUSS*scher Krümmung. Wenn auf $\mathfrak{F}$ dann $\frac{\|A_{ik}\|}{g} = 0$ ist, so gilt in den Punkten, die keine Flachpunkte sind*

$$\overset{*}{B}_{ik} = \lambda B_{ik}.$$

Beweis: Wegen $\|A_{ik}\| = 0$ ist wieder $\underline{A}^{ik} = a^i a^k$, und wegen $K = 0$ gilt $B_{ik} = \mu_i \mu_k$. Nach (6) ist daher

$$(\mu_i a^i)^2 = 0.$$

Ist $\mu_i \neq 0$, d. h. liegt kein Flachpunkt vor, so gilt an dieser Stelle

$$\varrho \mu_i = \varepsilon_{il} a^l,$$

d. h.

$$\varrho^2 B_{ik} = A_{ik}$$

oder schließlich

$$\overset{*}{B}_{ik} = (1 - \varrho^2) B_{ik}.$$

Setzt man noch $\lambda = 1 - \varrho^2$, so ist alles bewiesen.

Wir wollen uns jetzt noch mit dem Vorzeichen der Invariante $\frac{\|A_{ik}\|}{g}$ beschäftigen:

Satz 3: *Es seien $\mathfrak{F}$ und $\mathfrak{F}^*$ zwei isometrische, dreimal stetig differenzierbare Flächenstücke. Ist dann auf $\mathfrak{F}$ stets $K \geq 0$, so gilt auf $\mathfrak{F}$ auch* $\frac{\|A_{ik}\|}{g} \leq 0$.

Dabei hat man $\mathfrak{F}^*$ gegebenenfalls einer Spiegelung zu unterwerfen[4]).

Beweis: Wir behandeln zunächst den Fall $K > 0$. Dann sind B_{ik} und $\overset{*}{B}_{ik}$ definit. Durch Spiegelungen kann man nun erreichen, daß beide Tensoren positiv definit werden. Nun betrachten wir die in x quadratische Form:

$$\frac{\|B_{ik} - x \overset{*}{B}_{ik}\|}{g} = K - Jx + Kx^2.$$

[4]) Wir dürfen statt dessen auch sagen: Die nicht negativ gekrümmten Flächenstücke $\mathfrak{F}$ und $\mathfrak{F}^*$ seien in entsprechenden Punkten durch die Normalenvektoren so orientiert, daß die mittlern Krümmungen H und H* nicht negativ sind. Bei nicht negativ gekrümmten Flächen wollen wir dieses fortan voraussetzen, ohne es besonders zu erwähnen.

Da beide Tensoren B_k und $\overset{*}{B}_{ik}$ symmetrisch und positiv definit sind, so besitzt die Form reelle, positive Nullstellen. Die Diskriminante lautet

$$J^2 - 4K^2.$$

Da die Nullstellen reell sind, so ist $J^2 - 4K^2 \geq 0$. Die Nullstellen sind positiv und damit auch ihre Summe, d. h. es ist $J \geq 0$. Aus den Ungleichungen

$$K > 0, \; J \geq 0, \; J^2 - 4K^2 \geq 0$$

folgt aber $J - 2K \geq 0$. Nach (5) ist damit der Satz 3 im Falle $K > 0$ bewiesen.

Ist $K = 0$, so lassen sich die beiden Tensoren B_{ik} und $\overset{*}{B}_{ik}$ zerlegen:

$$B_{ik} = \mu_i \mu_k ; \; \overset{*}{B}_{ik} = \overset{*}{\mu}_i \overset{*}{\mu}_k .$$

Daher folgt aus (6) wegen $K = 0$ und aus (4):

$$\frac{\|A_{ik}\|}{g} = -(\varepsilon^{ik} \mu_i \overset{*}{\mu}_k)^2 .$$

Womit aber der Satz 3 allgemein bewiesen ist.

Im Anschluß an den Satz 3 ergibt sich unmittelbar die Frage nach dem Vorzeichen von $\frac{\|A_{ik}\|}{g}$ auf negativ gekrümmten Flächenstücken. Leider besitzt man in dieser Richtung noch kein allgemeines Ergebnis[5]). Diese Vorzeichenfrage kann man übrigens auch mit einer Frage der klassischen Flächentheorie in Verbindung bringen, die schon häufig Gegenstand von Untersuchungen war (K. Peterson 1868, Ribaucour 1891, Petot 1898, A. Voss 1901, P. Stäckel 1903, G. Scheffers 1913, W. Schaaff 1934 u. 1940): „Wann gibt es auf zwei isometrischen Flächen ein r e e l l e s Kurvennetz, das auf beiden Flächen konjugiert ist?“ Es läßt sich sofort ein solches Netz angeben:

$$\nu_{ik} \, \dot{u}^i \dot{u}^k = 0 \text{ mit } \nu_{ik} = \frac{1}{2} \varepsilon^{\alpha\beta} \left\{ B_{\alpha i} \overset{*}{B}_{\beta k} + B_{\alpha k} \overset{*}{B}_{\beta i} \right\} .$$

Dieses Netz ist auf nicht negativ gekrümmten Flächen reell: denn es ist

$$\frac{\|\nu_{ik}\|}{g} = \frac{1}{4} \{4K^2 - J^2\} .$$

Das von Cohn-Vossen (siehe [1] und § 62) betrachtete Netz $A_{ik} \dot{u}^i \dot{u}^k = 0$ der „Kongruenzrichtungen“ tritt schon bei A. Voss {2} auf. Voss spricht dabei von den „Kurven gleicher Normalkrümmung“, was wegen $A_{ik} \dot{u}^i \dot{u}^k = b^*(s) - b(s)$ unmittelbar einleuchtet. Für das Netz der Winkelhalbierenden der Kongruenzrichtungen gilt übrigens

$$\varepsilon_i^{\,l} A_{lk} \dot{u}^i \dot{u}^k = 0 .$$

---

[5]) Es lassen sich leicht isometrische Flächenpaare angeben, auf denen $K < 0$ und $\|A_{ik}\| < 0$ ist. Betrachtet man etwa die Minimalfläche $\mathfrak{x}$ mit dem Normalenvektor ξ, so stellt $\mathfrak{x}^* = \int [\xi \, d\mathfrak{x}]$ die zu $\mathfrak{x}$ adjungierte Minimalfläche dar, die zu $\mathfrak{x}$ isometrisch ist.
Außerdem ist

$$\overset{*}{B}_{ik} = \varepsilon_i^{\,l} B_{lk} .$$

Daraus folgt nun
$\frac{\|A_{ik}\|}{g} = 2K < 0$, wenn K die Gausssche Krümmung von $\mathfrak{x}$ ist. Würde man allgemeine Aussagen über das Vorzeichen von $\frac{\|A_{ik}\|}{g}$ auf beliebig gekrümmten Flächen besitzen, so ließen sich eine ganze Anzahl der nachfolgenden „Eindeutigkeitssätze“ auf beliebig gekrümmte Flächen übertragen.

Längs den Kurven dieses Netzes stimmen die geodätischen Windungen a(s) und a*(s) beider Flächen überein.

§ 71

Integralformeln für $\frac{\|A_{ik}\|}{g}$ (GROTEMEYER {1}).

Um das identische Verschwinden von $\frac{\|A_{ik}\|}{g}$ für gewisse isometrische Flächen nachzuweisen, woraus ja nach Satz 1 im allgemeinen die Kongruenz oder Symmetrie der Flächen folgt, kann man sich einiger Integralformeln bedienen. Diese Idee geht auf G. HERGLOTZ zurück.[6]) Wir wollen in diesem Abschnitt solche Integralformeln herleiten.

Wir gehen aus von der GAUSSschen Ableitungsgleichung der Fläche $\mathfrak{F}$:

(11) $$\mathfrak{x}_{i\|k} = B_{ik}\,\mathfrak{\xi}\,.$$

Beachtet man daneben noch die beiden Gleichungen (6) und (7):

$$\frac{\|A_{ik}\|}{g} = \underline{A}^{ik} B_{ik}\,; \quad \underline{A}^{ik}{}_{|k} = 0\,,$$

so wird man sofort versuchen die Gleichung (11) mit $\underline{A}_{ik}$ zu überschieben:

(12) $$(\underline{A}^{ik}\mathfrak{x}_i)_{\|k} = \frac{\|A_{ik}\|}{g}\,\mathfrak{\xi}\,.$$

Damit haben wir schon die Grundformel für die Integralsätze gefunden. Verstehen wir unter $f(u^i)$ eine skalare Funktion bzw. eine Vektorfunktion auf $\mathfrak{F}$, dann folgt aus (12) nach Multiplikation bzw. innere Produktbildung mit f:

(12′) $$(\underline{A}^{ik} f\,\mathfrak{x}_i)_{\|k} - \underline{A}^{ik} f_k \mathfrak{x}_i = \frac{\|A_{ik}\|}{g}\,\mathfrak{\xi}\, f$$

oder nach Integration über $\mathfrak{F}$, wenn wir unter $\partial\mathfrak{F}$ die zweimal stetig differenzierbare Berandung von $\mathfrak{F}$ verstehen:

$$\overset{(\mathfrak{F})}{\iint} \frac{\|A_{ik}\|}{g}\,\mathfrak{\xi} f\, do = -\overset{\partial\mathfrak{F}}{\oint} \underline{A}^{ik} f\,\mathfrak{x}_i\, n_k\, ds - \overset{(\mathfrak{F})}{\iint} \underline{A}^{ik} f_k\, \mathfrak{x}_i\, do\,.$$

Dem Integranden des Randintegrals wollen wir noch eine andere Gestalt geben, die die Abhängigkeit desselben von den Randstreifen der Fläche $\mathfrak{F}$ mehr zum Ausdruck bringt. Dazu machen wir längs den Randkurven den Ansatz

$$\underline{A}^{ik} n_k = \alpha\,\dot{u}^i + \beta\, n^i\,.$$

Wegen

$$\underline{A}^{ik} n_i\, n_k = A_{ik}\,\dot{u}^i\,\dot{u}^k = -(b - b^*)$$

und

$$\underline{A}^{i}_{\cdot k}\,\dot{u}^k\, n_i = -A_{\alpha\beta}\,\dot{n}^{\alpha}\dot{u}^{\beta} = -(a - a^*)$$

gilt daher

(13) $$-\underline{A}^{ik} n_k = (a - a^*)\,\dot{u}^i + (b - b^*)\, n^i\,.$$

Wir können also den Integralsatz in der Form

(14) $$\overset{(\mathfrak{F})}{\iint} \frac{\|A_{ik}\|}{g}\, f\,\mathfrak{\xi}\, do = \overset{(\partial\mathfrak{F})}{\oint} \{(a - a^*)\,\dot{\mathfrak{x}} + (b - b^*)\,\eta\}\, f\, ds - \overset{(\mathfrak{F})}{\iint} \underline{A}^{ik}\mathfrak{x}_i f_k\, do$$

---

[6]) Man vergleiche auch Nr. V des vorstehenden Berichtes von EFIMOW.

schreiben. Wählt man speziell $\mathfrak{f} = 1$, so erhält man einen vektoriellen Integralsatz (GROTEMEYER {1}):

$$(15)\qquad {}^{(\mathfrak{F})}\!\iint \frac{\|A_{ik}\|}{g}\,\mathfrak{z}\,do = {}^{(\partial\mathfrak{F})}\!\oint \left\{(a - a^*)\,\dot{\mathfrak{x}} + (b - b^*)\,\eta\right\} ds\,.$$

Setzt man dagegen für $\mathfrak{f}$ den Ortsvektor $\mathfrak{x}$ ein, so entsteht die bekannte Integralformel von HERGLOTZ:

$$(16)\qquad {}^{(\mathfrak{F})}\!\iint \frac{\|A_{ik}\|}{g}\,P\,do = {}^{(\partial\mathfrak{F})}\!\oint \left\{(a - a^*)\,(\mathfrak{x}\dot{\mathfrak{x}}) + (b - b^*)\,(\mathfrak{x}\eta)\right\} ds - 2\;{}^{(\mathfrak{F})}\!\iint (H - H^*)\,do\,.$$

Darin ist $P = (\mathfrak{x}\,\mathfrak{z})$ der Stützabstand der Fläche $\mathfrak{F}$ bezüglich des Ursprungs. In der Formel (16) ist offensichtlich die Fläche $\mathfrak{F}$ vor der Fläche $\mathfrak{F}^*$ ausgezeichnet. Schreibt man die entsprechende Formel für $\mathfrak{F}^*$ auf, d. h. vertauscht man in (16) die Größen ohne Stern mit solchen die einen Stern tragen, und addiert man nun (16) zu dieser Formel, so entsteht der „symmetrisierte" Integralsatz von HERGLOTZ:

$$(17)\qquad {}^{(\mathfrak{F})}\!\iint \frac{\|A_{ik}\|}{g}\,\{P + P^*\}\,do = {}^{(\partial\mathfrak{F})}\!\oint \left\{(a - a^*)\left((\mathfrak{x}\dot{\mathfrak{x}}) - (\mathfrak{x}^*\dot{\mathfrak{x}}^*)\right) + (b - b^*)\left((\mathfrak{x}\eta) - (\mathfrak{x}^*\eta^*)\right)\right\} ds\,.$$

(17) besitzt gegenüber (16) den Vorteil, daß $\iint (H - H^*)\,do$ nicht mehr auftritt. Dafür nimmt man den kleinen Nachteil der Gleichberechtigung beider Flächen $\mathfrak{F}$ und $\mathfrak{F}^*$ in Kauf. Man hat daher im allgemeinen bei Anwendung von (17) die Voraussetzungen für beide Flächen gleich zu wählen. Es bedarf wohl keines weiteren Hinweises, daß man auch zu (15) eine „symmetrisierte" Formel angeben kann.

Die Herleitung der Integralformeln darf man wohl als sehr natürlich bezeichnen, zumal sich die bekannten Integralformeln von MINKOWSKI, die in der Theorie der konvexen Körper und auch in der Theorie der Eiflächen im großen eine wichtige Rolle spielen, in ganz ähnlicher Weise aus den GAUSSschen Ableitungsgleichungen durch Überschieben mit geeigneten Tensoren (g^{ik} und $\overline{B^{ik}}$) ergeben. Man kann daraus übrigens ein allgemeines Prinzip zur Aufstellung von Integralsätzen zu gegebenen Invarianten herleiten. Gibt man nämlich eine Invariante V vor, so hat man lediglich einen Tensor W^{ik} so zu finden, daß $W^{ik} B_{ik} = V$ ist. Alles Weitere verläuft dann genau so, wie es oben an der Invarianten $\frac{\|A_{ik}\|}{g}$ durchgeführt worden ist.

§ 72

Bemerkungen über die eindeutige Bestimmtheit durch die Metrik hinsichtlich einer Untergruppe der ersten Homologiegruppe.

Ganz ähnlich wie im § 26 des ersten Teiles die infinitesimale Starrheit von Flächen mit Hilfe der ersten Homologiegruppe klassifiziert wurde, so lassen sich auch verschiedene Grade der eindeutigen Bestimmtheit definieren. Betrachtet man zunächst als einfaches Beispiel den Kreistorus. In der Gesamtheit aller analytischen, zum Kreistorus isometrischen und homöomorphen Flächen ist dieser durch die Metrik eindeutig bestimmt. Dieser Satz ist sicher nicht mehr richtig, wenn wir die Zerschneidung des Torus längs eines Meridiankreises zulassen. Zu diesem aufgeschnittenen Kreistorus lassen sich, wie man in der elementaren Flächentheorie nach MINDING[7]) zeigt, sofort isometrische Flächen angeben, die durch Verschieben der Schnittufer aus dem aufgeschnittenen Kreistorus entstehen. Hiernach ist es klar, daß der genannte Kongruenzsatz wesentlich davon abhängt, daß die Fläche nicht aufgeschnitten ist.

[7]) Journal für Mathematik 18 (1838) 367 ff. Man vergleiche auch den Enzyklopädieartikel von A. Voss {1}

Wir wollen jetzt zwei beliebige isometrische Flächen $\mathfrak{F}$ und $\mathfrak{F}^*$ betrachten. Die Ortsvektoren seien mit $\mathfrak{x}$ und $\mathfrak{x}^*$ bezeichnet. Dann bilden wir

(18) $$\mathfrak{z} = \mathfrak{x}^* - \mathfrak{x}\,.$$

Wir wollen den Vektor $\mathfrak{z}$ trivial nennen, wenn $\mathfrak{x}^*$ aus $\mathfrak{x}$ durch eine Bewegung oder Spiegelung hervorgeht. (Es ist dann $\mathfrak{z} = (D-E)\,\mathfrak{x} + \mathfrak{c}$ wo D eine orthogonale und E die Einheitsmatrix bezeichnet. $\mathfrak{c}$ ist ein konstanter Vektor.) Nun betrachtet man das Integral

(19) $$\mathfrak{f}(\mathfrak{k}) = \oint^{(\mathfrak{k})} d\mathfrak{z}\,,$$

wo $\mathfrak{k}$ ein beliebiger 1-Zyklus auf $\mathfrak{F}$ ist. Man sieht sofort ein, daß $\mathfrak{f}$ eine homomorphe Abbildung der ersten Homologiegruppe $H_1(\mathfrak{F})$ bewirkt.[8])

Zunächst ist für einen nullhomologen Zyklus $\mathfrak{k} \sim 0 : \mathfrak{f}(\mathfrak{k}) = 0$. Daher ist für zwei Zyklen $\mathfrak{k}_1 \sim \mathfrak{k}_2$ auch $\mathfrak{f}(\mathfrak{k}_1) = \mathfrak{f}(\mathfrak{k}_2)$. Zu jeder Homologieklasse gehört also ein Wert von $\mathfrak{f}$. Weiter ist $\mathfrak{f}(\mathfrak{k}_1 + \mathfrak{k}_2) = \mathfrak{f}(\mathfrak{k}_1) + \mathfrak{f}(\mathfrak{k}_2)$, wenn $\mathfrak{k}_1$ und $\mathfrak{k}_2$ zwei beliebige Zyklen sind. Damit ist aber gezeigt, daß $\mathfrak{f}$ ein Homomorphismus von $H_1(\mathfrak{F})$ ist. Der Kern desselben, d. h. die Gesamtheit aller Klassen von homologen Zyklen $\mathfrak{k}$ für die $\mathfrak{f}(\mathfrak{k}) = 0$ ist, ist dann aber eine Untergruppe $G \subseteq H_1(\mathfrak{F})$.

Jetzt können wir die Bestimmtheit einer Fläche $\mathfrak{F}$ hinsichtlich einer Untergruppe G der ersten Homologiegruppe $H_1(\mathfrak{F})$ definieren:

Definition: *$\mathfrak{F}$ heißt hinsichtlich der Untergruppe $G \subseteq H_1(\mathfrak{F})$ eindeutig bestimmt durch die Metrik, wenn für jede zu $\mathfrak{F}$ isometrische Fläche $\mathfrak{F}^*$, die die Bedingungen erfüllt:*

(B) $\oint^{(\mathfrak{h}_\nu)} d\mathfrak{z} = 0$ *wo* $\mathfrak{h}_\nu$ *eine Basis zu* G *ist, folgt, daß* $\mathfrak{z}$ *trivial ist, d. h. die Kongruenz oder Symmetrie von* $\mathfrak{F}$ *und* $\mathfrak{F}^*$.

Man kann sich leicht die Bedeutung dieser Definition klar machen. Betrachten wir zuächst einige Spezialfälle:

Interessiert man sich für die eindeutige Bestimmtheit von $\mathfrak{F}$ hinsichtlich $H_1(\mathfrak{F})$, so ist $\mathfrak{z}$ nach (B) eindeutig auf $\mathfrak{F}$, und wir lassen daher zur Konkurrenz nur unzerschnittene Flächen $\mathfrak{F}^*$ zu. Wir wollen, falls $\mathfrak{F}$ in diesem Fall eindeutig bestimmt ist, $\mathfrak{F}$ „schwach bestimmt" nennen.

Ein anderer, leicht zu übersehender Fall ist G = Einheit. Jetzt hat man alle zu $\mathfrak{F}$ isometrischen Flächen zuzulassen. Man darf also beliebig aufschneiden. Ist $\mathfrak{F}$ etwa eindeutig bestimmt, so wollen wir in diesem Fall die Fläche $\mathfrak{F}$ „stark bestimmt" nennen.

Ist die Gruppe G beliebig, so hat man beim Nachweis der eindeutigen Bestimmtheit von $\mathfrak{F}$ hinsichtlich G solche zu $\mathfrak{F}$ isometrische Flächen zuzulassen, die aufgeschnitten sein dürfen längs solchen Zyklen, die keiner Homologieklasse von G angehören.

Es seien G und L zwei Untergruppen von $H_1(\mathfrak{F})$ mit $L \subseteq G \subseteq H_1(\mathfrak{F})$. Nun sei $\mathfrak{F}$ hinsichtlich L eindeutig bestimmt durch die Metrik. Dann besitzt $\mathfrak{F}$ erst recht hinsichtlich G diese Eigenschaft. (Je „kleiner" die Untergruppe, um so stärker ist die Fläche bestimmt.) Durch die obige Definition besitzen wir im allgemeinen eine ganze Reihe von „Zwischen-Bestimmtheiten" für Flächen. Für einfach zusammenhängende Flächenstücke besteht H_1 nur aus dem Nullelement und ein solches Flächenstück besitzt nur eine Art der eindeutigen Bestimmtheit. Bei den folgenden Kongruenzsätzen für mehrfach zusammenhängende Flächenstücke handelt es sich immer um die „schwache Bestimmtheit", was wir daher nicht ausdrücklich hervorheben.

[8]) Das gilt bekanntlich für jedes vollständige Differential einer Fläche.

Es sei noch bemerkt, daß man auch ganz analog zur eindeutigen Bestimmtheit hinsichtlich einer Untergruppe der ersten Homologiegruppe einer Fläche die Verbiegung (oder allgemeiner die isometrische Abbildung) der Fläche $\mathfrak{F}$ hinsichtlich einer Untergruppe $G \subseteq H_1(\mathfrak{F})$ definieren kann:

Definition: *$\mathfrak{F}$ heißt hinsichtlich der Untergruppe $G \subseteq H_1(\mathfrak{F})$ verbiegbar (bzw. isometrisch abbildbar), wenn es eine Biegefläche (bzw. isometrische Fläche) $\mathfrak{F}^*$ zu $\mathfrak{F}$ gibt mit der Eigenschaft:*

1. $\mathfrak{z}$ nichttrivial. 2. $\overset{(\mathfrak{h}_\nu)}{\oint} d\mathfrak{z} = 0$ wo $\mathfrak{h}_\nu$ eine Basis von G ist.

Ist $G = H_1(\mathfrak{F})$, so darf man wohl von einer „starken Verbiegbarkeit" sprechen und im Falle $G = 0$ von einer „schwachen Verbiegbarkeit". Auch hier kann man leicht erkennen, daß durch die Untergruppen von $H_1(\mathfrak{F})$ Abstufungen der Verbiegbarkeit vorgenommen werden können. Ist $L \subseteq G \subseteq H_1(\mathfrak{F})$ und ist $\mathfrak{F}$ hinsichtlich G verbiegbar, o ist $\mathfrak{F}$ auch hinsichtlich L verbiegbar.

§ 73

Betrachtet man jetzt eine geschlossene Fläche $\mathfrak{G}$ vom Geschlecht g. $\mathfrak{a}_\nu$, $\mathfrak{b}_\nu$ $(\nu = 1, \cdots, g)$ seien die Kurven auf $\mathfrak{G}$, die den 2g verschiedenen Seiten (die zueinander paarweise konjugiert sind) eines zu $\mathfrak{G}$ gehörigen Fundamentalpolygons (4g-Eck) entsprechen. Dann bilden bekanntlich die $\mathfrak{a}_\nu$, $\mathfrak{b}_\nu$ $(\nu = 1, \cdots, g)$ eine Homologiebasis. Es sei $\mathfrak{G}^*$ eine zu $\mathfrak{G}$ isometrische Fläche, so daß $d\mathfrak{z}$ auf $\mathfrak{G}$ eindeutig ist. Zunächst ist $\mathfrak{z}(u^i)$ auf der aufgeschnittenen Fläche ebenfalls eindeutig. Wir stellen jetzt die Frage nach dem Sprung, den $\mathfrak{z}(u^i)$ beim Überschreiten des Weges $\mathfrak{a}_k$ erleidet. Man findet:

Der Sprung von $\mathfrak{z}(u^i)$ in einem Punkt der Kurve $\mathfrak{a}_k$ ist gleich

$$\overset{(\mathfrak{b}_k)}{\oint} d\mathfrak{z} \quad (k = 1, \cdots, g)$$

(bei geeigneter Orientierung von $\mathfrak{b}_k$).

Der Beweis dieses Satzes läßt sich, wie in der Theorie der ABELschen Integrale üblich, leicht aus dem Fundamentalpolygon ablesen.

Wenn wir also bei der Frage nach der eindeutigen Bestimmung der Fläche $\mathfrak{G}$ durch die Metrik eine Fläche $\mathfrak{G}^*$ zur Konkurrenz zulassen wollen, die längs der Kurve $\mathfrak{a}_k$ nicht aufgeschnitten ist, so bedeutet das, daß man $\overset{(\mathfrak{b}_k)}{\oint} d\mathfrak{z} = 0$ verlangen muß.

Die Periode von $\mathfrak{z}(u^i)$ längs der Kurve $\mathfrak{b}_k$ gibt also ein Maß an, wie stark die Ränder der längs der zu $\mathfrak{b}_k$ konjugierten Kurve $\mathfrak{a}_k$ aufgeschnittenen Fläche $\mathfrak{G}$ auseinandergehen.

§ 74

Die eindeutige Bestimmtheit von abgestumpften Eiflächen und verwandten Flächenklassen durch die Metrik. Im folgenden sollen einige einfache Kongruenzsätze für mehrfach zusammenhängende Flächenstücke positiver GAUSSscher Krümmung hergeleitet werden. Wesentlichstes Hilfsmittel ist dabei die Integralformel von HERGLOTZ.

Zunächst ein einfacher Hilfssatz, der es ermöglicht, auf den betrachteten Flächen auch Gebiete mit verschwindender GAUSSscher Krümmung zuzulassen.

Hilfssatz: *Es seien $\mathfrak{T}$ und $\mathfrak{T}^*$ zwei dreimal stetig differenzierbare, beschränkte und isometrische Flächenstücke mit verschwindender GAUSSscher Krümmung. Sind dann die zweimal stetig differenzierbaren Randkurven beider Flächenstücke kongruent oder symmetrisch, so gilt dasselbe für die Flächen $\mathfrak{T}$ und $\mathfrak{T}^*$ selbst.*

Beweis: 1. Aus der Kongruenz[9]) der Randkurven von $\mathfrak{T}$ und $\mathfrak{T}^*$ folgt die der Randstreifen. Es gilt nämlich

$$(20) \qquad k^2 = b^2 + c^2 \quad \text{und} \quad \varkappa = a + \dot{\varphi}; \quad \varphi = \operatorname{arc\,tg}\left(-\frac{c}{b}\right).$$

Wegen der Isometrie ist $c(s) = c^*(s)$. Nach Voraussetzung folgt $k = k^*$, also ist $b = b^*$. Aus $\varkappa = \varkappa^*$ folgt dann $a = a^*$.

Daher sind die Randstreifen kongruent.

2. Durch die Tangentialebenen längs den Randkurven sind aber die Flächen $\mathfrak{T}$ und $\mathfrak{T}^*$ als abwickelbare Flächen vollständig bestimmt. Aus der Kongruenz oder Symmetrie der Randstreifen folgt daher die der Flächen selbst.

Womit der Hilfssatz bewiesen ist.

Der Kongruenzsatz für Eiflächen: (Vgl. Seite 36). *Es seien $\mathfrak{E}$ und $\mathfrak{E}^*$ zwei isometrische Eiflächen, die dreimal stetig differenzierbar sind. Es sei* $K \geqq 0$. *Die Teilgebiete von $\mathfrak{E}$ und $\mathfrak{E}^*$, in denen* $K \equiv 0$ *ist, sollen von zweimal stetig differenzierbaren Kurven berandet werden. Dann sind $\mathfrak{E}$ und $\mathfrak{E}^*$ kongruent oder symmetrisch.*

Beweis: Wenden wir den Integralsatz (17) auf $\mathfrak{E}$ und $\mathfrak{E}^*$ an, so gilt:

$$(21) \qquad \overset{(\mathfrak{E})}{\iint} \frac{\|A_{ik}\|}{g} \{P + P^*\}\, do = 0 .$$

Verabredungsgemäß (siehe Anm. 4) sind $\mathfrak{E}$ und $\mathfrak{E}^*$ durch nach „Innen" weisende Normalen orientiert. Legen wir jetzt beide Flächen so, daß der Ursprung des Koordinatensystems im Inneren beider Flächen liegt, so ist $P < 0$ und $P^* < 0$. Nach § 70, Satz 3 ist $\frac{\|A_{ik}\|}{g} \leq 0$ auf $\mathfrak{E}$. Aus (21) folgt dann das identische Verschwinden von $\frac{\|A_{ik}\|}{g}$ auf $\mathfrak{E}$. Nach § 70 Satz 1 sind dann die Gebiete von $\mathfrak{E}$ und $\mathfrak{E}^*$ kongruent oder symmetrisch, in denen K nicht identisch verschwindet. Also sind auch die einander entsprechenden Randkurven der Gebiete mit $K \equiv 0$ auf $\mathfrak{E}$ und $\mathfrak{E}^*$ kongruent oder symmetrisch. Nach dem vorstehenden Hilfssatz folgt daraus aber die Kongruenz oder Symmetrie dieser Gebiete. Insgesamt sind somit $\mathfrak{E}$ und $\mathfrak{E}^*$ kongruent oder symmetrisch.

Als eine einfache Anwendung des Kongruenzsatzes für Eiflächen wollen wir folgenden Satz über Eiflächen mit Mittelpunkt beweisen: *Notwendig und hinreichend für die Existenz eines Mittelpunktes für die Eifläche $\mathfrak{E}$, ist das Vorhandensein einer isometrischen, fixpunktfreien Abbildung von $\mathfrak{E}$ auf sich selbst.*

Die Notwendigkeit der Bedienung ist klar: Machen wir nämlich den vorhandenen Mittelpunkt zum Ursprung des Koordinatensystems, so geht $\mathfrak{E}$ bei der Abbildung

$$\mathfrak{x}^* = -\mathfrak{x}$$

in sich über. Diese Abbildung ist aber auf $\mathfrak{E}$ eine fixpunktfreie und isometrische.

Die Hinlänglichkeit der Bedingung kann man so erkennen: Es sei $\mathfrak{x} \longleftrightarrow \mathfrak{x}^*$ die fixpunktfreie Isometrie von $\mathfrak{E}$ auf sich selbst. Nach dem Kongruenzsatz für Eiflächen läßt sich dann $\mathfrak{x}^*$ so darstellen:

$$(22) \qquad \mathfrak{x}^* = D\mathfrak{x} + \mathfrak{c},$$

wo $\mathfrak{c}$ ein fester Vektor und D eine orthogonale Matrix ist. Aus der Forderung, daß diese Abbildung des E_3 auf $\mathfrak{E}$ fixpunktfrei sein soll, folgt, daß $D = -E$ sein muß:

$$(22') \qquad \mathfrak{x}^* = -\mathfrak{x} + \mathfrak{c}.$$

[9]) Den Fall der Symmetrie kann man durch Ausführung einer Spiegelung von $\mathfrak{T}^*$ auf diesen zurückführen.

Dann ist der Punkt mit dem Ortsvektor $\frac{1}{2}\mathfrak{c}$ Mittelpunkt von $\mathfrak{E}$.

Betrachten wir zur Illustration des letzten Ergebnisses noch die sog. *Wiedersehenseiflächen*[10]). Das sind Eiflächen, bei denen die geodätische Entfernung konjugierter Punkte fest ist. Eine andere definierende Eigenschaft dieser Flächen ist die, daß zu jedem Flächenpunkt nur ein einziger konjugierter Punkt vorhanden ist. Zwei konjugierte Punkte $\mathfrak{x}$ und $\hat{\mathfrak{x}}$ halbieren jede durch sie laufende geschlossene geodätische Linie; und alle geschlossenen geodätischen Linien haben gleiche Länge. Die Abbildung $\mathfrak{x} \longleftrightarrow \hat{\mathfrak{x}}$ unserer Wiedersehenseifläche, die jeden Punkt $\mathfrak{x}$ auf seinen konjugierten abbildet, ist fixpunktfrei und isometrisch. Verschiebt man nämlich $\mathfrak{x}$ um ein Stückchen auf einer geodätischen Linie, so rückt auch $\hat{\mathfrak{x}}$ auf derselben geodätischen Linie um das gleiche Stückchen und im gleichen Sinne fort; denn die geodätische Entfernung zweier konjugierter Punkte ist konstant. Auf Grund des letzten Ergebnisses gilt daher: *Jede Wiedersehenseifläche besitzt einen Mittelpunkt. Konjugierte Punkte sind bezüglich des Mittelpunktes spiegelbildlich.*[11]) Ob es außer der Kugelfläche noch andere Wiedersehenseiflächen gibt, ist unbekannt.

Wir wollen uns jetzt mit Kongruenzfragen berandeter, nicht negativ gekrümmter Flächen beschäftigen. Die betrachteten Flächen sollen orientierbar sein. (Beschränken wir uns auf Flächen, bei denen in allen inneren Punkten $K > 0$ ist, so läßt sich leicht zeigen, daß alle diese Flächen schlichtartig[12]) und orientierbar sind.)

Satz I: *Es seien $\mathfrak{F}$ und $\mathfrak{F}^*$ zwei isometrische, beschränkte und dreimal stetig differenzierbare Flächen mit $K \geqq 0$, $K^* \geqq 0$*[13]). *Die endlich vielen Randkurven $\mathfrak{r}_\nu$, $\mathfrak{r}_\nu^*$ beider Flächen: $\partial\mathfrak{F} = \sum_{\nu=1}^{n} \mathfrak{r}_\nu$; $\partial\mathfrak{F}^* = \sum_{\nu=1}^{n} \mathfrak{r}_\nu^*$ seien zweimal stetig differenzierbar. Zu jeder der beiden Flächen $\mathfrak{F}$ und $\mathfrak{F}^*$ gebe es einen Punkt $\mathfrak{a}$ bzw. $\mathfrak{a}^*$, bezüglich dessen der Stützabstand $(\mathfrak{x}-\mathfrak{a})\,\xi$ bzw. $(\mathfrak{x}^*-\mathfrak{a}^*)\,\xi^*$ das Vorzeichen nicht ändert. Sind dann bei der Isometrie einander entsprechende Randkurven beider Flächen kongruent oder symmetrisch, so gilt dasselbe auch für die Flächen $\mathfrak{F}$ und $\mathfrak{F}^*$.*

Beweis: Wir wenden auf die Flächen die Formel (17) an:

$$(23)\quad \iint^{(\mathfrak{F})} \frac{\|A_{ik}\|}{g}\{P+P^*\}\,do = \sum_{\nu=1}^{n}{}^{(\mathfrak{r}_\nu)} \oint \Big\{(a-a^*)\big((\mathfrak{x}\dot{\mathfrak{x}})-(\mathfrak{x}^*\dot{\mathfrak{x}}^*)\big) + (b-b^*)\big((\mathfrak{x}\eta)-(\mathfrak{x}^*\eta^*)\big)\Big\}\,ds$$

und zeigen, daß jedes Radintegral verschwinden muß. Aus der Kongruenz[9]) der Randkurven folgt:

$$24)\qquad k(s) = k^*(s), \quad \varkappa(s) = \varkappa^*(s).$$

Nun ist

$$(20)\qquad k^2 = b^2 + c^2; \quad \varkappa = a + \dot{\varphi}; \quad \varphi = \operatorname{arc\,tg}\left(-\frac{c}{b}\right).$$

Wegen der Isometrie stimmen die geodätischen Krümmungen in entsprechenden Punkten überein. Aus (23) und (20) folgt daher $b = b^*$. Dann ist auch $\varphi = \varphi^*$ und $a = a^*$. Es verschwinden daher alle Integranden der Radintegrale in (23):

$$(25)\qquad \iint^{(\mathfrak{F})} \frac{\|A_{ik}\|}{g}\{P+P^*\}\,do = 0\,.$$

---

[10]) Vgl. Blaschke: [12], [1].

[11]) Zuerst ausgesprochen von W. Blaschke [1]

[12]) Eine Fläche heißt schlichtartig, wenn jede geschlossene Kurve die Fläche zerlegt.

[13]) Die Teilgebiete der beiden Flächen, in denen $K \equiv 0$ ist, sollen von mindestens zweimal stetig differenzierbaren Kurven berandet werden. Ferner soll auf $\mathfrak{F}$ die Gausssche Krümmung K nicht identisch verschwinden.

Legen wir nun $\mathfrak{F}$ und $\mathfrak{F}^*$ so, daß $a = a^* = 0$ wird, so ändern P und P* nicht das Zeichen. Also ist nach Satz 3 und (25) $\|A_{ik}\| = 0$ auf $\mathfrak{F}$. Ganz analog dem Beweis des Kongruenzsatzes für Eiflächen folgt daraus die Kongruenz oder Symmetrie von $\mathfrak{F}$ und $\mathfrak{F}^*$.

Es sei $\mathfrak{E}$ eine Eifläche mit $K \geq 0$ und $\mathfrak{e}_1, \ldots, \mathfrak{e}_n$ ein System von Ebenen. $\mathfrak{e}_\nu$ schneide von $\mathfrak{E}$ das Flächenstück $\mathfrak{T}_\nu$ ab. Die Schnittkurven von $\mathfrak{E}$ und $\mathfrak{e}_\nu$ $(\nu = 1, \ldots, n)$ sollen keine gemeinsamen Punkte besitzen. Wir nennen dann die „Restfläche"

$$\overline{\mathfrak{E}} = \mathfrak{E} - \sum_{\nu=1}^{n} \mathfrak{T}_\nu$$

eine *abgestumpfte Eifläche.* (Siehe Seite 76, § 34). Die ebenen und geschlossenen Randkurven von $\overline{\mathfrak{E}}$ seien mit $\mathfrak{r}_\nu$ $(\nu = 1, 2, \ldots, n)$ bezeichnet: $\partial\overline{\mathfrak{E}} = \sum_{\nu=1}^{n} \mathfrak{r}_\nu$. Wir beweisen jetzt den

Satz II: *Es sei $\overline{\mathfrak{E}}$ eine abgestumpfte Eifläche mit den Rändern $\mathfrak{r}_1, \mathfrak{r}_2, \ldots, \mathfrak{r}_n$. Weiter sei $\overline{\mathfrak{E}}^*$ eine zu $\overline{\mathfrak{E}}$ isometrische Fläche, die wie $\overline{\mathfrak{E}}$ dreimal stetig differenzierbar sein soll und die zweimal stetig differenzierbaren Randkurven $\mathfrak{r}_1^*, \mathfrak{r}_2^*, \ldots, \mathfrak{r}_n^*$ besitzt. Ist dann*

$$\text{(26)} \qquad k(s) \leq k^*(s)$$

auf den Rändern, die sich bei der Isometrie entsprechen, so sind $\overline{\mathfrak{E}}$ und $\overline{\mathfrak{E}}^*$ kongruent oder symmetrisch.

Beweis: Es möge $\mathfrak{r}_\nu$ $(\nu = 1, \ldots, n)$ dem Rand $\mathfrak{r}_\nu^*$ $(\nu = 1, \ldots, n)$ bei der Isometrie entsprechen. Da die $\mathfrak{r}_\nu$ eben sind, so gilt

$$\text{(27)} \qquad \oint^{(\mathfrak{r}_\nu)} k \, ds = 2\pi .$$

Nach W. Fenchel {1} ist nun

$$\text{(28)} \qquad \oint^{(\mathfrak{r}_\nu^*)} k^* \, ds \geq 2\pi ,$$

also

$$\text{(29)} \qquad \oint^{(\mathfrak{r}_\nu)} \{k^* - k\} \, ds \geq 0 .$$

Wegen $k \geq k^*$ ist daher $k \equiv k^*$ auf einander entsprechenden Rändern. Somit gilt in (26) das Gleichheitszeichen. Auf Grund des Fenchelschen Satzes ist dann auch $\mathfrak{r}_\nu^*$ eine ebene Kurve. Aus $\varkappa = \varkappa^* = 0$ und $k = k^*$ für alle Randkurven $\mathfrak{r}_\nu$; $\mathfrak{r}_\nu^*$ von $\overline{\mathfrak{E}}$ und $\overline{\mathfrak{E}}^*$ folgt nach Satz I die Kongruenz oder Symmetrie von $\overline{\mathfrak{E}}$ und $\overline{\mathfrak{E}}^*$.

Mit Hilfe eines Satzes von E. Schmidt {1} findet man aus der Ungleichung $k(s) \geq k^*(s)$ eine einfache geometrische Eigenschaft: Jede Sehne der Kurve $\mathfrak{r}_\nu^*$ ist sicher nicht kleiner als die entsprechende[14]) Sehne von $\mathfrak{r}_\nu$. Der Satz von E. Schmidt sagt nämlich folgendes aus: *Ist $k(s)$ die Krümmung des ebenen Kurvenbogens $\mathfrak{k}$, der mit seiner Sehne einen konvexen Bereich berandet, so besitzt jeder zu $\mathfrak{k}$ isometrische Kurvenbogen $\mathfrak{k}^*$ mit der Krümmung $k^*(s)$ eine längere Sehne als $\mathfrak{k}$, wenn in entsprechenden Punkten von $\mathfrak{k}$ und $\mathfrak{k}^*$*

$$k(s) \geq k^*(s)$$

ist. Die Gleichheit der Sehnen kann nur im Falle der Kongruenz von $\mathfrak{k}$ und $\mathfrak{k}^*$ eintreten.

[14]) D. h. Anfangs- und Endpunkt von $\mathfrak{r}_\nu^*$ und $\mathfrak{r}_\nu$ entsprechen sich auf Grund der Isometrie.

Übrigens gilt bei infinitesimalen Verbiegungen eines Kurvenbogens ein entsprechender Satz (siehe Theorem A Seite 77). Man kann den Satz von E. SCHMIDT auch so aussprechen: Wird bei einer Verbiegung von $\mathfrak{k}$ in $\mathfrak{k}^*$ keine Sehne des Bogens $\mathfrak{k}$ länger, so ist $k(s) \leq k^*(s)$. Das „Nichtlängerwerden" aller Sehnen einer geschlossenen ebenen Kurve kann man sehr einfach dadurch erreichen, daß man in die Kurve ein Blatt Papier hereinklebt. Bei jeder Verbiegung der Kurve können dann die Sehnen sicher nicht größer werden, wenn man so verbiegt, daß das Papierstück nicht reißt. Könnte man jetzt den zu Satz II analogen Satz beweisen, wo an der Stelle von (26) die Ungleichung $k(s) \leq k^*(s)$ steht, so hätte man damit die endliche Unverbiegbarkeit der abgestumpften und „verklebten" Eiflächen bewiesen[15]).

Auf Seite 39, § 18 werden geschlossene Flächen vom T-Typ definiert, und es zeigt sich, daß aus der Isometrie zweier Flächen vom T-Typ die Kongruenz der positiv gekrümmten Teilgebiete beider Flächen folgt. Nach A. D. ALEXANDROW (siehe § 18) wird der positiv gekrümmte Teil einer Fläche vom T-Typ von geschlossenen Kurven berandet, längs denen der Normalenvektor der Fläche konstant ist. Solche Randkurven werden als REMBSsche Ränder (R.-Ränder) bezeichnet. Aus $\xi = \text{const.}$ längs eines R.-Randes folgt über die Ableitungsgleichung $\dot{\xi} = b\mathfrak{x} - a\eta$, daß $a = 0$; $b = 0$ ist. Das Verschwinden von a und b ist umgekehrt auch kennzeichnend für einen R.-Rand, wie sofort aus der vorstehenden Ableitungsgleichung folgt. Aus der Formel

$$a^2 + b^2 + 2Hb + K = 0 \tag{30}$$

erkennt man, daß jeder R.-Rand auch parabolisch ist ($K = 0$).
Übrigens ist $b = 0$; $K = 0$ ebenfalls kennzeichnend für R.-Ränder. Daher sind R.-Ränder auf Flächen mit positiver und negativer Krümmung stets Einhüllende der Asymptotenlinien.

Satz III: *Es seien $\mathfrak{F}$ und $\mathfrak{F}^*$ zwei isometrische, konvexe, beschränkte und dreimal stetig differenzierbare Flächen mit $K \geq 0$*[18]). *Die Randkurven $\mathfrak{r}_\nu$, $\mathfrak{r}_\nu^*$ beider Flächen: $\partial \mathfrak{F} = \Sigma \mathfrak{r}_\nu$, $\partial \mathfrak{F}^* = \Sigma \mathfrak{r}_\nu^*$, die sich bei der Isometrie entsprechen, seien zweimal stetig differenzierbare* REMBSsche *Ränder. Dann sind $\mathfrak{F}$ und $\mathfrak{F}^*$ kongruent oder symmetrisch.* (GROTEMEYER {1}, REMBS {8}, STOKER {3}).

Beweis: Wir wenden auf die isometrischen Flächen den Integralsatz (17) an. Da längs den $\mathfrak{r}_\nu$ und $\mathfrak{r}_\nu^*$ gilt $a = b = 0$ und $a^* = b^* = 0$, so ist

$$\overset{(\mathfrak{F})}{\iint} \frac{\|A_{ik}\|}{g} \{P + P^*\}\, do = 0. \tag{31}$$

Denken wir uns die Flächen für einen Augenblick durch die von den Rändern begrenzten ebenen Flächenstücke zu einer geschlossenen Fläche ergänzt und den Nullpunkt des Koordinatensystems in das Innere gelegt (es kommt wieder auf die relative Lage beider Flächen nicht an), so wird wieder, wenn ξ bzw. ξ^* die „inneren" Flächennormalen sind, $P \leqq 0$; $P^* \leqq 0$. Daher ist nach Satz III und (31) $\|A_{ik}\| \equiv 0$ auf $\mathfrak{F}$. Ganz analog dem Beweis des Kongruenzsatzes für Eiflächen folgt daraus die Kongruenz oder Symmetrie von $\mathfrak{F}$ und $\mathfrak{F}^*$: Zunächst ist wieder in den Teilgebieten mit $K > 0$, deren Existenz in Anm. 13 postuliert wird, und daher auch in den Gebieten mit $K \equiv 0$ nach Satz I und dem Hilfssatz 1: $A_{ik} \equiv 0$. Somit ist die stetige Funktion $A_{k\cdot}{}^{k}$ in allen inneren Punkten von $\mathfrak{F}$ identisch Null, also auch auf dem Rande. $\|A_{ik}\| \equiv 0$ und $A_{k\cdot}{}^{k} \equiv 0$ ist aber gleichbedeutend mit $A_{ik} \equiv 0$.

---

[15]) Bei infinitesimalen Verbiegungen 1. Stufe gestaltet sich die entsprechende Frage einfacher; denn man kann auf Grund der Integralformel $\oint \delta k\, ds = 0$ für eine geschlossene ebene Kurve von $\delta k \leqq 0$ oder $\delta k \geq 0$ stets auf $\delta k \equiv 0$ schließen. Bei endlichen Verbiegungen einer geschlossenen ebenen Kurve hat man dagegen nur die Ungleichung (29), aus welcher nur bei $k \geq k^*$ die Kongruenz der Kurven folgt.

Sehr eng mit den R.-Rändern hängen die Rinnen (S. 86, § 38) zusammen; denn die „Leitkurve“ einer Rinne ist ein R.-Rand. Endliche Verbiegungen oder isometrische Abbildungen von nichtanalytischen Rinnen sind jedoch noch nicht untersucht worden. Vielleicht würden derartige Untersuchungen ähnlich wie im Fall infinitesimaler Verbiegungen einen Zugang zu einigen Fragen der endlichen Flächenverbiegung eröffnen.

Wir wollen jetzt noch eine einfache Frage behandeln: Läßt sich ein Flächenstück positiver GAUSSscher Krümmung mit einem sphärischen Randstreifen so endlich verbiegen, daß dabei der Randstreifen sphärisch bleibt? Darauf antwortet (GROTEMEYER {1}, GOHIER {2}) der

Satz IV: *Es seien $\mathfrak{F}$ und $\mathfrak{F}^*$ zwei isometrische, beschränkte und dreimal stetig differenzierbare Flächen mit* $K \geq 0$ [13]*). Die endlich vielen Randkurven $\mathfrak{r}_\nu$, $\mathfrak{r}_\nu^*$ beider Flächen $\partial\mathfrak{F} = \Sigma\mathfrak{r}_\nu$, $\partial\mathfrak{F}^* = \Sigma\mathfrak{r}_\nu^*$ seien zweimal stetig differenzierbar. Gehen dann alle Flächennormalen längs den $\mathfrak{r}_\nu$ bzw. $\mathfrak{r}_\nu^*$ durch den festen Punkt $\mathfrak{a}$ bzw. $\mathfrak{a}^*$ und ändert der Stützabstand $(\mathfrak{x}-\mathfrak{a})\,\xi$ bzw. $(\mathfrak{x}^*-\mathfrak{a}^*)\,\xi^*$ bezüglich $\mathfrak{a}$ bzw. $\mathfrak{a}^*$ das Vorzeichen nicht, so sind $\mathfrak{F}$ und $\mathfrak{F}^*$ kongruent oder symmetrisch.*

Es ist sehr leicht einzusehen, daß die Randstreifen längs den $\mathfrak{r}_\nu$ sphärisch sind und die Kugeln, auf denen sie liegen, alle denselben Mittelpunkt $\mathfrak{a}$ besitzen. Es ist nämlich nach Vorraussetzung

$$\mathfrak{a} = \mathfrak{x} + \varrho^{(\nu)}\xi; \quad \varrho^{(\nu)} \neq 0 \quad \text{längs} \quad \mathfrak{r}_\nu .$$

Durch Differentiation folgt:

$$0 = \dot{\mathfrak{x}}\{1 + \varrho^{(\nu)}\,\mathfrak{b}\} - \mathfrak{a}\eta + \dot{\varrho}^{(\nu)}\,\xi,$$

also ist

$$\varrho^{(\nu)} = \text{const}; \quad 1 + \varrho^{(\nu)}\mathfrak{b} = 0; \quad \mathfrak{a} = 0.$$

Es ist dann $(\mathfrak{x}-\mathfrak{a})^2 = (\varrho^{(\nu)})^2 = \text{const.}$ die Gleichung der Kugel, auf welcher der zu $\mathfrak{r}_\nu$ gehörige Randstreifen liegt. Legen wir $\mathfrak{F}$ und $\mathfrak{F}^*$ so, daß die Punkte $\mathfrak{a}$ und $\mathfrak{a}^*$ in den Ursprung des Koordinatensystems fallen, so gilt längs den Randkurven:

$$\mathfrak{x} = -\varrho^{(\nu)}\,\xi\,, \quad \mathfrak{x}^* = -\overset{*}{\varrho}{}^{(\nu)}\,\xi^*. \tag{32}$$

Daher gilt für die Randstreifen:

$$(\mathfrak{x}\eta) = (\mathfrak{x}^*\eta^*) = 0; \quad (\mathfrak{x}\dot{\mathfrak{x}}) = (\mathfrak{x}^*\dot{\mathfrak{x}}^*) = 0. \tag{33}$$

Nach Anwendung von (17) auf die isometrischen Flächen $\mathfrak{F}$ und $\mathfrak{F}^*$ folgt wegen (33)

$$\overset{(\mathfrak{F})}{\iint} \frac{\|A_{ik}\|}{g}\{P + P^*\}\,do = 0. \tag{34}$$

Auf Grund der Voraussetzung über $\mathfrak{a}$ bzw. $\mathfrak{a}^*$ ist jetzt $P \leq 0$; $P^* \leq 0$. Also folgt aus (34) wie im Beweis des Kongruenzsatzes für Eiflächen die Kongruenz oder Symmetrie von $\mathfrak{F}$ und $\mathfrak{F}^*$

Vor kurzem hat SIMONE GOHIER {2} im Fall nur eines Randes einen Beweis für den Satz IV erbracht, bei dem die Voraussetzung $(\mathfrak{x}-\mathfrak{a})\xi$ solle das Vorzeichen auf der Fläche nicht ändern, überflüssig ist. Durch Anwendung der GAUSSschen Integralformel beweist sie nämlich zunächst, daß die sphärischen Bilder der beiden Kalotten gleichen Flächeninhalt besitzen. Wird dann angenommen, die Kugeln, auf denen die Randstreifen liegen, hätten verschieden große Radien, so müßten (wegen der Gleichheit der geodätischen Krümmungen der Ränder) die geodätischen Krümmungshalbmesser des einen sphärischen Randbildes in allen entsprechenden Punkten kleiner sein als die des anderen, was der Gleichheit der von ihnen eingeschlossenen Flächen widerspricht. Also müssen die beiden Kugeln gleiche Halbmesser besitzen. Aber dann sind die Randstreifen kongruent. Nun ist die Kongruenz oder Symmetrie der Kalotten fast selbstverständlich. Aber man kann mit der Verfasserin dem Kongruenzbeweis noch folgende Wendung geben: Jede der beiden Kalotten (sie werden als glatt vorausgesetzt) bildet mit einem Teil der Kugel, auf der der Randstreifen liegt, eine glatte geschlossene konvexe Fläche. Und die beiden geschlossenen konvexen Flächen sind isometrisch, also auch kongruent, daher sind aber auch die beiden entsprechenden Teile, nämlich die Kalotten, kongruent.

In einer weiteren Note (GOHIER {3}) der Comptes Rendus werden die G-*Flächen* (GOHIER-Flächen) mit folgender Eigenschaft betrachtet: Die Flächen sind offen und besitzen nur eine geschlossene Randkurve. Der Randstreifen liege auf einer abwickelbaren Fläche. Für die Flächen dieser Klasse gilt $\iint K\,do = 4\pi$. Im sphärischen Bild entspricht der Randkurve der Fläche entweder ein Punkt oder eine doppelt durchlaufene Kurve, die kein Flächenstück umschließt. Der zweite Fall soll zutreffen. Wenn man die konvexe Fläche durch den von der Randkurve eingeschlossenen Teil der abwickelbaren Fläche verschließt, entsteht eine geschlossene konvexe Fläche. Es gilt dann der Satz: *Zwei isometrische* G-*Flächen sind kongruent oder symmetrisch.*

Der Beweis ist einfach. Wickelt man nämlich die beiden Flächen mit $K = 0$ ab, so erhält man wegen der Erhaltung der geodätischen Krümmung kongruente ebene Figuren. Dann sind aber die beiden von den Kurven berandeten abwickelbaren Flächenstücke isometrisch. Sie bilden ferner nach Voraussetzung mit den gegebenen Flächenstücken positiver GAUSSscher Krümmung geschlossene konvexe Flächen und diese sind daher kongruent oder symmetrisch. Also sind auch die entsprechenden Teilstücke, insbesondere die beiden G-Flächen kongruent oder symmetrisch. Es folgt übrigens die Kongruenz oder Symmetrie mehrfach zusammenhängender G-Flächen direkt aus dem zu Beginn dieses Abschnittes angegebenen Kongruenzsatzes für Eiflächen. Auf den dort betrachteten Eiflächen sind Gebiete mit $K = 0$ zugelassen.

Während des Druckes erschien ferner die Arbeit von ALEXANDROW und SENKIN {1}. Es handelt sich um die Kongruenz oder Symmetrie regulärer konvexer Flächen $\mathfrak{F}$, $\mathfrak{F}^*$ mit Rand unter der Voraussetzung, daß für jede Fläche ein Punkt $\mathfrak{a}$ bzw. $\mathfrak{a}^*$ existiert, von dem aus die ganze Fläche entweder von innen oder von außen sichtbar ist bei noch gewissen Einschränkungen über die Lage der Punkte zu den Flächen. Ferner soll für irgend zwei entsprechende Randpunkte $\mathfrak{x}, \mathfrak{x}^*$ gelten, daß $r = |\mathfrak{x} - \mathfrak{a}| = |\mathfrak{x}^* - \mathfrak{a}^*| = r^*$ ist. Der Beweis beruht darauf, daß man einen der Punkte $\mathfrak{a}, \mathfrak{a}^*$ bei Nichtkongruenz so verlagern könnte, daß $r - r^*$ nach der Änderung in einem abgeschlossenen Gebiet verschwinden und sonst überall > 0 sein müßte. r und r^* sind aber Lösungen derselben DARBOUXschen Gleichung, und nach einem Satz ALEXANDROWs über diese muß die Differenz zweier Lösungen, die im Inneren des Gebiets verschwindet, in der Umgebung Werte beiderlei Vorzeichens annehmen.

§ 75

Es soll jetzt ein zum Satz IV (§ 74) analoges Ergebnis für konvexe Flächenstücke mit einem konischen Randstreifen hergeleitet werden. Wir betrachten zunächst eine Eifläche $\mathfrak{E}$, an die wir von einem nicht im Inneren oder auf $\mathfrak{E}$ gelegenen Punkt $\mathfrak{a}$ alle Tangenten legen. Zerschneiden wir $\mathfrak{E}$ längs der Berührungskurve, so erhalten wir zwei einfach zusammenhängende Flächenstücke, die von einem konischen Randstreifen berandet werden. Lassen sich die beiden Flächenstücke so verbiegen, daß dabei die Randstreifen konisch bleiben?

Satz V: *Es seien $\mathfrak{F}$ und $\mathfrak{F}^*$ zwei isometrische, beschränkte und dreimal stetig differenzierbare Flächen mit $K \geq 0$. $\mathfrak{F}$ und $\mathfrak{F}^*$ seien einfach zusammenhängend und die Randkurven $\partial\mathfrak{F}$, $\partial\mathfrak{F}^*$ zweimal stetig differenzierbar. Sind dann die Randstreifen beider Flächen konisch, so sind $\mathfrak{F}$ und $\mathfrak{F}^*$ kongruent oder symmetrisch.*

B e w e i s (REMBS [13]): Wir denken uns die Spitzen der Kegel, auf denen die beiden Randstreifen liegen, in den Ursprung des Koordinatensystem gelegt. Dann gilt längs den Randstreifen:

(35) $$P = (\mathfrak{x}\xi) = \dot{0}; \quad P^* = (\mathfrak{x}^*\xi^*) = 0.$$

Die Randkegel werden nun längs entsprechender Erzeugenden [16]) aufgeschnitten und abgewickelt. Die Krümmungen der Kurven, in die $\partial\mathfrak{F}$ und $\partial\mathfrak{F}^*$ bei der Abwicklung übergehen, stimmen mit der geodätischen Krümmung c (s) überein; sie sind daher in entsprechenden Punkten gleich. Da eine ebene Kurve durch Angabe der Krümmung als Funktion der Bogenlänge eindeutig bestimmt ist, so sind die beiden Abwicklungskurven von $\partial\mathfrak{F}$ und $\partial\mathfrak{F}^*$ kongruent. Die Verbindungslinien der Anfangs- und Endpunkte bilden mit den Anfangs- und Enderzeugenden gleichschenklige Dreiecke. Wir wollen jetzt noch zeigen, daß auch die Winkel, die die Anfangs- und Enderzeugende bei beiden Abwicklungen bilden, gleich sind. Um diesen Winkel zu berechnen, denken wir uns die Erzeugendenrichtung, längs welcher wir den Kegel aufgeschnitten haben, längs $\partial\mathfrak{F}$ nach LEVI-CIVITA parallel verschoben; dann ist $\dot{\tau} = c(s)$. Dabei ist $\tau(s)$ der Winkel zwischen dem parallelverschobenen Vektor und dem Tangentenvektor von $\partial\mathfrak{F}$. Die gesamte Winkeländerung der parallelverschobenen Erzeugenden ist also gleich

(36) $$\oint^{(\partial\mathfrak{F})} c\, ds .$$

In diesem Ausdruck haben wir demnach den gesuchten Winkel gefunden, der wegen der Invarianz von s und c (s) für beide Kegelabwicklungen übereinstimmt. *Insgesamt sind also die beiden Kegelabwicklungen kongruent.* Daraus folgt, daß entsprechende Erzeugendenstücke zwischen Spitze und Kurve bei beiden Flächen gleich lang sind und entsprechende Erzeugenden mit den Kurven gleiche Winkel bilden. Da die Kegelspitzen im Ursprung liegen, so gilt längs $\partial\mathfrak{F}$ bzw. $\partial\mathfrak{F}^*$:

(37) $$|\mathfrak{x}(s)| = |\mathfrak{x}^*(s)| \quad \text{und} \quad (\mathfrak{x}\dot{\mathfrak{x}}) = (\mathfrak{x}^*\dot{\mathfrak{x}}^*); \quad (\mathfrak{x}\eta) = (\mathfrak{x}^*\eta^*).$$ [17])

Wenden wir die Formel (17) auf $\mathfrak{F}$ und $\mathfrak{F}^*$ an, so verschwindet wegen (37) das Randintegral. Da der Stützabstand P bzw. P* auf $\partial\mathfrak{F}$ bzw. $\partial\mathfrak{F}^*$ verschwindet und $\mathfrak{F}$ bzw. $\mathfrak{F}^*$ konvex sind, so ändert P bzw. P* auf $\mathfrak{F}$ bzw. $\mathfrak{F}^*$ nirgends das Vorzeichen. Daher zieht

(38) $$\iint^{(\mathfrak{F})} \frac{\|A_{ik}\|}{g} \{P + P^*\}\, do = 0$$

$\| A_{ik} \| = 0$ und damit die Kongruenz oder Symmetrie von $\mathfrak{F}$ und $\mathfrak{F}^*$nach sich.

Wir wollen jetzt noch das oben gefundene Ergebnis über die Kongruenz der beiden Kegelabwicklungen etwas anders aussprechen:

Von einem konischen, geschlossenen Flächenstreifen erhält man alle möglichen Verbiegungen, bei denen der Streifen konisch bleibt, dadurch, daß man den Streifen fest mit dem Kegel, auf dem er liegt, verbunden denkt und alle Kegelverbiegungen betrachtet.

---

[16]) Das sind Verbindunglinien von O mit zwei bei der Isometrie einander entsprechenden Punkten von $\partial\mathfrak{F}$ und $\partial\mathfrak{F}^*$.

[17]) Für $\partial\mathfrak{F}$ und $\partial\mathfrak{F}^*$ gelten nach (35) die Darstellstellungen:
$$\mathfrak{x} = \alpha(s)\dot{\mathfrak{x}} + \beta(s)\eta; \qquad \mathfrak{x}^* = \alpha^*(s)\dot{\mathfrak{x}}^* + \beta^*(s)\eta^*$$
Die Ableitungsgleichungen liefern für $\mathfrak{x}(s)$: $\dot{\alpha} - c\beta - 1 = 0$, $\dot{\beta} + c\alpha = 0$, entsprechende Gleichungen gelten für α^*, β^*. Setzt man $u = \alpha - \alpha^*$; $v = \beta - \beta^*$, so gilt: $\dot{u} - c v = 0$, $\dot{v} + c u = 0$. Um (37), d. h. $u \equiv v \equiv 0$ zu beweisen, genügt es, auf Grund dieser Gleichungen zu zeigen, daß es eine Stelle s_0 mit $u(s_0) = v(s_0) = 0$ gibt; denn aus den Differentialgleichungen für u und v folgt: $u^2 + v^2 = \text{const.}$

Wir erhalten also alle Verbiegungen einer Fläche $\mathfrak{H}$ mit einem geschlossenen, konischen Randstreifen, bei denen der Randstreifen konisch bleibt, dadurch daß wir $\mathfrak{H}$ fest verkleben mit dem Kegel des Randstreifens und alle Verbiegungen von $\mathfrak{H}$ betrachten, die zugleich den Kegel mitverbiegen. Ist auf $\mathfrak{H}$ $K > 0$, so gibt es nach Satz V keine nichttrivialen Verbiegungen dieser Art. Insbesondere ist also eine geschlossene, konvexe Fläche, die aus einer Eifläche durch Aufsetzen einer Kegelkappe entstanden ist, durch die Metrik eindeutig bestimmt.

Kürzlich hat Joachim NITSCHE{2} mit Hilfe von Untersuchungen über elliptische Systeme partieller Differentialgleichungen gezeigt, daß zwei *Biegeflächen der Halbkugel, die in entsprechenden Randpunkten gleiche Kurvenkrümmung besitzen, notwendig kongruent oder symmetrisch sein müssen.* (Man vergleiche auch § 54). Ein Beweis des entsprechenden Satzes für allgemeine Flächenstücke mit Hilfe der symmetrisierten HERGLOTZschen Integralform (17) kommt auf den Nachweis der Ungleichung

$$\oint (\varkappa - \varkappa^*)(\mathfrak{x}^2 - \mathfrak{x}^{*2})\, ds \leqq 0$$

hinaus. Dabei sind $\mathfrak{x}$ und $\mathfrak{x}^*$ die beiden isometrischen positiv gekrümmten Flächen, deren Randkurven in entsprechenden Punkten die gleiche Kurvenkrümmung aufweisen.

§ 76

Die eindeutige Bestimmtheit von Mützen durch die Metrik. Unter einer *allgemeinen Mütze* $\mathfrak{M}$ mit der geschlossenen Randkurve $\partial\mathfrak{M}$ wollen wir ein beschränktes Flächenstück mit den folgenden Eigenschaften verstehen:

1. $\mathfrak{M}$ sei einfach zusammenhängend und dreimal stetig differenzierbar.
2. $\partial\mathfrak{M}$ sei zweimal stetig differenzierbar.
3. $\mathfrak{M}$ besitze positive GAUSSsche Krümmung K[18]).
4. $\mathfrak{M}$ besitze in mindestens einer Richtung eine einwertige Projektion.

Wir wollen uns stets die Mütze durch die Normalen so orientiert denken, daß die zweite Fundamentalform positiv definit wird. ξ weist dann in das Innere der Fläche. Mit $\mathfrak{e}$, $|\mathfrak{e}| = 1$ sei die einwertige Projektionsrichtung der Mütze bezeichnet. Dann gilt bei geeigneter Wahl des Vorzeichens von $\mathfrak{e}$:

(39) $$(\mathfrak{e}\,\xi) \leqq 0 \qquad \text{auf } \mathfrak{M}\,.$$

Das sphärische Bild der Fläche liegt also ganz auf einer Halbkugel. Daher ist auch

(40) $$\iint\limits_{(\mathfrak{M})} K\, do \leqq 2\pi.$$

Ist $\mathfrak{M}$ speziell eine Mütze mit ebener Randkurve und ist die Projektion von $\mathfrak{M}$ auf die Randebene einwertig, so nennen wir die Fläche $\mathfrak{M}$ eine *ebenrandige Mütze.* Diese ebenrandigen Mützen kann man als die einfachsten Bausteine konvexer Flächen auffassen. Die Nützlichkeit einer solchen Auffassung wird beispielsweise durch den fundamentalen Satz von POGORELOW (§ 52) über die Differenzierbarkeit konvexer Flächen belegt.

§ 77

Bevor wir uns den eigentlichen Kongruenzsätzen für die hier betrachtete Flächenklasse zuwenden, soll noch etwas näher auf die Beziehungen eingegangen werden, die bei ebenrandigen Mützen zwischen Krümmung der Fläche und einfachen geometrischen Größen derselben bestehen. Für Eiflächen sind analoge Beziehungen zwischen den

[18]) Man kann allgemein zulassen, daß auf $\mathfrak{M}$ die GAUSSsche Krümmung verschwindet in den Punkten einer Menge, die auf $\mathfrak{M}$ nirgends dicht ist.

Schranken der GAUSSschen Krümmung und dem Durchmesser der Eifläche seit BONNETs Untersuchungen[19]) bekannt. Wir beweisen jetzt den

Satz VI: *Es sei* $\mathfrak{M}$ *eine ebenrandige Mütze mit* $K \geq \frac{1}{A^2}$ $(A > 0)$. S *sei der Punkt von* $\mathfrak{M}$, *der von der Randebene den größten Abstand besitzt.* S *heißt Scheitel von* $\mathfrak{M}$, h *sei der Abstand des Scheitels von der Randebene.* d *sei der größte Durchmesser der Eilinie* $\partial\mathfrak{M}$. F *sei der Flächeninhalt von* $\partial\mathfrak{M}$ *in der Randebene und* l *die Länge von* $\partial\mathfrak{M}$. *Es gelten dann die beiden Ungleichungen:*

$$\frac{1}{A^2} \leq \frac{2\pi}{h\,d}, \tag{41}$$

$$\frac{1}{A} \leq \frac{l}{2F}. \tag{42}$$

Beweis: Es soll zunächst die Ungleichung (41) bewiesen werden. Dazu projizieren wir $\mathfrak{M}$ auf die Ebene, die senkrecht zur Randebene von $\mathfrak{M}$ ist und den maximalen Durchmesser d von $\mathfrak{M}$ enthält (siehe Fig. 8). Dann werden h und d in wahrer Größe

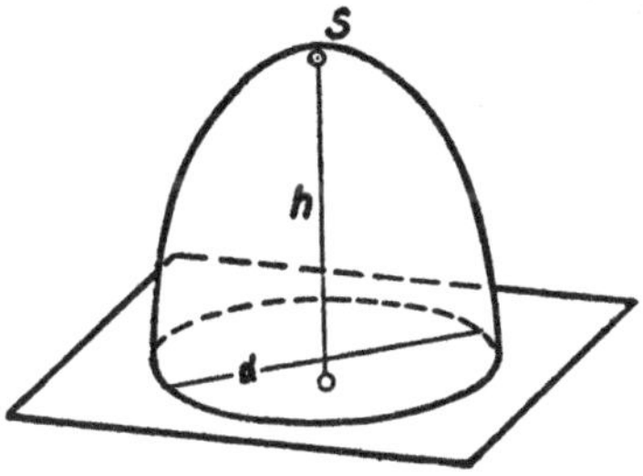

Fig. 7

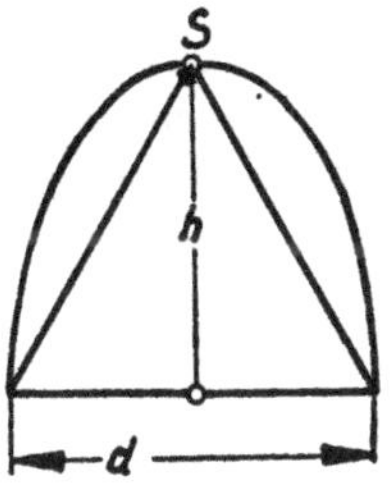

Fig. 8

projiziert und für den Flächeninhalt I der Projektion gilt $I \geq \frac{hd}{2}$ wegen der Konvexität der Projektion von $\mathfrak{M}$. Ist $O = {}^{(\mathfrak{M})}\!\iint do$ die Gesamtoberfläche von $\mathfrak{M}$, so gilt

$$O \geq 2I \geq hd.$$

Aus (40) folgt wegen $K \geq \frac{1}{A^2}$ die Ungleichung $O\frac{1}{A^2} \leq 2\pi$. Insgesamt ist daher $2\pi A^2 \geq hd$. Damit ist die Ungleichung (41) gewonnen. Zum Beweis von (42) gehen wir von dem Integralsatz

$$\iint H\xi\, do = -\frac{1}{2}\oint \eta\, ds \tag{43}$$

aus. Zunächst ist auf $\mathfrak{M}: H^2 - K \geq 0$, d. h. $H^2 \geq \frac{1}{A^2}$, Wegen $H \geq 0$ gilt somit $H \geq \frac{1}{A}$. Nun wird (43) mit dem Einheitsvektor der einwertigen Projektionsrichtung von $\mathfrak{M}$ multipliziert:

$$^{(\mathfrak{M})}\!\iint H(e\xi)\, do = -\frac{1}{2}\,^{(\partial\mathfrak{M})}\!\oint (e\eta)\, ds.$$

[19]) Vgl. W. BLASCHKE [12] Seite 218 ff.

Ferner ist $F = \overset{(\mathfrak{M})}{\iint} (\mathfrak{e}\,\xi)\,do'$ und $-(\mathfrak{e}\eta) \lesssim 1$. Also folgt

$$\frac{1}{A} F \leq \frac{1}{2} l\,.$$

Damit ist auch die Ungleichung (42) hergeleitet.

Der Satz VI zeigt in recht deutlicher Weise, daß Größen der „äußeren Geometrie" (hier h, d, F) durch solche der „inneren Geometrie" (hier A, l) abgeschätzt werden können. Es sei noch bemerkt, *daß in der Ungleichung (42) das Gleichheitszeichen nur dann gilt, wenn* $\mathfrak{M}$ *eine Halbkugel ist.* Die Richtigkeit dieser Aussage kann man leicht mit Hilfe eines Integralsatzes bestätigen[20]).

Nach diesen einführenden Untersuchungen über die Abhängigkeit der unteren Schranke der Krümmung einer Mütze von den einfachsten Integralinvarianten der Randkurve der Mütze, wollen wir uns den eigentlichen Kongruenzfragen zuwenden.

§ 78

Es sei $\mathfrak{M}$ eine allgemeine Mütze und $\mathfrak{M}^*$ irgendeine zu $\mathfrak{M}$ isometrische Fläche, die einfach zusammenhängend und dreimal stetig differenzierbar ist.[21]) $\partial\mathfrak{M}^*$ sei zweimal stetig differenzierbar. Wir wollen auch $\mathfrak{M}^*$ durch die Normalen so orientieren, daß die zweite Fundamentalform in Punkten mit positiver Gaussscher Krümmung positiv definit wird. Nun betrachten wir das Integral

$$G(\mathfrak{M}) = \overset{(\mathfrak{M})}{\iint} \frac{\|A_{ik}\|}{g} (\mathfrak{e}\xi)\,do\,. \tag{44}$$

Wir wollen $G(\mathfrak{M})$ als *Maß der Verbiegung von* $\mathfrak{M}$ *in* $\mathfrak{M}^*$ bezeichnen. Es ist nämlich auf Grund von Satz 3 und nach (39) stets

$$G(\mathfrak{M}) \leq 0\,, \tag{45}$$

und aus dem Verschwinden von $G(\mathfrak{M})$ folgt das Verschwinden von $\frac{\|A_{ik}\|}{g}$, d. h. nach Satz 1 die Kongruenz oder Symmetrie der Flächen $\mathfrak{M}$ und $\mathfrak{M}^*$. Unter Benutzung des vektoriellen Integralsatzes (15) können wir auch das Verbiegungsmaß $G(\mathfrak{M})$ durch ein Randintegral darstellen:

$$G(\mathfrak{M}) = \overset{(\partial\mathfrak{M})}{\oint} \left\{(a - a^*)(\mathfrak{e}\dot{\mathfrak{x}}) + (b - b^*)(\mathfrak{e}\eta)\right\} ds\,. \tag{46}$$

Wir führen hier noch die Bezeichnung ein:

$$\mathfrak{j} = \overset{(\partial\mathfrak{M})}{\oint} \left\{(a - a^*)\,\dot{\mathfrak{x}} + (b - b^*)\,\eta\right\} ds\,.$$

Dann können wir statt (46) kürzer schreiben:

$$G(\mathfrak{M}) = (\mathfrak{e}\,\mathfrak{j}). \tag{46'}$$

Um jetzt unter gewissen Voraussetzungen die Kongruenz von $\mathfrak{M}$ und $\mathfrak{M}^*$ nachzuweisen, genügt es, zu zeigen, daß $G(\mathfrak{M}) = 0$ ist. Bei diesem Nachweis wird man häufig mit Vorteil die Formel (46) benutzen können, wobei zu beachten ist, daß $\mathfrak{j}$ nur von den isometrischen Randstreifen beider Flächen abhängt.

§ 79

Für ebenrandige Mützen wollen wir jetzt den folgenden Kongruenzsatz beweisen:

Satz VII: *Es sei* $\mathfrak{M}$ *eine ebenrandige Mütze und* $\mathfrak{M}^*$ *irgendeine zu* $\mathfrak{M}$ *isometrische,*

[20]) Vgl. Archiv der Math. 4, 230—233 (1953), dort befindet sich der Integralsatz.
[21]) $\mathfrak{M}^*$ braucht keineswegs eine Mütze zu sein.

einfach zusammenhängende Fläche, die dreimal stetig differenzierbar ist und einen ebenen Rand $\partial\mathfrak{M}^*$ besitzt. Dann sind die Flächen $\mathfrak{M}$ und $\mathfrak{M}^*$ kongruent oder symmetrisch.

Man kann diesen Satz auch kurz und etwas weniger genau so ausdrücken:

Eine ebenrandige Mütze läßt keine endlichen Gleitverbiegungen zu.

Dabei sind unter Gleitverbiegungen solche Verbiegungen zu verstehen, bei denen der Rand in einer festen Ebene gleitet. Wir wollen uns noch schnell davon überzeugen, daß es einfach zusammenhängende, ebenrandige Kalotten gibt, die endliche Gleitverbiegungen zulassen. Dazu gehen wir aus von einer konvexen Kalotte mit ebenem Rand, die infinitesimale Gleitverbiegungen (vgl. Seite 87) zuläßt[22]). Ist $\mathfrak{k}$ der Ortsvektor dieser ebenrandigen Kalotte und ist $\mathfrak{z}$ der zur infinitesimalen Gleitverbiegung gehörige Zusatzvektor, so betrachten wir die beiden Flächen

$$\mathfrak{x} = \mathfrak{k} + t\mathfrak{z}\,; \quad \mathfrak{x}^* = \mathfrak{k} - t\mathfrak{z}\,,$$

die für genügend kleines $|t|$ singularitätenfrei sind. Wegen $d\mathfrak{x}^2 = d\mathfrak{x}^{*2}$ sind diese beiden Flächen $\mathfrak{x}$ und $\mathfrak{x}^*$ isometrisch. Sie besitzen aber auch beide einen ebenen Rand: Bezeichnet nämlich $\mathfrak{e}$ den Stellungsvektor der Randebene von $\mathfrak{k}$, so ist $(\mathfrak{e}\,\dot{\mathfrak{k}}) = 0$. Da $\mathfrak{z}$ Zusatzvektor einer infinitesimalen Gleitverbiegung von $\mathfrak{k}$ ist, so gilt längs der Randkurve von $\mathfrak{k}$ auch $(\mathfrak{e}\,\mathfrak{z}) = 0$, d. h. es ist $(\mathfrak{e}\,\dot{\mathfrak{z}}) = 0$. Insgesamt folgt also für die Randkurven der Flächen $\mathfrak{x}$ und $\mathfrak{x}^*$:

$$(\mathfrak{e}\dot{\mathfrak{x}}) = 0\,; \quad (\mathfrak{e}\dot{\mathfrak{x}}^*) = 0\,.$$

Damit haben wir in $\mathfrak{x}$ und $\mathfrak{x}^*$ zwei isometrische, ebenrandige Kalotten gefunden, die nicht kongruent oder symmetrisch sind. Letzteres wäre der Fall, wenn $\mathfrak{z}$ Zusatzvektor einer infinitesimalen Bewegung ist.

Jetzt zum Beweis des Kongruenzsatzes VII selbst:

Auf Grund des gewählten Umlaufsinnes[23]) der Randkurve $\partial\mathfrak{M}$ fällt der Stellungsvektor $\mathfrak{e}$ der Randebene von $\mathfrak{M}$ mit der positiven Binormalenrichtung von $\partial\mathfrak{M}$ zusammen:

$$\mathfrak{e} = \mathfrak{b}\,.$$

Da nun (vgl. § 69, (IX))

$$\mathfrak{h} = \cos\varphi\,\eta + \sin\varphi\,\xi \quad \text{mit} \quad c(s) = |k|\cos\varphi\,; \quad b(s) = -|k|\sin\varphi$$

ist, so gilt

$$\mathfrak{e} = [\dot{\mathfrak{x}}\mathfrak{h}] = -\sin\varphi\eta + \cos\varphi\,\xi\,. \tag{47}$$

Daher gilt längs $\partial\mathfrak{M}$ nach (39)

$$c(s) = |k|\,(\mathfrak{e}\,\xi) \geq 0\,. \tag{48}$$

D. h. die Randkurve einer ebenrandigen Mütze besitzt bei der obigen Orientierung des Umlaufsinnes der Randkurve keine Stelle mit negativer geodätischer Krümmung. Das ist von Interesse bei der Untersuchung über den Verlauf geodätischer Linien auf ebenrandigen Mützen.

Aus der Definitheit von B_{ik} folgt für die Normalkrümmung längs $\partial\mathfrak{M}$:

$$b(s) = -B_{ik}\,\dot{u}^i\,\dot{u}^k < 0\,. \tag{49}$$

22) Eine solche kann man nach H. Liebmann [34] beispielsweise so gewinnen: Die Einheitskugel wird mit einer Ebene zum Schnitt gebracht, die den Abstand $n^{-1}(n>1$, ganz) vom Mittelpunkt der Kugel besitzt. Die durch diesen Schnitt entstehende größere Kalotte läßt infinitesimale Gleitverbiegungen 1. Stufe zu.

23) Der Umlaufsinn ist so gewählt (siehe § 69), daß beim Blick von der jeweiligen Flächennormalenrichtung her (längs $\partial\mathfrak{M}$) die Mütze $\mathfrak{M}$ zur linken Seite liegt.

Daher ist auch $\sin\varphi > 0$, und wir können den Winkel $\varphi(s)$ auf das Intervall

(50) $$0 < \varphi(s) \leq \frac{\pi}{2}$$

beschränken.

Aus den Voraussetzungen des Satzes VII ist allgemein nicht unmittelbar zu entnehmen, daß $\mathfrak{M}^*$ ebenfalls eine Mütze ist. Man wird jedoch dieses vermuten, und wir geben nachstehend einen einfachen Beweis dieser Vermutung:

Offenbar brauchen wir dazu nur nachzuweisen, daß auf $\mathfrak{M}^*$ die Ungleichung

(51) $$(\mathfrak{e}^*\,\mathfrak{x}^*) \geq 0$$

gültig ist, wenn $\mathfrak{x}^*$ Normaleneinheitsvektor von $\mathfrak{M}^*$ ist, und wenn $\mathfrak{e}^*$ den Stellungsvektor der Randebene von $\mathfrak{M}^*$ bezeichnet. Wir nehmen etwa an, $(\mathfrak{e}^*\mathfrak{x}^*)$ wechsele auf $\mathfrak{M}^*$ das Vorzeichen. Da auf $\mathfrak{M}^*$ gilt: $K > 0$ und ${}^{(\mathfrak{M}^*)}\iint K do \leq 2\pi$, so muß dann $(\mathfrak{e}^*\mathfrak{x}^*) = \cos\varphi^*$ auf $\partial\mathfrak{M}^*$ das Vorzeichen wechseln.[24])
Wegen der Isometrie der Abbildung $\mathfrak{M} \longleftrightarrow \mathfrak{M}^*$ gilt längs den Randkurven

$$c(s) = |k| \cos\varphi = |k^*| \cos\varphi^* .$$

Nach (48) gilt aber $\cos\varphi \geq 0$. Daher kann $\cos\varphi^*$ das Vorzeichen nicht wechseln und die Annahme, $(\mathfrak{e}^*\,\mathfrak{x}^*)$ wechsele auf $\mathfrak{M}^*$ das Vorzeichen, führt auf einen Widerspruch. Damit ist die Richtigkeit von (51) nachgewiesen und $\mathfrak{M}^*$ ist eine ebenrandige Mütze.

Im Satz VII sind somit die Flächen $\mathfrak{M}$ und $\mathfrak{M}^*$ gleichberechtigt. Wir zeigen jetzt die Kongruenz oder Symmetrie von $\mathfrak{M}$ und $\mathfrak{M}^*$. Zunächst ist wegen $(\mathfrak{e}\dot{\mathfrak{x}}) = 0$ längs $\partial\mathfrak{M}$ nach (47):

$$G(\mathfrak{M}) = (\mathfrak{e}\,\mathfrak{f}) \quad \text{mit} \quad (\mathfrak{e}\,\mathfrak{f}) = -\oint \{b - b^*\} \sin\varphi\, ds ,$$

analog wegen $(\mathfrak{e}^*\dot{\mathfrak{x}}^*) = 0$ auf $\partial\mathfrak{M}^*$:

$$G(\mathfrak{M}^*) = (\mathfrak{e}^*\mathfrak{f}^*) \quad \text{mit} \quad (\mathfrak{e}^*\mathfrak{f}^*) = -\oint \{b^* - b\} \sin\varphi^* ds .$$

Daher gilt

$$G(\mathfrak{M}) + G(\mathfrak{M}^*) = -\oint (b - b^*)(\sin\varphi - \sin\varphi^*)\, ds .$$

Schreiben wir zur Abkürzung noch

(52) $$L \equiv (b - b^*)(\sin\varphi - \sin\varphi^*) = 2\,(b - b^*) \cos\frac{\varphi + \varphi^*}{2} \sin\frac{\varphi - \varphi^*}{2} ,$$

so erhalten wir

(53) $$G(\mathfrak{M}) + G(\mathfrak{M}^*) = -\oint L\, ds.$$

Um für den Integranden L des Randintegrals eine andere Darstellung zu finden, benutzen wir, daß längs den Randkurven beider Flächen die geodätischen Krümmungen übereinstimmen. Es ist daher

(54) $$c(s) = |k| \cos\varphi = |k^*| \cos\varphi^* .$$

Diese Gleichung wird mit $\sin\varphi\, \sin\varphi^*$ multipliziert. Beachtet man noch die Beziehungen

$$b(s) = -|k| \sin\varphi\, ; \quad b^*(s) = -|k^*| \sin\varphi^* ,$$

so wird aus (54)

$$b \cos\varphi \sin\varphi^* = b^* \cos\varphi^* \sin\varphi .$$

[24]) Zum Beweis denke man sich etwa den Großkreis mit dem Stellungsvektor $\mathfrak{e}^*$ auf dem sphärischen Bild eingetragen. Wenn $(\mathfrak{e}^*\,\mathfrak{x}^*)$ das Vorzeichen wechselt, ohne es auf dem Rand zu tun, dann muß der Großkreis ganz im Inneren des sphärischen Bildes liegen. Andererseits ist dieses sphärische Bild einfach zusammenhängend. Es muß daher einen Flächeninhalt größer (oder mindestens gleich) 2π besitzen. Das steht aber im Widerspruch zur Ungleichung ${}^{(\mathfrak{M}^*)}\iint K\, do \leq 2\pi$.

Subtrahiert man davon b $\cos\varphi^*\sin\varphi$, so erhält man

(55) $$b\sin(\varphi-\varphi^*)=(b-b^*)\cos\varphi^*\sin\varphi\,.$$

Durch Vertauschen der mit einem Stern versehenen Größen mit denen ohne Stern erhält man entsprechend:

(55*) $$b^*\sin(\varphi-\varphi^*)=(b-b^*)\cos\varphi\sin\varphi^*\,.$$

Addiert man (55) und (55*), so ist

(56) $$(b+b^*)\sin(\varphi-\varphi^*)=(b-b^*)\sin(\varphi+\varphi^*)$$

und nach (52):

(57) $$\frac{1}{2}L=(b+b^*)\frac{\cos\frac{\varphi-\varphi^*}{2}\sin^2\frac{\varphi-\varphi^*}{2}}{\sin\frac{\varphi+\varphi^*}{2}}\,.$$

Nach (50), d.h. wegen

$$0<\varphi\,,\ \varphi^*\leq\frac{\pi}{2}$$

gilt aber

$$0<\frac{\varphi+\varphi^*}{2}\leq\frac{\pi}{2}\,;\qquad -\frac{\pi}{4}\leq\frac{\varphi-\varphi^*}{2}\leq\frac{\pi}{4}\,;$$

daher ist

$$\sin\frac{\varphi+\varphi^*}{2}>0 \quad\text{und}\quad \cos\frac{\varphi-\varphi^*}{2}>0\,.$$

Nach (49) und der entsprechenden Ungleichung für b^* gilt jetzt

$$b+b^*<0$$

Daher ist also insgesamt

(58) $$L\leq 0\,.$$

Also ist nach (53)

$$G(\mathfrak{M})+G(\mathfrak{M}^*)\geq 0\,.$$

Nach (45) ist aber $G(\mathfrak{M})\leq 0$ und entsprechend $G(\mathfrak{M}^*)\leq 0$. Daher besteht notwendig die Gleichung

$$G(\mathfrak{M})=0$$

Es sind also die Flächen $\mathfrak{M}$ und $\mathfrak{M}^*$ notwendig kongruent oder symmetrisch, und der Satz VII ist vollständig bewiesen *).

§ 80

Nachdem wir jetzt erkannt haben, daß ebenrandige Mützen keine endlichen Gleitverbiegungen zulassen, kann man die entsprechende Frage bei allgemeinen Mützen stellen: Läßt eine allgemeine Mütze $\mathfrak{M}$ mit der einwertigen Projektionsrichtung $\mathfrak{e}$ endliche Verbiegungen zu, bei denen alle Punkte von $\partial\mathfrak{M}$ sich senkrecht zu $\mathfrak{e}$ bewegen? Wir wollen solche Verbiegungen auch als Gleitverbiegungen bezeichnen. Ist $\mathfrak{M}^*$ eine Fläche, die aus $\mathfrak{M}$ durch eine Gleitverbiegung entsteht, so gilt für die Ortsvektoren der beiden Randkurven

$$\mathfrak{x}^*(s)=\mathfrak{x}(s)+\mathfrak{a}(s)\quad\text{mit}\quad(\mathfrak{e}\cdot\mathfrak{a}(s))=0\,.$$

(Es ist natürlich wegen der Isometrie $2(\dot{\mathfrak{x}}\dot{\mathfrak{a}})+\dot{\mathfrak{a}}^2=0$.) Ferner findet man wegen $(\mathfrak{e}\dot{\mathfrak{x}})=(\mathfrak{e}\dot{\mathfrak{x}}^*)$:

$$G(\mathfrak{M})+G(\mathfrak{M}^*)=\oint(b-b^*)((\mathfrak{e}\eta)-(\mathfrak{e}\eta^*))\,ds\,.$$

Man hätte also zum Nachweis der Kongruenz von $\mathfrak{M}$ und $\mathfrak{M}^*$ nachzuweisen, daß das Randintegral nicht negativ ist.

*) Etwas kürzer hätte man in der Gleichung vor (52) setzen können $b=-c\,\mathrm{tg}\,\varphi$, $b^*=-c^*\,\mathrm{tg}\,\varphi^*=-c\,\mathrm{tg}\,\varphi^*$.

Übrigens läßt sich die analoge Frage bei infinitesimalen Verbiegungen von allgemeinen Mützen sofort beantworten. Ist nämlich $z = f(x,y)$ die Darstellung der Mütze und ist $\delta\mathfrak{x}$ der Zusatzvektor der Gleitverbiegung, so gilt für ζ, die z-Komponente von $\delta\mathfrak{x}$, die Differentialgleichung

(59) $$z_{yy}\,\zeta_{xx} - 2\,z_{xy}\,\zeta_{xy} + z_{xx}\,\zeta_{yy} = 0,$$

die wegen $K > 0$ elliptisch ist. Die Gleitverbiegung der Mütze $\mathfrak{M}$ sind aber durch die Randbedingung $\zeta = 0$ längs $\partial\mathfrak{M}$ charakterisiert. Zu dieser Randbedingung gehört aber bekanntlich als einzige Lösung von (59) $\zeta \equiv 0$. Für den Drehriß findet man daher $\mathfrak{y} = \{0,0,\text{const.}\} = \text{const.}$, d. h. die Gleitverbiegung ist eine infinitesimale Bewegung. Man vgl. § 24 Seite 58 und § 39 Seite 87.

§ 81

In der Klasse der ebenrandigen Mützen verdienen die *Halbeiflächen* besonderes Interesse. Eine ebenrandige Mütze heißt Halbeifläche, wenn der Randstreifen der Fläche auf der Randebene senkrecht steht. Ist $\mathfrak{H}$ eine Halbeifläche mit dem Ortsvektor $\mathfrak{x}$, so gilt längs der Randkurve $\partial\mathfrak{H}$ neben $(\mathfrak{e}\dot{\mathfrak{x}}) = 0$ auch $(\mathfrak{e}\xi) = 0$. $\mathfrak{e}$ ist wieder der Stellungsvektor der Randebene, so daß auf $\mathfrak{H}$ $(\mathfrak{e}\xi) \geqq 0$ gilt. Nach (47) und (50) gilt dann aber $\varphi(s) = \frac{\pi}{2}$ längs $\partial\mathfrak{H}$, d. h.

(60) $$\mathfrak{e} = -\eta.$$

Aus der Ableitungsgleichung $\dot{\eta} = -c\dot{\mathfrak{x}} + a\xi$ folgt daher wegen $\eta = \text{const.}$

(61) $$c = 0; \quad a = 0.$$

Der Rand $\partial\mathfrak{H}$ einer Halbeifläche ist also zugleich geodätische Linie und Krümmungslinie.

Ist $\mathfrak{H}^*$ eine zu $\mathfrak{H}$ isometrische Fläche, die dreimal stetig differenzierbar ist, und besitzt diese Fläche eine zweimal stetig differenzierbare Randkurve $\partial\mathfrak{H}^*$, so gilt auf Grund vor (60) und (61) längs $\partial\mathfrak{H}$ bzw. $\partial\mathfrak{H}^*$

$$k = -b; \quad k^* = -b^*; \quad a^* = \varkappa^*.$$

Also erhalten wir für $\mathfrak{j}$ die Darstellung:

(62) $$\mathfrak{j} = -\oint \varkappa^*\dot{\mathfrak{x}}\,ds + \mathfrak{e}\left\{2\pi - \oint k^*\,ds\right\};$$ [25])

denn es ist $\oint k\,ds = 2\pi$. Nach (46′) wird also

(63) $$G(\mathfrak{H}) = 2\pi - \oint k^*\,ds.$$

Diese Formel zeigt wie das Verbiegungsmaß nur von der Integralinvarianten $\oint k^* ds$ abhängt. Ist $\partial\mathfrak{H}^*$ eben, so ist $\oint k^* ds = 2\pi$ und $G(\mathfrak{H}) = 0$. Im Falle der Halbeiflächen vereinfacht sich der Beweis für die Unmöglichkeit endlicher Gleitverbiegungen ganz

[25]) Das in dieser Darstellung auftretende Integral $\oint \varkappa^*\dot{\mathfrak{x}}\,ds$ gibt Anlaß zu einem Vergleich mit dem entsprechenden Integral der infinitesimalen Verbiegung 1. Stufe. Dieses Integral lautet für geschlossene ebene Kurven

(64) $$\oint \delta\varkappa\,\dot{\mathfrak{x}}\,ds = 0.$$

Es verschwindet also bei allen Verbiegungen 1. Stufe einer geschlossenen ebenen Kurve. Daß für alle Biegeflächen einer Halbeifläche auch $\oint \varkappa^*\dot{\mathfrak{x}}\,ds = 0$ gilt, ist unwahrscheinlich. Für jede Biegefläche einer Halbkugel gilt stets $\oint \varkappa^* ds = 0$. Die Formel (64) folgt sofort aus der Frenet-Gleichung $\dot{\mathfrak{b}} = -\varkappa\mathfrak{h}$ nach der Variation: $(\delta\mathfrak{b})^{\cdot} = -\delta\mathfrak{h}\cdot\varkappa - \delta\varkappa\,\mathfrak{h}$. Wegen $\varkappa = 0$ ist daher stets für eine geschlossene ebene Kurve $\oint \delta\varkappa\,\mathfrak{h}\,ds = 0$ und nach vektorieller Multiplikation mit $\mathfrak{b} = \text{const.}$ folgt daraus (64).

erheblich. Aus (63) kann man auch umgekehrt auf Grund von (45) die FENCHELsche Ungleichung

$$\oint k^* \, ds \geq 2\pi$$

für die Randkurven aller Biegeflächen von $\mathfrak{H}$ erhalten. (63) liefert also in gewisser Weise eine Integralbedingung für die Funktion $k^*(s)$.

Der Beweis des Satzes VII zeigt deutlich, daß man mittels der Darstellung (46) des Verbiegungsmaßes die Kongruenz oder Symmetrie der Flächen $\mathfrak{M}$ und $\mathfrak{M}^*$ eigentlich mit Methoden der Streifentheorie nachweist. $G(\mathfrak{M}) = 0$ folgte ja aus der Ungleichung $(\mathfrak{e}\mathfrak{j}) + (\mathfrak{e}^*\mathfrak{j}^*) \geq 0$ die sich ganz allein auf die Randstreifen beider Flächen bezieht. Man kann diesen Sachverhalt noch dadurch etwas deutlicher zur Geltung bringen, daß man zunächst einen Hilfssatz über isometrische, geschlossene Flächenstreifen beweist und dann auf Grund von (46) einen Kongruenzsatz gewinnt.

§ 82

Bevor wir einige weitere Kongruenzsätze für allgemeine Mützen beweisen, wollen wir noch das Integral $\mathfrak{j}$, das nur von den beiden isometrischen Randstreifen beider isometrischen Flächen abhängt, auf Größen umschreiben, die nur vom sphärischen Bild der Randstreifen abhängen.

Es sei $\{\mathfrak{x}(s), \xi(s)\}$ ein Flächenstreifen. Trägt man den Normalenvektor ξ von einem festen Punkt aus ab, so erhält man auf der Einheitskugel einen Flächenstreifen $\{\xi, \xi\}$, der dem Streifen $\{\mathfrak{x}, \xi\}$ durch parallele Normalen entspricht. $\sigma(s)$ sei die Bogenlänge des sphärischen Normalenbildes:

$$\sigma(s) = \int_0^s \left|\sqrt{a^2 + b^2}\right| ds. \tag{65}$$

Es ist dann $\left|\frac{d\xi}{d\sigma}\right| = 1$. Die geodätische Krümmung des Streifennormalenbildes stellt sich so dar

$$\gamma = \left(\xi \frac{d\xi}{d\sigma} \frac{d^2\xi}{d\sigma^2}\right) = \left(\frac{ds}{d\sigma}\right)^3 (\xi\, \dot{\xi}\, \ddot{\xi}). \tag{66}$$

Benutzen wir die Ableitungsgleichungen der Streifentheorie, insbesondere $\dot{\xi} = b\dot{\mathfrak{x}} - a\eta$, so erhalten wir für die geodätische Krümmung des Streifens $\{\mathfrak{x}, \xi\}$:

$$c = \left\{\gamma - \frac{d\Theta}{d\sigma}\right\} \left|\sqrt{a^2 + b^2}\right|. \tag{67}$$

In dieser Gleichung ist Θ definiert durch

$$\cos\Theta = \frac{a}{\left|\sqrt{a^2 + b^2}\right|}; \qquad \sin\Theta = \frac{b}{\left|\sqrt{a^2 + b^2}\right|}. \tag{68}$$

Das begleitende Dreiben des Streifens $\{\xi, \xi\}$ wird von den drei Vektoren $\frac{d\xi}{d\sigma}$, $\left[\xi \times \frac{d\xi}{d\sigma}\right]$, ξ gebildet. Es genügt eine Ableitungsgleichung zu notieren, da sich die beiden anderen daraus mühelos ergeben:

$$\frac{d^2\xi}{d\sigma^2} = \gamma \cdot \left[\xi \times \frac{d\xi}{d\sigma}\right] - \xi. \tag{69}$$

Man findet weiter die Darstellung

$$\dot{\mathfrak{x}} = \sin\Theta \frac{d\xi}{d\sigma} + \cos\Theta \left[\xi \times \frac{d\xi}{d\sigma}\right], \tag{70$_1$}$$

$$\eta = -\cos\Theta \frac{d\xi}{d\sigma} + \sin\Theta \left[\xi \times \frac{d\xi}{d\sigma}\right]. \tag{70$_2$}$$

Werden die analogen Größen des zu $\{\mathfrak{x}, \xi\}$ isometrischen Flächenstreifens $\{\mathfrak{x}^*, \xi^*\}$ mit einem Stern bezeichnet, so erhält man für $\mathfrak{j}$ die Darstellung:

$$\mathfrak{j} = \oint \left[\xi \times \frac{d\xi}{d\sigma}\right] d\sigma - \oint \left\{\frac{d\xi}{d\sigma} \sin(\Theta - \Theta^*) + \left[\xi \times \frac{d\xi}{d\sigma}\right] \cos(\Theta - \Theta^*)\right\} d\sigma^*. \tag{71}$$

§ 83

Wir beweisen jetzt den

Satz VIII: *Es seien $\mathfrak{M}$ und $\mathfrak{M}^*$ zwei isometrische allgemeine Mützen. Sind dann die sphärischen Normalenbilder der Randkurven $\partial\mathfrak{M}$ und $\partial\mathfrak{M}^*$ kongruent, so gilt dasselbe für die Flächen $\mathfrak{M}$ und $\mathfrak{M}^*$.*

Zum Beweis wenden wir die Integralformel (46′) auf die beiden isometrischen Mützen an. Wegen (45) genügt es dann zu zeigen, daß $(\mathfrak{e}\mathfrak{j}) \geq 0$ ist unter den angegebenen Voraussetzungen; denn daraus würde ja $G(\mathfrak{M}) = 0$, d h. die behauptete Kongruenz der Flächen $\mathfrak{M}$ und $\mathfrak{M}^*$ folgen. Auf Grund des nachstehend formulierten und bewiesenen Hilfssatzes über isometrische Flächenstreifen ist im vorliegenden Fall $(\mathfrak{e}\mathfrak{j}) \geq 0$ Mit dem Beweis des Hilfssatzes ist daher auch der Satz VIII bewiesen.

Hilfssatz: *Es seien $\mathfrak{s} = \{\mathfrak{x}, \xi\}$, $\mathfrak{s}^* = \{\mathfrak{x}^*, \xi^*\}$ zwei isometrisch aufeinander abgebildete, geschlossene Flächenstreifen. Sind dann die sphärischen Normalenbilder beider Streifen kongruent, so gilt*

$$\mathfrak{j} = \{1 - \cos(\Theta - \Theta^*)\} \oint \left[\xi \times \frac{d\xi}{d\sigma}\right] d\sigma; \qquad \Theta - \Theta^* = \text{const.}$$

Existiert ein fester Vektor $\mathfrak{e}$, so daß $(\mathfrak{e}\xi) \geq 0$ längs $\mathfrak{s}$ ist, und ist die Zuordnung zwischen $\mathfrak{s}$ und seinem Normalenbild eineindeutig, so gilt $(\mathfrak{e}\mathfrak{j}) \geq 0$.

Beweis: Wegen der Kongruenz der sphärischen Normalenbilder beider Streifen ist

$$\sigma(s) = \sigma^*(s); \qquad \gamma(\sigma) = \gamma^*(\sigma^*). \tag{72}$$

Abermals wegen der Isometrie der Streifen folgt daraus

$$\frac{d\sigma}{ds} = |\sqrt{a^2 + b^2}| = |\sqrt{a^{*2} + b^{*2}}| = \frac{d\sigma^*}{ds}. \tag{73}$$

Nach (67) liefern dann die beiden vorstehenden Gleichungen (72) und (73)

$$\frac{d}{ds}\{\Theta - \Theta^*\} = 0 \qquad \text{d. h.} \qquad \Theta - \Theta^* = \text{const.} \tag{74}$$

Setzen wir dieses in die Darstellung von $\mathfrak{j}$ nach (71) ein, so erhalten wir unter Beachtung der Gleichung $\oint \frac{d\xi}{d\sigma} d\sigma = 0$ gerade die im Hilfssatz angegebene Darstellung für $\mathfrak{j}$

Nun sei längs $\mathfrak{s}$ stets $(\mathfrak{e}\xi) \geq 0$, wo $\mathfrak{e}$ ein fester Vektor ist. Das sphärische Normalenbild dieses Streifens liegt dann ganz auf einer Halbkugel, und es begrenzt wegen der Eineindeutigkeit der Abbildung $\mathfrak{s} \longleftrightarrow \{\xi, \xi\}$ zwei einfach zusammenhängende Gebiete auf der Vollkugel. Eines dieser Gebiete, wir nennen es G liegt dabei ganz auf einer Hablkugel, d. h. in allen Punkten von G gilt $(\mathfrak{e}\,\xi) \geqq 0$(hier durchläuft ξ alle Punkte von G). Bezeichnet $d\omega$ das Oberflächenelement der Einheitskugel, dann ist

$$\iint\limits^{(G)} \xi \, d\omega = \frac{1}{2} \oint \left[\xi \times \frac{d\xi}{d\sigma}\right] d\sigma.$$ [26])

[26]) Diese Formel erhält man durch Anwendung des allgemeinen Integralsatzes

$$\iint \xi \, do = \frac{1}{2} \oint [\mathfrak{x} \times \dot{\mathfrak{x}}] \, ds$$

auf die Einheitskugel. Dieser Integralsatz folgt sofort durch Integration der Beziehung

$$2\,\xi = \varepsilon^{ik} [\mathfrak{x}_i \times \mathfrak{x}_k].$$

Das Randintegral rechts ist über das sphärische Normalbild des Streifens $\mathfrak{s}$ zu erstrecken. Multipliziert man diesen Integralsatz mit $\mathfrak{e}$, so ist wegen $(\mathfrak{e}\,\xi) \geqq 0$ in G

$$\oint \left(\mathfrak{e}\,\xi\,\frac{d\xi}{d\sigma}\right) d\sigma \geqq 0 .$$

Damit ist aber der Hilfssatz bewiesen, denn aus der im Hilfssatz angegebenen Darstellung von $\mathfrak{j}$ folgt sofort $(\mathfrak{e}\,\mathfrak{j}) \geqq 0$.

Haben wir nur den Fall des Satzes VIII im Auge, so können wir uns den Nachweis von $(\mathfrak{e}\,\mathfrak{j}) \geqq 0$ etwas vereinfachen, wenn wir in der im Hilfssatz angegebenen Darstellung von $\mathfrak{j}$ von der Integralformel

$$\int\!\!\int K\,\xi\,do = \frac{1}{2}\oint [\xi \times \dot{\xi}]\,ds$$

Gebrauch machen. Wir erhalten also für den Fall, daß $\mathfrak{s}$ Randstreifen der Mütze $\mathfrak{M}$ ist, die Formel

$$\mathfrak{j} = 2\{1 - \cos(\Theta - \Theta^*)\}\,.\,{}^{(\mathfrak{M})}\!\int\!\!\int K\,\xi\,do\,. \tag{75}$$

Da auf $\mathfrak{M}$ nach (39) $(\mathfrak{e}\,\xi) \geqq 0$ und $K \geqq 0$ gilt, so ist $(\mathfrak{e}\,\mathfrak{j}) \geqq 0$.

§ 84

Wir beweisen jetzt den etwas tieferliegenden

Satz IX: *Es seien $\mathfrak{M}$ und $\mathfrak{M}^*$ zwei isometrische allgemeine Mützen. Das sphärische Normalenbild von $\partial\mathfrak{M}$ sei eine ebene Kurve. Wird auch das sphärische Normalenbild von $\mathfrak{M}^*$ von einer ebenen Kurve berandet, dann sind $\mathfrak{M}$ und $\mathfrak{M}^*$ kongruent oder symmetrisch. Für die Kongruenz oder Symmetrie der beiden Flächen genügt es zu verlangen, daß die Gesamtlänge des sphärischen Normalenbildes (nicht notwendig eben) von $\partial\mathfrak{M}^*$ nicht größer ist als die Gesamtlänge des ebenen Normalenbildes von $\partial\mathfrak{M}$.*

Beweis: Auch hier genügt es wieder $(\mathfrak{e}\,\mathfrak{j}) \geqq 0$ nachzuweisen. Zunächst beachten wir, daß wegen ${}^{(\mathfrak{M})}\!\int\!\!\int K do = {}^{(\mathfrak{M}^*)}\!\int\!\!\int K do$ die beiden ebenen Randkurven der einfach zusammenhängenden sphärischen Normalenbilder von $\mathfrak{M}$ und $\mathfrak{M}^*$ die gleiche Gesamtlänge besitzen. Daß jetzt tatsächlich $(\mathfrak{e}\,\mathfrak{j}) \geqq 0$ ist, besagt der nachstehende Hilfssatz aus dem auch die zweite Behauptung des Satzes IX folgt:

Hilfsatz: *Es seien $\mathfrak{s} = \{\mathfrak{x}, \xi\}$, $\mathfrak{s}^* = \{\mathfrak{x}^*, \xi^*\}$ zwei isometrische aufeinander abgebildete, geschlossene Randstreifen. Ferner gebe es einen festen Vektor $\mathfrak{e} \neq 0$, so daß längs $\mathfrak{s}$ gilt*

$$(\mathfrak{e}\,\xi) = \text{const.} \geqq 0 . \tag{76}$$

Besitzt das sphärische Normalenbild von $\mathfrak{s}$ dann keine kleinere Gesamtlänge als das sphärische Normalenbild von $\mathfrak{s}^*$, d. h. ist $\oint d\sigma \geqq \oint d\sigma^*$, so ist

$$(\mathfrak{e}\,\mathfrak{j}) \geqq 0 .$$

Beweis: Zunächst erhält man unter Benutzung der Ableitungsgleichung (69) die Beziehung

$$\left(\mathfrak{e}\,\xi\,\frac{d\xi}{d\sigma}\right) = |\sqrt{1+\gamma^2}|^{-1} = \text{const.} \geqq 0 . \tag{77}$$

Es liefert daher die Darstellung (71) von $\mathfrak{j}$:

$$(\mathfrak{e}\,\mathfrak{j}) = \left(\mathfrak{e}\,\xi\,\frac{d\xi}{d\sigma}\right) \cdot \left\{\oint d\sigma - \oint \cos(\Theta - \Theta^*)\,d\sigma^*\right\}. \tag{78}$$

Jetzt ist noch $\oint d\sigma \geqq \oint d\sigma^*$:

$$(\mathfrak{e}\,\mathfrak{j}) \geqq \left(\mathfrak{e}\,\xi\,\frac{d\xi}{d\sigma}\right) \oint \{1 - \cos(\Theta - \Theta^*)\}\,d\sigma^* \geqq 0 . \tag{79}$$

Damit ist schon der Hilfssatz bewiesen.

Ein einfacher Spezialfall des Satzes IX liegt dann vor, wenn die beiden Flächen $\mathfrak{M}$ und $\mathfrak{M}^*$ von Eigenschattengrenzen bei Parallelbeleuchtung, oder was dasselbe ist, von zylindrischen Streifen berandet werden. In diesem Fall sind die sphärischen Normalenbilder von $\partial\mathfrak{M}$ und $\partial\mathfrak{M}^*$ Großkreise und besitzen daher gleiche Gesamtlänge. Ein einfach zusammenhängendes Flächenstück positiver GAUSSscher Krümmung, welches von einer Eigenschattengrenze bei Parallelbeleuchtung berandet wird, läßt sich also nicht so verbiegen, daß die Randkurve Eigenschattengrenze bleibt. Nach Satz V gilt dieses Ergebnis auch für konisch berandete konvexe Flächenstücke. D. h. dieses Ergebnis ist auch für allgemeine Eigenschattengrenzen richtig.

Ganz analog zum Beweis von Satz V läßt sich auch im vorliegenden Fall, wo es sich um zwei allgemeine Mützen mit zylindrischen Randstreifen handelt, mit Hilfe einer einfachen geometrischen Schlußweise zeigen, daß das Verbiegungsmaß verschwinden muß, d. h. die Flächen kongruent oder symmetrisch sind (REMBS {13}). Die beiden zylindrisch berandeten Mützen mögen $\mathfrak{M}$ und $\mathfrak{M}^*$ genannt werden. Wir bilden dann

$$G(\mathfrak{M}) + G(\mathfrak{M}^*) = (\mathfrak{e}\mathfrak{j}) + (\mathfrak{e}^*\mathfrak{j}^*).$$

(Die einwertige Projektionsrichtung $\mathfrak{e}$ bzw. $\mathfrak{e}^*$ fällt mit der Richtung der Erzeugenden des Zylinders zusammen auf dem der jeweilige Randstreifen liegt). Die Randstreifen beider Mützen sind isometrisch aufeinander bezogen. Die Bogenlänge der Randkurven wird von zwei beliebig gewählten entsprechenden Anfangspunkten aus gemessen. Wegen der Isometrie stimmen in allen entsprechenden Punkten die geodätischen Krümmungen überein. Sie gehen in die gewöhnlichen Krümmungen der ebenen Kurven über, die man bei Aufschneiden längs der Anfangserzeugendnn und Abwickeln der Zylinder erhält. Da nun eine ebene Kurve durch Angabe der Krümmung als Funktion der Bogenlänge eindeutig bestimmt ist, sind die zwei Kurven der Abwicklung kongruent. Die geradlinigen Verbindungen des Anfangs- und Endpunktes müssen außerdem, da diese Punkte demselben Punkt der Zylindererzeugenden entsprechen, zur Richtung der Erzeugenden senkrecht und wegen der Kongruenz der Kurven in beiden Abwicklungen gleich lang sein. Die Abwicklungen mit den darauf eingetragenen Kurven sind also kongruent, *alle entsprechenden Erzeugenden bilden mit der Kurve gleiche Winkel.* Daher gilt in entsprechenden Punkten

$$(\mathfrak{e}\dot{\mathfrak{x}}) = (\mathfrak{e}^*\dot{\mathfrak{x}}^*); \qquad (\mathfrak{e}\eta) = (\mathfrak{e}^*\eta^*).$$

Dann ist aber $(\mathfrak{e}\mathfrak{j}) = -(\mathfrak{e}^*\mathfrak{j}^*)$, also nach (45) $G(\mathfrak{M}) = 0$.

Es läßt sich also die Kongruenz oder Symmetrie der beiden zylindrisch berandeten Mützen fast ohne Rechnung beweisen. Demgegenüber liefert aber der Satz IX eine kleine Verallgemeinerung dieses Ergebnisses:

Ist $\mathfrak{F}$ eine konvexe Fläche, die von einem zylindrischen Streifen berandet wird, so ist die Fläche $\mathfrak{F}$ in der Gesamtheit $\{\mathfrak{F}^*\}$ aller zu $\mathfrak{F}$ isometrischen, dreimal stetig differenzierbaren Flächen dadurch ausgezeichnet, die kürzeste Gesamtlänge (2π) des sphärischen Normalbildes der Randkurve zu besitzen. $\mathfrak{F}$ ist in $\{\mathfrak{F}^*\}$ die einzige Fläche mit dieser Eigenschaft.

Bei jeder endlichen Verbiegung eines solchen Flächenstückes wird also die Gesamtbogenlänge des sphärischen Normalbildes der Randkurve länger und sie bleibt genau dann erhalten, wenn die Verbiegung eine Bewegung oder Spiegelung ist. Ganz analog wie hier für zylindrisch berandete Flächen ließe sich auch der allgemeinere Satz IX für endliche Verbiegungen aussprechen.

Es sei noch darauf hingewiesen, daß die Gleichung (78) lediglich unter der Voraussetzung $(\mathfrak{e}\xi) = \text{const.}$ hergeleitet wurde. Die Ungleichung $\oint d\sigma \geqq \oint d\sigma^*$ wurde erst beim Übergang von der Gleichung (78) zur Ungleichung (79) benutzt.

Wenn ein Flächenstreifen eine ebene Trägerkurve besitzt, so erfüllt er genau dann die Voraussetzungen des Hilfssatzes 3, wenn er Krümmungsstreifen ist, und wenn für $\mathfrak{s}^*$ die Ungleichung $\oint |b| \, ds \geq \oint d\sigma^*$ erfüllt ist.

§ 85

Die eindeutige Bestimmtheit von offenen, vollständigen konvexen Flächen durch die Metrik. Man nennt eine Fläche *vollständig,* wenn es auf derselben keine divergente und beschränkte Punktfolge gibt.[27]) Anschaulich gesprochen besitzt eine Fläche im E_3, wenn sie vollständig ist, weder einen Rand im Endlichen noch eine singuläre Stelle. Beispielsweise sind alle singularitätenfreien geschlossenen Flächen vollständig. Aber auch das elliptische und hyperbolische Paraboloid sind vollständig. In differentialgeometrischer Hinsicht sind die vollständigen Flächen im E_3 noch fast gar nicht untersucht worden. Beschränkt man sich dagegen auf konvexe vollständige Flächen, so ändert sich die Lage schlagartig. Man denke etwa an die vielen schönen Ergebnisse über die Klasse der Eiflächen!

Ganz ähnlich wie J. Hadamard die möglichen Gestalten der geschlossenen vollständigen Flächen mit $K > 0$ im E_3 als Eiflächen beschrieben hat, so lassen sich auch, wie J. J. Stoker {1} gezeigt hat, die gestaltlichen Verhältnisse der offenen vollständigen konvexen Flächen im E_3 beschreiben. Wir wollen die Gesamtheit aller dreimal stetig differenzierbaren, offenen, vollständigen Flächen mit positiver Gaussscher Krümmung mit U bezeichnen. Auf Grund der Stokerschen Untersuchung dürfen wir sagen, daß jede der Flächen aus der Klasse U mindestens in einer Richtung eine einwertige Projektion besitzt. Ferner liegt das sphärische Normalenbild einer solchen Fläche $\mathfrak{W}$ ganz auf einer Halbkugel, woraus man leicht auf

$$\iint^{(\mathfrak{W})} K \, do \leqq 2\pi$$

schließen kann.

Hinsichtlich der Frage der eindeutigen Bestimmtheit durch die Metrik spielen, wie wir noch genauer sehen werden, die Flächen der Klasse U eine besondere Rolle, für die die Totalkrümmung genau gleich 2π ist.

Eine solche Fläche ist beispielsweise das elliptische Paraboloid. Wählt man die Richtung der einwertigen Projektion einer Fläche der Klasse U zur z-Richtung des Koordinatensystems, so läßt sich diese Fläche in der Form $z = f(x, y)$ darstellen, wo $f(x, y)$ eine eindeutige Funktion ist. Man erkennt, daß dann und nur dann für eine Fläche $\mathfrak{W}$ der Klasse U $\iint^{(\mathfrak{W})} K \, do = 2\pi$ ist, falls für die Darstellung $z = f(x, y)$ von $\mathfrak{W}$

$$\frac{\sqrt{x^2 + y^2}}{z} \to 0$$

gilt, und zwar auf allen Wegen, die sich auf der Fläche $\mathfrak{W}$ ins Unendliche erstrecken.

§ 86

Satz X: *Es sei* $\mathfrak{U}$ *eine offene, vollständige Fläche, die dreimal stetig differenzierbar ist und positive Gausssche Krümmung* K *besitzt. Ferner sei*

$$\iint^{(\mathfrak{U})} K \, do = 2\pi.$$

Dann ist jede zu $\mathfrak{U}$ *isometrische Fläche* $\mathfrak{U}^*$, *die ebenfalls dreimal stetig differenzierbar ist, zu* $\mathfrak{U}$ *kongruent oder symmetrisch.*

[27]) Vgl. wegen äquivalenter Definitionen H. Hopf und W. Rinow [2].

Beweis: Wir können wieder die Flächennormalen auf $\mathfrak{U}$ und $\mathfrak{U}^*$ so wählen, daß B_{ik} und B^*_{ik} positiv definit werden. Ferner läßt sich wegen der einwertigen Projizierbarkeit der Fläche $\mathfrak{U}$ ein fester Vektor $\mathfrak{e}$ so finden, daß auf $\mathfrak{U}$ gilt:

(81) $$(\mathfrak{e}\,\xi) \geqq 0.$$

Aus $^{(\mathfrak{U})}\iint K\, do = 2\pi$ folgt, daß das sphärische Normalenbild von $\mathfrak{U}$ von einem Großkreis berandet wird[28]). Als isometrisches dreimal stetig differenzierbares Bild von $\mathfrak{U}$ ist auch die Fläche $\mathfrak{U}^*$ eine offene vollständige Fläche[29]), und das sphärische Normalenbild dieser Fläche wird ebenfalls von einem Großkreis berandet.

Wir legen jetzt die Tangentialebene T_0 an die Fläche $\mathfrak{U}$, die den Stellungsvektor $\mathfrak{e}$ besitzt. Mit T_z bezeichnen wir diejenige Ebene, die parallel zu T_0 ist im Abstande $z \geqq 0$ und $\mathfrak{U}$ trifft. Das Flächenstück von $\mathfrak{U}$, welches zwischen T_0 und T_z liegt, heiße $\mathfrak{U}_z$. Die ebene Randkurve von $\mathfrak{U}_z$ werde mit $\partial\mathfrak{U}_z$ bezeichnet. $\mathfrak{U}_z$ ist eine ebenrandige Mütze. Für diese Mütze $\mathfrak{U}_z$ und das diesem Gebiet isometrisch entsprechende Gebiet auf der Fläche $\mathfrak{U}^*$ können wir jetzt das Verbiegbarkeitsmaß aufschreiben, und unter Benutzung der Darstellung (46′) erhalten wir

(82) $$G(\mathfrak{U}_z) = (\mathfrak{e}\,\mathfrak{j}_z).$$

Wegen $K > 0$ und (81) gilt jetzt

(83) $$G(\mathfrak{U}_z) \leqq 0.$$

Es sei $0 \leqq z_1 \leqq z$ und $\mathfrak{U}_z - \mathfrak{U}_{z_1}$ bezeichne das zwischen T_z und T_{z_1} gelegene Flächenstück von $\mathfrak{U}$. Dann ist

(84) $$G(\mathfrak{U}_z - \mathfrak{U}_{z_1}) = (\mathfrak{e}\,\mathfrak{j}_z) - (\mathfrak{e}\,\mathfrak{j}_{z_1}).$$

Da wieder

$$G(\mathfrak{U}_z - \mathfrak{U}_{z_1}) \leqq 0$$

ist, so folgt aus (84) und (83)

(85) $$(\mathfrak{e}\,\mathfrak{j}_z) \leqq (\mathfrak{e}\,\mathfrak{j}_{z_1}) \leqq 0 \text{ mit } 0 \leqq z_1 \leqq z.$$

Wir benutzen jetzt den folgenden Hilfssatz, der später bewiesen wird:

Hilfssatz: *Es gilt* $(\mathfrak{e}\,\mathfrak{j}_z) \to 0$ *bei* $z \to \infty$.

Im Besitze dieses Hilfssatzes können wir jetzt sofort den Beweis von Satz X beenden.

Aus dem Hilfssatz und der Ungleichung (85) folgt das Verschwinden von $(\mathfrak{e}\,\mathfrak{j}_z)$ für alle $z \geqq 0$. Es ist also für alle $z \geqq 0$ auch

$$G(\mathfrak{U}_z) = 0.$$

Die Mützen $\mathfrak{U}_z$ schöpfen aber für $z \to \infty$ die ganze Fläche $\mathfrak{U}$ aus, d. h. jeder Punkt von $\mathfrak{U}$ liegt in mindestens einer Mütze $\mathfrak{U}_z$. Daher ist, weil der Integrand von $G(\mathfrak{U}_z)$ nirgends positiv ist, $\|A_{ik}\| = 0$ auf $\mathfrak{U}$. Nach Satz 1 folgt daraus aber die Kongruenz oder Symmetrie der beiden Flächen $\mathfrak{U}$ und $\mathfrak{U}^*$. Damit ist der Satz X bewiesen.

Nun zum Beweis des Hilfssatzes:

$\mathfrak{e}$ ist der Binormalenvektor der Randkurve $\partial\mathfrak{U}_z$ der Mütze $\mathfrak{U}_z$. Nach (47) gilt daher

(47) $$\mathfrak{e} = -\sin\varphi\,\eta + \cos\varphi\,\xi\,.$$

Da längs $\partial\mathfrak{U}_z$ $(\mathfrak{e}\dot{\mathfrak{x}}) = 0$ ist, so gilt wegen $(\mathfrak{e}\eta) = -\sin\varphi$:

[28]) $\mathfrak{e}$ steht senkrecht auf der Ebene dieses Großkreises und liegt dadurch bis auf das Vorzeichen fest.

[29]) $\mathfrak{U}^*$ besitzt die gleichen Eigenschaften wie $\mathfrak{U}$. Daher sind beide Flächen $\mathfrak{U}$ und $\mathfrak{U}^*$ gleichberechtigt.

(86) $$0 \leq -(\mathfrak{e}\,\mathfrak{j}_z) = {}^{(\partial \mathfrak{U}_z)}\oint (b - b^*) \sin\varphi \, ds.$$

Führen wir jetzt noch die Bogenlänge σ^* des sphärischen Normalenbildes von $\mathfrak{U}^*$ ein: $\frac{d\sigma^*}{ds} = \left|\sqrt{a^{*2} + b^{*2}}\right|$, dann folgt aus (86)

$$0 \leq -(\mathfrak{e}\,\mathfrak{j}_z) \leq \oint d\sigma^* - \oint |k| \sin^2\varphi \, ds$$

oder

$$0 \leq -(\mathfrak{e}\,\mathfrak{j}_z) \leq {}^{(\partial \mathfrak{U}_z)}\oint d\sigma^* - {}^{(\partial \mathfrak{U}_z)}\oint |k| \, ds + {}^{(\partial \mathfrak{U}_z)}\oint |k| \cos^2\varphi \, ds.$$

Nun ist ${}^{(\partial \mathfrak{U}_z)}\oint |k| \, ds = 2\pi$, und wegen $c = |k| \cos\varphi \geq 0$ folgt

(87) $$0 \leq -(\mathfrak{e}\,\mathfrak{j}_z) \leqq {}^{(\partial \mathfrak{U}_z)}\oint d\sigma^* - 2\pi + {}^{(\partial \mathfrak{U}_z)}\oint c \, ds.$$

Benutzen wir jetzt noch die Formel von Gauss-Bonnet für das Flächenstück

$${}^{(\mathfrak{U}_z)}\iint K \, do + {}^{(\partial \mathfrak{U}_z)}\oint c \, ds = 2\pi,$$

so erhalten wir schließlich

(88) $$0 \leq -(\mathfrak{e}\,\mathfrak{j}_z) \leq {}^{(\partial \mathfrak{U}_z)}\oint d\sigma^* - {}^{(\mathfrak{U}_z)}\iint K \, do.$$

Da das sphärische Normalenbild von U von einem Großkreis berandet wird, so gilt

$$\lim_{z \to \infty} {}^{(\partial \mathfrak{U}_z)}\oint d\sigma^* = 2\pi.$$ [30]

Weiter ist nach Vorraussetzung

$$\lim_{z \to \infty} {}^{(\mathfrak{U}_z)}\iint K \, do = 2\pi.$$

Aus der Ungleichung (88) können wir daher

(89) $$(\mathfrak{e}\,\mathfrak{j}_z) \to 0 \text{ bei } z \to \infty$$

ablesen. Damit ist aber auch der Hilfssatz bewiesen.

Der Satz X ist unter zusätzlicher Voraussetzung zuerst von A. W. Pogorelow bewiesen worden. Es sei dazu auf Seite 51 verwiesen, wo sich der Satz von Pogorelow formuliert findet.

Pogorelow {3} hat neuerdings den Beweis von Satz X auch geführt unter der Voraussetzung nur der Glattheit. $\mathfrak{F}$, $\mathfrak{F}^*$ seien gleichorientierte isometrische Flächen der fraglichen Art, Φ, Φ^* Mützen, die von ihnen durch die Ebene $z = H$ abgeschnitten werden. Durch ein besonderes Konstruktionsverfahren in Verbindung mit einem früheren Satz des Verfassers wird die Existenz analytischer isometrischer Mützen Φ_n, Φ_n^* mit $\Phi_n \to \Phi$, $\Phi_n^* \to \Phi^*$ sichergestellt. Durch $z = h$ $(h < H)$ werde von Φ_n die

[30]) Man kann übrigens leicht zeigen, daß

$$2\pi \cdot \sqrt{1 - \min_{\partial \mathfrak{U}_z} (\mathfrak{e}^* \mathfrak{x}^*)^2} \leq {}^{(\partial \mathfrak{U}_z)}\oint d\sigma^* \leq 2\pi$$

ist, woraus man ebenfalls sofort $\lim_{z \to \infty} {}^{(\partial \mathfrak{U}_z)}\oint d\sigma^* = 2\pi$ ablesen kann.

Mütze ω_n abgeschnitten, der auf Φ_n^* das Gebiet ω_n^* entspricht. Ω sei das HERGLOTZsche Flächenintegral, gebildet für ω_n, ω_n^*. Es wird für große h und n beliebig klein. Jetzt mögen sich $\mathfrak{F}$ und $\mathfrak{F}^*$ in einem entsprechenden Punkt O, O* so berühren, daß entsprechende Richtungen zusammenfallen. Die Berührungsebene werde als x,y-Ebene genommen. Diese Lage heißt normal. Für eine Lage, die der normalen nahe ist, werden die Flächen $S = \frac{1}{2}(\mathfrak{F} + \bar{\mathfrak{F}}^*)$ und $S_n = \frac{1}{2}(\omega_n + \bar{\omega}_n^*)$ gebildet, wo der Strich das Spiegelbild an der x,y-Ebene andeutet. Die absolute Krümmung von S_n bei großem h und n wird so wie Ω beliebig klein. Angenommen, es gäbe auf S eine geschlossene Kurve γ, deren sphärisches Bild γ' einen Punkt der Kugel in seinem Innern umschließt, γ_n entspreche ihr auf S_n. Bei großem n müßte ihr sphärisches Bild γ_n' diesen Punkt auch umschließen, woraus folgen würde, daß die absolute Krümmung von S_n eine untere Schranke $\neq 0$ besitzt. Aus dem Widerspruch wird geschlossen, daß S abwickelbar ist. Aus dem Umstand, daß das für beliebige zur normalen benachbarte Lagen gilt, schließt POGORELOW, daß es entweder auf $\mathfrak{F}$ und $\mathfrak{F}^*$ entsprechende geradlinige Strecken geben müsse im Widerspruch zur vorausgesetzten Glattheit, oder $\mathfrak{F}$, $\mathfrak{F}^*$ in der Umgebung von O, O* kongruent sein müssen. O war aber ein beliebiger Punkt.

Es sei noch darauf hingewiesen, daß die eben behandelten Flächen der Klasse U mit 2π als Totalkrümmung infinitesimale Verbiegungen 1. Stufe zulassen. Betrachtet man etwa das Paraboloid $z = \frac{1}{2}\{x^2 + y^2\}$, so werden die infinitesimalen Verbiegungen 1. Stufe dieser Fläche aus den Lösungen der Gleichung

(90) $$\zeta_{xx} + \zeta_{yy} = 0,$$

welche in der ganzen x,y-Ebene zweimal stetig differenzierbar sind, zu bestimmen sein. Zu jeder ganzen Funktion in der x, y-Ebene gehört also eine infinitesimale Verbiegung des Paraboloids.

§ 87

Naturgemäß stellt sich jetzt die Frage nach der eindeutigen Bestimmtheit durch die Metrik von Flächen der Klasse U mit einer Totalkrümmung kleiner als 2π. Von diesen Flächen hat OLOWJANISCHNIKOW (vgl. Seite 51) gezeigt, daß sie ohne zusätzliche Bedingungen nicht eindeutig bestimmt sind. Er gab sogar den „Willkürgrad" beim Aufbau einer Fläche an, die zu einer gegebenen der Klasse U isometrisch ist. Dieser Willkürgrad besteht im wesentlichen darin, daß man eine Fläche der Klasse U konstruieren kann, die diesen Kegel als Grenzkegel [31]) besitzt und zur gegebenen Fläche der betrachteten Klasse isometrisch ist. Allerdings darf dieser Kegel nicht gänzlich willkürlich gewählt werden, sondern der Kegel muß so beschaffen sein, daß sein sphärisches Normalenbild (d. i. eine Kurve) auf der Kugel ein Gebiet begrenzt, das den gleichen Inhalt besitzt wie das sphärische Normalenbild der gegebenen Fläche, also gleich $\iint K\,do$ ist. Dieses Ergebnis gibt natürlich Anlaß zur Frage, ob eine Fläche der Klasse durch den Grenzkegel eindeutig bestimmt ist. Unter Benutzung der beiden

---

[31]) Es sei $\mathfrak{V}$ eine Fläche der Klasse U. Q sei ein beliebiger Punkt auf der Fläche. $\mathfrak{V}_n$ ist die durch zentrale Homothetie mit dem Zentrum Q und dem Ähnlichkeitsverhältnis 1/n aus $\mathfrak{V}$ hervorgehende Fläche. Man erkennt leicht, daß $\mathfrak{V}_n$ bei $n \to \infty$ in eine konvexe Kegelfläche, den sogenannten Grenzkegel übergeht. Dieser ist im Falle $^{(\mathfrak{V})}\iint K\,do < 2\pi$ sicher nicht ausgeartet. Ist $^{(\mathfrak{V})}\iint K\,do = 2\pi$, so besteht der Grenzkegel aus einer Halbgeraden.

Hilfssätze des § 83 und § 84 werden wir in die Lage versetzt, die beiden Sätze zu beweisen:

S a t z XI: *Es seien* $\mathfrak{V}$ *und* $\mathfrak{V}^*$ *zwei isometrische Flächen der Klasse* U, *wobei* ${}^{(\mathfrak{V})}\iint K\,do < 2\pi$ *ist. Induziert dann die Isometrie* $\mathfrak{V} \longleftrightarrow \mathfrak{V}^*$ *eine kongruente Abbildung der Grenzkegel beider Flächen, so sind die beiden Flächen* $\mathfrak{V}$ *und* $\mathfrak{V}^*$ *selbst kongruent oder symmetrisch* (vgl. dazu Seite 51).

S a t z XII: *Es seien* $\mathfrak{W}$ *und* $\mathfrak{W}^*$ *zwei isometrische Flächen der Klasse* U *mit* ${}^{(\mathfrak{W})}\iint K\,do < 2\pi$. *Das sphärische Normalenbild des Grenzkegels von* $\mathfrak{W}$ *sei eben (d. h. ein Kreis). Besitzt dann das sphärische Normalenbild des Grenzkegels der Fläche* $\mathfrak{W}$ *keine kleinere Gesamtlänge als das sphärische Normalenbild des Grenzkegels von* $\mathfrak{W}^*$, *dann sind die beiden Flächen* $\mathfrak{W}$ *und* $\mathfrak{W}^*$ *kongruent oder symmetrisch.*

Der Beweis dieser Sätze verläuft ganz analog zu dem von Satz X. Die Gebietsfolge, für die wir den Integralsatz (15) (für $\mathfrak{j}$ wählt man wieder die Darstellung (71)) aufschreiben, wählt man so, daß die Randkurven der Gebiete auf dem sphärischen Bild von $\mathfrak{V}$ bzw. $\mathfrak{W}$ gegen die Randkurve des sphärischen Bildes der Fläche $\mathfrak{V}$ bzw. $\mathfrak{W}$ selbst konvergieren. Beachtet man noch für den Beweis von Satz XI, daß aus der Kongruenz der Grenzkegel die der Randkurven der sphärischen Bilder folgt, so liefern die Hilfssätze der §§ 83 und 84 sofort die beiden Sätze XI und XII.

§ 88

Integralbedingungen bei Fragen der eindeutigen Bestimmtheit von Flächen durch die Metrik. Es seien $\mathfrak{F}$ und $\mathfrak{F}^*$ zwei isometrische, dreimal stetig differenzierbare Flächenstücke. $h_i(u^d)$ sei ein stetig differenzierbares Vektorfeld auf $\mathfrak{F}$. Dann ist wegen (7)

(91) $$(\underline{A}^{ik} h_i)_{||k} = \underline{A}^{ik} h_{i||k}\,.$$

Integration liefert

$$^{(\mathfrak{F})}\iint \underline{A}^{ik}\, h_{i||k}\, do = -\ ^{(\partial\mathfrak{F})}\oint \underline{A}^{ik}\, h_i\, n_k\, ds$$

und wegen (13)

(92) $$^{(\mathfrak{F})}\iint \underline{A}^{ik}\, h_{i||k}\, do = \ ^{(\partial\mathfrak{F})}\oint \left\{(a-a^*)\, h_i\, \dot{u}^i + (b-b^*)\, h_i\, n^i\right\} ds.$$ [1]

Geht man jetzt von der Aufgabe aus, zu der Fläche $\mathfrak{F}$ isometrische Flächen $\mathfrak{F}^*$ (Biegeflächen) aufzufinden, so bedeudet das, daß man die Größen der zweiten Fundamentalform B^*_{ik} von $\mathfrak{F}^*$ aus den Gleichungen

(93) $$\underline{\overset{*}{B}}^{ik}\, \overset{*}{B}_{ik} = 2K;\quad \underline{\overset{*}{B}}^{ik}{}_{||k} = 0$$

zu bestimmen hat. Aus diesen drei Gleichungen erhält man nach Elimination einer der drei Größen B^*_{ik} ein quasilineares System von zwei Differentialgleichungen, welches bei $K > 0$ elliptisch ist. Im allgemeinen gibt es nun zu jedem hinreichend kleinen Flächenstück $\mathfrak{F}$ unendlich viele Biegeflächen.[2]

[1] Wählt man speziell $h_i = \mathfrak{x}_i$, so liefert dieser Integralsatz die Formel (15). Für $h_i = (\mathfrak{x}\mathfrak{x}_i)$ erhält man den Herglotzschen Integralsatz (16). Im allgemeinen braucht das Vektorfeld h_i jedoch keineswegs integrabel zu sein. Statt $\underline{A}^{ik}$ kann man auch $\underline{B}^{*ik}$ zur Aufstellung einer entsprechenden Formel benutzen:

(92′) $$^{(\mathfrak{F})}\iint \underline{\overset{*}{B}}^{ik}\, h_{i||k}\, do = \ ^{(\partial\mathfrak{F})}\oint \left\{a^*\, h_i\, \dot{u}^i + b^* h_i\, n^i\right\} ds.$$

Die oben angegebene Formel zeichnet sich vielleicht von dieser durch größere Symmetrie aus und steht in engeren Beziehungen zu den Kongruenzintegralsätzen.

[2] A. Wintner, Ph. Hartman {3}.

Man wird natürlich jetzt versuchen, die einzelnen Biegeflächen durch gewisse geometrische Forderungen zu charakterisieren. Eine recht einleuchtende Möglichkeit, die einzelnen Biegeflächen im Falle positiver GAUSSscher Krümmung zu klassifizieren, besteht darin, daß man die einzelnen Flächen durch geometrische Randbedingungen unterscheidet:

$$F\left(a^*(s),\, b^*(s),\, \dot{a}^*(s),\, \dot{b}^*(s),\, \ddot{a}^*(s), \cdots\right) = f(s)$$

oder auch

$$L\left(k^*(s),\, \varkappa^*(s),\, \dot{k}^*(s),\, \dot{\varkappa}^*(s),\, \ddot{k}^*(s), \cdots\right) = l(s)$$

denn a^*, b^* lassen sich durch k^*, $\varkappa^*$ ausdrücken).
Nun ist es fast selbstverständlich, daß man im allgemeinen nicht die Funktion f(s) bzw. l(s) willkürlich vorschreiben darf, sonderen dieselben müssen gewissen Integralbedingungen genügen. Will man etwa $k^*(s)$ vorschreiben, so muß nach dem FENCHELschen Satz $\oint |k^*(s)|\, ds \geq 2\pi$ sein. Sehr häufig besitzen diese Integralbedingungen für Invarianten von $\partial\mathfrak{F}^*$ selbständiges Interesse, wie z. B. der FENCHELsche Satz belegt. Daher mag es in dieser Hinsicht durchaus gerechtfertigt sein, nach einer Methode zu fragen, die unabhängig von Randwertproblemen quasilinearer Systeme Integralbedingungen liefert. Ein nützliches Hilfsmittel auf diesem Wege bietet uns die Formel (92). Durch geeignete Wahl des Vektorfeldes $\mathfrak{h}_i$ auf $\mathfrak{F}$ ist es in manchen Fällen möglich, für die Invarianten Integralbedingungen zu gewinnen.

§ 89

Wir wollen das Vorhergehende mit einfachen Beispielen belegen:

Es sei $\mathfrak{H}$ eine Halbkugel (Kugelradius = 1). Gibt es dann für die Invarianten k^*, $\varkappa^*$ der Randkurve $\partial\mathfrak{H}^*$ Integralbedingungen?

Wir wählen das Vektorfeld $\mathfrak{h}_i$ folgendermaßen:

$$\mathfrak{h}_i = [\mathfrak{x}_i \times \xi].$$

Dann ist $\mathfrak{h}_{i||k} = [\mathfrak{x}_i \times \xi_k]$. Weil $\mathfrak{H}$ Stück der Einheitskugel ist, so gilt $\mathfrak{x} = -\xi$ auf $\mathfrak{H}$, also $\mathfrak{h}_{i||k} = -\varepsilon_{ik}\xi$. Daher ist $\underline{A}^{ik}\mathfrak{h}_{i||k} = 0$. Der Integralsatz (92) bzw. (92') liefert (es ist auch $\underline{B}^{*ik}\mathfrak{h}_{i||k} = 0$):

(94) $$\oint b^*\mathfrak{x}\, ds - \oint a^*\eta\, ds = 0.$$

Diese Formel hat Gültigkeit für den Rand aller Biegeflächen von kugeligen Flächenstücken. Dabei ist es gleichgültig, ob die Flächenstücke einfach oder mehrfach zusammenhängend sind.

Nun sollte $\mathfrak{H}$ eine Halbkugel sein. Daher gilt längs $\partial\mathfrak{H}$:

$$c(s) = 0, \quad \eta = -\mathfrak{e} = \text{const.},$$

wenn $\mathfrak{e}$ der Stellungsvektor der Ebene von $\partial\mathfrak{H}$ ist. Wegen $c = 0$ ist längs $\partial\mathfrak{H}^*$:

$$b^* = -k^*; \quad a^* = \varkappa^*.$$

Aus (94) wird daher

(95) $$\oint k^*\mathfrak{x}\, ds - \mathfrak{e}\cdot\oint \varkappa^*\, ds = 0.$$

Multipliziert man mit $\mathfrak{e}$, so wird $\oint \varkappa^* ds = 0$. Daher ist nach vorstehender Gleichung auch $\oint k^*\mathfrak{x}\, ds = 0$. Nach partieller Integration kann die letzte Gleichung auch in der Form $\oint \dot{k}^*\mathfrak{x}\, ds = 0$ geschrieben werden. Damit haben wir den folgenden Satz bewiesen:

Satz: *Es sei $\mathfrak{H}$ eine Halbkugel und $\mathfrak{H}^*$ eine beliebige, dreimal stetig differenzierbare, zu $\mathfrak{H}$ isometrische Fläche. Dann gelten für* $k^*(s)$ *und* $\varkappa^*(s)$ *der Randkurve* $\partial\mathfrak{H}^*$ *die Integralbedingungen:*

(96) $\oint \dot{\mathfrak{k}}^* \mathfrak{x}\, ds = 0$, (97) $\oint \varkappa^*\, ds = 0.$

Die Integralbedingung (97) ist auch dann gültig, wenn $\mathfrak{H}$ eine beliebige ebenrandige Kugelkalotte ist.

Um die Richtigkeit des letzten Zusatzes einzusehen, wenden wir (94) auf eine ebenrandige Kugelkalotte an. Ist wieder $\mathfrak{e}$ der Stellungsvektor der Randebene der Kugelkalotte, so gilt wegen $(\mathfrak{e}\,\eta) = \text{const} \neq 0$

$$\oint a^*\, ds = 0.$$

Nun gilt $\varkappa^* = a^* + \dot{\varphi}^*$ und $|k^*| \sin \varphi^* = -b^*$. Da $K = 1$, so muß $b^* < 0$ sein. D. h. wir können o. B. d. A. $0 < \varphi^*(s) < \pi$ annehmen. Dann ist aber $\oint \dot{\varphi}^*\, ds = 0$ [3]) und daher gilt

$$0 = \oint a^*\, ds = \oint \varkappa^*\, ds.$$

Die Integralbedingungen (96) für die Ableitung der Krümmung der Randkurve einer Biegefläche der Halbkugel ist von Joachim Nitsche {1} auf anderem Wege gefunden worden. Dabei wird wesentlich eine spezielle Parameterdarstellung der Halbkugel zugrunde gelegt. Ein auftretendes Randwertproblem der Cauchy-Riemannschen Differentialgleichungen hat nach F. Noether genau drei unabhängige Lösungen, die sich explizit angeben lassen. Mit Hilfe dieser Lösungen ergeben sich die drei Integralbedingungen (96). (Vgl. Seite 123).

§ 90

Wir wollen jetzt noch einen anderen einfachen Fall betrachten, nämlich die Rotationsflächen. Es sei $\mathfrak{R}$ ein Stück (nicht notwendig einfach zusammenhängend) einer Rotationsfläche und $\mathfrak{R}^*$ irgendeine zu $\mathfrak{R}$ isometrische Fläche. Wie kann man dann Integralbedingungen für die Invarianten von $\partial\mathfrak{R}^*$ finden? Wir wählen in diesem Fall das nicht integrable Feld:

(99) $$\mathfrak{h}_l = (\mathfrak{e}\,\mathfrak{x}_l\,\mathfrak{x}),$$

wo $\mathfrak{e}$ der Einheitsvektor in der Richtung der Rotationsachse von $\mathfrak{R}$ ist. Es ist dann:

$$\mathfrak{h}_{l||k} = (\mathfrak{e}\,\xi)\,\varepsilon_{lk} + (\mathfrak{e}\,\xi\,\mathfrak{x})\,B_{lk}.$$

Weil $\mathfrak{R}$ Stück einer Rotationsfläche mit der Achse $\mathfrak{e}$ ist, so gilt auf $\mathfrak{R}$, wenn wir den Ursprung des Koordinatensystems auf die Rotationsachse legen:

$$(\mathfrak{e}\,\xi\,\mathfrak{x}) = 0,$$

also

(100) $$\mathfrak{h}_{l||k} = (\mathfrak{e}\,\xi)\,\varepsilon_{lk}.$$

Setzt man (99), (100) in (92) bzw. (92') ein, so folgt

---

[3]) Für einen geschlossenen Streifen $\{\mathfrak{x}(s), \xi(s)\}$ bezeichnet man die ganze Zahl $n = \frac{1}{\pi}\{\varphi(l) - \varphi(o)\}$ als Verdrillungszahl, die die Anzahl der Verdrillungen des Streifens relativ zum begleitenden Dreibein der Kurve $\mathfrak{x}(s)$ angibt. Aus der Beziehung $\varkappa = a + \dot{\varphi}$ folgt sofort (98) $n\pi = \oint \{\varkappa - a\}\, ds$. Ist längs einem Flächenstreifen $K > 0$, so besitzt $b(s)$ sicher keine Nullstellen und wegen $|k| \sin \varphi = -b > 0$ kann man etwa $0 < \varphi(s) < \pi$ annehmen. Dann ist notwendig $-1 < n < 1$ d. h. da n ganz ist, gilt $n = 0$. Daraus folgt beispielsweise die Orientierbarkeit aller Flächenstücke im E_3 mit $K > 0$. Ist längs einem geschlossenen Flächenstreifen $K \geq 0$, so sind für n die Werte 0, ± 1 möglich. Besitzt ein Streifen die Verdrillungszahl n mit $|n| \geq 2$, so besitzt $b(s)$ mindestens $|n|$ Nullstellen und es gibt auf jeder Fläche durch diesen Streifen Punkte mit $K < 0$.

(101) $$\oint \left\{(\mathfrak{a}-\mathfrak{a}^*)(\mathfrak{e}\,\mathfrak{x}\,\dot{\mathfrak{x}}) + (\mathfrak{b}-\mathfrak{b}^*)(\mathfrak{e}\,\eta\,\mathfrak{x})\right\} ds = 0,$$

bzw.

(101') $$\oint^{(\partial\mathfrak{R})} \mathfrak{a}^*(\mathfrak{e}\,\mathfrak{x}\,\dot{\mathfrak{x}})\,ds + \oint^{(\partial\mathfrak{R})} \mathfrak{b}^*(\mathfrak{e}\,\eta\,\mathfrak{x})\,ds = 0.$$

Damit haben wir die gewünschten Integralbedingungen erhalten.

Wird $\mathfrak{R}$ etwa von einem Breitenkreis berandet, dann dürfen wir annehmen, daß $\mathfrak{e}$ mit der Binormalen $\mathfrak{b}$ des Kreises zusammenfällt. Es ist dann

$$(\mathfrak{e}\,\dot{\mathfrak{x}}\,\mathfrak{x}) = (\mathfrak{b}\,\dot{\mathfrak{x}}\,\mathfrak{x}) = (\mathfrak{h}\,\mathfrak{x}) = \text{const.} \neq 0$$

und

$$(\mathfrak{e}\,\eta\,\mathfrak{x}) = [\mathfrak{x}\times\mathfrak{e}][\xi\times\dot{\mathfrak{x}}] = (\mathfrak{e}\,\xi)(\mathfrak{x}\dot{\mathfrak{x}}) = 0,$$

weil $\mathfrak{x}^2 = \text{const.}$ ist längs des Kreises. Wir erhalten daher aus (101')

(102) $$\oint \mathfrak{a}^*\,ds = 0.$$

Da längs $\partial\mathfrak{R}$ und damit auch längs $\partial\mathfrak{R}^*$ die geodätische Krümmung konstant ist, so ist auch die Verdrillungszahl des Streifens längs $\partial\mathfrak{R}^*$ gleich Null.

Also gilt

(103) $$\oint \varkappa^* ds = 0.$$

Satz: *Es sei $\mathfrak{R}$ ein dreimal stetig differenzierbares Stück einer Rotationsfläche mit der Rotationsachse $\mathfrak{e}$. $\mathfrak{R}^*$ sei eine beliebige zu $\mathfrak{R}$ isometrische Fläche, die ebenfalls dreimal stetig differenzierbar ist. Dann gilt für die Invarianten* $\mathfrak{a}^*$, $\mathfrak{b}^*$ *von* $\partial\mathfrak{R}^*$:

$$\oint^{(\partial\mathfrak{R})} \mathfrak{a}^*(\mathfrak{e}\,\mathfrak{x}\,\dot{\mathfrak{x}})\,ds + \oint^{(\partial\mathfrak{R})} \mathfrak{b}^*(\mathfrak{e}\,\eta\,\mathfrak{x})\,ds = 0.$$

Ist $\partial\mathfrak{R}$ ein Breitenkreis, so gilt für die Torsion $\varkappa^*$ von $\partial\mathfrak{R}^*$:

$$\oint \varkappa^* ds = 0.$$

Man beachte, daß zur Ableitung dieses Ergebnisses die Untersuchung des Randstreifens nicht genügte; es wäre aber eine von der Betrachtung der Fläche unabhängige Ableitung erwünscht.

§ 91

Besonders einfach lassen sich die Integralbedingungen für die Randkurven von Biegeflächen eines Stückes einer Ebene angeben. Man wählt

$$\mathfrak{h}_l = [\mathfrak{x}_l \times \mathfrak{x}].$$

Dann ist $\mathfrak{h}_{l||k} = \varepsilon_{lk}\xi$, weil $B_{lk} \equiv 0$ auf der Ebene ist. Daher haben wir jetzt

(104) $$0 = \oint \left\{(\mathfrak{a}-\mathfrak{a}^*)[\dot{\mathfrak{x}}\times\mathfrak{x}] + (\mathfrak{b}-\mathfrak{b}^*)[\eta\times\mathfrak{x}]\right\} ds,$$

bzw.

(104') $$= \oint \mathfrak{a}^*[\dot{\mathfrak{x}}\times\mathfrak{x}]\,ds + \oint \mathfrak{b}^*[\eta\times\mathfrak{x}]\,ds.$$

Da ξ mit dem Stellungsvektor $\mathfrak{e}$ der Ebene zusammenfällt, so stimmen auch η und die Hauptnormale $\mathfrak{h}$ überein. Multipliziert man (104') skalar mit $\mathfrak{e}$, so erhält man

(105) $$0 = \oint \mathfrak{a}^*(\mathfrak{x}\mathfrak{h})\,ds - \oint \mathfrak{b}^*(\mathfrak{x}\,\dot{\mathfrak{x}})\,ds.$$

Speziell für einen Kreis findet man wegen $(\mathfrak{x}\dot{\mathfrak{x}}) = 0$; $(\mathfrak{x}\mathfrak{h}) = \text{const.}$ wieder

$$\oint \varkappa^* ds = 0.$$

Eine andere Integralbedingung kann man so erhalten, daß man für $\mathfrak{h}_l$ das Feld $\mathfrak{x}_l$ wählt:

(106) $$\oint \mathfrak{a}^*\dot{\mathfrak{x}}\,ds + \oint \mathfrak{b}^*\mathfrak{h}\,ds = 0.$$

Übrigens folgt diese Formel auch aus (104') nach Ausführung einer beliebigen Parallelverschiebung. Wir wollen die letzte Formel noch etwas umformen unter der Benutzung der Beziehung $\mathfrak{h} = \frac{1}{k}\ddot{\mathfrak{x}}$. Es sei $k \neq 0$:

$$\oint \left\{ a^* - \left(\frac{b^*}{k}\right)^{\cdot} \right\} \dot{\mathfrak{x}}\, ds = 0 .$$

Wegen $\dot{\mathfrak{x}} = -\frac{1}{k}\dot{\mathfrak{h}}$ folgt ebenfalls

$$\oint \left\{ \left(\frac{a^*}{k}\right)^{\cdot} + b^* \right\} \mathfrak{h}\, ds = 0 .$$

Da $\dot{\mathfrak{x}} = [\mathfrak{h} \times \mathfrak{b}]$ mit $\mathfrak{b} = \text{const}$ ist, so gilt auch

$$\oint \left\{ \left(\frac{a^*}{k}\right)^{\cdot} + b^* \right\} \dot{\mathfrak{x}}\, ds = 0 .$$

S a t z : *Es sei* $\mathfrak{R}$ *Stück einer Ebene und* $\mathfrak{R}^*$ *eine dreimal stetig differenzierbare Biegefläche von* $\mathfrak{R}$. *Dann gelten für die Invarianten* a^*, b^* *von* $\partial\mathfrak{R}^*$ *die Integralbedingungen:*

(107) $$\oint_{(\partial\mathfrak{R})} \left\{ \left(\frac{b^*}{k}\right)^{\cdot} - a^* \right\} \dot{\mathfrak{x}}\, ds = 0 \quad \text{bzw.} \quad (108) \quad \oint_{(\partial\mathfrak{R})} \left\{ \left(\frac{a^*}{k}\right)^{\cdot} + b^* \right\} \dot{\mathfrak{x}}\, ds\, 0 .$$ [4]

Aus der gleichfalls gültigen Integralbedingung (104') folgt für den Fall, daß $\partial\mathfrak{R}$ *ein Kreis ist:*

$$\oint \varkappa^* ds = 0 .$$

Ist $\partial\mathfrak{R}$ etwa eine Eilinie, so kann man aus (107) bzw. (108) ablesen, daß $\left(\left(\frac{b^*}{c^*}\right)^{\cdot} - a^*\right)$ bzw. $\left(\left(\frac{a^*}{c^*}\right)^{\cdot} + b^*\right)$ mindestens 4 stationäre Stellen längs $\partial\mathfrak{R}^*$ besitzen muß.

§ 92

B e m e r k u n g ü b e r d i e H e r s t e l l u n g v o n e n d l i c h v e r b i e g b a r e n F l ä c h e n m o d e l l e n. Es seien $\mathfrak{F}$ und $\mathfrak{F}^*$ zwei isometrische Flächen auf denen das Kurvennetz (Siehe Seite 154),

$$\nu_{ik}\, \dot{u}^i \dot{u}^k = 0 \text{ mit } \nu^{ik} = \frac{1}{2}\, \varepsilon^{\alpha\beta} \left\{ B_{i\alpha} B^*_{k\beta} + B_{k\alpha} B^*_{i\beta} \right\}$$

reell ist. Das ist z. B. auf allen positiv gekrümmten Flächen der Fall. Dieses ist das einzige Netz, welches auf $\mathfrak{F}$ und $\mathfrak{F}^*$ gleichzeitig konjugiert ist. Bei jeder Verbiegung von $\mathfrak{F}$ bleibt die Bogenlänge der Netzkurven und auch der Winkel unter dem sich die Netzkurven schneiden, unverändert. Nun kann man bekanntlich hinreichend kleine Netzmaschen eines konjugierten Kurvennetzes als eben auffassen. Da Winkel und Seitenlängen einer solchen Masche beim Verbiegungsvorgang erhalten bleiben, darf man annehmen, daß jede hinreichend kleine Netzmasche bei dem Verbiegungsvorgang starr mitgeführt wird. Wir wählen jetzt speziell das obige Kurvennetz, und denken uns durch dasselbe die Fläche $\mathfrak{F}$ in genügend kleine Maschen zerlegt, die beim Verbiegungsvorgang starr sein sollen, also beim Verbiegungsvorgang nur gegeneinander um ihre Kanten gedreht werden. Dieses Modell der Fläche $\mathfrak{F}$ gibt somit einen anschaulichen Eindruck vom Verbiegungsvorgang der Fläche $\mathfrak{F}$ in die Fläche $\mathfrak{F}^*$. Stellt man solch ein Modell her, so hat man die Fläche aus ebenen Vierecken, die gegeneinander beweglich sind, aufzubauen. Übrigens hat PETERSON (1868) solche Flächenmodelle angegeben. Er nannte die Kurven des Netzes $\nu_{ik}\, u^i u^k = 0$ Biegungslinien. (Vgl. S.189).

[4]) Wir können in diesen Formeln auch k durch die geodätische Krümmung $c = c^*$ ersetzen, da der Streifen längs $\partial\mathfrak{R}$ eben ist.

NACHTRAG ZU VI

Unendlich kleine Verbiegungen erster Ordnung

§ 93

Beziehungen der infinitesimalen Verbiegung zur Mechanik. Wenn in einer Massenverteilung, die membranartig ist, eine Spannungsverteilung herrscht, so wirken auf ein beliebiges Gebiet der Oberfläche nach dem Reaktionsprinzip von beiden Seiten her entgegengesetzte Kräfte, die dem Betrage nach gleich sind. Denkt man sich aus der Membran einen Teil herausgeschnitten, so wird ein ursprünglich bestehendes Gleichgewicht gestört. Will man es wieder herstellen, so hat man am Rand des Stückes Ersatzkräfte anzubringen, die den ursprünglichen, von dem weggenommenen Teil ausgehenden Kräften gleich sind. Die auf ein Gebiet der Membran längs des Randes wirkenden Kräfte heißen Spannungen. Auf ein beliebig herausgeschnittenes Flächenstück wirken die Spannungen nur am Rande; denn im Inneren verschwinden sie nach dem Reaktions prinzip. Ebenso verschwindet auch ihr Moment im Innern. Die auf die Längeneinheit der Randkurve bezogenen Spannungen lassen sich durch den Vektor $\mathfrak{y}_k \dot{u}^k$ in jedem Randpunkt darstellen. Hier bedeutet $u^k(s)$ die Darstellung der Randkurve auf dem Flächenstück. s ist die Bogenlänge (vgl. § 69). Bezeichnen wir noch die etwa vorhandenen Massenkräfte pro Flächeneinheit mit $\mathfrak{k}(u^\alpha)$. dann lauten die Gleichgewichtsbedingungen

$$\iint \mathfrak{k}(u^\alpha)\, do + \oint \mathfrak{y}_k \dot{u}^k\, ds = 0,$$

$$\iint [\mathfrak{x} \times \mathfrak{k}]\, do + \oint [\mathfrak{x} \times \mathfrak{y}_k]\, \dot{u}^k\, ds = 0.$$

Diese Gleichungen gelten für jedes einfach zusammenhängende Gebiet der Membran $\mathfrak{x}(u^\alpha)$. Daher erhält man nach Anwendung der Integralformel von STOKES (siehe § 69) die differentiellen Beziehungen:

(1) $$\varepsilon^{\alpha\beta} \mathfrak{y}_{\beta||\alpha} + \mathfrak{k} = 0,$$

(2) $$\varepsilon^{\alpha\beta} [\mathfrak{x} \times \mathfrak{y}_\beta]_{||\alpha} + [\mathfrak{x} \times \mathfrak{k}] = 0.$$

Aus der Gleichung (2) folgt weiter

$$-[\mathfrak{x} \times \mathfrak{k}] = \varepsilon^{\alpha\beta}[\mathfrak{x} \times \mathfrak{y}_\beta] + \varepsilon^{\alpha\beta}[\mathfrak{x} \times \mathfrak{y}_{\beta||\alpha}] = \varepsilon^{\alpha\beta}[\mathfrak{x}_\alpha \times \mathfrak{y}_\beta] - [\mathfrak{x} \times \mathfrak{k}];$$

daher ist

(3) $$\varepsilon^{\alpha\beta} [\mathfrak{x}_\alpha \times \mathfrak{y}_\beta] = 0.$$

Multiplizieren wir diese Gleichung skalar mit $\mathfrak{x}_\gamma$, so folgt wegen $[\mathfrak{x}_\gamma \mathfrak{x}_\alpha] = \varepsilon_{\gamma\alpha} \xi$ die Relation $(\mathfrak{y}_\beta \cdot \xi) = 0$, aus der die Darstellung

(4) $$\mathfrak{y}_1 = a_{1.}^{\ 1} \mathfrak{x}_1 \quad \text{mit} \quad a_{1.}^{\ 1} = 0$$

resultiert. Durch Einsetzen von (4) in (1) finden wir

(5) $$\mathfrak{k} = \varepsilon^{\delta\beta} a_\delta{}^\gamma{}_{||\beta} \mathfrak{x}_\gamma + \varepsilon^{\delta\beta} a_{\delta.}^{\ \gamma} B_{\gamma\beta} \cdot \xi .$$

Bei Vorgabe von $\mathfrak{k}$ lassen sich die Spannungen aus den Gleichungen (4) und (5) berechnen. Beispiele: $\mathfrak{k} =$ const.: Eigengewicht; $\mathfrak{k} = \mathfrak{e}\,(\mathfrak{e}\xi)$ mit $\mathfrak{e} =$ const.: Schneedruck; $\mathfrak{k} = \varrho \cdot \xi$.: Innendruck. Ist $u^i(s)$ eine beliebige Kurve auf unserem Flächenstück, so sind die Spannungen längs dieser Kurve durch $\mathfrak{y}_i \dot{u}^i$ gegeben. Aus (4) folgt, daß dieselben tangential wirken. Wir wollen jetzt die Komponenten von $\mathfrak{y}_i \dot{u}^i$ in der Basis $\mathfrak{x}_i$ bestimmen:

$$\mathfrak{y}_l \dot{u}^l = \lambda \cdot \mathfrak{x}_k \dot{v}^k.$$

Nach (4) und der linearen Unabhängigkeit von $\mathfrak{x}_k$ folgt daraus

(6) $$a_{l.}{}^k \dot{u}^l = \lambda \dot{v}^k \quad \text{und} \quad \varepsilon_{kl} a_{l.}{}^l \dot{u}^l \dot{v}^k = 0.$$

Bei Vorgabe der Kurve $\dot{u}^l(s)$ läßt sich hieraus die Richtung der Spannung $\dot{v}^k$ bestimmen. Außerdem erkennt man, daß die Spannung für die Fortschreitungsrichtung $\dot{v}^j$ die Richtung $\dot{u}^l$ besitzt. (Wegen der Symmetrie des Tensors $\varepsilon_{kl}a_l{}^l$). Fassen wir $\dot{u}^j$ als Richtungsfeld einer Kurvenschar auf unserem Flächenstück auf, so liefert (6) eine Differentialgleichung für eine Kurvenschar, derart daß die Spannungen längs den u^l - Kurven in Richtung der v^l - Kurven weisen. Nach dem eben Gesagten ist diese Beziehung zwischen beiden Kurvenscharen wechselseitig. Ein Kurvennetz, bei dem die Spannungen längs Kurven der einen Schar in Richtung der anderen Schar wirken, heißt *Querspannungsnetz* (vgl. SAUER [1]). Ein Kurvennetz $c_{lk}\dot{u}^l\dot{u}^k = 0$ auf der betrachteten Fläche ist genau dann ein Querspannungsnetz, wenn $\varepsilon^{ll}a_l{}^k c_{lk} = 0$ ist. Diese Beziehung folgt leicht aus (6). Wir stellen jetzt die Frage nach solchen Kurven, längs denen die Spannungen Tangentenrichtungen besitzen. In diesem Fall muß $\dot{v}^k = \varrho \dot{u}^k$ sein. Setzt man diesen Wert in (6) ein, so erhalten wir

7) $$\varepsilon_{kl} a_{l.}{}^l \dot{u}^l \dot{u}^k = 0.$$

Es gibt im allgemeinen zu jeder Spannungsverteilung einer Membran ein solches Netz. Man nennt es *Schubspannungsnetz*. Anlog liefert $\dot{v}^k = \varrho u^k$ das *orthogonale Querspannungsnetz* $a_{lk}\, u^l u^k = 0$.

§ 94

S p a n n u n g s v e r t e i l u n g o h n e ä u ß e r e K r ä f t e (BLASCHKE [7]). In diesem Fall ist nach (1) $\varepsilon^{\alpha\beta}\mathfrak{y}_{\alpha\|\beta} = 0$, und es gibt dann eine „Spannungsfunktion" $\mathfrak{y}$. Ferner findet man die bekannten Gleichungen aus der Theorie der infinitesimalen Flächenverbiegungen:

(8) $$a_{l.}{}^l = 0; \qquad \varepsilon^{\gamma\beta} a_{\gamma}{}^l{}_{\|\beta} = 0; \qquad \varepsilon^{\gamma\beta} a_{\gamma}{}^l B_{l\beta} = 0; \qquad \mathfrak{y}_j = a_j{}^k \mathfrak{x}_k.$$

$\mathfrak{y}$ ist also der Drehriß der Membran. Wir können somit sagen:

Jede infinitesimale Verbiegung einer Membran $\mathfrak{x}$ liefert gerade eine Spannungsverteilung, die ohne hinzutretende äußere Kräfte im Gleichgewicht ist. Dieses Ergebnis läßt sich auch umkehren.

Membranen die infinitesimale Starrheit besitzen, kann man als *selbstspannungsfrei* bezeihnen. Gerade bei Gußarbeiten in der Metallindustrie ist die Selbstspannungsfreiheit recht begehrt.

Faßt man die infinitesimale Verbiegung von Flächenstücken als „Isometrische Variation" desselben auf, so erhält man für die Variation des Tensors der zweiten Fundamentalform die einfache Darstellung

(9) $$\delta B_{lk} = \varepsilon_{ll}\, a_k{}^l,$$

und die Gleichungen (8) entsprechen den variierten CODAZZI-Gleichungen und dem variierten Theorema egregium:

$$(\delta \underline{B}^{lk})_{\|k} = 0; \qquad \delta \underline{B}^{lk} \cdot B_{lk} = 0.$$

(Die Bedingung $a_l{}^l = 0$ ist mit der Forderung der Symmetrie von δB_{lk} äquivalent.) Jedem symmetrischen Tensor w^{lk}, der die Gleichungen $w^{lk}B_{lk} = 0$ und $w^{lk}{}_{\|k} = 0$ erfüllt, entspricht danach eine infinitesimale Verbiegung des Flächenstückes. Der

Drehriß wird aus $\mathfrak{y}_k = \varepsilon^{li} w_{ik} \mathfrak{x}_l$ durch eine Quadratur bestimmt. Auf Grund dieser einfachen Bemerkung lassen sich für spezielle Flächenklassen sofort gewisse infinitesimale Verbiegungen angeben:

Auf *Isothermenflächen* (d. s. Flächen mit isothermen Krümmungslinien) findet man sofort die infinitesimale Verbiegung

$$w^{ik} = \gamma \cdot K^{ik} \quad \text{mit} \quad (\gamma K^{ik})_{||k} = 0.\,^{1)}$$

Das Bestehen der Relation $(\gamma K^{ik})_{||k} = 0$ ist übrigens kennzeichnend für Isothermenflächen. Daher sind auch die Isothermenflächen die einzigen, auf denen es infinitesimale Verbiegungen mit stationärer mittlerer Krümmung $\delta H = g^{ik} \delta B_{ik} = 0$ geben kann; denn wegen $\delta \underline{B}^{ik} g_{ik} = 0$ und $\delta \underline{B}^{ik} B_{ik} = 0$ ist notwendig $\delta \underline{B}^{ik} = (\varrho K^{ik})$ und es muß die Funktion ϱ so bestimmt werden, daß die Gleichungen $(\varrho K^{ik})_{||k} = 0$ erfüllt sind. Dann liegt aber eine Isothermenfläche vor. Es läßt sich ferner wegen der Integrabilitätsbedingung $\varepsilon^{ik} \varrho_{l||k} = 0$ die Funktion ϱ in der Gleichung eliminieren. Dadurch erhält man die Differentialgleichung für die Isothermenflächen:

$$\left\{(H^2 - K)^{-1} H^l \; K^{l\alpha}\right\}_{||\alpha} = 0.$$

Liegt eine *Schiebfläche* vor, und wird durch $t_{ik} \dot{u}^i \dot{u}^k = 0$; $t_{ik} = t_{ki}$ das Netz der Schieblinien (Rückungslinien) gegeben, so liefert

$$w^{ik} = \sqrt{\frac{g}{\|t_{ik}\|}}\, \underline{t}^{ik}$$

eine infinitesimale Verbiegung dieser Flächen.

Auf *Flächen mit fester mittlerer Krümmung* stellt

$$w^{ik} = g^{ik} H - \underline{B}^{ik}$$

eine infinitesimale Verbiegung dar.

Sehen wir uns jetzt einmal die Größen δb und δa an (siehe § 69 und § 104). Es ist $\delta b = -\delta B_{ik} \dot{u}^i \dot{u}^k$ und $\delta a = \delta B_{ik} \dot{u}^i n^k$ [2]). Nach (9) können wir dann beim Vergleich mit § 93 sagen:

Im Fall einer Spannungsverteilung ohne äußere Kräfte entspricht dem Schubspannungsnetz, wenn wir die Bezeichnungsweise der Flächenverbiegung benutzen, ein solches mit stationärer Normalkrümmung und umgekehrt. (Sauer nennt Kurven mit $\delta k = 0$ *krümmungsfest*. Wegen $k \delta k = b \delta b$ sind aber stets die Asymptotenlinien krümmungsfest.) Eine analoge Beziehung besteht zwischen dem orthogonalen Querspannungsnetz und dem Netz mit stationärer geodätischer Windung: $\delta a = \alpha_{ik} \dot{u}^i \dot{u}^k = 0$. Dieses Netz wird auch manchmal als *Hauptbiegungsnetz* bezeichnet. Was entspricht jetzt aber einem Querspannungsnetz in der Terminologie der Flächenverbiegung? Nach (9) kann man im Falle einer Spannungsverteilung ohne äußere Kräfte die Gleichung (6) so schreiben:

$$\delta B_{ik} \dot{u}^i \dot{v}^k = 0. \tag{10}$$

Nun stellt aber $B_{ik} du^i dv^k$ den Inhalt des infinitesimalen Tetraeders mit den Eckpunkten u^i; $u^i + du^i$; $u^i + dv^i$; $u^i + du^i + dv^i$ dar. Ein Kurvennetz, für dessen Scharen (10) erfüllt ist, hat also die Eigenschaft, daß die Inhalte infinitesimaler Netztetraeder stationärer bleiben. Nach Sauer nennt man solche Netze *schränkungsfest*.

---

[1]) Es ist $K_{ik} = \frac{1}{2}\left\{\varepsilon_{i\cdot}^{\;l} B_{lk} + \varepsilon_{k\cdot}^{\;l} B_{li}\right\}$.

[2]) Wegen (9) folgt daraus $\alpha_l^{\;i} \dot{u}^l = \delta a\, \dot{u}^i + \delta b\, n^i$. Für $\dot{\mathfrak{y}}$ erhält man daher (vgl. § 104, Formel (5))

$$\dot{\mathfrak{y}} = \delta a\, \dot{\mathfrak{x}} + \delta b\, \eta.$$

Fragt man nach einem Kurvennetz, welches auf der ursprünglichen und der infinitesimal verbogenen Fläche konjugiert ist, so ist dieses Netz nach (10) zunächst sicher schränkungsfest. Da es aber auch konjugiert sein soll, so läßt sich dasselbe direkt angeben:

$$\mu_{lk}\dot{u}^l\dot{u}^k = 0; \quad \mu_{lk} = \frac{1}{2}\varepsilon^{\alpha\beta}\left\{B_{l\alpha}\delta B_{k\beta} + B_{k\alpha}\delta B_{l\beta}\right\}. \tag{11}$$

(Man vergleiche etwa § 92, wo ein Netz mit entsprechenden Eigenschaften für endliche Verbiegungen angegeben wird.)

Es sei jetzt ein Wort über die **Herstellung von Fadenmodellen für Flächen** gesagt. Kennt man eine infinitesimale Verbiegung der betrachteten Fläche, so ist ein Tensor $\alpha_{l}^{\cdot k}$ der die Gleichungen (8) erfüllt, bekannt und nach (6) kann man für den kräftefreien Fall Querspannungsnetze angeben. Diese Querspannungsnetze kann man durch Fadenmodelle bestehend aus Scharen gespannter und gegenseitig verknoteter Fäden darstellen. Die Spannungen der Fäden liefern die Querspannungen. Nun wissen wir, daß bei Querspannungsnetzen die Querspannungen im Gleichgewicht stehen. Man braucht also für die so konstruierte Fläche als Fadenmodell keine feste Unterlage. Bei der praktischen Herstellung wird man sich natürlich nicht auf den kräftefreien Fall beschränken können, sondern man hat das Gewicht zu berücksichtigen, dann ein Querspannungsnetz zu bestimmen und durch Fäden zu realisieren.

§ 95

Wir besprechen hier eine von Minagawa und Rado {1} stammende Behandlung der infinitesimalen Verbiegung, bei der geringere Differenzierbarkeitsvoraussetzungen gemacht werden als bisher. Es wird nämlich $\mathfrak{x}$ als zweimal, $\mathfrak{z}$ als einmal differenzierbar vorausgesetzt, und es werden folgende Hilfsfunktionen eingeführt:

$$(\mathfrak{z}\,\mathfrak{x}_u) = a, \quad (\mathfrak{z}\,\mathfrak{x}_v) = b, \quad (\mathfrak{z}\,\mathfrak{n}) = c.$$

Wegen $d\mathfrak{x}\, d\mathfrak{z} = 0$ (vgl. § 21 ff.) folgt

$$(\mathfrak{z}\,\mathfrak{x}_{uu}) = a_u, \quad (\mathfrak{z}\,\mathfrak{x}_{vv}) = b_v, \quad (\mathfrak{z}\,\mathfrak{x}_{uv}) = a_v + b_u$$

und bei Anwendung der Gaussschen Ableitungsgleichungen

$$\begin{aligned} a_u &= \begin{Bmatrix}1\\11\end{Bmatrix} a + \begin{Bmatrix}2\\11\end{Bmatrix} b + L\,c, \\ b_v &= \begin{Bmatrix}1\\22\end{Bmatrix} a + \begin{Bmatrix}2\\22\end{Bmatrix} b + N\,c, \\ a_v + b_u &= \begin{Bmatrix}1\\12\end{Bmatrix} a + \begin{Bmatrix}2\\12\end{Bmatrix} b + 2M\,c. \end{aligned} \tag{1}$$

Diese Gleichungen sind zwar nicht neu; sie kommen vielmehr schon in einer Arbeit von Jonas {1}, nach seiner Angabe für Asymptotenlinienparameter auch schon bei Demoulin vor. Aber er hat sie noch nicht auf Fragen der Flächenverbiegung im Großen angewandt. Liegt die Fläche speziell in der Form $z = z(x, y)$ vor, so nehmen die Gleichungen die Form an:

$$\begin{aligned} a &= \xi + p\,\zeta, \quad b = \eta + q\,\zeta, \\ a_x &= r\,\zeta, \quad b_y = t\,\zeta, \quad a_y + b_x = 2\,s\,\zeta, \end{aligned} \tag{2}$$

wo ξ, η, ζ die Komponenten von $\mathfrak{z}$ sind und p, q, r, s, t die üblicherweise so bezeichneten ersten und zweiten Ableitungen von z (x, y) nach x und y.

Ein wichtiges Hilfsmittel dieser Verbiegungstheorie für konvexe Flächen besteht nun darin, durch projektive Transformation einen Punkt der Fläche ins Unendliche zu werfen. Wir gehen daher auf diese schon in § 25 behandelte Transformation noch einmal ein, setzen aber spezieller

$$x' = \frac{x}{z}, \; y' = \frac{y}{z}, \; z' = \frac{1}{z}.$$

Dieser Transformation wird eine Fläche unterworfen mit der Eigenschaft: $z > 0$; ist P ein Punkt von ihr, so soll die Verbindungslinie mit dem Koordinatenanfangspunkt O die Fläche nur in P schneiden. Die Tangentialebene in keinem Punkt soll durch O gehen. Die transformierte Fläche kann dann in der Form $z' = z'(x', y')$ dargestellt werden, wo z' einwertig ist. Wenn die Ausgangsfläche selbst in der Form $z = z(x, y)$ gegeben war, so erhält man für z' zugehörige Biegungsgrößen aus denen von z durch die Transformation

$$\xi' = \frac{\xi}{z}, \; \eta' = \frac{\eta}{z}, \; \zeta' = -\frac{x\xi + y\eta + z\zeta}{z}.$$

Nun bilden wir eine Integralformel, die der von BLASCHKE analog ist. Aus (2) findet man

$$a_x b_y - a_y b_x = (r t - s^2) \zeta^2 + \frac{1}{4} (a_y - b_x)^2.$$

Wird diese Gleichung über ein mehrfach zusammenhängendes Gebiet R der x, y-Ebene integriert mit der äußeren Randkurve C_0 und den inneren C_k, $k = 0, 1, \cdots, m$, so erhält man die Integralformel

$$\iint\limits_R \left[(r t - s^2) \zeta^2 + \frac{1}{4} (a_y - b_x)^2\right] dx\, dy = J_0 - J_1 - \cdots - J_m.$$

Hier ist unter J_k das Integral

$$\oint\limits_{C_k} a\, db$$

verstanden. Wir werden auf diese Methode später nicht zurückkommen, bemerken daher hier bereits folgendes:

Zum Beweis der Starrheit der konvexen geschlossenen Flächen kann man so verfahren. Man wähle eine Stelle positiver Krümmung (einzelne Stellen der Krümmung Null sind auf der Fläche zugelassen) und nehme sie als Nullpunkt des Koordinatensystems. Die Tangentialebene der Fläche in dem Punkt nehme man als x, y-Ebene und unterwerfe die Fläche z der angegebenen projektiven Transformation. Auf die transformierte Fläche z' wende man die angegebene Integralformel an. Jetzt tritt nur ein Rand auf, C_0', Bild einer kleinen kreisförmigen Kurve auf z, die den Nullpunkt umschließt. Hätte z eine nichttriviale Verbiegung, so auch z', wie angegeben. Aber es wird nachgewiesen, daß $\lim J_0' = 0$ ist. Also muß für die Fläche z' $a_y - b_x \equiv 0$, $\zeta \equiv 0$ sein, und dann ist die infinitesimale Verbiegung nur eine Bewegung, und dasselbe gilt für z. MINAGAWA und RADO zeigen auch mit ihrer Formel, daß eine geschlossene konvexe Fläche, in die man Löcher geschnitten hat, starr sein muß, wenn die Ränder festgehalten werden. Schließlich wird der Fall behandelt, daß die Ränder alle von der in § 35 angegebenen Beschaffenheit sind. Dann gelingt es zu zeigen, daß für alle Integrale

$$\oint\limits_{C_k'} a'\, db' \geqq 0 \qquad (k = 1, \cdots, m)$$

gilt.

Bei Anwendung der Differentialgleichungen (1) auf Flächen negativer Krümmung empfielt es sich, die Asymptotenlinien als Parameterlinien einzuführen. Dann ist $L = N = 0$, und die beiden ersten Gleichungen nehmen die einfache Gestalt an

$$\mathfrak{a}_u = \begin{Bmatrix} 1 \\ 11 \end{Bmatrix} \mathfrak{a} + \begin{Bmatrix} 2 \\ 11 \end{Bmatrix} \mathfrak{b}, \quad \mathfrak{a}_v = \begin{Bmatrix} 1 \\ 22 \end{Bmatrix} \mathfrak{a} + \begin{Bmatrix} 2 \\ 22 \end{Bmatrix} \mathfrak{b}.$$

Doch kann man im Großen nicht immer die Asymptotenlinien als Parameterlinien benutzen, z. B. schon nicht auf dem Torus, wo sie nicht ein bis an die Ränder reguläres Netz bilden.

§ 96

Der projektive Charakter der infinitesimalen Flächenverbiegung wurde schon in § 25 behandelt. Er spielt auch in einer neuen Arbeit von Bol {1} eine Rolle. Aber Bol entwickelt darüber hinaus eine liniengeometrische Bestimmungstheorie, die eine gewisse Verwandtschaft zur Theorie von Minagawa und Rado besitzt. Im ersten Teil der Arbeit werden noch nicht projektive Koordinaten benutzt, und es wird mit den bekannten Begriffen des Drehrisses, Schiebungsrisses und Schraubrisses gearbeitet, aber doch in eigentümlicher Art.

Der Schraubriß

$$\mathfrak{S} = (\mathfrak{y}, \mathfrak{s})$$

stellt in der Sprache von Blaschke ein Stabwerk dar und definiert daher einen linearen Komplex; die Ableitung

$$d\mathfrak{S} = (d\mathfrak{y}, d\mathfrak{s})$$

ist ein Stab wegen $d\mathfrak{y}\, d\mathfrak{s} = 0$ (Bol sagt eine Gerade), und zwar Tangente der Fläche $\mathfrak{x}$; denn $d\mathfrak{y}$ liegt in der Tangentialebene von $\mathfrak{x}$, und das Moment von $d\mathfrak{y}$ für den Nullpunkt ist $\mathfrak{x} \times d\mathfrak{y}$, das ist aber $d\mathfrak{s}$. Wir wollen annehmen, es sei nicht $\mathfrak{z}$ senkrecht zur Fläche $\mathfrak{x}$; dann gibt es in der Tangentialebene genau eine zu $\mathfrak{z}$ senkrechte Tangente. Sie gehört dem Komplex $\mathfrak{S}$ an, denn es ist wegen $d\mathfrak{s} = \mathfrak{x} \times d\mathfrak{y}$, $\mathfrak{s} = \mathfrak{z} + \mathfrak{x} \times \mathfrak{y}$

$$(\mathfrak{y}\, d\mathfrak{s}) + (\mathfrak{s}\, d\mathfrak{y}) = (\mathfrak{z}\, d\mathfrak{y}) = 0,$$

da $d\mathfrak{y} \perp \mathfrak{z}$ genommen wurde. Die so bestimmten Tangenten bilden ein W-Strahlsystem. Die Bedeutung der W-Strahlsysteme für die infinitesimale Flächenverbiegung ist bekannt, z. B. sind $\mathfrak{z}$ und $\mathfrak{s}$ die Brennflächenmäntel eines W-Strahlsystems. Neu ist die Bemerkung, daß $\mathfrak{S}$ an jeder Stelle den Schmiegkomplex der Kongruenz darstellt.

Jetzt werden projektive Koordinaten eingeführt:

$$x(u, v) = \big(x_0(u, v), x_1(u, v), x_2(u, v), x_3(u, v)\big).$$

u, v sollen Asymptotenlinienparameter sein, und x(u, v) sei so normiert, daß

$$(x\, x_u\, x_v\, x_{uv}) = k$$

konstant ist. Dann lauten die Ableitungsgleichungen

$$x_{uu} = \beta x_v + \pi x, \qquad x_{vv} = \gamma x_u + \chi x.$$

Die sechs zweireihigen Determinanten der Matrizen

$$\mathfrak{U} = (x, x_u), \qquad \mathfrak{V} = (x, x_v)$$

sind dann die Strahlkoordinaten der Schmiegtangenten. Aus den Ableitungsgleichungen folgt

$$\mathfrak{U}_u = \beta \mathfrak{V}, \qquad \mathfrak{V}_v = \gamma \mathfrak{U}.$$

$\mathfrak{S}(u, v)$ sei ein Sechservektor, dessen Ableitungen Tangenten der Fläche darstellen. Dann soll $\mathfrak{S}$ Schraubriß der Fläche heißen. Ist $\mathfrak{S}(u,v)$ ein Schraubriß, so bilde man

$$b = (\mathfrak{S}\mathfrak{U}), \qquad a = -(\mathfrak{S}\mathfrak{V}).$$

Diese Größen genügen den Gleichungen

$$a_v = -\gamma b, \qquad b_u = -\beta a.$$

Sie heißen bei BOL die Grundgleichungen der infinitesimalen Verbiegung. Zu verschiedenen Schraubrissen gehören verschiedene Lösungen der Grundgleichungen. Umgekehrt gehört nach der Fubinischen Theorie der W-Kongruenzen, die eine Fläche berühren, zu jeder Lösung a, b $\neq$ 0,0 der Grundgleichungen eine W-Kongruenz

$$\mathfrak{S} = a\,\mathfrak{U} + b\,\mathfrak{V}.$$

Dazu ist der Schmiegkomplex zu bestimmen, womit der Schraubriß ermittelt ist. Ist $\mathfrak{S}$ konstant, so liegt eine Bewegung vor.

BOL wendet seine Theorie auf spezielle Flächenklassen an. Eine Regelfläche sei in der Form gegeben

$$x(u, v) = q(v) + u\,r(v)$$

(x, q, r Viererverektoren). Es sei

$$(q\,r\,q'\,r') = \varkappa = \text{const}.$$

In

$$q'' = Qq + Rr, \qquad r'' = Sq + Tr$$

sind die skalaren Faktoren Q, R, S, T Funktionen von v allein. Setzt man $W = \frac{1}{2}(Q - T)$, $V = \frac{1}{2}(Q + T)$, so erhält man die allgemeine Lösung der Grundgleichungen in der Form

$$b = V(v), \qquad a = -u^2 \int VR\,dv + 2u \int VW\,dv + \int VS\,dv + U(u).$$

Ist U eine Konstante, so handelt es sich um eine infinitesimale Mindingsche Verbiegung. Von Interesse sind auch die Verbiegungen mit $V = 0$. Ferner werden die projektiv abwickelbaren Flächen untersucht, insbesondere die R-Flächen. Zur Verbiegung der Flächen 2. Ordnung möge diese in der Form

$$x(u, v) = (1, u, v, uv)$$

vorliegen. Hier ist $\beta = \gamma = \pi = \chi = 0$. Die Grundgleichungen lauten demnach

$$a_v = b_u = 0.$$

Man erhält

$$2\mathfrak{S} = (b_{vv}, a_{uu}, u\,a_{uu} - a_u + v\,b_{vv} - b_v, v^2 b_{vv} - 2v\,b_v + 2b, -u^2 a_{uu} + 2u\,a_u - 2a, u\,a_{uu} - a_u - v\,b_{vv} + b_v).$$

Die betrachtete Fläche hat die Gleichung

$$x_0 x_3 - x_1 x_2 = 0.$$

Man betrachte x_1, x_2, x_3 als Cartesische Koordinaten. Die Formeln geben dann die allgemeinste Verbiegung des hyperbolischen Paraboloids $x_3 = x_1 x_2$. Die ersten drei Koordinaten von $2\mathfrak{S}$ geben den Drehriß, die drei andern den Schiebungsriß an. Die Anwendung auf die Kugel liefert hier nichts Neues. Übrigens sind auch die eben genannten Formeln mit der am Schluß des § 24 dargestellten Theorie leicht zu gewinnen, und die infinitesimale Verbiegung der Linienflächen hat schon BIANCHI behandelt, so daß als das Wesentliche nicht die Anwendung auf die speziellen Fälle, sondern die Beziehungen zur projektiven Liniengeometrie anzusehen sind.

NACHTRAG ZU VIII

Spezielle Theoreme über unendlich kleine Verbiegungen

§ 97

Der Beweis von Dehn für die Starrheit der konvexen Polyeder

Der Beweis von DEHN {1} ist von dem von CAUCHY sehr verschieden, da er in stärkerem Maße rechnerische Methoden anwendet, die denen der Statik nachgebildet sind. Er bemerkt zunächst, daß man nur trigonale Polyeder zu betrachten brauche, das sind solche mit lauter dreieckigen Seitenflächen. Ist nämlich ein Polyeder unstarr, das Seitenflächen mit einer höheren Eckenzahl als 3 besitzt, so gilt dasselbe für ein Polyeder, das aus dem ersten entsteht, wenn man die Seitenflächen durch Pyramiden mit diesen Grundflächen ersetzt. Diese sind auch konvex, wenn das erstere konvex war und die Pyramidenhöhen genügend klein genommen werden. Um reine Bewegung auszuschalten, halte man die drei Ecken einer Seitenfläche fest. Im übrigen genügt es, statt der Seitenflächen das Stabwerk der Kanten zu betrachten. Vorausgesetzt ist, daß alle Kantenlängen stationär sind. Sind x_i, y_i, z_i und x_k, y_k, z_k die Endpunkte einer Kante, δx_i, δy_i, δz_i und δx_k, δy_k, δz_k die Verschiebungen dieser Ecken bei einer als möglich angesehenen infinitesimalen Deformation, so soll also die Gleichung bestehen

$$(x_i - x_k)(\delta x_i - \delta x_k) + (y_i - y_k)(\delta y_i - \delta y_k) + (z_i - z_k)(\delta z_i - \delta z_k) = 0.$$

Wir stellen uns vor, daß die entsprechenden Gleichungen für alle Kanten außer den drei festgehaltenen aufgeschrieben seien. k sei die Anzahl aller Kanten. Dann ist $\frac{2k}{3}$ die Zahl der Flächen und nach dem EULERschen Polyedersatz $\frac{k}{3} + 2$ die der Ecken. Wir haben also $k - 3$ lineare homogene Gleichungen für die Verschiebungen δ der $3\left(\frac{k}{3} - 1\right) = k - 3$ Koordinaten der nicht festgehaltenen sogenannten inneren Ecken. Will man Starrheit beweisen, so muß gezeigt werden, daß die Determinante D des Systems von 0 verschieden ist. Denn dann folgt das Verschwinden aller Koordinatenvariationen δ der Ecken. Jetzt wollen wir uns den Bau dieser Determinante klar machen. Wir knüpfen an die ausführlich ausgeschriebene Gleichung an. Die ihr entsprechende Zeile der Determinante lautet etwa

$$\ldots, 0, 0, 0, x_i - x_k, y_i - y_k, z_i - z_k, 0, 0, 0, \ldots, x_k - x_i, y_k - y_i, z_k - z_i, 0, 0, 0, \ldots,$$

wobei die Punkte weitere Tripel von Nullen andeuten sollen, unter denen in anderen Zeilen analoge Koordinatendifferenzen wie hier stehen werden. (Ist dagegen z. B. k eine festgehaltene Ecke, so kommen in der entsprechenden Zeile nur drei Koordinatendifferenzen vor.) In den Spalten von $x_i - x_k$, $y_i - y_k$, $z_i - z_k$ werden höher oder tiefer ähnliche Differenzen $x_i - x_l$, $y_i - y_l$, $z_i - z_l$ stehen, die sich auf dieselbe Ecke (i) aber eine andere von ihr ausgehende Kante beziehen. Nehmen wir noch eine dritte, von derselben Ecke ausgehende Kante hinzu, so haben wir in diesen drei Spalten jedenfalls eine nicht identisch verschwindende dreireihige Unterdeterminante

$$\begin{vmatrix} x_i - x_k, & y_i - y_k, & z_i - z_k \\ x_i - x_l, & y_i - y_l, & z_i - z_l \\ x_i - x_m, & y_i - y_m, & z_i - z_m \end{vmatrix}$$

stehen, die das sechsfache Volumen des Tetraeders mit den Ecken i, k, l, m darstellt. DEHN beweist nun, daß die Determinante D nicht etwa dadurch verschwinden kann, daß die Produkte, in denen die dreireihigen Unterdeterminanten bei der Entwicklung von D vorkommen, verschwindende Faktoren haben wegen der Art der Verteilung der Nullen. Dazu wird der Satz benötigt: *Es existieren für jedes* EULER*sche Polyeder solche Anordnungen der innern Kanten zu Tripeln, daß auf den drei Kanten jedes Tripels ein und dieselbe innere Ecke liegt.* Dann folgt, daß D als eine Summe von Produkten solcher Tetraederinhalte dargestellt werden kann. Durch Berücksichtigung des Umlaufssinnes im Tetraeder und der Stellung der dreireihigen Unterdeterminanten in D ergibt sich dann, *daß die Summen alle dasselbe Vorzeichen haben.* Diese zwei Beweise sind aber verwickelt und sollen hier nicht wiedergegeben werden.

LIEBMANN {5} hat sich der Methode von DEHN bedient und für Oktaeder und Dekaeder die Determinante D wirklich berechnet. Beim Oktaeder findet er so bei fünf fixierten Ecken den „gefährlichen Ort" für die sechste Ecke, d. h. die Fläche auf der sie liegen muß, damit das Oktaeder wackelig ist. Die Fläche ist von 2. Ordnung. Für das betrachtete Dekaederfachwerk ist bei fixierten sechs Ecken der gefährliche Ort für die siebente Ecke eine Fläche 3. Ordnung mit einem Knoten.

§ 98

B e w e g l i c h e A c h t f l a c h e [1]). Bewegliche Achtflache sind zuerst von C. STEPHANOS angegeben worden, und R. BRICARD hat alle beweglichen Achtflache bestimmt. Wir geben hier eine einfache Konstruktion eines solchen Achtflachs an (Fig. 9). Zunächst gehe man aus von einem räumlichen Viereck mit den Eckpunkten $\mathfrak{x}_1, \mathfrak{x}_2, \mathfrak{x}_3, \mathfrak{x}_4$ und gleichen gegenüberliegenden Seiten $|\mathfrak{x}_1 - \mathfrak{x}_2| = |\mathfrak{x}_4 - \mathfrak{x}_3|$; $|\mathfrak{x}_1 - \mathfrak{x}_4| = |\mathfrak{x}_2 - \mathfrak{x}_3|$. Dann ist $\triangle\ \{\mathfrak{x}_1 \mathfrak{x}_3 \mathfrak{x}_4\} \cong \triangle\ \{\mathfrak{x}_1 \mathfrak{x}_3 \mathfrak{x}_2\}$. Bezeichnet man mit $\mathfrak{m}_1$ bzw. $\mathfrak{m}_2$ die Mittelpunkte der Diagonalen $\mathfrak{x}_3 - \mathfrak{x}_1$ bzw. $\mathfrak{x}_4 - \mathfrak{x}_2$, so ist $|\mathfrak{x}_4 - \mathfrak{m}_1| = |\mathfrak{x}_2 - \mathfrak{m}_1|$. $\triangle\ \{\mathfrak{x}_2 \mathfrak{x}_4 \mathfrak{m}_1\}$ ist daher gleichschenkelig und $\mathfrak{m}_1 - \mathfrak{m}_2$ steht auf $\mathfrak{x}_4 - \mathfrak{x}_2$ senkrecht. Ganz analog ist $\mathfrak{m}_1 - \mathfrak{m}_2$ auch senkrecht zu $\mathfrak{x}_3 - \mathfrak{x}_1$.

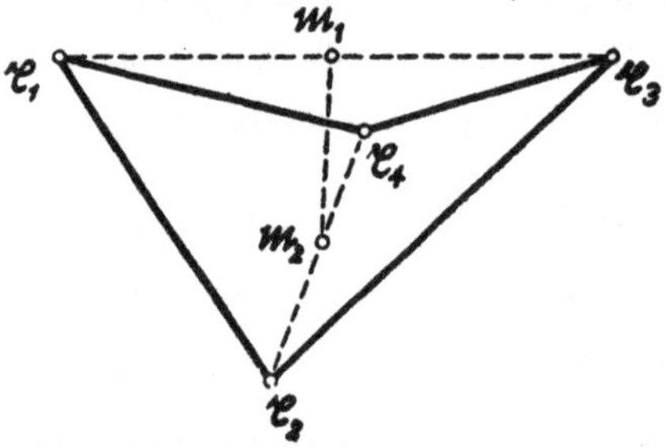

Fig. 9

Die Punkte $\mathfrak{x}_1$; $\mathfrak{x}_3$ und ebenso $\mathfrak{x}_2$; $\mathfrak{x}_4$ liegen zur Geraden durch $\mathfrak{m}_1$ und $\mathfrak{m}_2$ spiegelbildlich. Es sei jetzt $\mathfrak{p}$ ein beliebiger Punkt im Raum und $\mathfrak{p}'$ sein Spiegelbild an der Geraden durch $\mathfrak{m}_1$ und $\mathfrak{m}_2$. Verbinden wir jetzt $\mathfrak{p}$ und ebenso $\mathfrak{p}'$ mit den Ecken $\mathfrak{x}_1$, $\mathfrak{x}_2$, $\mathfrak{x}_3$, $\mathfrak{x}_4$ durch vier Dreiecke! Diese acht Dreiecke bilden zusammen ein Achtflach vom Typ des regulären Oktaeders (Fig. 10). Offenbar kann man nun das Viereck $\mathfrak{x}_1, \mathfrak{x}_2, \mathfrak{x}_3, \mathfrak{x}_4$ bewegen. Z. B. kann man die Punkte $\mathfrak{x}_1$ und $\mathfrak{x}_3$ auseinanderziehen oder zusammendrücken. Jede solche „Bewegung" des Vierecks ruft eine solche des Achtflachs hervor. Das Achtflach ist also stetig verbiegbar bei Aufrechterhaltung der Kantenlängen und damit der Seitendreiecke.

---

[1]) C. STEPHANOS: {1}, R. BRICARD: {1}. Man vergleiche auch W. BLASCHKE: {2} Seite 60. Das dort dargestellte Sechsecksband läßt sich durch Einfügen von zwei gleichseitigen Dreiecken, die sich durchdringen, zu einem Achtflach ergänzen. — Ist $|\mathfrak{x}_1 - \mathfrak{x}_2| : |\mathfrak{x}_2 - \mathfrak{x}_3| = 1 : \sqrt{2}$, dann läßt sich, wenn man noch $|\mathfrak{p} - \mathfrak{x}_2| = |\mathfrak{x}_1 - \mathfrak{x}_2|$ macht, das Achtflach so verbiegen, daß sechs der Dreiecke in drei Seitenflächen eines Würfels fallen und $\mathfrak{p}$, $\mathfrak{p}'$, $\mathfrak{x}_1$, $\mathfrak{x}_2$, $\mathfrak{x}_3$, $\mathfrak{x}_4$ Eckpunkte des Würfels werden (vgl. S. 133).

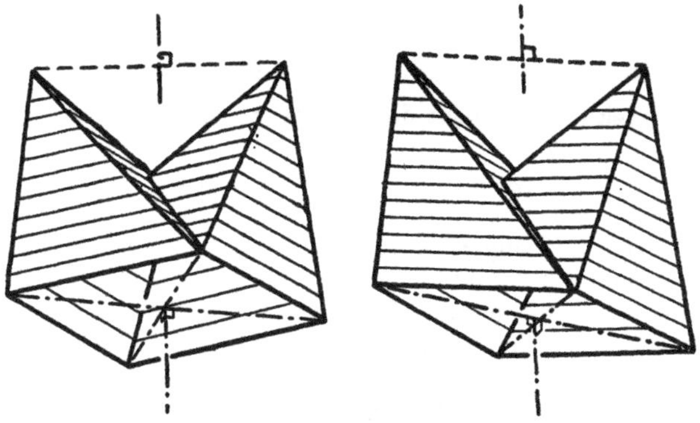

Fig. 10 (nach Fenchel {2})

§ 99

Unter einem **Stabwerk** versteht man ein System von geradlinigen Stäben, die in den Knotenpunkten (Endpunkte der Stäbe) gelenkig verbunden sind. Ein Stabwerk heißt *geometrisch unbestimmt*, wenn es als Ganzes betrachtet beweglich ist. Ein Beispiel dazu ist das Stabwerk der zwölf Würfelkanten. Ein nicht bewegliches Stabwerk heißt *geometrisch bestimmt*, wenn es nach Weglassen irgendeines beliebigen Stabes geometrisch unbestimmt wird. Beispiel: Stabwerk der zwölf Oktaederkanten. Schließlich nennt man ein Stabwerk *geometrisch überbestimmt*, wenn mindestens ein Stab entfernt werden kann, ohne daß das Stabwerk geometrisch unbestimmt wird. Das Stabwerk der zwölf Oktaederkanten und eine Raumdiagonale des Oktaeders stellen ein solches überbestimmtes Stabwerk dar.

Unter den geometrisch bestimmten Stabwerken gibt es nun solche, die zwar keine endlichen Bewegungen zulassen, jedoch infinitesimale Verknickungen gestatten. Unter einer infinitesimalen Verknickung wollen wir eine infinitesimale Verlagerung der Knoten eines Stabwerkes verstehen, wobei die Stablängen stationär bleiben. Beschreiben wir die Knoten durch ihre Ortsvektoren, so soll bei der Verlagerung des Knotens $\mathfrak{x}$

$$\mathfrak{x} \to \mathfrak{x}^* = \mathfrak{x} + \tau \delta\mathfrak{x}$$

die Stablänge in τ stationär bleiben:

$$\mathrm{l}^* = \mathrm{l} + \tau^2 \cdot \{\cdots\}.$$

Stabwerke, für die solche infinitesimale Verknickungen existieren, die keine infinitesimalen Bewegungen sind, heißen *wackelig*. Bei einer infinitesimalen Bewegung hat $\delta\mathfrak{x}$ in *allen* Knotenpunkten die Form $\delta\mathfrak{x} = \mathfrak{a} + [\mathfrak{b}\mathfrak{x}]$, wo $\mathfrak{a}$ und $\mathfrak{b}$ konstante Vektoren sind.

Zunächst ein Beispiel eines einfachen wackeligen Stabwerks. Wir betachten das nebenstehende ebene Stabwerk (Fig. 11). Die Knotenpunkte haben die Ortsvektoren: $\mathfrak{x}_0, \mathfrak{x}_1, \mathfrak{x}_2, \mathfrak{x}_3$. Ferner sei $\mathfrak{e}$ der Stellungsvektor der Ebene, in welcher das Stabwerk liegt. Es werden jetzt Verlagerungen

$$\mathfrak{x}_1^* = \mathfrak{x}_1, \qquad \mathfrak{x}_2^* = \mathfrak{x}_2, \qquad \mathfrak{x}_3^* = \mathfrak{x}_3$$

und

$$\mathfrak{x}_0^* = \mathfrak{x}_0 + \tau \mathfrak{e}$$

betrachtet. Dann gilt für die Stablängen

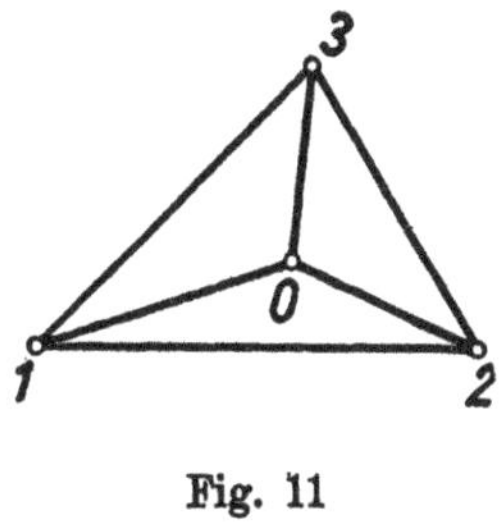

Fig. 11

$$\mathfrak{l}^*_{12} = \mathfrak{l}_{12}, \qquad \mathfrak{l}^*_{23} = \mathfrak{l}_{23}, \qquad \mathfrak{l}^*_{31} = \mathfrak{l}_{31}$$

und

$$\mathfrak{l}_{i0}^{*2} = (\mathfrak{x}_0^* - \mathfrak{x}_i^*)^2 = (\mathfrak{x}_0 - \mathfrak{x}_i)^2 + 2\tau\mathfrak{e}(\mathfrak{x}_0 - \mathfrak{x}_i) + \tau^2\{\cdots\}. \quad (i = 1, 2. 3)$$

Da $\mathfrak{e}$ der Stellungsvektor der Ebene der Punkte $\mathfrak{x}_0$, $\mathfrak{x}_i$ ist, so gilt $\mathfrak{e}(\mathfrak{x}_0 - \mathfrak{x}_i) = 0$ und daher ist

$$\mathfrak{l}^{*2} = \mathfrak{l}_{i0}^2 + \tau^2(\cdots). \qquad (i = 1, 2, 3).$$

Es bleiben also auch die Längen $\mathfrak{l}_{i0}$ stationär. Somit ist also das angegebene Stabwerk wackelig. Es sei noch darauf hingewiesen, daß das angegebene Beispiel sehr eng mit dem Theorem zusammenhängt: Jedes Stück einer Ebene, das am Rande befestigt ist, gestattet infinitesimale Verbiegungen (Siehe Seite 56).
Bevor wir uns spezielleren Stabwerken zuwenden, soll noch der einleuchtende Satz von H. LIEBMANN {5} genannt werden: *Jedes zu einem wackeligen Stabwerk kollineare Stabwerk ist ebenfalls wackelig.*

Man vergleiche zu diesem Satz den entsprechenden Satz der infinitesimalen Flächenverbiegung über die infinitesimale Verbiegung von kollinearen Flächen (siehe Seite 60).

Wir wollen jetzt die infinitesimalen Verknickungen eines Stabwerkes untersuchen, das aus lauter Dreiecken $\triangle_i$ aufgebaut ist. Ein mit dem Dreieck $\triangle_i$ fest verbundener Punkt mit dem Ortsvektor $\mathfrak{x}$ erfährt dabei die Verlagerung

$$\mathfrak{x} \to \mathfrak{x}^* = \mathfrak{x} + \tau\delta\mathfrak{x},$$

die sich so darstellen läßt:

$$\delta\mathfrak{x} = \mathfrak{r}_{(i)} + [\mathfrak{y}_{(i)} \times \mathfrak{x}].$$

Man nennt $\mathfrak{r}_{(i)}$ den Schiebvektor und $\mathfrak{y}_{(i)}$ den Drehvektor des Dreiecks $\triangle_i$. Trägt man alle Vektoren $\mathfrak{y}_{(i)}$ des Stabwerkes von einem festen Punkt aus ab, so erhält man den Drehriß des Stabwerkes. Besteht der Drehriß eines Stabwerkes aus einem Punkt, dann ist die zugehörige infinitesimale Verknickung eine infinitesimale Bewegung des Stabwerkes. Ein Stabwerk ist also sicher dann wackelig, wenn ein nicht trivialer Drehriß existiert.

Zunächst seien zwei wichtige Eigenschaften des Drehrisses eines Stabwerkes angegeben:

Besitzen die beiden Dreiecke $\triangle_i$, $\triangle_{i+1}$ des Stabwerkes einen gemeinsamen Stab $(\triangle_i, \triangle_{i+1})$, so ist $\mathfrak{y}_{(i+1)} - \mathfrak{y}_{(i)}$ zum Stab $(\triangle_i, \triangle_{i+1})$ parallel.[2])

---

[2]) Dieser Satz ist ein Sonderfall des allgemeineren:
Es seien $\mathfrak{F}$ und $\overline{\mathfrak{F}}$ zwei Flächenstücke, die längs der glatten Kurve $\mathfrak{k}$ eine Kante bilden. Ist dann $\mathfrak{y}$ ein Drehriß für das gesamte Flächenstück, so gilt längs $\mathfrak{k}$:

$$\dot{\mathfrak{y}} = \delta a\,\dot{\mathfrak{x}}.$$

Es gilt nämlich längs $\mathfrak{k}$:

$$\dot{\mathfrak{y}} = \delta a\dot{\mathfrak{x}} + \delta b\eta, \text{ weil } \mathfrak{k} \text{ auf } \mathfrak{F} \text{ liegt,}$$
$$\dot{\mathfrak{y}} = \delta\bar{a}\dot{\mathfrak{x}} + \delta\bar{b}\bar{\eta}, \text{ weil } \mathfrak{k} \text{ auf } \overline{\mathfrak{F}} \text{ liegt.}$$

Also ist $(\delta a - \delta\bar{a})\dot{\mathfrak{x}} + \delta b\eta - \delta\bar{b}\bar{\eta} = 0$. Wegen $(\dot{\mathfrak{x}}\eta) = (\dot{\mathfrak{x}}\bar{\eta}) = 0$ gilt $\delta a = \delta\bar{a}$. Nun bilden $\mathfrak{F}$ und $\overline{\mathfrak{F}}$ längs $\mathfrak{k}$ eine Kante; d. h. es ist $(\xi\bar{\eta}) \neq 0$ und $(\eta\bar{\xi}) \neq 0$. Also folgt aus $\delta b(\eta\bar{\xi}) = 0$ und $\delta\bar{b}(\bar{\eta}\xi) = 0$ auch $\delta b = 0$ und $\delta\bar{b} = 0$. Damit hat $\dot{\mathfrak{y}}$ aber die angegebene Form. Vgl. Seite 82. Übrigens folgt aus der Forderung, daß $\mathfrak{y}$ ein Drehriß auf beiden Flächen ist, daß der Winkel ω, den die beiden Flächen $\mathfrak{F}$ und $\overline{\mathfrak{F}}$ längs $\mathfrak{k}$ bilden, stationär ist:

$$\cos\omega = (\xi\bar{\xi}), \text{ also } -\delta\omega \sin\omega = (\delta\xi\bar{\xi}) + (\xi\delta\bar{\xi}).$$
$$\text{Nun ist } \delta\xi = [\mathfrak{y}\xi]; \ \delta\bar{\xi} = [\mathfrak{y}\bar{\xi}],$$

daraus folgt aber $\delta\omega \sin\omega = 0$ und wegen $\omega \neq 0$ längs $\mathfrak{k}$: $\delta\omega = 0$.

$\mathfrak{y}_{(i+1)} - \mathfrak{y}_{(i)}$ ist nämlich der Drehvektor der relativen Drehung von $\triangle_{i+1}$ gegen $\triangle_i$. Außerdem erfolgt die Drehung um den Stab $(\triangle_i, \triangle_{i+1})$. Damit ist der Satz aber schon bewiesen.

Geht man von der statischen Deutung des Zusammenhanges zwischen Stabwerk und Drehriß aus, so läßt sich auch leicht die Umkehrung beweisen:

(II) Durch den Parallelismus zwischen dem Stab $(\triangle_i, \triangle_{i+1})$ *und* $\mathfrak{y}_{(i+1)} - \mathfrak{y}_{(i)}$ *ist der Drehriß gekennzeichnet.*

Um die Wackeligkeit eines Stabwerkes zu untersuchen, hat man also alle Drehrisse zu bestimmen. Nach dem letzten Satz gehört diese Aufgabe der Affingeometrie an. Im folgenden soll angedeutet werden, wie man diese Aufgabe in speziellen Fällen durchführen kann.

W a c k e l i g e A c h t f l a c h e (BLASCHKE {9}). Unter einem Achtflach verstehen wir ein Stabwerk aus 12 Stäben, deren 24 Enden zu je vieren in 6 Knotenpunkten gelenkig verbunden sind. Ein solches Stabwerk besteht aus 8 Dreiecken. Wir teilen jetzt diese acht Dreiecke in zwei Klassen von je vieren: $\triangle_i$, $\overline{\triangle}_i$ $(i = 1, 2, 3, 4)$, so daß keine zwei Dreiecke derselben Klasse einen Stab gemeinsam haben. (Man mache sich diese Einteilung an den acht Dreiecken eines Oktaeders klar.) In jedem Knoten des Achtflachs stoßen vier Dreiecke zusammen: $\triangle_i$, $\overline{\triangle}_k$, $\triangle_l$, $\overline{\triangle}_m$ wo i, k, l, m eine Anordnung der Zahlen 1, 2, 3, 4 bedeutet. Die Drehvektoren der Dreiecke $\triangle_i$, $\overline{\triangle}_i$ seien mit $\mathfrak{y}_i$, $\overline{\mathfrak{y}}_i$, bezeichnet. Nach dem ersten Satz ist nun der Stab $(\triangle_i, \overline{\triangle}_k)$, $(i \neq k)$, $(i, k = 1, 2, 3, 4)$ parallel zu $\overline{\mathfrak{y}}_{(k)} - \mathfrak{y}_{(i)}$. Denken wir uns jetzt die drei Vektoren $\overline{\mathfrak{y}}_{(k)} - \mathfrak{y}_{(i)}$ von $\mathfrak{y}_{(i)}$ aus abgetragen, so liegen sie in einer Ebene $\mathfrak{u}_{(i)}$, die durch $\mathfrak{y}_{(i)}$ geht und zu $\triangle_i$ parallel ist. Die beiden Tetraeder $\mathfrak{y}_{(1)}\, \mathfrak{y}_{(2)}\, \mathfrak{y}_{(3)}, \mathfrak{y}_{(4)}$ und $\overline{\mathfrak{y}}_{(1)}, \overline{\mathfrak{y}}_{(2)}, \overline{\mathfrak{y}}_{(3)}, \overline{\mathfrak{y}}_{4)}$ haben daher die Eigenschaft, daß jedes dem anderen „umbeschrieben" ist. Stellt nämlich i, j, k, l eine Anordnung der Zahlen 1, 2, 3, 4 dar, so liegen die Punkte $\mathfrak{y}_{(i)}, \overline{\mathfrak{y}}_{(j)}, \overline{\mathfrak{y}}_{(k)}, \overline{\mathfrak{y}}_{(l)}$ in einer Ebene $\mathfrak{u}_{(i)}$ und $\overline{\mathfrak{y}}_{(i)}, \mathfrak{y}_{(j)}, \mathfrak{y}_{(k)}, \mathfrak{y}_{(l)}$ in einer Ebene $\overline{\mathfrak{u}}_{(i)}$.

Wir können daher sagen: *Ein wackliges Achtflach besitzt als Drehriß notwendig ein Tetraederpaar von* MOEBIUS.

Da wir alle wackligen Achtflache bestimmen wollen, so gehen wir jetzt von einem MOEBIUSschen Tetraederpaar aus und wollen dazu alle Achtflache aufsuchen, die das Tetraederpaar als Drehriß besitzen. Es seien $\mathfrak{y}_{(i)}, \overline{\mathfrak{y}}_{(i)}$ die eigentlichen Eckpunkte der beiden Tetraeder. Nun ist bekanntlich durch ein MOEBIUSsches Tetraederpaar ein Nullsystem bestimmt, welches jedem Punkte $\mathfrak{y}_{(i)}$ bzw. $\overline{\mathfrak{y}}_{(i)}$ die Ebene $\mathfrak{u}_{(i)}$ bzw. $\overline{\mathfrak{u}}_{(i)}$ zuordnet (BLASCHKE {3}).

Es seien $\mathfrak{x}$ und $\overline{\mathfrak{x}}$ zwei verschiedene Punkte einer Geraden, die durch den Nullpunkt (bezüglich des genannten Nullsystems) der uneigentlichen Ebene geht. Durch $\mathfrak{x}$ legen wir jetzt die Ebene $\triangle_{\mathfrak{r}}$. die parallel zu $\mathfrak{u}_{(\mathfrak{r})}$ ist, und durch $\overline{\mathfrak{x}}$ die Ebene $\overline{\triangle}_{\mathfrak{r}}$, die parallel zu $\overline{\mathfrak{u}}_{(\mathfrak{r})}$ ist. Um zu zeigen, daß die beiden Ebenen $\triangle_{\mathfrak{r}}$ und $\overline{\triangle}^{\mathfrak{r}}$ Seitenebenen des Achtflachs sind, genügt der Nachweis, daß die vier Ebenen $\triangle_i$, $\triangle_j$, $\overline{\triangle}_k$, $\overline{\triangle}_l$ (i, j, k, l eine Anordnung der Zahlen 1, 2, 3, 4) durch einen Punkt gehen. Dazu genügt es aber zu zeigen, daß die Geraden $(\mathfrak{x}, \overline{\mathfrak{x}})$, $(\triangle_i, \triangle_j)$, $(\overline{\triangle}_k, \overline{\triangle}_l)$ in einer Ebene liegen. Oder anders ausgedrückt: Wir haben zu zeigen, daß die Geraden $(\mathfrak{x}, \overline{\mathfrak{x}})$, $(\mathfrak{u}_{(i)}, \mathfrak{u}_{(j)})$, $(\overline{\mathfrak{u}}_{(k)}\, \overline{\mathfrak{u}}_{(l)})$ parallel zu einer Ebene sind. Das läßt sich aber leicht einsehen. Die beiden Geraden $(\mathfrak{u}_{(i)}\, \mathfrak{u}_{(j)})$ und $(\overline{\mathfrak{u}}_{(k)}\, \overline{\mathfrak{u}}_{(l)})$ sind durch das Nullsystem einander zugeordnet. Die Verbindungslinie ihrer uneigentlichen Punkte entspricht sich daher selbst im Nullsystem und geht daher durch den Nullpunkt der uneigentlichen Ebene. Dann existiert aber eine Ebene, die zu den genannten Geraden parallel ist. Damit haben wir zu dem MOEBIUSschen Tetraederpaar ein Achtflach konstruiert, das jenes als Drehriß besitzt. Angenommen zu dem gegebenen MOEBIUSpaar gehören zwei Achtflache mit den Seitenflächen $\triangle_i, \overline{\triangle}_i$ und $\triangle_i', \overline{\triangle}_i'$. Dann sind auf Grund des Parallelismus zwischen den zugeordneten Kanten des MOEBIUS-Paares und der Achtflache auch die Kanten der beiden Achtflache parallel. Also sind die Seitenflächen des einen Achtflachs zu denen des anderen ähnlich. Daraus folgt die Ähnlichkeit der beiden Achtflache selbst. Insgesamt ist also der folgende Satz bewiesen: *Zu jedem* MOEBIUS*schen Tetraederpaar mit eigentlichen Eckpunkten gibt es ein Achtflach, welches das* MOEBIUS*sche Tetraederpaar als Drehriß besitzt. Das Achtflach ist durch Vorgabe des* MOEBIUS*schen Tetraederpaares bis auf Ähnlichkeiten bestimmt.*

Man kann nun noch eine Kennzeichnung der wackeligen Achtflache angeben: *Ein Achtflach ist genau dann wackelig, wenn vier Seitenflächen, die keine Kante gemein haben, durch einen Punkt gehen.*[5])

Zunächst zeigt man: Wenn die vier Seitenflächen des Achtflachs, die keine Kante gemein haben, durch einen Punkt gehen, dann gehen auch die vier anderen Seitenebenen durch einen Punkt. Als Nächstes ist noch zu beweisen, daß es in diesem Falle ein MOEBIUSsches Tetraederpaar gibt, dessen Seitenebenen zu denen des Achtflachs parallel sind.

§ 100

WEYLs Beweis für die Starrheit der konvexen Polyeder.

Wie bemerkt, kann der Beweis von CAUCHY für die eindeutige Bestimmtheit der konvexen Polyeder mit geringfügigen Änderungen auch bei der Frage nach der Starrheit Verwendung finden: Nun sind im Bericht von EFIMOW bei Starrheitsfragen gekrümmter Flächen fast überall der Drehvektor $\mathfrak{y}$ benützt worden und der durch ihn bestimmte Drehriß, d. i. die Fläche mit dem Ortsvektor $\mathfrak{y}$. In neuerer Zeit ist diese Methode von RADO und MINAGAWA als $\mathfrak{y}$-Technik bezeichnet worden. Es ergibt sich nun die Frage, ob man den Drehvektor auch bei Polyedern anwenden kann. Eine solche Methode ist von WEYL {1} ausgearbeitet worden. Wir führen sie hier an in der Hoffnung, daß einmal der Versuch gemacht wird, sie noch weiter zu vereinfachen.

Zu jeder Fläche $\mathfrak{P}_i$ des Polyeders gehört nach WEYL ein Drehvektor $\mathfrak{d}_i$. Da die relative Drehung der Nachbarflächen $\mathfrak{P}_1$, $\mathfrak{P}_2$ gegeneinander sich in der Schnittkante vollziehen soll, wird der Drehvektor $\mathfrak{d}_1 - \mathfrak{d}_2$ mit dieser kollinear sein. Dann müssen die äußeren Normalen $\mathfrak{n}_1$, $\mathfrak{n}_2$ von $\mathfrak{P}_1$, $\mathfrak{P}_2$ auf $\mathfrak{d}_1 - \mathfrak{d}_2$ senkrecht sein, d. h. es müssen die Gleichungen gelten

$$\mathfrak{d}_1 \mathfrak{n}_1 = \mathfrak{d}_2 \mathfrak{n}_1, \mathfrak{d}_1 \mathfrak{n}_2 = \mathfrak{d}_2 \mathfrak{n}_2$$

Diese Gleichungen bilden die Grundlage des Starrheitsbeweises. Man muß aber, um ihn zu verfolgen, die Vorstellung von $\mathfrak{d}_i$ als Drehvektoren aufgeben. Im Gegenteil, man soll $\mathfrak{d}_i$ als Schiebevektoren auffassen.

Man stelle sich nämlich vor, allen Ebenen E_i von $\mathfrak{P}_i$ werde eine Schiebung in Richtung der Normalen vom Betrage $\varepsilon W_i = \varepsilon \mathfrak{d}_i \mathfrak{n}_i$ auferlegt. Die Ebenen, deren Polygone mit $\mathfrak{P}_1^0$ eine Polyederkante gemeinsam haben, nennt WEYL den Ebenenverband (E_1^0), wobei die 0 darauf hindeutet, daß die Lage zur „Zeit“ $\varepsilon = 0$ gemeint ist. Aus den Gleichungen kann man folgern, daß man, statt den Ebenen E_i^0 des Verbandes die Schiebungen εW_i zu erteilen, auch sich einer einzigen Schiebung $\varepsilon \mathfrak{d}_1$ für

[5]) Diese „projektive“ Kennzeichnung der wackeligen Achtflache steht ganz im Einklang mit dem LIEBMANNschen Ergebnis über die „projektive Invarianz“ der Wackeligkeit von Stabwerken.

den ganzen Verband (E_1^0) bedienen kann. Das Problem kommt dann darauf hinaus, den Verschiebungssatz zu beweisen: *Wenn solche Verschiebungen* εW_i *bei den Ebenen des konvexen Polyeders vorgenommen werden sollen, daß alle Ebenen jedes Verbandes dabei durch eine einzige Schiebung in ihre neue Lage gebracht werden können, dann geht das ganze Ebenensystem des Polyeders durch eine einzige Schiebung in die neue Lage über.*

Man muß beachten, daß nicht etwa von Schiebungen der Polyederflächen geredet ist, sondern von Schiebungen ihrer Ebenen, denn wenn wir auch während der genügend kleinen Schiebung die Polyederflächen im Auge behalten wollen, so ist doch zu bedenken, daß diese sich nicht einfach mit Parallelverschiebung ihrer Kanten modifizieren. Wenn vielmehr bei $\varepsilon = 0$ noch Polyederflächen existieren, die etwa mit $\mathfrak{P}_1^0$ nur eine Ecke gemeinsam haben, so kann es doch geschehen, daß diese an der Fläche $\mathfrak{P}_1^\varepsilon$ mit einer kurzen Kante Anteil haben. Solche Kanten nennt WEYL „Geraden 2. Art". Und indem er diese in Rechnung stellt, berechnet er für jede Seitenfläche die Änderung, die ihr Flächeninhalt bei dem angegebenen Vorgang erfährt. Da die andern Kanten von $\mathfrak{P}_1^0$, die „Geraden 1. Art", in E_1^0, das man sich für den Moment als festgehalten denkt, Langeänderungen erfahren, die man auch durch eine gemeinsame Verschiebung erzielen könnte, so kann der Inhalt von $\mathfrak{P}_1^0$ nicht größer werden. Er wird nur erhalten bleiben, wenn keine Geraden 2. Art auftreten, die Flächenstücke abschneiden könnten.

Betrachten wir zuerst nur eine Fläche, die fest sein möge. Ihre Kanten g_k mögen von dem in der Ebene genommenen Nullpunkt eines rechtwinkligen Koordinatensystems die Abstände H_k haben; α_k, β_k seien die Richtungskosinus der Normalen. Dann lauten die Gleichungen der g_k

$$\alpha_k x + \beta_k y = H_k = H_k^0 + \varepsilon W_k,$$

wo α_k, β_k, H_k^0 W_k von ε unabhängig sind, die Größen W aber nicht mit den vorhin so bezeichneten identisch sind. Man fälle vom Nullpunkt auf g_k die Lote und bezeichne mit

$$H_{kl} = H_{kl}^0 + \varepsilon W_{kl}$$

die Entfernungen der Ecken auf g_k vom Fußpunkt, so daß

$$L_k = H_{k1} + H_{k2}$$

die Länge der Kante ist. Hier sind die Kanten 2. Art mit einbegriffen. Für sie ist natürlich $L_k^0 = 0$. Für den gesuchten Flächeninhalt F findet man dann

$$2F = \Sigma H_k H_{kl} = \Sigma H_k^0 H_{kl}^0 + \varepsilon(\Sigma H_k^0 W_{kl} + \Sigma W_k H_{kl}^0) + \varepsilon^2 \Sigma W_k W_{kl}.$$

Aus dem Umstand, daß jede Ecke zwei Polygonseiten angehört, wird nun die Gleichheit der Ausdrücke $\Sigma H_k^0 W_{kl}$ und $\Sigma W_k H_{kl}^0$ gefolgert. Da aber 2F von der Lage des Nullpunktes unabhängig ist, findet man $\Sigma W_k H_{kl}^0 = 0$ und daher auch $\Sigma H_k^0 W_{kl} = 0$. Es verschwindet also in der Formel das Glied mit ε, und da, wie bemerkt, der Flächeninhalt nicht größer werden kann, erhält man die Ungleichung

$$\Sigma W_k W_{kl} \leqq 0.$$

Wenn wir jetzt alle Polyederflächen in Betracht ziehen, nehmen wir zugleich eine Änderung der Bezeichnungsweise vor. Der Nullpunkt liege im Innern des Polyeders, und wir kennzeichnen jetzt durch einen Index die Abstände der Seitenflächen vom Nullpunkt, durch 2 die der Kanten vom Fußpunkt der Lote auf die Seitenflächen, durch 3 die der Eckpunkte vom Lotfußpunkt auf den Kanten und entsprechend bei den Variationen, so daß die vorhin mit einem oder zwei Indizes bezeichneten Größen nun je einen mehr erhalten. Danach sind folgende Gleichungen unmittelbar verständlich:

$$H_i = H_i^o + \varepsilon W_i^o, H_{ik} = H_{ik}^o + \varepsilon W_{ik}, H_{ikl} = H_{ikl}^o + \varepsilon W_{ikl},$$

und die W_i haben jetzt wieder dieselbe Bedeutung wie zu Anfang. Mit diesen Größen kann man den sechsfachen Rauminhalt des Polyeders berechnen, das durch den Schiebungsvorgang entsteht. Man erhält

$$6V = \Sigma H_i^o H_{ik}^o H_{ikl}^o + \varepsilon(\Sigma H_i H_{ik}^o W_{ikl} + \Sigma H_i^o W_{ik} H_{ikl}^o + \Sigma W_i H_{ik}^o H_{ikl}^o)$$
$$+ \varepsilon^2(\Sigma H_i^o W_{ik} W_{ikl} + \Sigma W_i H_{ik}^o W_{ikl} + \Sigma W_i W_{ik} H_{ikl}^o) + \varepsilon^3 \Sigma W_i W_{ik} W_{ikl},$$

wo alle Summationen über i, k, l zu erstrecken sind, und die vorhin vermerkten Beziehungen lauten jetzt mit der um 1 erhöhten Indexzahl

$$\sum_{kl} H_{ik}^o W_{ikl} = 0, \qquad \sum_{kl} W_{ik} W_{ikl} \leqq 0 \text{ (für jedes i)}.$$

Indessen ist das neue Volumen nur aus Analogiegründen angeführt worden. Man könnte auch zeigen, daß die drei Summanden des Gliedes mit ε einander gleich sind und ebenso die drei des Gliedes mit ε^2. Von diesen Gleichungen wird aber nur die folgende gebraucht:

$$\sum_{ikl} H_i^o W_{ik} W_{ikl} = \sum_{ikl} W_i H_{ik}^o W_{ikl}.$$

Sie ergibt in Verbindung mit $\sum_{kl} H_{kl}^o W_{ikl} = 0$, daß beide Summen verschwinden; insbesondere ist

$$\sum_{ikl} H_i^o W_{ik} W_{ikl} = 0.$$

Aber alle H_i^o sind wegen der Lage des Nullpunktes im Innern des Polyeders positiv. Die letzte Gleichung kann aber dann, da $\sum_{kl} W_{ik} W_{ikl} \leqq 0$ ist, nur bestehen, wenn alle $\sum_{kl} W_{ik} W_{ikl}$ Null sind, d. h. nirgends Geraden 2. Art auftreten und also der gesamte Vorgang durch eine einzige Translation $\mathfrak{d}$ hervorgerufen werden kann. Das heißt, daß das Polyeder als starres Gebilde nur einer infinitesimalen Drehungen mit Drehvektor $\mathfrak{d}$ unterworfen wurde.

Unsere Darstellung des Beweises ist verhältnismäßig kurz. Wir bemerken aber, daß ja die Beweise der erforderlichen Symmetriegesetze nicht angegeben wurden.

§ 101

Nachdem LIEBMANN bewiesen hatte, daß eine Kugel verbiegbar wird, wenn man aus ihr eine beliebig kleine Kalotte ausschneidet, ergab sich die Frage, ob der gleiche Satz auch für die übrigen Eiflächen zutrifft. Für infinitesimale Verbiegbarkeit wurde sie in zwei gleichzeitig erschienenen Arbeiten von SÜSS {1} und COHN-VOSSEN [24] untersucht.

SÜSS nimmt an, daß sich auf der gelochten Eifläche ein durchweg reguläres „affinisothermes“ oder, wie es auch heißt, „isotherm-konjugiertes“ Parameternetz einführen läßt, d. h. ein solches, bei dem $L = N$, $M = 0$ ist. Aus Gleichung (15) Seite 57 folgt dann $\gamma = -\beta$; und die Gleichungen (16), (17) nehmen daher die Form an:

$$\alpha_v + \beta_u = -2\begin{Bmatrix}1\\12\end{Bmatrix}\alpha + \left(\begin{Bmatrix}1\\22\end{Bmatrix} - \begin{Bmatrix}1\\11\end{Bmatrix}\right)\beta,$$

$$\alpha_u - \beta_v = -2\begin{Bmatrix}2\\12\end{Bmatrix}\alpha + \left(\begin{Bmatrix}2\\22\end{Bmatrix} - \begin{Bmatrix}2\\11\end{Bmatrix}\right)\beta.$$

Für solche Gleichungen bestehen aber Existenzsätze ohne Einschränkung des Gebiets. SÜSS beruft sich auf einen Satz aus HILBERTS 6.Mitteilung über Integralgleichungen, der sich auf ein solches System von zwei linearen partiellen elliptischen Differentialgleichungen 1. Ordnung bezieht. Der Satz kann zwar, wie aus Untersuchungen von G. HELLWIG {1} hervorgeht, nicht in seiner ursprünglichen Form aufrechterhalten werden. HILBERT hatte die Möglichkeit erörtert, daß die Randwerte 0 für α bei diesen Systemen identisches Verschwinden von α und β im ganzen Bereich zur Folge hätten, die aber, wie G. HELLWIG gefunden hat, bei keinem System der fraglichen Art eintreten kann. Aber gerade dadurch ist zum Beispiel die Existenz solcher nicht identisch verschwindender Lösungen sichergestellt, von denen die eine verschwindende Randwerte hat. Und das genügt hier, weil die Integrabilitätsbedingung der Gleichungen (14) damit erfüllt ist und daher auch die für die Gleichungen (5) Seite 57. Denn die Fläche ist einfach zusammenhängend. Und die Vektorfunktion $\mathfrak{z}$ muß dann eine wirkliche Verbiegung darstellen, weil α, β beide identisch verschwinden müßten, wenn es sich nur um eine infinitesimale Bewegung handelte. Allerdings ist hier die Existenz eines isotherm-konjugierten Netzes auf der ganzen gelochten Fläche vorausgesetzt.

§ 102

COHN-VOSSEN geht von der Darstellung des Linienelements der Fläche aus, die S. 5 zugrunde gelegt wurde, wobei er das Linienelement der Kugel mit Polarkoordinaten $ds_{\mathfrak{z}}^2 = d\varphi^2 + \sin^2\varphi\, d\vartheta^2$ schreibt:

$$ds^2 = dr^2 + r^2 (d\varphi^2 + \sin^2\varphi\, d\vartheta^2).$$

Er bezeichnet mit $U = 0$ die Monge-Ampèresche Gleichung, die man für r erhält, und mit $V = 0$, $W = 0$ die gewöhnlichen Differentialgleichungen für φ, ϑ, bestimmt durch die Forderungen: $\vartheta = \text{const.}$ geodätisch, $\varphi = \text{const.} \perp \vartheta = \text{const.}$ für $ds_{\mathfrak{z}}^2$. Für eine infinitesimale Verbiegung sind dann δr, $\delta\varphi$, $\delta\vartheta$ zu bestimmen aus den Gleichungen $\delta U = 0$, $\delta V = 0$, $\delta W = 0$. Nun braucht man nur anzunehmen, daß ein auf der ganzen gelochten Eifläche reguläres Parameternetz verwandt wurde, das sich auf unendlich viele Arten wählen läßt und zu fordern, daß der Nullpunkt im Innern der Eifläche liegt. Dann ist $\delta U = 0$ ein auf der ganzen Fläche elliptisches lineares Randwertproblem, das eine zweimal stetig differenzierbare Lösung hat, wenn r, φ, ϑ dreimal stetig differenzierbar vorausgesetzt werden. Die Gleichungen für $\delta\varphi$ und $\delta\vartheta$ haben dann auch überall auf der Fläche reguläre Koeffizienten. Für die Lösbarkeit von $\delta U = 0$ werden die allgemeinen Sätze benutzt, die in dem Encyklopädieartikel von LICHTENSTEIN angegeben sind.

§ 103

Seit dem Erscheinen des Artikels von EFIMOW sind eine ganze Reihe neuer Sätze über die bedingte Starrheit konvexer Flächen erzielt worden. Wir führen zunächst die hier angewandten Integralformeln an.

Die Formel von BLASCHKE wurde schon S. 74 erwähnt. Sie kann auch heute noch als die wichtigste angesehen werden. Sie lautet

$$(1) \qquad 2\iint_D (\beta\gamma - \alpha^2)(\mathfrak{x}\,\mathfrak{n})\, ds = \oint_\Gamma (\mathfrak{x}\,\mathfrak{y}\, d\mathfrak{y}).$$

Hier ist $\mathfrak{y}$ der Drehvektor, und α, β, γ sind die S. 57 Gl. 14 definierten Funktionen.

Da

$$\oint_\Gamma (\mathfrak{z}\,d\mathfrak{y}) = -\oint_\Gamma (\mathfrak{y}\,d\mathfrak{z}) = 0$$

ist wegen $d\mathfrak{z} = [\mathfrak{y} \times d\mathfrak{x}]$, kann die Formel auch geschrieben werden

$$(1^a) \qquad 2\iint_D (\beta\gamma - \alpha^2)(\mathfrak{x}\,\mathfrak{n})\,ds = \oint_\Gamma (\mathfrak{s}\,d\mathfrak{y}).$$

Dabei haben wir in der Formel (1) rechts $\oint_\Gamma (\mathfrak{z}\,d\mathfrak{y})$ hinzugefügt und $\mathfrak{s}$ statt $\mathfrak{z} + [\mathfrak{x} \times \mathfrak{y}]$ eingesetzt.

Aber auch eine andere, seit 1930 bekannte Formel (Rembs [37]) konnte mit Nutzen angewandt werden. Wir erinnern an die S. 54 angegebene Definition des Vektors $\mathfrak{s}$, den wir von jetzt ab etwas kürzer als Schiebungsvektor bezeichnen wollen:

$$\mathfrak{s} = \mathfrak{z} + [\mathfrak{x} \times \mathfrak{y}],$$

aus der

$$\mathfrak{s}_u = [\mathfrak{x} \times \mathfrak{y}_u], \quad \mathfrak{s}_v = [\mathfrak{x} \times \mathfrak{y}_v]$$

folgt. Insbesondere lauten die 3. Komponenten von $\mathfrak{s}_u$ und $\mathfrak{s}_v$

$$\frac{\partial s_3}{\partial u} = x_1 \frac{\partial y_2}{\partial u} - x_2 \frac{\partial y_1}{\partial u}, \quad \frac{\partial s_3}{\partial v} = x_1 \frac{\partial y_2}{\partial v} - x_2 \frac{\partial y_1}{\partial v}.$$

Nun bezeichnen wir mit $\overline{\mathfrak{x}}$ den Vektor $(x_1, x_2, 0)$, also die Projektion von $\mathfrak{x}$ in die 1,3-Ebene. Dann folgt

$$\frac{\partial s_3}{\partial u}\frac{\partial y_3}{\partial v} - \frac{\partial s_3}{\partial v}\frac{\partial y_3}{\partial u} = (\overline{\mathfrak{x}}, \mathfrak{y}_u\,\mathfrak{y}_v) = (\beta\gamma - \alpha^2)(\overline{\mathfrak{x}}\,\mathfrak{n})\sqrt{EG - F^2}$$

und durch Integration über ein Gebiet der Parameterebene und Umwandlung der linken Seiten in ein Randintegral

$$(2) \qquad \iint_D (\beta\gamma - \alpha^2)(\overline{\mathfrak{x}}\,\mathfrak{n})\,do = \oint_\Gamma s_3\,dy_3.$$

Tritt an Stelle der ausgezeichneten 3-Richtung irgendeine Richtung, gegeben durch den Einheitsvektor $\mathfrak{e}$, so ist statt s_3, y_3 zu setzen $(\mathfrak{s}\mathfrak{e})$, $(\mathfrak{y}\mathfrak{e})$, und $\overline{\mathfrak{x}}$ bedeutet dann

$$\mathfrak{x} - (\mathfrak{x}\,\mathfrak{e})\,\mathfrak{e},$$

so daß die Formel

$$(2^a) \qquad \iint_D (\beta\gamma - \alpha^2)(\overline{\mathfrak{x}}\,\mathfrak{n})\,do = \oint_\Gamma (\mathfrak{s}\,\mathfrak{e})(d\mathfrak{y}\,\mathfrak{e})$$

lautet. Außerdem sind zwei vektorielle Integralformeln zur Anwendung gekommen. Sie leiten sich aus folgenden Beziehungen her

$$\mathfrak{y}_u \times \mathfrak{y}_v = (\beta\gamma - \alpha^2)\,\mathfrak{n}\sqrt{EG - F^2}$$

und

$$\mathfrak{s}_u \times \mathfrak{s}_v = (\mathfrak{x}\,\mathfrak{y}_u\,\mathfrak{y}_v)\,\mathfrak{x} = (\beta\gamma - \alpha^2)(\mathfrak{x}\,\mathfrak{n})\,\mathfrak{x}\sqrt{EG - F^2}.$$

Durch Integration folgt (Grotemeyer {3})

$$(3) \qquad 2\iint_D (\beta\gamma - \alpha^2)\,\mathfrak{n}\,do = \oint_\Gamma [\mathfrak{y} \times d\mathfrak{y}]$$

und (Rembs {9})

$$(4) \qquad 2\iint_D (\beta\gamma - \alpha^2)(\mathfrak{x}\,\mathfrak{n})\,\mathfrak{x}\,do = \oint_\Gamma [\mathfrak{s} \times d\mathfrak{s}].$$

In den Anwendungen wird gewöhnlich eine Komponente dieser Formeln benötigt; ist diese wieder die in 3-Richtung, so erhält man

$$2\iint_D (\beta\gamma - \alpha^2)\, n_3\, do = \oint_\Gamma (y_1\, dy_2 - y_2\, dy_1)$$

bzw.

$$2\iint_D (\beta\gamma - \alpha^2)(\mathfrak{x}\,\mathfrak{n})\, x_3\, do = \oint_\Gamma (s_1\, ds_2 - s_2\, ds_1).$$

Für beliebige, durch den Vektor $\mathfrak{e}$ gekennzeichnete Richtung erhält man

$$2\iint_D (\beta\gamma - \alpha^2)(\mathfrak{n}\,\mathfrak{e})\, do = \oint_\Gamma (\mathfrak{y}\, d\mathfrak{y}\, \mathfrak{e})$$

bzw.

$$2\iint_D (\beta\gamma - \alpha^2)(\mathfrak{x}\,\mathfrak{n})(\mathfrak{x}\,\mathfrak{e})\, do = \oint_\Gamma (\mathfrak{s}\, d\mathfrak{s}\, \mathfrak{e}).$$

§ 104

Bevor wir die Integralformeln anwenden, wollen wir gewisse Beziehungen zwischen ihnen ableiten.

Die ursprünglich für Fragen der eindeutigen Bestimmtheit abgeleiteten Formeln sind in den Flächen $\mathfrak{x}$ und $\mathfrak{x}^*$ nicht symmetrisch. Man erhält symmetrische Formeln, wenn man in den ursprünglichen die Flächen vertauscht und die so erhaltene Formel zur ersten addiert. Sie lauten

$$\iint_D \{(\mathfrak{x}^*\mathfrak{n}^*) - (\mathfrak{x}\,\mathfrak{n})\}(\lambda\nu - \mu^2)\, do = \oint_\Gamma \{(a^* - a)\big((\mathfrak{x}^*\mathfrak{x}^{*\prime}) - (\mathfrak{x}\,\mathfrak{x}')\big) + (b^* - b)\big((\mathfrak{x}^*\eta^*) - (\mathfrak{x}\,\eta)\big)\}\, ds$$

und

$$\iint_D (\mathfrak{n}^* + \mathfrak{n})(\lambda\nu - \mu^2)\, do = \oint_\Gamma \{(a^* - a)(\mathfrak{x}^{*\prime} - \mathfrak{x}') + (b^* - b)(\eta^* - \eta)\}\, ds.$$

Man beachte, daß die erste Formel außer für $\mathfrak{x}$ und $\mathfrak{x}^*$ auch für $\mathfrak{x} + \mathfrak{a}$ und $\mathfrak{x}^* + \mathfrak{a}$ gilt, wo $\mathfrak{a}$ ein beliebiger konstanter Vektor ist. Setzt man das ein und subtrahiert und berücksichtigt die Willkür von $\mathfrak{a}$, so erhält man die zweite Formel.

Nach demselben Verfahren folgt die Formel (3) aus (1). Andererseits gehen die beiden vorstehenden Formeln in die Formeln (1) bzw. (3) über, wenn man setzt (Rembs {7}, Grotemeyer {5})

$$\mathfrak{x}^* = \mathfrak{x} + t\,\mathfrak{z} + \cdots$$

und nur die in t linearen Glieder oder, auf die Formeln bezogen, die in t quadratischen Glieder berücksichtigt. Wir wollen das für die zweite Formel zeigen; für die erste folgt es analog. Für die linken Seiten ist das augenfällig, denn aus $\lambda\nu - \mu^2$ wird $\beta\gamma - \alpha^2$ (dabei wird ein Faktor t oder t^2 außer acht gelassen) und aus $\mathfrak{n}^* + \mathfrak{n}$ wird $2\mathfrak{n}$. Ebenso ist statt $\mathfrak{x}^{*\prime} - \mathfrak{x}'$ zu setzen $\mathfrak{z}'$, d. i. $\mathfrak{y} \times \mathfrak{x}'$ und ebenso $\mathfrak{y} \times \eta$ statt $\eta^* - \eta$. Somit erhält man für den Integranden des Randintegrals

$$\delta a\, [\mathfrak{y} \times \mathfrak{x}'] + \delta b\, [\mathfrak{y} \times \eta]$$

und sofort die Form (3), wenn noch gezeigt wird, daß (Grotemeyer {1}, Blaschke {1})

(5) $$\mathfrak{y}' = \delta a\, \mathfrak{x}' + \delta b\, \eta$$

ist. Diese Formel ist nun identisch mit der 2. Formel (14) S. 57, bei der Annahme, daß $\mathfrak{v}$ die Bogenlänge s längs einer Kurve $u = \text{const.}$ sei, längs der außerdem $E = 1$,

$F = 0$ sei. Dann gilt nämlich für die Streifennormale der Kurve $\eta = -\mathfrak{x}_u$. Aber bei der infinitesimalen Verbiegung

$$\mathfrak{x} \to \mathfrak{x} + t\mathfrak{z}$$

gilt die Transformationsformel

$$\mathfrak{n} \to \mathfrak{n} + t(\mathfrak{y} \times \mathfrak{n}),$$

und man findet für die Variationen der Streifeninvarianten

$$a = (\mathfrak{x}_u \mathfrak{n}_v) = -M, \qquad b = (\mathfrak{x}_v \mathfrak{n}_v) = -N$$

die Beziehungen

$$\delta a = -\delta M = (\mathfrak{x}_u \mathfrak{y}_v \mathfrak{n}) = -\alpha, \; \delta b = -\delta N = (\mathfrak{x}_v \mathfrak{y}_v \mathfrak{n}) = -\gamma,$$

womit die Formel (5) begründet ist.

Zuletzt bemerken wir noch, daß die Formel (1^a) durch dreimalige Anwendung einer Formel vom Typ (2^a) und Addition gefunden werden kann.

§ 105

Wir verwenden nun die Integralformeln zum Beweis von Starrheitssätzen. Dabei werden stets reguläre konvexe Flächenstücke betrachtet. Sie sollen zunächst durch gewisse Eigenschaften der Randstreifen gekennzeichnet und dann einfach zusammenhängend sein. Es ist leicht erkennbar, welche Resultate sich ohne weiteres auf mehrfach zusammenhängende Flächenstücke übertragen lassen und wie man Streifeneigenschaften verschiedener Art für die verschiedenen Ränder kombinieren kann. Besonders behandelt wurden die vier folgenden Fälle: der Randstreifen sei a) eben, b) sphärisch, c) zylindrisch, d) konisch. Alle diese Fälle wurden auch bei den Fragen der eindeutigen Bestimmtheit besprochen, doch machen die angegebenen Beweise die Untersuchung für infinitesimale Verbiegbarkeit nicht überflüssig. Wir können aber den Fall a) weglassen, da er schon in § 35 erledigt wurde.
Im Fall b) handelt es sich um ein Flächenstück, dessen Randstreifen auf einer Kugel, sagen wir der Einheitskugel, gelegen ist. Die Randbedingung möge lauten: Der Randstreifen soll sphärisch bleiben.

Man kann annehmen, der Mittelpunkt der Kugel sei vor und nach der Verbiegung der Anfangspunkt des Koordinatensystems; nach der Verbiegung sei der Radius $1+\lambda t$. Für jede Verbiegung gilt, daß der Normalenvektor $\mathfrak{n}$ übergeht in $\mathfrak{n}+t\,[\mathfrak{y}+\mathfrak{n}]$. Da man am Rande vor der Verbiegung $\mathfrak{x} = \mathfrak{n}$ und nachher

$$\mathfrak{x} + t\mathfrak{z} = (1 + \lambda t)(\mathfrak{x} + t\,[\mathfrak{y} \times \mathfrak{x}])$$

annehmen kann, so folgt

$$\mathfrak{z} = \lambda \mathfrak{x} + [\mathfrak{y} \times \mathfrak{x}],$$

also

$$\mathfrak{s} = \mathfrak{z} + [\mathfrak{x} \times \mathfrak{y}] = \lambda \mathfrak{x}.$$

Bei Substitution in die Formel (1^a) verschwindet das Randintegral; denn es ist $\mathfrak{x}\, d\mathfrak{y} = \mathfrak{n}\, d\mathfrak{y} = 0$; $d\mathfrak{y}$ liegt stets in der Tangentialebene. Wenn jetzt vom Mittelpunkt der Kugel keine Tangentialebenen an die Fläche gehen, so ist für alle Innenpunkte $(\mathfrak{x}\,\mathfrak{n})$ z. B. > 0 und daher $\beta\gamma - \alpha^2 \equiv 0$, d. h. *die Fläche ist starr* (REMBS {11}).

Jetzt liege der Fall c) eines zylindrischen Randstreifens vor (REMBS {8}, {13}, GROTEMEYER {4}). $\mathfrak{e}$ sei der Einheitsvektor in Richtung der Erzeugenden. Der Rand soll zylindrisch bleiben. Dann kann man annehmen, daß auch die Richtung der Erzeugenden bleibt. Nach dem, was bei den analogen Eindeutigkeitsfragen erörtert wurde, kann ferner angenommen werden, daß die Verschiebung aller Randpunkte senkrecht zu $\mathfrak{e}$ erfolgt, so daß $(\mathfrak{z}\,\mathfrak{e}) = 0$ sein muß. Am Rand sind ferner sowohl die Flächennormalen $\mathfrak{n}$ als die Normalen nach der Verbiegung $\mathfrak{n} + t\,[\mathfrak{y} \times \mathfrak{n}]$ zu $\mathfrak{e}$ senkrecht, d. i. $(\mathfrak{n}\,\mathfrak{e}) = 0$, $(\mathfrak{y}\,\mathfrak{n}\,\mathfrak{e}) = 0$. Nun ist $\mathfrak{z}' = [\mathfrak{y} \times \mathfrak{x}']$ und daher $(\mathfrak{z}'\,\mathfrak{e}) = (\mathfrak{y}\,\mathfrak{x}'\,\mathfrak{e}) = 0$. Da aber nicht $\mathfrak{x}'$ mit $\mathfrak{n}$ kollinear sein kann und auch nicht mit $\mathfrak{e}$, so folgt

$$\mathfrak{y} = \lambda\,\mathfrak{e},$$

wo λ eine Funktion der Bogenlänge des Randes ist. Wegen $d\mathfrak{y} = d\lambda\,\mathfrak{e}$ ergibt sich dann das Verschwinden des Randintegrals in (1) und daher identisch auf der Fläche $\beta\gamma - \alpha^2 = 0$, wenn angenommen wird, daß der Nullpunkt im Innern des Zylinders liegt und zwar in dem Teil, dem die Fläche ihre hohle Seite zukehrt. *Das bedeudet aber Starrheit.*

Ebenso liegen die Verhältnisse im Fall d), wenn der Randstreifen konisch ist und konisch bleiben soll (Rembs {8}). Wir verweisen wieder auf die Bemerkungen bzgl. eindeutiger Bestimmtheit solcher Flächen und nehmen an, die Kegelspitze sei im Nullpunkt und bleibe dort.

Vor und nach der Verbiegung ist der Normalenvektor $\mathfrak{n}$ bzw. $\mathfrak{n} + t\,[\mathfrak{y} \times \mathfrak{n}]$ zum Ortsvektor $\mathfrak{x}$ bzw. $\mathfrak{x} + t\mathfrak{z}$ senkrecht. Also gilt

$$(\mathfrak{x}\,\mathfrak{n}) = 0, \qquad (\mathfrak{x} + t\mathfrak{z})\,(\mathfrak{n} + t\,(\mathfrak{y} \times \mathfrak{n})) = 0.$$

Daraus ergibt sich für den Schiebungsvektor $\mathfrak{s} = \mathfrak{z} + [\mathfrak{x} \times \mathfrak{y}]$:

$$(\mathfrak{s}\,\mathfrak{n}) = 0.$$

Da sich die Randpunkte senkrecht zu $\mathfrak{x}$ verschieben sollen, muß $(\mathfrak{x}\,\mathfrak{z})$ am Rande 0 sein, aber dann folgt nach der Definition von $\mathfrak{s}$ auch

$$(\mathfrak{s}\,\mathfrak{x}) = 0.$$

Differenziert man diese Gleichung und berücksichtigt, daß stets $\mathfrak{s}' = [\mathfrak{x} \times \mathfrak{y}']$ ist, so erhält man

$$(\mathfrak{s}\,\mathfrak{x}') = 0,$$

und da die Vektoren $\mathfrak{x}$, $\mathfrak{x}'$, $\mathfrak{n}$, zu denen $\mathfrak{s}$ orthogonal sein soll, voneinander unabhängig sind, *folgt*

$$\mathfrak{s} = 0$$

am ganzen Rande, also wieder das Verschwinden des Randintegrals in Formel (1) und *ebenso wie vorhin die Starrheit.*

Die Fälle c) und d) sind auch als solche behandelt worden, bei denen der Rand Eigenschattengrenze bei Parallelbeleuchtung bzw. Zentralbeleuchtung ist.

Im § 74 haben wir die G-Flächen kennengelernt. Wir wollen jetzt annehmen, es liege eine spezielle G-Fläche vor: die abwickelbare Fläche des Randstreifens sei ein Zylinder. In diesem Fall gilt:

Eine G-Fläche, deren Randstreifen auf einem Zylinder liegt, ist starr, wenn der Randstreifen zylindrisch bleiben soll.

Nämlich $\mathfrak{e}$ sei der Einheitsvektor der Erzeugenden vor und nach der infinitesimalen Verbiegung $\mathfrak{x} \to \mathfrak{x} + t\mathfrak{z}$ also $(\mathfrak{z}\,\mathfrak{e}) = 0$. Die Randnormalen vor der Verbiegung $\mathfrak{n}$ und nach der Verbiegung $\mathfrak{n} + t\,[\mathfrak{y} \times \mathfrak{n}]$ müssen zu $\mathfrak{e}$ senkrecht sein, d. h. $(\mathfrak{n}\,\mathfrak{e}) = 0$, $(\mathfrak{y}\,\mathfrak{n}\,\mathfrak{e}) = 0$. Aus $(\mathfrak{z}\,\mathfrak{e}) = 0$ folgt aber $(\mathfrak{z}'\,\mathfrak{e}) = (\mathfrak{y}\,\mathfrak{x}'\,\mathfrak{e}) = 0$ und in Verbindung mit $(\mathfrak{y}\,\mathfrak{n}\,\mathfrak{e}) = 0$, daß $\mathfrak{y} = \lambda\,\mathfrak{e}$ (λ variabel) sein muß. Aber dann verschwindet das Randintegral in dem Integralsatz von Blaschke.

§ 106

Wir kehren noch einmal zum Fall eines zylindrischen Randstreifens zurück. Das sphärische Bild des Randes, gegeben durch $\mathfrak{n}$, ist ein Großkreis. Jetzt möge die Bogenlänge des sphärischen Bildes des Randes stationär sein (GROTEMEYER {4}). Wir haben aber die Übergangsformeln $\mathfrak{n} \to \mathfrak{n} + t(\mathfrak{y} \times \mathfrak{n})$, $\mathfrak{n}' \to \mathfrak{n}' + t(\mathfrak{y} \times \mathfrak{n}') + t(\mathfrak{y}' \times \mathfrak{n})$, $\mathfrak{n}'^2 \to \mathfrak{n}'^2 + 2t(\mathfrak{y}'\,\mathfrak{n}\,\mathfrak{n}')$ und daher $\delta|\mathfrak{n}'| = (\mathfrak{y}'\,\mathfrak{n}\,\mathfrak{n}') = 0$. Weil $(\mathfrak{n}\,\mathfrak{e}) = (\mathfrak{n}'\,\mathfrak{e}) = 0$ ist, folgt daraus $(\mathfrak{y}'\,\mathfrak{e}) = 0$. Dann verschwindet in der Formel (2^a) das Randintegral; und wenn man den Nullpunkt so legt, daß überall im Innern $(\mathfrak{x}\,\mathfrak{n})$ dasselbe Vorzeichen hat, folgt aus $\beta\gamma - \alpha^2 \equiv 0$ wieder die Starrheit.

Jetzt soll mit Hilfe des Integralsatzes (3) die an sich bekannte *Starrheit ebenrandiger Mützen gegen Gleitverbiegungen* abgeleitet werden (GROTEMEYER {5}). Bildet der Streifennormalenvektor $\mathfrak{n}$ längs des Randes mit dem Stellungsvektor $\mathfrak{e}$ der Randebene, d. i. dem Binormalenvektor der Randkurve, den Winkel φ, so daß $(\eta\,\mathfrak{e}) = -\sin\varphi \neq 0$ ist, so gilt

$$\mathfrak{b} = -k\sin\varphi, \qquad \mathfrak{c} = k\cos\varphi, \qquad (\text{vgl. § 69, (X)})$$

wo k die Krümmung der Randkurve und c ihre geodätische Krümmung ist. Aus

$$k^2 = \mathfrak{b}^2 + \mathfrak{c}^2$$

folgt

$$k\,\delta k = \mathfrak{b}\,\delta\mathfrak{b}$$

und daher

$$\delta k = -\delta\mathfrak{b}\sin\varphi\,.$$

Andererseits ändert sich c nicht, woraus sich ergibt:

$$\delta k\cos\varphi - k\sin\varphi\,\delta\varphi = 0$$

und daher

$$\delta\mathfrak{b}\cos\varphi = -k\,\delta\varphi\,. \tag{6}$$

Die Bedingung für Gleitverbiegung lautet aber $(\mathfrak{z}\,\mathfrak{e}) = 0$, und daher ist $(\mathfrak{z}'\mathfrak{e}) = (\mathfrak{y}\,\mathfrak{x}'\,\mathfrak{e}) = 0$. Nun liefert die Gleichung (5)

$$(\mathfrak{y}\,\mathfrak{y}'\mathfrak{e}) = \delta\mathfrak{b}\,(\mathfrak{y}\,\eta\,\mathfrak{e}) = \delta\mathfrak{b}\,\delta(\eta\,\mathfrak{e}),$$

denn es geht η in $\eta + t\,[\mathfrak{y} \times \eta]$ über, d. h. $\delta\eta = [\mathfrak{y} \times \eta]$. Wegen $(\eta\,\mathfrak{e}) = -\sin\varphi$ können wir dann aber schreiben

$$(\mathfrak{y}\,\mathfrak{y}'\,\mathfrak{e}) = -\delta\mathfrak{b}\cos\varphi\,\delta\varphi = k\,(\delta\varphi)^2.$$

Multipliziert man dann die Formel (3) mit $\mathfrak{e}$, so müßte bei Gleitverbiegung das Randintegral $\geqq 0$, das Flächenintegral $\leqq 0$ sein. Daher müßten beide verschwinden, was wieder Starrheit bedeutet.

Man kann den Beweis noch ein wenig abändern, wie folgt. Ist $\mathfrak{e}$ der Stellungsvektor der Randebene, so kann die Bedingung der Gleitverbiegung so formuliert werden: $(\mathfrak{z}\,\mathfrak{e}) = 0$. Wegen $\mathfrak{z}' = [\mathfrak{y} \times \mathfrak{x}']$ folgt dann

$$(\mathfrak{z}'\,\mathfrak{e}) = (\mathfrak{y}\,\mathfrak{x}'\,\mathfrak{e}) = -k\,(\mathfrak{y}\,\mathfrak{x}'') = 0$$

und daher

$$(\mathfrak{y}'\,\mathfrak{x}'') = -(\mathfrak{y}\,\mathfrak{x}''') = k^2(\mathfrak{y}\,\mathfrak{x}'),$$

denn da es sich um eine ebene Randkurve handelt, ist $\mathfrak{x}''' = -k^2\mathfrak{x}' + \frac{k'}{k}\mathfrak{x}''$. Für den Integranden des Randintegrals der Formel (3), die man mit $\mathfrak{e}$ multipliziert denkt, ergibt sich daher:

$$(\mathfrak{y}\,\mathfrak{y}'\,\mathfrak{e}) = \frac{1}{k}(\mathfrak{y} \times \mathfrak{y}')(\mathfrak{x}' \times \mathfrak{x}'') = \frac{1}{k}(\mathfrak{y}\,\mathfrak{x}')(\mathfrak{y}'\,\mathfrak{x}'') = k\,(\mathfrak{y}\,\mathfrak{x}')^2.$$

Das Randintegral wäre dann $\geqq 0$, das Flächenintegral $\leqq 0$. Daher müßten beide verschwinden, was Starrheit bedeutet.

B e m e r k u n g : Es ist stets $\delta\varphi = -\frac{1}{k^2}(\mathfrak{y}'\,\mathfrak{x}'')$, hier $\delta\varphi = -(\mathfrak{y}\,\mathfrak{x}')$.

§ 107

Ebenso wie man die Gleichung (5) § 104 aus der 2. Formel 14 S. 57 gewinnen konnte, so erhält man eine Gleichung aus der für $\overset{(2)}{\mathfrak{y}}_v$ der Formeln (11) S. 68, die eine Ergänzung der Integralformel (3) liefert. Die fragliche Gleichung lautet offenbar

$$\delta \mathfrak{y}' = \mathfrak{y} \times \mathfrak{y}' + \delta^2 a\, \mathfrak{x}' + \delta^2 b\, \eta\,.^{*)}$$

Durch Integration und Multiplikation mit $\mathfrak{e}$ erhält man

$$\oint_\Gamma (\mathfrak{y}\, \mathfrak{y}'\, \mathfrak{e})\, ds = -\oint_\Gamma \delta^2 b \cos\varphi\, ds\,.$$

Aber es ist

$$\delta(\delta b \cos\varphi) = \delta^2 b \cos\varphi - \delta b \cos\varphi\, \delta\varphi$$

und nach (6)

$$-\delta(\delta b \sin\varphi) = \delta^2 k = -\delta^2 \varphi \sin\varphi + k\, (\delta\varphi)^2,$$

so daß man allgemein (wenn es sich nicht um Gleitverbiegung handelt) erhält

$$\iint_D (\beta\gamma - \alpha^2)\, (\mathfrak{n}\, \mathfrak{e})\, do = \oint_\Gamma k\, (\delta\varphi)^2\, ds - \oint_\Gamma \delta^2 k\, ds\,.$$

Für eine ebenrandige Mütze würde sich daher stets Starrheit ergeben, wenn $\oint_\Gamma \delta^2 k\, ds \leqq 0$ ist (GROTEMEYER {5}). Wir kommen auf diese Bedingung nachher noch einmal zurück. Das Zeichen $<$ ist hier nämlich ohnehin ausgeschlossen, so daß man nur für den Fall des Gleichheitszeichens eine Aussage zu machen braucht. Zuvor werden wir einige weitere Sätze über Mützen ableiten, zunächst den Satz, daß *eine Mütze starr ist, wenn die Randkurve starr ist* oder, wie wir statt dessen sagen wollen, wenn Krümmung und Torsion der Randkurve beide stationär sind (GROTEMEYER {2}).

Wenn nämlich die Krümmung k stationär ist, so wegen $\delta k = -\delta b \sin\varphi$ auch die Normalkrümmung; denn der Streifen soll nicht eben sein: $\varphi \neq 0$. Und zwischen der Torsion τ und der geodätischen Torsion a besteht der Zusammenhang (§ 69, (XI))

$$\tau = a + \varphi'\,; \qquad \varphi' = \frac{b'c - c'b}{k^2}\,,$$

wo c die geodätische Krümmung bezeichnet. Also ist im vorliegenden Falle, da ja stets $\delta c = 0$ ist, mit k, b und τ auch a stationär, und aus (5) folgt $\mathfrak{y}' = 0$. Der Starrheitssatz folgt dann sofort aus (2) oder (2^a), da die Randintegrale verschwinden. Man wird aber bemerken, daß man auch die BLASCHKEsche Formel anwenden kann, und daß er dann auch für konvexe Flächen mit einer beliebigen Zahl von Rändern gilt. *Bei ebenrandigen Mützen braucht man aber nur vorauszusetzen, daß die Krümmung der Randkurve stationär bleibt,* weil aus $\delta k = 0$ folgt, daß $\delta b = 0$ ist und nach Formel (5) $\mathfrak{y}' = \delta a\, \mathfrak{x}'$, also $(\mathfrak{y}'\mathfrak{e}) = 0$ folgt.

Die letztere Beziehung zeigt ferner, daß, wenn δk an einem ebenen Rand verschwindet, diesem auf dem Drehriß auch ein ebener Rand entspricht, und ferner haben beide Ränder in entsprechenden Punkten parallele Tangenten. Aus der Anwendung der Formel von BLASCHKE läßt sich dann aber ebenso wie in § 34 die Starrheit folgern. Also: *Alle konvexen Flächen mit ebenen Rändern sind starr, wenn an allen Rändern* $\delta k = 0$ *sein soll* (REMBS {14}). Das legt natürlich die Frage nahe, ob, wenn man an den Rändern $\delta k \neq 0$ vorgibt, dadurch eine infinitesimale Verbiegung bestimmt wird und eventuell eindeutig und wie sich dieses Problem bei allgemeinen Rändern stellt. Ehe wir darauf eingehen, sei noch eine spezielle Klasse von ebenrandigen Mützen erwähnt, nämlich die „Halbeiflächen". Das sind solche ebenrandigen

*) δ^2 = zweite Variation.

Mützen, bei denen der Rand zugleich geodätische Linie ist. Er muß dann natürlich auch Krümmungslinie sein, und der Randstreifen muß auf der Randebene überall senkrecht stehen. Hier gilt Starrheit schon, wenn man nur weiß, daß die geodätische Torsion a stationär ist, oder, was wegen $c = 0$, $\delta c = 0$ hier auf dasselbe hinauskommt, die Torsion des Randes stationär ist (GROTEMEYER {3}). Die Starrheit folgt aus der Formel (5) in Verbindung mit dem Integralsatz (3).

§ 108

Und nun zu unserer Frage der Vorgabe von δk an den ebenen Rändern! Die Antwort lautet: δk kann nicht willkürlich vorgegeben werden, vielmehr müssen die Vorgaben gewissen Integralbedingungen genügen, die jetzt angegeben werden sollen (REMBS {12}, GROTEMEYER {8}).

Für jede Kurve gilt, wie bemerkt, mit Anwendung der Frenetschen Formeln

$$k\,\delta k = (\mathfrak{x}''\,\mathfrak{z}'') = k\,(\mathfrak{h}\,\mathfrak{z}')' - k\,(\mathfrak{h}'\,\mathfrak{z}') = k\,(\mathfrak{h}\,\mathfrak{z}')' - k\,\tau\,(\mathfrak{b}\,\mathfrak{z}'),$$

also

$$\delta k = (\mathfrak{h}\,\mathfrak{z}')' - \tau\,(\mathfrak{b}\,\mathfrak{z}')$$

und durch Integration längs einer geschlossenen Kurve

$$\oint \delta k\, ds = -\oint \tau\,(\mathfrak{b}\,\mathfrak{z}')\, ds,$$

d. i. bei ebener Kurve ($\tau = 0$):

(6ᵃ) $$\oint \delta k\, ds = 0\,.$$

Multipliziert man aber die Gleichung für δk mit dem Ortsvektor $\mathfrak{x}$, so erhält man

$$\delta k\,\mathfrak{x} = \big((\mathfrak{h}\,\mathfrak{z}')\,\mathfrak{x}\big)' - (\mathfrak{h}\,\mathfrak{z}')\,\mathfrak{x}' - \tau\,(\mathfrak{b}\,\mathfrak{z}')\,\mathfrak{x} = \big((\mathfrak{h}\,\mathfrak{z}')\,\mathfrak{x}\big)' - [\mathfrak{z}' \times \mathfrak{b}] - \tau\,(\mathfrak{b}\,\mathfrak{z}')\,\mathfrak{x}$$
$$= \big((\mathfrak{h}\,\mathfrak{z}')\,\mathfrak{x} - [\mathfrak{z} \times \mathfrak{b}]\big)' - \tau\,\big([\mathfrak{z} \times \mathfrak{h}] + (\mathfrak{b}\,\mathfrak{z}')\,\mathfrak{x}\big)$$

und wieder durch Integration über die geschlossene ebene Kurve ($\tau = 0$)

(6ᵇ) $$\oint \mathfrak{x}\,\delta k\, ds = 0\,.$$

Da diese Formel auch für $\mathfrak{x} + \mathfrak{a}$ statt $\mathfrak{x}$ gilt, wo $\mathfrak{a}$ ein beliebiger fester Vektor ist, so folgt aus ihr (6ᵃ) unmittelbar. Man kann also sagen, daß in (6ᵇ) die Formel (6ᵃ) mit einbegriffen ist. Das Ergebnis dieser Ableitung ist, daß bei infinitesimaler Verbiegung einer Fläche mit ebenem Rand δk nicht beliebig vorgegeben werden kann, sondern die Vorgabe der vektoriellen Integralbedingung (6ᵇ) genügen muß.

Es gilt übrigens für die Verbiegung jeder geschlossenen ebenen Kurve $\oint \mathfrak{x}'\,\delta\mathfrak{x}\, ds = 0$.

§ 109

Sind $\mathfrak{z}_1$, $\mathfrak{z}_2$ zwei verschiedene vektorielle Verbiegungsfunktionen, die den gleichen Randwerten von δk entsprechen, so ist $\mathfrak{z}_1 - \mathfrak{z}_2$ eine solche Funktion, die den Randwerten $\delta k = 0$ entspricht, d. h. sie ist eine infinitesimale Bewegung. Davon abgesehen, sind also durch die Randwerte von δk die Verbiegungen eindeutig bestimmt. Wie man die zu den Randwerten von δk, die den Bedingungen (6ᵃ) genügen, gehörigen infinitesimalen Verbiegungen ermittelt, können wir nur für Kugelkalotten angeben. Für die Kugel kennt man nämlich die Form aller Funktionen $\mathfrak{z}$. Sie lautet

(7) $$\mathfrak{z} = (U_\varphi\, x_1 + U\, x_2,\ U_\varphi\, x_2 - U\, x_1,\ U_\varphi\, x_3 - V)\,.$$

Dabei hat man sich die Kugel

$$\mathfrak{x} = \frac{1}{1 + r^2}\,(2\,r\cos\varphi,\ 2\,r\sin\varphi,\ 1 - r^2)$$

durch stereographische Projektion aus dem Südpol in die Äquatorebene projiziert und auf Polarkoordinaten r, φ in dieser Ebene bezogen zu denken, und U, V sind konjugierte Potentialfunktionen. Aus

$$k\,\delta k = (\mathfrak{x}''\mathfrak{z}'')$$

ergibt sich dann leicht

$$(\mathfrak{x}''\mathfrak{z}'') = -\frac{4r^2}{(1+r^2)^2}(U_{\varphi\varphi\varphi} + U_\varphi).$$

Ist der Rand also ein Kreis r = const., so hat man bei gegebenem δk zunächst die gewöhnliche Differentialgleichung

$$U_{\varphi\varphi\varphi} + U_\varphi + \frac{\delta k}{k} = 0$$

zu lösen. Damit ist die Aufgabe auf die erste Randwertaufgabe der Potentialtheorie für den Kreis zurückgeführt (REMBS {14}).

§ 110

Die Formel (7) hat auch Verwendung gefunden bei Behandlung eines gewissen verallgemeinerten Gleitverbiegungsproblems. Da $U_\varphi = -rV_r$ ist, kann die dritte Komponente von $\mathfrak{z}$ auch geschrieben werden

$$-rV_r\cdot\frac{1-r^2}{1+r^2} - V.$$

Dieser Ausdruck muß längs des Randes einer (nicht notwendig ebenrandigen) Kugelkalotte verschwinden, wenn alle Randpunkte eine etwa zur Äquatorebene parallele „Geschwindigkeit" $\mathfrak{z}$ haben sollen. Bei ebenen Rändern wurde das Problem schon von LIEBMANN [34] behandelt. Es ist außerdem noch für solche Randkurven erledigt worden, deren stereographische Projektion in die Äquatorebene eine Ellipse ist. Setzt man $\frac{dr}{d\varphi} = r'$ und zerlegt V_r auf der Randkurve in seine Komponenten V_s und V_n, so führt die Aufgabe auf folgende Randbedingung der Potentialtheorie

$$V_n - \frac{r'}{r}V_s + \frac{\sqrt{r^2+r'^2}}{r^2}\,\frac{r^2+1}{r^2-1}V = 0.$$

Sie stellt sich als Eigenwertproblem heraus, insofern nicht für jede Ellipse eine Lösung existiert. Vielmehr ergeben sich zu jeder vorgegebenen Ellipsenform, bestimmt durch $h = \frac{a-b}{a+b}$, nur gewisse diskrete Werte $\lambda = \frac{a^2+b^2}{2}$ für die Größe der Ellipse, die ein solches „Gleitverbiegungsproblem" zu lösen gestatten. Die Aufgabe wurde auf eine Integralgleichung für eine Belegungsfunktion $\varkappa$ (s) durch den Ansatz reduziert $V = -\oint_\Gamma \varkappa(s)\lg R\,ds$. Versucht man, $\varkappa$ als trigonometrische Reihe zu bestimmen, so erhält man für die Koeffizienten homogene lineare unendliche Gleichungssysteme, die sich so weit vereinfachen lassen, daß die allgemeine Gleichung eine Differenzengleichung 2. Ordnung darstellt. Damit ist der Weg zur Auflösung durch Kettenbrüche gewiesen (EGLOFF, {1}). Es ergab sich, daß für die Möglichkeit der Lösung die Bedingung $\lambda > \frac{1+h^2}{(1-h)^2}$ maßgeblich ist. Ob wie für ebene (kreisförmige) Ränder (b = 0) auch hier unendlich viele Eigenwerte λ existieren, wurde nicht ermittelt. Schon hieraus ersieht man, daß die Lösung des Problems im allgemeineren Fall größte Schwierigkeiten machen dürfte.

Daß eine Mütze keine verallgemeinerten Gleitverbiegungen zuläßt, folgt aus der Gleichung S. 58 (*). Die Randbedingung lautet dann nämlich $\zeta = \text{const.}$ Daß auch im ganzen Innern $\zeta = \text{const.}$ sein muß, ergibt sich aus dem Umstand, daß in innern Punkten bei $rt - s^2 > 0$ kein Extremum vorhanden sein kann.

Wir wollen aus historischen Gründen dafür noch einen Beweis angeben, der von JELLETT stammt. JELLETT glaubte mit ihm die Starrheit der Eiflächen bewiesen zu haben. Das trifft nicht zu, wie wir gleich sehen werden. Doch wird der Beweis von JELLETT meist ohne Angabe von Gründen verworfen, und es wird nicht angegeben, wie weit er reicht.

JELLETT benutzt auch die Gleichung (*). Aber das setzt voraus, daß die Fläche eine eineindeutige Projektion in die x, y-Ebene zuläßt. Er schreibt sie so

$$\frac{\partial}{\partial y}\{r\zeta_y - s\zeta_x\} + \frac{\partial}{\partial x}\{t\zeta_x - s\zeta_y\} = 0.$$

Durch Integration über das ganze Gebiet und Umwandlung in ein Randintegral folgt

$$\oint\left[(r\zeta_y - s\zeta_x)\,dx - (t\zeta_x - s\zeta_y)dy\right] = 0.$$

Aus $\zeta = \text{const.}$ am Rande folgt nun

$$\zeta_x dx + \zeta_y dy = 0$$

oder

$$dx = \lambda\zeta_y, \quad dy = -\lambda\zeta_x.$$

Wegen

$$ds^2 = dx^2 + dy^2 = \lambda^2(\zeta_x^2 + \zeta_y^2) = \lambda^2\Omega^2, \quad \Omega^2 = \zeta_x^2 + \zeta_y^2$$

ist

$$dx = \Omega^{-1}\zeta_y\,ds, \quad dy = -\Omega^{-1}\zeta_x\,ds.$$

Dadurch geht die Integralformel über in

$$\oint\{r(\zeta_y)^2 - 2s\zeta_x\zeta_y + t(\zeta_x)^2\}\Omega^{-1}\,ds = 0.$$

Da aber $rt - s^2 > 0$ ist, muß am ganzen Rand $\zeta_x = \zeta_y = 0$ sein, woraus in Verbindung mit ζ const am Rande folgt, daß im ganzen Innern $\zeta = \text{const.}$ ist.

Dieser Schluß läßt sich nicht für die Starrheit der Eiflächen verwerten. Man könnte zwar wieder schließen, daß es eine einfach geschlossene Kurve mit $\zeta = \text{const.}$ geben muß, aber sie könnte über die Eigenschattengrenze der Eifläche hinausgehen, wodurch die Verwendung der Parameter x, y illusorisch gemacht würde.

§ 111

Wir betrachten noch eine sehr spezielle Gleitverbiegung: Eine Rotationseifläche sei längs eines Breitenkreises durchgeschnitten. Eine der beiden Kalotten soll so verbogen werden, das der Rand auf dem Rotationszylinder „gleitet“, dessen Erzeugenden parallel zur Rotationsachse sind. Wir rechnen die Bogenlänge s des Meridians vom Pol der Kalotte aus. R und Z seien die Änderungen von r und z bei der Verbiegung, R_{ni} und Z_{ni} $(i = 1,2)$ die FOURIER-Koeffizienten von R und Z. Wie wir in § 112 sehen werden, gelten für R_{ni} und Z_{ni} bei $i = 2$ dieselben Gleichungen wie bei $i = 1$. Sie lauten

$$r'R_n' + z'Z_n' = 0; \qquad (n^2 - 1)\,r'R_n + rR' + n^2 z'Z_n = 0.$$

Für den Pol $(r = z' = 0)$ muß $R_n = 0$ sein, aber für den Rand der „zylindrischen Gleitverbiegungen“ gilt auch $R_n = 0$; der Abstand von der Achse soll sich ja nicht ändern. Nun muß R_n der Gleichung 2. Ordnung genügen

$$rz'R_n'' + krr'R_n' + (n^2 - 1)\,k\,R_n = 0,$$

k ist die Krümmung der Meridiankurve. Man weiß, das bei $-kz' > 0$, R_n im ganzen Inneren verschwinden muß. Man schließt das sofort aus der Nichtexistenz eines Extremums, etwa $R_n > 0$; $R_n'' < 0$. Aber dann muß auch Z_n im ganzen Inneren gleich

Null sein. Diese Überlegungen gelten für alle $n > 1$. $n = 0$ und $n = 1$ liefern aber nur infinitesimale Bewegungen. Wir finden daher: *Eine Kalotte einer Rotationsfläche, begrenzt von einem Breitenkreis, läßt keine nichttrivialen Verbiegungen zu, bei denen der Rand auf dem durch ihn gehenden Rotationszylinder gleitet.*

Noch einfacher gestaltet sich der Beweis folgendermaßen: Wenn bei infinitesimaler Verbiegung einer Kalotte mit positiver GAUSSscher Krümmung, und einer ebenen Randkurve diese sich verschieben soll auf dem Zylinder, dessen Erzeugenden zur Randebene senkrecht sind und durch die Randkurve gehen, so muß der Zusatzvektor $\mathfrak{z}$ der Verbiegung in der Tangentialebene des Zylinders liegen. Es gilt dann ein Ansatz der Form:

$$\mathfrak{z} = \lambda \mathfrak{b} + \mu \mathfrak{x}'.$$

Nun ist aber

$$\mathfrak{z}' = [\mathfrak{y} \times \mathfrak{x}'] = \lambda' \mathfrak{b} + \mu' \mathfrak{x}' + \mu \mathfrak{x}''.$$

Multipliziert man diese Gleichung mit $\mathfrak{x}'$, so gilt

$$\mu' = 0 \text{ und daher } \mu = \text{const}.$$

Ferner wird

$$[\mathfrak{y} \times \mathfrak{x}'] = \lambda' \mathfrak{b} + \mu k \mathfrak{h}.$$

Daraus gewinnen wir nach Multiplikation mit $\mathfrak{h}$

$$(\mathfrak{y}\,\mathfrak{x}'\,\mathfrak{h}) = (\mathfrak{y}\,\mathfrak{b}) = \mu k$$

Abgeleitet wird daraus

$$(\mathfrak{y}'\,\mathfrak{b}) = \mu k'.$$

Nun ist aber $(\mathfrak{y}'\mathfrak{b}) = \delta k$. (vgl. § 115) Daher gilt für die betrachteten „zylindrischen Gleitverbiegungen":

$$\delta k = \mu k'; \qquad \mu = \text{const}.$$

Im Falle eines Kreises ist also $\delta k = 0$. Eine von einem Kreis berandete konvexe Kalotte läßt dann nach § 107 keine zylindrischen Gleitverbiegungen zu.

Ein analoges Ergebnis gilt natürlich auch für mehrfach zusammenhängende Flächen:

Eine abgestumpfte Eifläche (vgl. § 34, § 74), die als Randkurven nur Kreise besitzt, gestattet keine zylindrischen Gleitverbiegungen.

Der Beweis ist nach vorstehenden Betrachtungen recht einfach. Zunächst gilt für die zylindrischen Gleitverbiegungen längs den Randkreisen $\delta k = 0$. Andererseits besitzt eine abgestumpfte Eifläche unter der Nebenbedingung $\delta k = 0$ an den Randkurven keine nichttrivialen infinitesimalen Verbiegungen. (Man vergleiche dazu die Ausführungen in § 107). Damit ist aber der Satz schon bewiesen. Die Nichtexistenz von endlichen Gleitverbiegungen dieser Art ist trivial.

Wir führen hier noch eine Arbeit von EFIMOW an, die sich mit folgendem Problem befaßt: $\bar{\mathfrak{x}} = \mathfrak{x} + \sum_{i=0}^{\infty} 2t^i \mathfrak{z}^{(i)}$ sei eine analytische Verbiegung von $\mathfrak{x}$, so daß für alle i gilt

$$\text{(S)} \qquad \sum d\mathfrak{x}\, d\mathfrak{z}^{(i)} + \sum_k d\mathfrak{z}^{(k)}\, d\mathfrak{z}^{(i-k)} = 0.$$

Diese werden mit dem in § 27 besprochenen Ansatz behandelt:

$$d\mathfrak{z}^{(i)} = \mathfrak{y}^{(i)} \times d\mathfrak{x} + \sum_k [\mathfrak{y}^{(k)} \times d\mathfrak{z}^{(i-k)}].$$

Es wird definiert: $\mathfrak{x}$ heißt starr von i-ter Stufe, wenn aus den i ersten Gleichungen des Systems (S) folgt, daß $\mathfrak{y}^{(1)}$ ein konstanter Vektor ist. Aus Starrheit 1. Stufe folgt endliche analytische Unverbiegbarkeit (vgl. § 30). Das entsprechende Problem für den Fall der Starrheit 2. Stufe ist von EFIMOW auch in § 30 schon erledigt worden. In der neuen Arbeit handelt es sich vor allem um den Fall der Starrheit 3. Stufe. Es sei noch die folgende Bedingung erfüllt: Alle $\mathfrak{y}$ erster Stufe mögen sich aus einem $\mathfrak{y}_0$ in der Form $C\mathfrak{y}_0 + \mathfrak{a}$ ableiten lassen. Wenn diese Bedingung erfüllt ist, so kann man folgern, daß aus Starrheit 3. Stufe die endliche Unverbiegbarkeit sich ergibt. EFIMOW wendet sein Ergebnis auf den Fall der Kugelgleitverbiegungen an.

§ 112

Wir wenden uns nun Flächen zu, deren Krümmung nicht überall positiv ist. Schon COHN-VOSSEN hatte, allerdings ohne Beweis, bemerkt, daß geschlossene Flächen vom Geschlecht der Kugel existieren, die unstarr sind. Zu jeder geschlossenen Rotationsfläche vom Geschlecht der Kugel, die eine Zone negativer Krümmung enthalte, gäbe es in beliebig kleiner Nachbarschaft unstarre Flächen. In der Arbeit „Zur Verbiegung von Flächen im Großen" (REMBS {8}) sind Beispiele solcher Flächen angegeben, und der Beweis ist dort besonders einfach, weil sie in eine Flächenschar eingebettet sind, der auch konvexe Flächen angehören. Seite 90 des vorstehenden Berichts sind bereits Ergebnisse der Theorie nichtkonvexer Flächen erwähnt. Wir wollen jetzt die bei Rotationsflächen übliche Methode angeben (REMBS [41]).

$$r = r(u), \qquad z = z(u)$$

sei die Gleichung der auf die Bogenlänge u bezogenen Meridiankurve. Es ist also

$$r'^2 + z'^2 = 1,$$
$$k = z'r'' - r'z'', \; r'' = kz', \; z'' = -kr'.$$

Das Linienelement der Fläche ist gegeben durch

$$ds^2 = du^2 + r^2 dv^2.$$

Bedeutet

$$z_1 = z(u) + t\,Z(u,v), \; r_1 = r(u) + t\,R(u,v), \; v_1 = v + t\,V(u,v)$$

die durch infinitesimale Verbiegung entstehende Fläche, so findet man aus $ds_1^2 = ds^2$ für Z, R, V das System partieller Differentialgleichungen

$$r'R_u + z'Z_u = 0,$$
$$r'R_v + r^2V_u + z'Z_v = 0,$$
$$R + rV_v = 0.$$

Soll der Zusammenhang des Flächenstücks bewahrt bleiben, so müssen Z, R, V periodische Funktionen von v sein. Wir machen daher den Ansatz

$$Z = \sum_{n=0}^{\infty} (Z_{n1}(u)\cos nv + Z_{n2}(u)\sin nv)$$

und entsprechende Ansätze für R und V. Durch Einsetzen erhält man für jedes n ein System von sechs Differentialgleichungen für Z_{n1}, Z_{n2}, R_{n1}, R_{n2}, V_{n1}, V_{n2}. Zwei dieser Gleichungen sind endliche Gleichungen. Mit ihnen kann man V_{n1} und V_{n2} eliminieren. Von den vier übrigen Gleichungen enthalten zwei nur Z_{n1} und R_{n1}, die andern nur Z_{n2} und R_{n2}, und die beiden letzteren stimmen mit den ersten beim Vertauschen von Z_{n2} mit Z_{n1} und R_{n2} mit R_{n1} vollkommen überein. Setzen wir daher Z_n statt Z_{n1} oder Z_{n2} und R_n statt R_{n1} oder R_{n2}, so haben wir nun das folgende System zweier gewöhnlicher Differentialgleichungen zu untersuchen

$$r'R_n' + z'Z_n' = 0,$$
$$(n^2 - 1)\,r'R_n + rR_n' + n^2 z'Z_n = 0.$$

Man kann statt dessen auch die Differentialgleichung 2. Ordnung für R_n oder Z_n

untersuchen, die sich jeweils durch Elimination der anderen gesuchten Funktion ergibt. Da man gewöhnlich Flächen in ihrer Gesamterstreckung über den Äquator ($r' = 0$) hinaus untersuchen will, bevorzugt man die Gleichung für R_n, da die für Z_n am Äquator eine singuläre Stelle hat. Die Gleichung für R_n lautet:

$$z' R_n'' - z'' R_n' + \frac{(n^2-1)\,k}{r} R_n = 0 .$$

Hier können nur $r = 0$ und $z' = 0$ singuläre Stellen veranlassen; evtl. kommt $r = 0$ mit $z' = 0$ kombiniert vor. Auf die singulären Stellen wurde die FUCHSsche Theorie, auf die Gleichung in ihrem Gesamtverlauf die STURMsche Theorie angewandt.

Das vorhin genannte Beispiel von geschlossenen unstarren Flächen mit einer Zone negativer Krümmung lieferten die Rotationsflächen der Kurvenschar

$$(r^2 + z^2)^2 + 2\,c^2 (r^2 - z^2) = 1 - 2\,c^2 \qquad \left(\frac{1}{2} \geqq c^2 \geqq 0\right).$$

Unter ihnen gibt es abzählbar unendlich viele unstarre.

Genauer untersucht sind in neuerer Zeit Flächen mit einer Meridiankurve, die der Rotationsachse ihre konvexe Seite zuwendet und an den Enden zu ihr senkrechte Tangenten hat (MINAGAWA und RADO {2}). Das weitestgehende Resultat darüber stammt von ZIEBUR {1}. Die eben angegebene Differentialgleichung kann auch geschrieben werden

$$\left(\frac{R_n'}{z'}\right)' + \frac{(n^2-1)\,k}{r\,z'^2} R_n = 0.$$

ZIEBUR betrachtet die etwas allgemeinere Gleichung

$$\left(\frac{y'}{p\,(x)}\right)' + \lambda \frac{q\,(x)}{(a + r\,(x))\,p^2\,(x)}\, y = 0$$

im Intervall $0 \leqq x \leqq b$, $y\,(0) = y\,(b) = 0$; und die Aufgabe lautet, solche Zahlen $a > 0$ zu finden, daß zu einer ganzen Zahl $n > 1$ eine Lösung y existiert mit den angegebenen Randwerten und $\lambda = n^2 - 1$. Er beweist, daß die Werte a auf der positiven reellen Achse eine überall dichte Menge bilden. Es genügt vorauszusetzen, daß p, q zweimal differenzierbar sind und p, wenn überhaupt, an den Enden $x = 0$, $x = b$ von niedrigerer als der 2. Ordnung verschwindet. Sein Theorem lautet, indem er sich auf allgemeine Sätze bei COURANT-HILBERT, Methoden der mathematischen Physik stützt: a_1 *und* a_2 *seien irgend zwei gegebene Zahlen* $0 < a_1 < a_2$. *Dann existiert eine ganze Zahl* $n > 1$ *und eine Zahl* a, *wo* $a_1 \leqq a \leqq a_2$, *so daß es einen dazugehörigen Eigenwert* $\lambda = n^2 - 1$ *der Differentialgleichung gibt.* Damit ist gezeigt, daß es in der Menge der Rotationsflächen der genannten Art mit gleicher Meridiankurve, aber verschiedenem Abstand von der Achse abzählbar unendlich viele unstarre gibt, die überall dicht liegen; a bedeutet den Abstand.

§ 113

Das Problem der Verbiegung der „Zylindroide“ wurde in § 36 behandelt. Neue Ergebnisse erzielte ILLIN {1}. „Zylindroid“ heißt hier, wie früher bemerkt, eine Fläche, die aus drei Teilen besteht: Ihre „Seitenfläche“ ist homöomorph einer zylindrischen Röhre, ohne Selbstdurchdringung, singularitätenfrei und besitzt die GAUSSsche Krümmung Null; sie enthält keine Ebenenstücke als Bestandteile und wird durch zwei zueinander parallele ebene Grundflächen verschlossen. Je nach der Beschaffenheit des vom Zylindroid berandeten räumlichen Bereichs werden konvexe und nichtkonvexe Zylindroide unterschieden. Die Gleichungen der infinitesimalen Verbiegung können für die Seitenflächen integriert werden, wobei man das Vorhandensein der Grundfläche zu berücksichtigen hat. Von Interesse ist besonders, daß die Seitenfläche unstarr sein kann. Sind Q_1 und Q_2 die Flächeninhalte der Grundflächen, und ist Q der Flächeninhalt der zu beiden parallelen mittleren Schnittfläche, so lautet die Bedingung für Unstarrheit $4Q = Q_1 + Q_2$. Die Bedingung kann nur erfüllt sein, wenn das Zylindroid eine genügend schlanke Taille hat, z. B. nicht für konvexe Zylindroide. Es wird eine Methode zur Konstruktion solcher Zylindroide angegeben: Man schneide ein Rotationshyperboloid durch zwei Breitenkreisebenen, z. B. symmetrisch zum Kehlkreis gelegene Ebenen, trage in den einen Schnittkreis ein regelmäßiges n-Eck $A_1 A_2 \cdots A_n$ ein, ziehe durch die Ecken die Erzeugenden der einen Schar und verbinde auch ihre Schnittpunkte mit der anderen Ebene zu einem n-Eck $B_1 B_2 \cdots B_n$; jetzt werden noch die Linien $A_1 B_2$, $A_2 B_3, \cdots, A_n B_1$ gezogen. Die Seitenflächen $A_1 B_1 B_2$, $A_1 B_2 A_2, \cdots$ bilden zusammen mit $A_1 A_2 \cdots A_n$ und $B_1 B_2 \cdots B_n$ ein Prismatoid; schneidet man noch durch Schnitte parallel zu den zwei Grundflächen in kleinen Abständen je eine Scheibe ab, so erhält man ein Prismatoid mit trapezförmigen Seitenflächen. In die Seitenfläche wird dann die gewundene des Zylindroids mit der Krümmung Null so einbeschrieben, daß jede Trapezfläche Wendetangentialebene wird und jede Berührungsgerade zwei innere Punkte der parallelen Grundflächenseiten verbindet. Ferner hat man n und den Abstand der Grundflächen geeignet zu wählen (vgl. die Fig. 12).

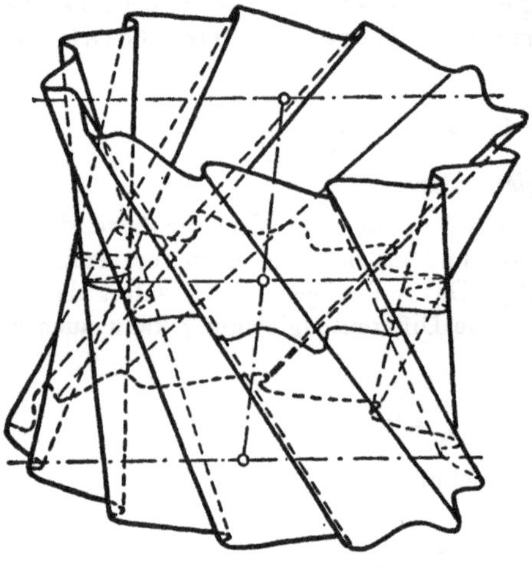

Fig. 12 (nach Illin {1})

§ 114

In § 38 wurde die Starrheit 2. Stufe der geschlossenen Rinnen bewiesen. Inzwischen liegt eine Untersuchung von Posnjak {1} über „vieleckige Rinnen" vor. Eine vieleckige Rinne X erhält man durch successive Zusammenheftung regulärer Zylinderstücke X_i ($i = 1, 2, \cdots, n$), von denen jedes durch zwei Erzeugende und zwei Kurven L_{1i}, L_{2i} berandet ist. Die Zusammenheftung vollzieht sich längs der Kurven L_{2i} und $L_{1\,i+1}$; X_1 und X_n werden längs L_{11} und L_{2n} zusammengeheftet; die Erzeugenden aller Zylinder sind zu einer festen Ebene π parallel (Fig. 13). Die Analytizität wie in § 38 wird hier nicht vorausgesetzt. Für die Möglichkeit einer unendlich kleinen Verbiegung wird die Existenz eines eindeutigen Geschwindigkeitsfeldes $\mathfrak{z}$ mit der bekannten Bedingung $d\mathfrak{x}\, d\mathfrak{z} = 0$ gefordert. Es werden aber insbesondere Verbiegungen betrachtet, die einer gewissen Bedingung genügen: Nämlich es wird gefordert, daß die Winkel zwischen den Berührungsebenen in den Punkten der Kanten bei der Verbiegung stationär sind. Solche Verbiegungen heißen bedingt. Damit erklären sich ohne weiteres die Begriffe der „bedingten Starrheit" und „bedingten Unstarrheit". Die notwendige und hinreichende Bedingung der bedingten Unstarrheit einer vieleckigen Rinne besteht darin, daß alle Vielecke, die durch Schnitte der Rinne mit zur Ebene π parallelen Ebenen erhalten werden, ähnlich sind und den Flächeninhalt Null haben. Notwendige und hinreichende Bedingung der bedingten

Starrheit einer vieleckigen Rinne ist entweder das Vorhandensein eines solchen Vielecks mit von Null verschiedenem Inhalt oder das Vorhandensein von zwei nicht einander ähnlichen Vielecken. Eine dreieckige Rinne aber ist bei der Bedingung der Eindeutigkeit des Geschwindigkeitsfeldes auf der ganzen Rinne und der Regularität auf jedem Zylinder eine starre Fläche. Die Beweise beruhen darauf, daß sich im vorliegenden Falle die Gleichungen (15), (16), (17) S. 57 integrieren lassen. Da für eine Rinne ohne Selbstdurchdringung die genannten Inhalte $\neq 0$ sind, folgt, daß eine beliebige vieleckige Rinne ohne Selbstdurchdringung starr ist. Gleichwohl kann ein nichttriviales eindeutiges Drehfeld existieren. Die Figur 14 stellt ein von POSNJAK gegebenes Beispiel einer bedingt unstarren Rinne dar, die aus vier Zylinderstücken zusammengeheftet ist. Die Ebene π ist Symmetrieebene der Rinne.

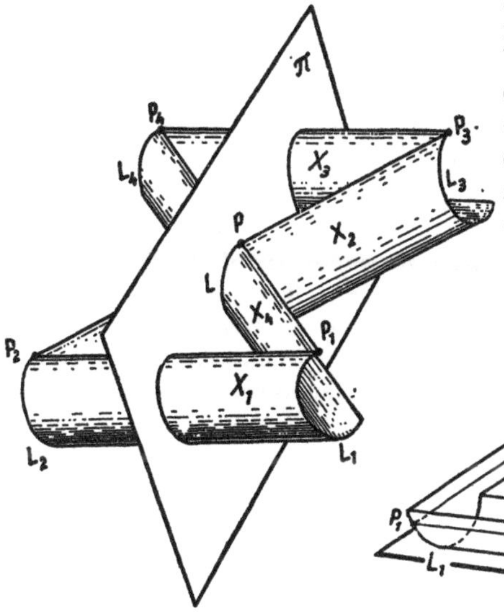

Fig. 14. (nach POSNJAK {1})

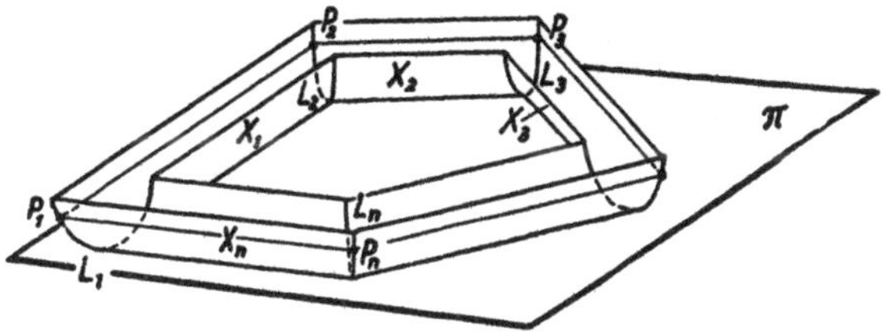

Fig. 13. (nach POSNJAK {1})

Wir schließen jetzt noch eine einfache Bemerkung über die infinitesimale Verbiegung von REMBSschen Rändern an. Längs REMBSschen Rändern oder Kurven ist $a = b = 0$ und auch $K = 0$ (siehe Seite 162). REMBSsche Kurven treten beispielsweise als „Leitkurven" von ebenen Rinnen auf. Vgl. § 38, dort ist die betreffende Kurve mit L bezeichnet.

Bei jeder infinitesimalen Verbiegung einer REMBS*schen Kurve gilt längs derselben* $\delta k = 0, \delta^2 k = 0, \delta^3 k = 0$ *und* $\delta^4 k = \frac{3}{k \cdot H^2} (\delta a)^4$, *wenn* $H \neq 0$ *ist längs der Kurve. Ist auch* $\delta^4 k = 0$ *längs der Kurven, so ist die infinitesimale Verbiegung 1. Ordnung längs der Kurve eine infinitesimale Bewegung.*

Zum Beweis benutzen wir die Formel (VIII) von § 69 und die beiden ersten Variationen derselben;

$$a^2 + b^2 + 2Hb + K = 0,$$
$$a\delta a + b\delta b + H\delta b + b\delta H = 0,$$
$$(\delta a)^2 + (\delta b)^2 + a\delta^2 a + b\delta^2 b + 2\delta H\delta b + H\delta^2 b + b\delta^2 H = 0.$$

Für eine REMBSsche Kurve gilt nun

$$H\delta b = 0 \quad \text{d. h.} \quad \delta b = 0 \quad \text{und} \quad (\delta a)^2 + H\delta^2 b = 0.$$

Wir schreiben jetzt noch die ersten vier Variationen der Beziehung $k^2 = b^2 + c^2$ dazu:

$$\begin{aligned}
&k\,\delta k = b\,\delta b,\\
&(\delta k)^2 + k\,\delta^2 k = (\delta b)^2 + b\,\delta^2 b,\\
&3\,\delta k\,\delta^2 k + k\,\delta^3 k = 3\,\delta b\,\delta^2 b + b\,\delta^3 b,\\
&3\,(\delta^2 k)^2 + 4\,\delta k\,\delta^3 k + k\,\delta^4 k = 3\,(\delta^2 b)^2 + 4\,\delta b\,\delta^3 b + b\,\delta^4 b.
\end{aligned}$$

Es ist sofort zu sehen, daß $\delta k = 0 = \delta^2 k = \delta^3 k$ ist. Weiter erhalten wir

$$k\,\delta^4 k = 3\,(\delta^2 b)^2.$$

Wegen $(\delta a)^2 = -H\,\delta^2 b$ ist dann aber $\delta^4 k \dfrac{3}{k\,H^2} (\delta a)^4$. Soll jetzt auch $\delta^4 k = 0$ sein, so hat das $\delta a = 0$ zur Folge und wegen $\dot{\mathfrak{y}} = \delta a\,\dot{\mathfrak{x}} + \delta b\,\eta$ ist in diesem Fall $\mathfrak{y} = \text{const.}$ längs der ganzen Kurve. Für den Zusatzvektor der Kurve gilt in diesem Fall

$$\mathfrak{z} = [\mathfrak{y} \times \mathfrak{x}] + \mathfrak{c}.$$

§ 115

Wir kommen noch einmal auf *Randvorgaben für infinitesimale Verbiegungen* zurück. Man könnte daran denken, die Änderung der Normalkrümmung am Rande zu geben oder, was auf dasselbe hinauskommt, die Änderung der Krümmung der Randkurve selbst, also δb oder δk, oder die Variation δa der geodätischen Torsion oder $\delta\varphi$*), wo φ der Winkel der Flächennormale gegen die Hauptnormale der Randkurve ist. Wir wollen uns hier zuerst mit der Vorgabe von δk befassen.

Wie schon erwähnt, kann man setzen

$$k\,\delta k = (\mathfrak{x}''\,\mathfrak{z}').$$

Da aber $\mathfrak{z}' = \mathfrak{y} \times \mathfrak{x}'$ ist, so folgt

$$k\,\delta k = (\mathfrak{x}''\,\mathfrak{y}'\,\mathfrak{x}') = k\,(\mathfrak{y}'\,\mathfrak{b}),$$

wo $\mathfrak{b}$ den Binormalenvektor der Randkurve bedeutet. Wir erhalten also

$$\delta k = (\mathfrak{y}'\,\mathfrak{b}).$$

Jetzt denken wir uns auf der Fläche ein affin-isothermes oder, wie man auch sagt, isotherm-konjugiertes Netz eingeführt, so daß $M = 0$, $L = N$ ist. Dann folgt aus (15) § 24, daß $\beta = -\gamma$ ist, und die Gleichungen (16), (17) nehmen daher die Form an

$$\begin{aligned}
\beta_u + \alpha_v &= \left(-\left\{{1 \atop 11}\right\} + \left\{{1 \atop 22}\right\}\right)\beta - 2\left\{{1 \atop 12}\right\}\alpha,\\
\beta_v - \alpha_u &= \left(\left\{{2 \atop 11}\right\} - \left\{{2 \atop 22}\right\}\right)\beta + 2\left\{{2 \atop 12}\right\}\alpha.
\end{aligned}$$

Aus den Gleichungen (14) § 24 aber gewinnen wir die Randbedingungen für α, β. Nämlich es ist

$$\begin{aligned}
&(\mathfrak{y}'\,\mathfrak{b}) = \delta k,\\
&(\mathfrak{y}_u\,\mathfrak{b})\,u' + (\mathfrak{y}_v\,\mathfrak{b})\,v' = \delta k,\\
&[\alpha\,(\mathfrak{x}_u\,\mathfrak{b} + \beta\,(\mathfrak{x}_v\,\mathfrak{b})]\,u' + [\beta\,(\mathfrak{x}_u\,\mathfrak{b}) - \alpha\,(\mathfrak{x}_v\,\mathfrak{b})]\,v' = \delta k,\\
&[(\mathfrak{x}_u\,\mathfrak{b})\,u' - (\mathfrak{x}_v\,\mathfrak{b})\,v']\,\alpha + [(\mathfrak{x}_v\,\mathfrak{b})\,u' + (\mathfrak{x}_u\,\mathfrak{b})\,v']\,\beta = \delta k.
\end{aligned}$$

Und auf ein lineares Differentialgleichungssystem wie das angegebene mit Randbedingungen dieser Form kann die neuere Theorie der Differentialgleichungen Anwendung finden (HAACK {1}, vgl. auch JOH. NITSCHE {1}). Das kann so geschehen. Wegen

$$(\mathfrak{x}'\,\mathfrak{b}) = 0$$

---

*) Wegen $\delta\varphi = \dfrac{\delta k}{k} \operatorname{ctg} \varphi$ (vgl. § 106) kommt diese Aufgabe auf die Vorgabe von δk hinaus.

oder

$$(\mathfrak{x}_u \mathfrak{b})\, u' + (\mathfrak{x}_v \mathfrak{b})\, v' = 0$$

kann man setzen

$$(\mathfrak{x}_v \mathfrak{b}) = \lambda u', (\mathfrak{x}_u \mathfrak{b}) = -\lambda v', \lambda^2 = \frac{(\mathfrak{x}_u \mathfrak{b})^2 + (\mathfrak{x}_v \mathfrak{b})^2}{u'^2 + v'^2}.$$

Dann nimmt die Randbedingung die Form an

$$(u'^2 - v'^2)\,\beta - 2\, u' v' \alpha = \frac{\delta k \sqrt{u'^2 + v'^2}}{\sqrt{(\mathfrak{x}_u \mathfrak{b})^2 + (\mathfrak{x}_v \mathfrak{b})^2}}.$$

Nun bezeichne σ die Bogenlänge der Randkurve in der Parameterebene. Wir bezeichnen die Ableitung nach σ durch einen Punkt. Man erhält

$$(\dot{u}^2 - \dot{v}^2)\,\beta - 2\, \dot{u} \dot{v}\, \alpha = \frac{\dot{s}\, \delta k}{\sqrt{(\mathfrak{x}_u \mathfrak{b})^2 + (\mathfrak{x}_v \mathfrak{b})^2}}.$$

Nennt man ϑ den Winkel der Kurvennormale mit der positiven 1-Achse, so können wir setzen

$$\dot{u} = -\sin \vartheta, \qquad \dot{v} = \cos \vartheta.$$

Also lautet die Randbedingung schließlich

$$\cos 2\vartheta\, \beta - \sin 2\vartheta\, \alpha = -\frac{\dot{s}\, \delta k}{\sqrt{(\mathfrak{x}_u \mathfrak{b})^2 + (\mathfrak{x}_v \mathfrak{b})^2}}.$$

Hieraus ergibt sich, daß das Problem die Charakteristik $+2$ hat. Nach der Theorie hat dann das homogene Problem $\delta k = 0$ am Rande nur die Lösung $\alpha = \beta = 0$, was Starrheit bedeutet. *Das gilt allgemein für beliebige einfach zusammenhängende Flächenstücke positiver Krümmung* (REMBS {15}). Im inhomogenen Fall muß δk 3 Integralbedingungen erfüllen, wenn eine Lösung existieren soll. Die Theorie stellt deren Existenz dann auch sicher.

§ 116

Bei der Randbedingung $\delta a = 0$ konnte bisher ein so allgemeines Resultat nicht erzielt werden*). Man mußte sich auf ebenrandige Kugelkalotten beschränken, um etwas Analoges zu erhalten. Für diese ließen sich dann die 3 Integralbedingungen der Randwerte δa auch direkt ableiten, z. B. folgendermaßen (REMBS {15}). Es ist

$$\delta a = (\mathfrak{y}' \mathfrak{x}) = (\mathfrak{y}\, \mathfrak{x}')' - (\mathfrak{y}\, \mathfrak{x}'').$$

Nun folgt aus $\mathfrak{y} \times \mathfrak{x}' = \mathfrak{z}'$ durch Multiplikation mit der Binormalen $\mathfrak{b}$

$$(\mathfrak{y}\, \mathfrak{x}'\, \mathfrak{b}) = (\mathfrak{z}'\, \mathfrak{b}).$$

oder

$$-\frac{1}{k} (\mathfrak{y}\, \mathfrak{x}'') = (\mathfrak{z}'\, \mathfrak{b}).$$

Daher wird aus unserer Formel

$$\delta a = (\mathfrak{y}\, \mathfrak{x})' + k\, (\mathfrak{z}'\, \mathfrak{b}).$$

Da aber k konstant (Kreis) und $\mathfrak{b}$ ein fester Vektor ist, liefert Integration

$$\oint \delta a\, ds = 0.$$

*) Kürzlich wurde auch der allgemeine Fall $\delta a = 0$ erledigt (REMBS {16}). Es zeigt sich, daß eine vollkommene Analogie zu $\delta k = 0$ besteht. Auch Biegungsprobleme mit negativer Charakteristik wurden behandelt (REMBS {17}).

Jetzt gehen wir von der Formel aus

$$\mathfrak{y}' = \delta\mathfrak{a}\, \mathfrak{x}' + \delta\mathfrak{b}\, \eta .$$

Wir multiplizieren sie mit $\mathfrak{b} \times \mathfrak{e}$, wo $\mathfrak{e}$ ein beliebiger Einheitsvektor in der Ebene des Kreises ist, und erhalten

$$(\mathfrak{y}'\, \mathfrak{b}\, \mathfrak{e}) = -\delta\mathrm{a}\, (\mathfrak{h}\, \mathfrak{e}) + \delta\, \mathrm{b} \sin \psi\, (\mathfrak{x}'\, \mathfrak{e}) .$$

Dabei bedeutet ψ den Winkel zwischen b und η; er ist konstant. Setzt man dann

$$(\mathfrak{h}\, \mathfrak{e}) = \cos\vartheta \quad \text{bzw.} \quad (\mathfrak{h}\, \mathfrak{e}) = \sin\vartheta ,$$

so ergeben sich die Formeln

$$\oint \delta\mathrm{a} \cos\vartheta\, \mathrm{ds} = 0, \qquad \oint \delta\mathrm{a} \sin\vartheta\, \mathrm{ds} = 0,$$

weil auch das Integral des zweiten Summanden rechts verschwindet, wie schon bekannt.

§ 117

Eine Randwertaufgabe ganz anderer Art hat G. Hellwig {1} behandelt. Von Weingarten ist die Frage aufgeworfen worden: *Kann eine Fläche so infinitesimal verbogen werden, daß die mittlere Krümmung H auf ihr überall stationär bleibt.* Die Antwort lautete: *Das ist dann und nur dann möglich, wenn die Krümmungslinien ein Isothermennetz bilden* (vgl. Seite 188).

Diesen Satz hat Hellwig folgendermaßen ergänzt: *Man betrachte ein einfach zusammenhängendes Flächenstück positiver Krümmung, dessen Krümmungslinien ein Isothermennetz bilden. Wenn dann am Rande gilt* $\delta\mathrm{H} = 0$, *so auch im ganzen Innern.*

Zum Beweis werden die Krümmungslinien als Parameterlinien eingeführt. Nach Voraussetzung ist dann $\mathrm{E} = \mathrm{G}$, $\mathrm{F} = 0$. Nun sind β, α, γ proportional zu $\delta\mathrm{L}$, $\delta\mathrm{M}$, $\delta\mathrm{N}$. Die Forderung $\delta\mathrm{H} = 0$ am Rande ergibt daher $\mathrm{E}(\beta + \gamma) = 0$, d. h. $\beta = -\gamma$. Im ganzen Innern ist ferner $\mathrm{L}\gamma + \mathrm{N}\beta = 0$. Man kann daher eine Funktion φ einführen, für die $\beta = \mathrm{L}\varphi$, $\gamma = -\mathrm{N}\varphi$ wird. Jetzt wollen wir annehmen, das Netz der Krümmungslinien sei auf der ganzen Fläche und am Rande regulär, so daß also keine Nabelpunkte vorkommen: $\mathrm{L} \neq \mathrm{N}$. Dann muß wegen $\mathrm{L}\varphi = \mathrm{N}\varphi$ am Rande $\varphi = 0$ gelten. Für die Christoffelschen Symbole erhält man die Werte $\left\{{1 \atop 11}\right\} = \left\{{2 \atop 12}\right\} = -\left\{{1 \atop 22}\right\} = \frac{\mathrm{E_u}}{2\mathrm{E}}$, $-\left\{{2 \atop 11}\right\} = \left\{{1 \atop 12}\right\} = \left\{{2 \atop 22}\right\} = \frac{\mathrm{E_v}}{2\mathrm{E}}$. Daher bekommt man für die variierten Codazzi-Gleichungen

$$(\mathrm{E}\,\alpha)_{\mathrm{u}} - \mathrm{E\,L}\,\varphi_{\mathrm{v}} - 2\,\mathrm{E\,E_v\,H}\,\varphi = 0$$
$$(\mathrm{E}\,\alpha)_{\mathrm{v}} + \mathrm{E\,N}\,\varphi_{\mathrm{u}} + 2\,\mathrm{E\,E_u\,H}\,\varphi = 0$$

$\mathrm{E_u}$ und $\mathrm{E_v}$ könnte man noch durch Invarianten, nämlich geodätische Krümmungen ersetzen. Dies System ist wegen $\mathrm{L\,N} > 0$ vom elliptischen Typus. Es hat die Lösung $\varphi \equiv 0$, $\alpha \equiv \frac{1}{\mathrm{E}}$. Hellwig beruft sich nun auf einen Satz von Wekua {1}, nach dem das auch bis auf einen konstanten Faktor bei α die einzigen Lösungen sind. Aus $\varphi \equiv 0$ würde aber in der Tat $\beta \equiv \gamma \equiv 0$ und daher $\delta\,\mathrm{H} \equiv 0$ im ganzen Innern folgen.

Wir erwähnen hier noch eine Arbeit von Stoker {2}. Er beweist darin die Starrheit gewisser konvexer unendlicher Flächen unter der Voraussetzung, daß die Zusatzgrößen der Verbiegung auf der Fläche gleichmäßig beschränkt sind. Wir halten diese Forderung für zu weitgehend. Übrigens lassen sich, wenn man die Forderung nicht stellt, für unendliche Flächen, z. B. das Rotationsparaboloid leicht unendlich viele nichttriviale infinitesimale Verbiegungen angeben. Hier besteht ein gewisser Gegensatz zu den früher behandelten Eindeutigkeitsfragen.

NACHTRAG ZU IX

Verbiegungen „im Kleinen".

§ 118

Zur Theorie der Verbiegbarkeit im „Kleinen" besprechen wir zunächst eine Arbeit von HOESLI {1}. Wie EFIMOW betrachtet er Flächen der Form

$$z = \varphi^{(n)}(x, y) + \varphi^{(n+1)}(x, y) + \cdots; \qquad \varphi^{(n)}(x, y) \neq 0.$$

Ihre Berührungsordnung im Nullpunkt ist $p = n - 1$. Wenn $p > 1$ ist, heißt z Flachpunktrealisation seiner Metrik. Die GAUSSsche Krümmung von z ist

$$K = (1 + z_x^2 + z_y^2)^{-2} Hz,$$

wo H die Hessesche Form

$$z_{xx} z_{yy} - z_{xy}^2$$

bedeutet. K laute entwickelt folgendermaßen

$$K = K^{(\varkappa)}(x, y) + K^{(\varkappa+1)}(x, y) + \cdots.$$

$\varkappa$ heißt Krümmungsgrad des Punktes P der Fläche im Nullpunkt. Es gilt

$$H\varphi^{(n)} = K^{(\varkappa)} \qquad (\varkappa = 2n - 4).$$

Für

$$f^{(n)}(x, y) = \sum_{i=0}^{n} \binom{n}{i} a_i x^{n-i} y^i$$

habe die Hessesche Form die Gestalt:

$$H f^{(n)} = (n(n-1))^2 \sum_{k=0}^{2n-4} A_k x^{2n-4-k} y^k.$$

1. Man sucht umgekehrt zu gegebenem H zugehörige $f^{(n)}$. Wählt man insbesondere

$$H f^{(n)} = (n(n-1))^2 A_{n-2} x^{n-2} y^{n-2},$$

so gibt es nur folgende Lösungen für $f^{(n)}$: für beliebiges n:

$$f^{(n)}(x, y) = a_0 x^n + a_n y^n;$$

für gerades $n = 2v$ zusätzlich das isolierte Lösungspaar

$$f^{(n)}(x, y) = \pm \binom{n}{\nu} a_\nu x^\nu y^\nu.$$

Auf diesen Fall wird die Aufgabe zurückgeführt: Die reellen Lösungen von

$$H\varphi^{(n)} = 4(n(n-1))^2 A (x^2 + y^2)^{n-2}; \qquad A > 0$$

zu bestimmen. Es ergibt sich, daß nur für gerades n Lösungen vorhanden sind:

$$\varphi^{(n)}(x, y) = \pm c (x^2 + y^2)^\nu.$$

2. Es gilt der Hilfsatz: Ist $K^{(\varkappa)}$ *definit, so existieren höchstens Flachpunktrealisationen, für welche* $p = n - 1 = 1 + \frac{\varkappa}{2}$. Nach 1) folgt daraus der Satz: *Es gibt Metriken, welche in der Umgebung eines Punktes selbst dann keine Flachpunktrealisationen gestatten, wenn der Krümmungsgrad beliebig groß ist.*

3. $f^{(n)}$ und $g^{(m)}$ seien Formen vom Grad n bzw. m; wir bilden:

$$H(f^{(n)}, g^{(m)}) = f_{xx} g_{yy} - 2 f_{xy} g_{xy} + f_{yy} g_{xx}$$

und definieren: Wenn zu gegebener Form $f^{(n)}$ die Gleichung $H(f^{(n)}, g^{(m)}) = 0$ für jedes $m > n$ nur die triviale Lösung $g^{(m)} = 0$ besitzt, heißt $f^{(n)}$ E-Form (EFIMOW-Form).

Man wähle

$$f^{(10)} = C x^5 y^5 .$$

Es ist leicht zu beweisen, daß $f^{(10)}$ E-Form ist. Da eine E-Form durch lineare Transformation wieder in eine E-Form übergeht, ist auch $[q(x, y)]^5$ E-Form, wenn q eine nicht ausgeartete quadratische Form darstellt.

4. Es wird an den Satz von EFIMOW erinnert: f und f* seien zwei isometrische Flächen der hier betrachteten Art. In den Darstellungen

$$x = a^{(1)}(u, v) + a^{(2)}(u, v) + \cdots, \qquad x = a^{(1)*}(u, v) + a^{(2)*}(u, v) + \cdots,$$
$$y = b^{(1)}(u, v) + b^{(2)}(u, v) + \cdots, \qquad y = b^{(1)*}(u, v) + b^{(2)*}(u, v) + \cdots,$$
$$z = f^{(n)}(u, v) + f^{(n+1)}(u, v) + \cdots, \qquad z = f^{(n)*}(u, v) + f^{(n+1)*}(u, v) + \cdots$$

sollen die Anfangsglieder übereinstimmen: $a^{(1)} \equiv a^{(1)*}$, $b^{(1)} \equiv b^{(1)*}$, $f^{(n)} \equiv f^{(n)*}$: ferner sei $f^{(n)}$ E-Form. Dann gilt: Die Flächen fallen zusammen. Der Beweis für $a^{(k)} = a^{(k)*}$ $b^{(k)} = b^{(k)*}$, $f^{(k)} = f^{(k)*}$ wird mittels vollständiger Induktion geführt.

5. Man betrachte ein Flächenpaar

$$z = \pm \left\{[q(x, y)]^{n/2} + \varphi^{(n+1)}(x, y) + \cdots\right\}, n = 2\nu;$$

q sei eine definite quadratische Form. Hier ist

$$K^{(\varkappa)} = p\,[q(x, y)]^{n-2}, \; p > 0.$$

Die Anfangsformen aller zugehörigen Flachpunktrealisationen genügen der Gleichung

$$H\,\varphi^{(n)} = K^{(\varkappa)}.$$

Nach 1. hat diese Gleichung nur das Lösungspaar:

$$\varphi^{(n)} = \pm [q(x, y)]^{n/2}.$$

Also lautet die Gleichung jeder Flachpunktrealisation

$$z = \pm \left\{[q(x, y)]^{n/2} + \varphi^{(n+1)*} + \cdots\right\}.$$

Wenn $[q(x, y)]^{n/2}$ E-Form ist, so folgt aus 4. $\varphi^{(k)*} = \varphi^{(k)}$ für alle k. Es gibt also nur zwei Flachpunktrealisationen. $[q(x, y)]^{n/2}$ ist für $n = 10$ nach 3. E-Form. Daraus folgt: *Es gibt analytische Metriken, die in der Umgebung eines Punktes nur eine (bis auf Bewegung und Spiegelung) bestimmte Flachpunktrealisation gestatten.*

6. Das einfachste Beispiel zu 5. ist $(x^2 + y^2)^5$. Bei definitem K, wie hier, erscheint die Unverbiegbarkeit als Zusatz. Denn stetige Verbiegung könnte nur zu flachpunktfreien Flächen führen. Dies widerspricht aber dem Satz von der Erhaltung der Berührungsordnung bei Verbiegung, der stets gilt, wenn $K^{(\varkappa)}$ keine mehrfachen Nullgeraden enthält.

§ 119

Mit dem gleichen Problemkreis befassen sich zwei Arbeiten in russischer Sprache von BERRI {1} und TARTAKOWSKIJ {1}. Wir gehen hier sogleich auf die weiter führende Arbeit von TARTAKOWSKIJ ein. Die aus zwei Formen F und Φ gebildete Form

$$F_{xx}\,\Phi_{yy} - 2\,F_{xy}\,\Phi_{xy} + F_{yy}\,\Phi_{xx}$$

bezeichnet TARTAKOWSKIJ als Konvektante von F und Φ. Formen, deren Konvektante identisch Null ist, werden pseudoorthogonal genannt. Die von EFIMOW eingeführte Invariante N(F) ist so definiert: Wenn es keine Formen von höherer Ordnung als F gibt, die zu F pseudoorthogonal sind, ist $N(F) = \infty$; wenn aber solche Formen existieren und M die kleinste Ordnung der Formen Φ ist, so setzt man $N(F) = M - n - 1$. Die Formen F, bei denen $N(F) = \infty$ ist, heißen normal, die übrigen speziell, eine Bezeichnung, die durch die aufzustellenden Sätze gerechtfertigt erscheint. Eine Form n-ten Grades F mit den Koeffizienten $\lambda_0, \lambda_1, \ldots, \lambda_n$ wird als Punkt des Raumes Λ_n mit diesen Koeffizienten als Koordinaten aufgefaßt. Die Menge der Punkte, welche die speziellen Formen darstellen, bezeichnet man mit Λ'_n. *Es wird bewiesen: Für* $n = 1, 2, 3, 4$ *ist* $\Lambda'_n = \Lambda_n$. *Für* $n \geqq 5$ *besteht* Λ'_n *aus einer abzählbaren Menge algebraischer Mannigfaltigkeiten in* Λ_n, *von denen jede von kleinerer Dimension als* Λ_n *selbst ist.* Übrigens ist der Satz für $n = 1, 2, 3$ trivial.

Der Begriff der E-Form ist enger als bei HOESLI. Hier heißen so die normalen Formen, die frei sind von mehrfachen Faktoren. Man bezeichnet mit Λ''_n die Darstellung aller Formen (im Raume Λ_n) mit mehrfachen Linearfaktoren, mit Λ''' die aller Nicht-E-Formen, so daß $\Lambda'''_n = \Lambda'_n \cup \Lambda''_n$ ist, und mit $\overline{\Lambda_n}$ die Darstellung aller E-Formen, woraus folgt $\Lambda'_n \cup \Lambda'''_n = \Lambda_n$. Es wird bewiesen: *Für* $n = 1, 2, 3, 4$ *ist die Menge* $\overline{\Lambda^n}$ *leer und* $\Lambda'''_n = \Lambda_n$. *Für alle* $n \geqq 5$ *besteht* Λ'''_n *aus einer abzählbaren Menge algebraischer Mannigfaltigkeiten, von denen jede von kleinerer Dimension als* Λ_n *selbst ist.*

Die Beweise von TARTAKOWSKIJ sind zu kompliziert, als daß wir sie hier reproduzieren können. Wir wollen nur noch den folgenden Satz anführen, der von BERRI stammt: *Für alle Formen* F *vierten Grades ist* N (F) *gleich* 0 *oder* 1, und für den TARTAKOWSKIJ einen neuen Beweis geliefert hat.

§ 120

Und nun wenden wir uns der Frage zu, ob sich für Flächen mit Flachpunkt auch Starrheitsaussagen machen lassen. Hierzu liegt bis jetzt nur eine Arbeit vor, und zwar von EFIMOW. {2}

Eine Fläche $z = F^{(n)}(x, y)$ erfahre bei einer infinitesimalen Verbiegung die Änderungen $\varepsilon\xi$, $\varepsilon\eta$, $\varepsilon\zeta$ der Koordinaten. Dann muß bekanntlich ζ der Gleichung genügen

$$r\,\zeta_{yy} - 2\,s\,\zeta_{xy} + t\,\zeta_{xx} = 0, \tag{1}$$

wo r, s, t die zweiten Ableitungen von z bedeuten. Starrheit besteht dann und nur dann, wenn man sagen kann, daß ζ notwendig eine lineare Funktion von x, y ist. Man setze $\zeta = \Phi^0 + \Phi^{(1)} + \cdots + \Phi^{(m)} + \cdots$, so müssen die $\Phi^{(m)}$ der Gleichung (1) genügen.

$$\Psi = r\,\Phi^{(m)}_{yy} - 2\,s\,\Phi^{(m)}_{xy} + t\,\Phi^{(m)}_{xx} \tag{2}$$

ist eine homogene Form Ψ vom Grad $n + m - 4$; die Koeffizienten von Ψ sind bilineare Funktionen der Koeffizienten $a_0, \ldots, a_n$ und $b_0, \ldots, b_m$ der Formen $F^{(n)}$ bzw. $\Phi^{(m)}$. Setzen wir sie alle gleich 0, so haben wir ein System homogener linearer Gleichungen für die Unbekannten $b_0, \ldots, b_m$. Mit φ_m wird die Summe der Quadrate der Minoren $(m + 1)$ ter Ordnung der Matrix bezeichnet. Wenn bei gegebenen $a_0, \ldots, a_n$ gilt $\varphi_m \neq 0$, so folgt aus dem Verschwinden von (2) $\Phi^{(m)} \equiv 0$. Um zu zeigen, daß es im Kleinen starre Flächen gibt, muß man nachweisen, daß es eine Form $F^{(n)}$ gibt, so daß alle $\varphi_m \neq 0$ sind für $m \geqq 2$.

Für die Form $x^8 y^6$ stellt EFIMOW die Gestalt der Koeffizienten der Gleichungssysteme der b_k fest. Er findet, daß das Gleichungssystem positive ganzzahlige Lösungen nur im Falle $m = 8$ hat. Dann muß aber $\varphi_8 = 0$ sein, während alle andern $\varphi_m \neq 0$ sind. Der Form $x^9 + x^3 y^6 + y^9$ entspricht dagegen ein $\varphi_8 \neq 0$.

Nun wird die allgemeine Form neunten Grades betrachtet. E_{10} sei der Raum ihrer Koeffizienten $a_0, \ldots, a_9$. Keine der Funktiononen φ_m verschwindet identisch für sie, wie aus dem Vorhergehenden folgt. Daher stellen die Gleichungen $\varphi_m = 0$ Hyperflächen im E_{10} dar. Aber es muß noch Punkte geben, die auf keiner Hyperfläche liegen. Denn eine abzählbare Menge von Hyperflächen kann den Raum nicht ganz ausfüllen. Wir finden also, daß es Formen 9. Grades geben muß, für die alle $\varphi_m \neq 0$ sind. Die entsprechenden Flächen besitzen Starrheit im Kleinen.

KURZE ÜBERSICHT ÜBER DIE HISTORISCHE ENTWICKLUNG DER FLÄCHENVERBIEGUNG IM GROSSEN[1])

In diesem Abschnitt geben wir einige geschichtliche Bemerkungen zur Flächenverbiegung im Großen an, die sich auf die Zeit vor dem Erscheinen des LIEBMANNschen Beweises beziehen.

Ohne Zweifel stellen wohl die Fragestellungen der Flächenverbiegung im Großen den größten und vielleicht auch ältesten Teil der gesamten globalen Flächentheorie dar. Schon in den „Elementen" von EUKLID, im XI. Buch, findet sich die folgende Definition: 10. Gleich große und ähnliche räumliche Figuren sind solche, die eingeschlossen sind von gleich vielen, gleich großen und ähnlichen ebenen Figuren. (D. h. Polyeder sind kongruent, wenn sie kongruente Seitenflächen besitzen.) Diese Definition hat Anlaß gegeben zu zahlreichen kritischen Kommentaren. So hat schon ROBERT SIMSON (1687—1768) in seiner EUKLID-Ausgabe von 1756 bemerkt, daß die genannte Definition 10 des XI. Buches eigentlich keine Definition ist, sondern ein Satz, der einen Beweis erfordert. A. M. LEGENDRE (1752—1833) hat in seinem berühmten Lehrbuch Eléments de Géométrie (1. Aufl. Paris 1794, 12. Aufl. 1823) auf diese Stelle in EUKLIDs Werken hingewiesen. Da sich mehrere Sätze des XI. und XII. Buches der „Elemente" auf die Definition 10 stützen (z. B. die Berechnung des Prismen- und Pyramideninhalts), so hat dieser Sachverhalt dazu beigetragen, daß das XI. Buch als nicht ganz einwandfrei gilt. Es läßt sich jedoch der Einwand gegen EUKLIDs Definition 10 abschwächen: EUKLID wendet seine Definition der Kongruenz von Polyedern nur auf solche mit dreiseitigen Ecken an; und dreiseitige Ecken mit kongruenten Seitenflächen sind kongruent. Es folgt danach aus der Kongruenz der Seitenflächen die der Ecken und damit die Kongruenz oder Symmetrie der Polyeder selbst. Gerechterweise kann man also EUKLID nur vorwerfen, daß er zu seiner Definition der Kongruenz die notwendigen Einschränkungen und Erklärungen nicht angegeben hat. Vgl. W. FENCHEL {2}.

Übrigens hat schon R. SIMSON bemerkt, daß es nichtkongruente oder nichtsymmetrische Polyeder gibt, die paarweise kongruente Seitenflächen besitzen. (Man ersetze die Seitenfläche eines Polyeders durch eine Pyramide, die die Seitenfläche als Grundfläche besitzt. Einmal liege die Spitze der Pyramide auf der einen Seite der Seitenfläche und dann auf der anderen Seite derselben. Die Pyramiden seien also Spiegelbilder an der Seitenfläche. Man erhält so zwei inkongruente Polyeder mit paarweis kongruenten Seitenflächen.) Ferner hat SIMSON vorgeschlagen, man solle in die Definition kongruenter Polyeder noch die Forderung aufnehmen, daß entsprechende Raumwinkel gleich groß sein müssen. Diese vollständige Definition wird auch von LEGENDRE diskutiert, der feststellt, daß man auf diese Weise zuviel fordert. Er sucht deshalb die genaue Anzahl der Bedingungen zu bestimmen, die für die Kongruenz hinreichend sind.

Für konvexe Polyeder hat der junge A. L. CAUCHY (1789—1857) 1812 unter Anleitung von J. L. LAGRANGE (1736—1813) den Kongruenzsatz bewiesen. (Es wurde von Herrn A. SPEISER mündlich mitgeteilt, daß man unter viel früheren Aufzeichnungen von LAGRANGE bereits die wesentlichsten Beweisgedanken des CAUCHYschen Beweises vorgefunden habe.) LEGENDRE hat den Beweis von CAUCHY, der übrigens zwei kleine Fehlschlüsse enthält, anläßlich einer späteren Auflage seines oben genannten

[1]) Hinsichtlich der historischen Entwicklung der allgemeinen Flächenverbiegung sei auf den Enzyclopädieartikel von A. Voss {1} verwiesen.

Lehrbuches in dasselbe aufgenommen. In einer Fußnote schreibt er dazu: „Der Beweis, den wir hier geben, ist im wesentlichen derselbe wie der, den Herr CAUCHY kürzlich im Institut mitgeteilt hat, und den er gefunden hat, indem er von einigen Gedanken ausging, die zu dem Zweck in der ersten Ausgabe in diesem Buch herausgestellt wurden.“

Die Vermutung, daß geschlossene Flächen „starr“ sind, ist wohl zuerst von L. EULER (1707—1783) ausgesprochen worden. Am Ende seiner Abhandlung: Problema invenire duas superficies, quarum alteram in alteram transformare licet, ita ut in utraque singula puncta homologa easdem inter se teneant distantias, die sich in der „Adversaria mathematica“, dem Handbuch EULERs befindet, welches er von 1766—1775 geführt hat (siehe Opera postuma, t. I, Petropoli 1862, 494—496), befindet sich eine Bemerkung folgenden Inhalts: . . . Eine überall geschlossene körperliche Figur lasse keine Veränderungen zu. Solange also die Kugelfläche oder überhaupt eine geschlossene Fläche unversehrt sei, lasse sie keine Veränderungen zu. Indessen sei es klar, daß die Figur der Halbkugel sicher veränderlich ist; was für Veränderungen sie aber erleiden könne, das zu ermitteln scheine eine schwierige Aufgabe zu sein. — Daß EULER mit den „Veränderungen“ tatsächlich Verbiegungen meint, geht aus den voranstehenden Betrachtungen hervor, wo er sich mit Abwicklung (isometrische Abbildung) von Flächen aufeinander beschäftigt. Dabei gibt er auch die Bedingung an, daß die Fundamentalgrößen erster Ordnung übereinstimmen müssen. Als Beispiel behandelt er die Abwicklung von Kegeln aufeinander. Es sei dazu noch bemerkt[2]), daß EULER diese Betrachtungen LAGRANGE in einem Brief vom 16. I. und in einem vom 9. III. 1770 mitgeteilt hat.

Nach Angaben von CAUCHY (Comptes Rendus 21 (1845), 514) hat auch LAGRANGE 1812 die Vermutung ausgesprochen, daß eine geschlossene konvexe Fläche nicht verbogen werden kann.

Auch F. MINDING (1806—1885), der als erster die von GAUSS begründete Theorie der Flächenverbiegung weitergeführt hat, führt den betreffenden Kongruenzsatz als ziemlich selbstverständlich an[3]).

Der erste Beweisversuch ist von J. H. JELLETT (1817—1888) unternommen worden, der als Zusatz zu einer längeren Untersuchung über infinitesimale Flächenverbiegungen erschienen ist. JELLETT {1} glaubte bewiesen zu haben (siehe § 110 S. 210), daß eine geschlossene konvexe und analytische Fläche keine nichttrivialen infinitesimalen Verbiegungen zuläßt. Das jedoch trifft nicht zu; denn JELLETT wendet Formeln an, die nur für einwertig projizierbare Flächenstücke Gültigkeit besitzen. Aus diesem Grunde wird der Beweisversuch im allgemeinen als mißglückt bezeichnet. Jedoch kann man den JELLETTschen Untersuchungen einige recht schöne Ideen entnehmen. So treten beispielsweise als starke Hilfsmittel gewisse „Integralbedingungen“ auf, und man kann ohne große Mühe aus den Betrachtungen einen Starrheitssatz über einwertig projizierbare konvexe Flächen gewinnen. Die oben erwähnte Untersuchung von JELLETT dürfte wohl die erste überhaupt aus dem Gebiet der infinitesimalen Flächenverbiegung sein. Darin gibt JELLETT unter anderen einen Beweis des folgenden Satzes, der bekanntlich aus der Charakteristikeneigenschaft der Asymptotenlinien folgt: Bleibt bei einer infinitesimalen Verbiegung eines Flächenstückes auf demselben ein Kurvenstück fest, so bleibt sogar ein ganzes Viereck fest, welches von den Asymptotenlinien (bei JELLETT curves of flexure) gebildet wird, die durch die Endpunkte des Kurvenstückes laufen. In diesem Zusammenhang sei auch auf den auf Seite 152 angegebenen Satz von O. BONNET (1819—1892) verwiesen.

[2]) Vgl. P. STÄCKEL: Karl Peterson, Bibliotheca mathematica, 3. F. 2, (1900).
[3]) MINDING {1}, {2}.

Wie wir sahen, ist die Starrheit der Vollkugel gleichbedeutend damit, daß in ihr keine Selbstspannungen existieren können, daß vielmehr wirkliche Spannungszustände nur eintreten können unter Einwirkung äußerer Kräfte. Dieser letzte Satz findet sich schon bei J. C. MAXWELL (1831—1879) (On the Equilibrium of a Spherical Envelope (1867) Scientific Papers II, 86—95). Auf diesen Satz beruft sich BLASCHKE {4}, indem er MAXWELL den ersten Beweis für die Starrheit der Kugel zuschreibt. Nun muß aber gesagt werden, daß in der ganzen Arbeit solch eine Aussage nicht vorkommt, ja von Starrheit überhaupt nicht die Rede ist. Das ist um so bemerkenswerter, als MAXWELL sehr wohl eine Arbeit über Flächenverbiegungen geschrieben hat[4]), in der er auch die Resultate von JELLETT bespricht. Man tut also MAXWELL vielleicht doch etwas zu viel Ehre an, wenn man sagt, er habe die Starrheit der Kugel bewiesen. Ja selbst für das Fehlen von Selbstspannungen auf der Kugel wird bei ihm kein schlüssiger Beweis gegeben. Er begründet seine Aussage nur durch Berufung auf das Verhalten elektrischer Ströme in einer Kugel, die für ihre Existenz zur Voraussetzung hätten, daß Punkte vorhanden seien, in denen die Elektrizität von außen zugeführt und andere, bei denen sie abgeleitet würde. Diese Punkte sind dann singuläre Stellen für das System der Schubspannungslinien. Von dieser Analogie abgesehen ist von Existenzfragen in der Arbeit keine Rede, vielmehr hat sie einen überwiegend rechnerischen Charakter, indem die Aufgabe gelöst wird, die durch gegebene äußere Kräfte bewirkte Spannungsverteilung wirklich zu ermitteln.

Ebensogut wie MAXWELL könnte man J. LIOUVILLE (1809—1882) den ersten Beweis der Starrheit der Kugel zuschreiben, da nach ihm jede auf der ganzen Kugel reguläre analytische Funktion notwendig eine Konstante ist. Die Bestimmung infinitesimaler Verbiegungen der Kugel führt nämlich auf die Gleichung $\triangle U = 0$.

Der erste einwandfreie Beweis für die infinitesimale Unverbiegbarkeit analytischer Eiflächen stammt, wie früher bemerkt, von H. LIEBMANN (1874—1939) aus dem Jahre 1899. Die folgende Entwicklung ist in der Einleitung von EFIMOW angegeben. Man vergleiche auch die Literaturverzeichnisse.

---

[4]) On the Transformation of surfaces by Bending. (1854) Scientific Papers I 80—114.

LITERATURVERZEICHNIS

Auf die Arbeiten, die schon im EFIMOW-Bericht zitiert sind, wird hier durch Angabe der dortigen Nummer in eckigen Klammern [ ] verwiesen; die dort nicht verzeichneten Arbeiten werden hier mit einer Nummer in geschweiften Klammern { } angegeben. Einige der angeführten Arbeiten sind im Text nicht erwähnt, da sie *noch* nicht für Fragen im Großen angewandt wurden.

ALEXANDROW, A. D. [3], [13], [15], [17], [18], [19], [20], [23], [26], [32], [40], [43], [54]. {1} Die innere Geometrie der konvexen Flächen. Berlin 1954.

ALEXANDROW, A. D. und POGORELOW, A. W. {1} Die eindeutige Bestimmtheit der konvexen Rotationsflächen. Mat. Sbornik n. S. 26 (68) (1951) 183—204.

ALEXANDROW, A. D. und SENKIN E. P. {1} Über die Nichtverbiegbarkeit konvexer Flächen. Westnik Univ. Leningrad No 8 (1955) 3—15.

BIANCHI, L. {1} Sulla teoria della trasformasione delle superficie a curvatura constante, Ann. Mat. pura appl. 3 (1889) 240—241.

BERNSTEIN, S. N. [22].

BLASCHKE, W. [12], [35]. {1} Einführung in die Differentialgeometrie. Berlin 1950. {2} Analytische Geometrie. Basel 1954. {3} Projektive Geometrie. Basel 1954. {4} Kreis und Kugel. Leipzig 1916. {5} Über eine geometrische Frage von EUKLID bis heute. Hamburger Math. Einzelschriften. Heft 23. Leipzig und Berlin 1938. {6} Ein Beweis für die Unverbiegbarkeit der konvexen geschlossenen Flächen. Gött. Nachr. 1912. {7} Reziproke Kräftepläne zu den Spannungen einer biegsamen Haut. Intern. Congr. Math. Cambridge 1912. {8} Über isometrische Flächenpaare. Jber. d. DMV 22 (1913) 154—183. {9} Über affine Geometrie XXVI, Wackelige Achtflache. Math. Zeitschr. 6 (1920) 85—93. {10} Über Paare umfangsgleicher Eilinien. Jber. d. DMV 48 (1938) 69—74. {11} Sulla rigidita degli ovaloidi Unione Math. Italiana 5, 1943.

BLASCHKE, W. und HERGLOTZ, G. {1} Über die Verwirklichung einer geschlossenen Fläche mit vorgeschriebenem Bogenelement im euklidischen Raum. Münchener Sitzsber. 1937.

BOL, G. {1} Zur projektiven Theorie der infinitesimalen Flächenverbiegung Math. Zeitschr. 62 (1955) 1—16. {2} Über einen Satz von Cauchy. Jber. d. DMV 48 (1938) 74—76.

BONNET, O. {1} Mémoire sur la théorie des surface applicables sur une surface donnée. J. de l'éc. Polyt. 42 (1867) 77.

BRICARD, R. {1} Mémoire sur la théorie de l'octaèdre articulé. Liouv. J. (5) 3 (1897) 113—148.

CAUCHY, A. {1} Sur les polygones et les Polyedres. Second memoire. J. de l'ec. Polyt. 9 (1813) 87.

COHN-VOSSEN, ST. [1], [21], [24], [27] vgl. auch HILBERT und COHN-VOSSEN.

DARBOUX, G. [31].

DEHN, M. {1} Über die Starrheit konvexer Polyeder. Math. Ann. 77 (1916) 466—473.

DORFMANN, A. G. {1} Verbiegung einer Fläche mit einem Flachpunkt. Usp. mat. Nauk 6 Nr. 6 (46) (1951) 167—173.

EFIMOW, N. W. [4], [36], [39] ,[47], [48], [49], [50], [51], [53]. {1} Einige Sätze über Starrheit und Unverbiegbarkeit. Usp. mat. Nauk 7 Nr. 5 (51) (1952) 215—224. {2} Über Starrheit im Kleinen. Dokl. Akad. Nauk SSSR n. S. 60 (1948) 761 bis 764.

EGLOFF, W. {1} Eine mit der Theorie der Kugelverbiegungen zusammenhängende Eigenwertaufgabe der Potentialtheorie. Math. Nachr. 8 (1952) 99—122. {2} Eine Bemerkung zu Cauchys Satz über die Starrheit konvexer Vielflache. Ber. Hamburger Math. Sem. 21 (1956).

FENCHEL, W. {1} Über Krümmung und Windung geschlossener Raumkurven. Math. Ann. 101 (1929) 238—252. {2} En kongruenssaetning for konvekse polyedre. Math. Tidsskr. A (1949) 35—43.

GOEBEL, W. {1} Biegungsflächen der Rotationsellipsoide mit konischen Punkten. Math. Nachr. 11 (1954) 5—34.

GOHIER, S. {1} Sur la rigidité des calottes convexes à bord. Comptes rendus 238 (1954) 1859—61. {2} Sur les surfaces ouvertes à courbure intégrale 4π. Comptes rendus 240 (1955) 2291—93. {3} Sur les calottes convexes tangentes tout le long de leur bord à une sphère. Comptes rendus 241 (1955) 154—156.

GROTEMEYER, K. P. {1} Zur eindeutigen Bestimmung von Flächen durch die erste Fundamentalform. Math. Zeitschr. 55 (1952) 253—268. {2} Über die Verbiegung konvexer Flächen mit Rand. Math. Zeitschr. 58 (1953) 41—45. {3} Zur infinitesimalen und endlichen Verbiegungen von Halbeiflächen. Arch. d. Math. 4 (1953) 52—60. {4} Über die Verbiegung konvexer Flächen mit einer Randkurve, die Eigenschattengrenze ist. Math. Zeitschr. 58 (1953) 272—280. {5} Gleitverbiegungen und eindeutige Bestimmtheit isometrischer ebenrandiger Mützen. Math. Zeitschr. 59 (1953) 278—289. {6} Bemerkung zur Verbiegung konvexer Flächen. Math. Zeitschr. 59 (1953) 258. {7} Über die eindeutige Bestimmung offener Flächen durch die Metrik. Habilitationsschrift Freiburg 1954, Manuskript {8} Integralsätze bei infinitesimalen Verbiegungen von geschlossenen Raumkurven. Arch. d. Math. 6 (1955) 250—252. {9} Die eindeutige Bestimmtheit einer Klasse von offenen vollständigen Flächen durch die Metrik. Math. Zeitschr. 62 (1955) 17—22. {10} Zur eindeutigen Bestimmtheit konvexer Mützen. Arch. d. Math. 6 (1955) 454—461.

HAACK, W. {1} Randprobleme höherer Charakteristik für ein System von zwei elliptischen Differentialgleichungen, Math. Nachr. 8 (1952) 123—132.

HARTMAN, PH. (vgl. WINTNER, A.)

HELLWIG, G. {1} Über die Verbiegbarkeit von Flächenstücken mit positiver GAUSSscher Krümmung. Arch. d. Math. 6 (1955) 243—249. {2} Randwertprobleme nichtlinearer elliptischer Differentialgleichungssysteme erster Ordnung mit der Anwendung auf die Verbiegung elliptisch gekrümmter Flächenstücke. Math. Nachr. 8 (1952) 13—30.

HERGLOTZ, G. [25] vgl. auch BLASCHKE und HERGLOTZ.

HILBERT, D. [5].

HILBERT, D. und COHN-VOSSEN, ST. [45].

HOESLI, R. D. {1} Spezielle Flächen mit Flachpunkten und ihre lokale Verbiegbarkeit. Comp. math. 8 (1950) 113—141.

HOPF, H. {1} Zur Differentialgeometrie geschlossener Flächen im euklidischen Raum. Convegno di Geometria differenziale 1953. Roma 1954. {2} Über Flächen mit einer Relation zwischen den Hauptkrümmungen. Math. Nachr. 4 (1951) 232—245.

HOPF, H. und RINOW, W. [2].

HOPF, H. und SAMELSON, H. {1} Zum Beweis des Kongruenzsatzes für Eiflächen. Math. Zeitschr. 43 (1938).

HOPF, H. und SCHILT, H. [52].

ILLIN, I. G. {1} Über die Starrheit der Seitenflächen eines geschlossenen Zylindroids. Usp. mat. Nauk 5 Nr. 6 (40) (1950) 145—156.

JELLETT, J. H. {1} On the properties of inextensible surfaces. Dublin Transactions 22 (1854) 375.

JONAS, H. {1} Über die Konstruktion der W-Kongruenzen zu einem gegebenen Brennflächenmantel und die Transformation der R-Flächen. Jber. DMV. 29 (1920) 40—74.

KUEN, TH. {1} Über Flächen mit konstantem Krümmungsmaß. S. Ber. Bayr. Akad. Wiss. München (1884) 205.

LEVI, E. E. {1} Sulla deformatione delle superficie flessibili ed inextendibile. Reale Acad. delle Sc. di Torino 1907—1908.

LEWY, H. [7], [8], [9], [10].

LIEBERMANN, I. M. [16].

LIEBMANN, H. [34]. {1} Eine neue Eigenschaft der Kugel. Göttinger Nachrichten 1899, 44. {2} Über die Verbiegung geschlossener Flächen positiver Krümmung. Math. Ann. 53 (1900) 81. {3} Neuer Beweis, daß eine geschlossene konvexe Fläche sich nicht verbiegen läßt. Math. Ann. 54 (1901) 505. {4} Über die Verbiegung der geschlossenen Ringfläche. Göttinger Nachrichten 1901, 39. {5} Ausnahmefachwerke und ihre Determinante. S. Ber. Bayr. Akad. Wiss. München (1920) 197—227.

LUSTERNIK, L. A. [14], [55].

LUKSCHIN, W. S. [42].

MINAGAWA, T. und RADO, T. {1} On the infinitesimal rigidity of surfaces. Osaka math. J. 4 (1952) 241—285. {2} On the infinitesimal rigidity of surfaces of revolution. Math. Zeitschr. 59 (1953) 151—163.

MINDING, F. {1} Über die Biegung gewisser Flächen. J. reine angew. Math. 18 (1838) 279—309. {2} Über die Biegung krummer Flächen. J. reine angew. Math. 18 (1838) 365—368.

NAAS, J. {1} Über die Seitenkrümmung. Math. Ann. 113 (1937) 48—82.

NITSCHE, Joachim {1} Randwertprobleme für die Verbiegung positiv gekrümmter Flächenstücke. Math. Zeitschr. 60 (1954) 353—366. {2} Ein mit der Verbiegung der Halbkugel verbundenes Randwertproblem I, II, III, Archiv d. Math. 4 (1953) 331—336, 6 (1955) 13—17, 6 (1955) 145—150.

NITSCHE, Johannes {1} Eine charakteristische Eigenschaft der Lösungen von Randwertproblemen elliptischer Differentialgleichungen. Archiv d. Math. 6 (1955) 8—24.

NOETHER, F. {1} Über eine Klasse singulärer Integralgleichungen. Math. Ann. 82 (1920) 42—63.

OLOWJANISCHNIKOW, S. P. [28], [29].

POGORELOW, A. W. [57], {1} Verbiegung konvexer Flächen. Gostechisdat (Staatl. Verlag für wissenschaftlich-technische Literatur) 1951. {2} Eindeutige Bestimmtheit allgemeiner konvexer Flächen. Akad. Nauk USSR Ser. Monograph. 2 (1952).[1]) {3} Über die Nichtverbiegbarkeit der allgemeinen unendlichen kon-

[1]) In deutscher Übersetzung erschienen in der Schriftenreihe des Forschungsinstituts für Mathematik bei der Deutschen Akademie der Wissenschaften zu Berlin, Heft 3 (1956) Akademie-Verlag Berlin.

vexen Flächen mit der Totalkrümmung 2 Π. Doklady Akad. Nauk. SSSR, 106 (1956) 19—20. Man vergleiche auch ALEXANDROW, A. D. und POGORELOW, A. W.

POSNJAK, E. G. {1} Unendlich kleine Verbiegungen von Rinnen. Mat. Sbornik n. S. 32 (74) (1953) 681—692.

RADO, T. und MINAGAWA, T. vergleiche unter MINAGAWA, T. und RADO, T.

REMBS, E. [33], [37], [41], [56]. {1} Zur Verbiegung konvexer Flächen mit geschlossenem sphärischem Bild. Dissertation Bonn 1918. {2} Die Verbiegung des verlängerten Rotationsellipsoids. Sitzgsber. Heidelberger Akad. Wiss 1927. {3} ENNEPERsche Flächen konstanter positiver Krümmung und HAZZIDAKISsche Transformationen. Jber. DMV 39 (1930) 278—283. {4} Die infinitesimalen Verbiegungen der Kugel. J. reine angew. Math. 173 (1935) 160—163. {5} Zur Verbiegung von Torusflächen. Sitzgsber. Phys.-Med. Soziet. Erlangen (1935). {6} Relle Biegungsflächen des abgeplatteten Rotationsellipsoids. Math. Nachr. 5 (1951) 237—239. {7} Integralformeln der Verbiegungstheorie. Math. Nachr. 7 (1952) 61—64. {8} Zur Verbiegung von Flächen im Großen. Math. Zeitschr. 56 (1952) 271—279. {9} Zur Verbiegbarkeit konvexer Kalotten. Arch. d. Math. 4 (1953) 366—368. {10} Verbiegbarkeit konvexer Kalotten. Math. Ann. 127 (1954) 251—254. {11} Deformabilité des calottes convexes à bande sphérique de bord. Comptes rendus 239 (1954) 852 bis 854. {12} Randvorgaben bei infinitesimaler Verbiegung konvexer Flächen. Arch. d. Math. 6 (1955) 55—58. {13} Verbiegbarkeit konvexer Kalotten mit zylindrischen und konischen Randstreifen. Sitzsgber. Bayr. Akad. Wiss. München 1955 315—320. (Darin eine Berichtigung zu {9} und {10}). {14} Bemerkungen zur infinitesimalen Flächenverbiegung. Ber. Hamburger Math. Sem. 20 (1956). {15} Randvorgaben bei infinitesimalen Verbiegungen einfach zusammenhängender konvexer Flächen. Monatshefte f. Math. 60 (1956) 57—65 {16} Bemerkung zu vorstehender Arbeit. Monatshefte f. Math. 60 (1956) Heft 2. {17} Ein Biegungsproblem mit negativer Charakteristik. Monatshefte 60 (Heft 4). {18} Infinitesimale Verbiegungen mit Randvorgabe des Geschwindigkeitsvektors oder des Drehvektors. Arch. d. Math. (im Erscheinen). {19} Infinitesimale Verbiegungen von Flächen in sich. Math. Nachrichten (im Erscheinen). {20} Über einen Starrheitssatz von A. D. ALEXANDROW und E. P. SENKIN und ein Analogon (wie {19}).

REMBS, J. {1} Neue Biegungsflächen des verlängerten Rotationsellipsoids. Math. Nachr. 3 (1950) 152—175.

RINOW, W. und HOPF, H. vergleiche unter HOPF, H. und RINOW, W.

RUBIN, F. {1} Zur Deformation singularitätenfreier Flächen. Dissertation Zürich (1950).

SAMELSON, H. und HOPF, H. vergleiche unter HOPF, H. und SAMELSON, H.

SAUER, R. [30]. {1} Projektive Liniengeometrie, Berlin und Leipzig 1937. {2} Projektive Sätze in der Statik der starren Körper. Math. Ann. 110 (1934). {3} Projektive Transformation des DARBOUXschen Flächenkranzes. Archiv d. Math. 1 (1948) 89—93. {4} Projektive Beziehungen in der Charakteristikentheorie der partiellen Differentialgleichungen. Archiv d. Math. 2 (1949/50) 420—422. {5} Infinitesimale Verbiegung der Flächen, deren Asymptotenlinien ein Quasirückungsnetz bilden. Sitzsgber. Bayr. Akad. Wiss. 1949. {6} Differenzengeometrie der infinitesimalen Flächenverbiegung. Monatsheft f. Math. 57 (1953) 177—184. {7} Parallelogrammgitter als Modelle pseudosphärischer Flächen. Math. Zeitschr. 52 (1950) 611—622. {8} Über Flächenklassen, bei denen sämtliche infinitesimale Verbiegungen durch Quadraturen darstellbar sind. Convegno di Geometria Differenziale Roma (1954). {9} DARBOUX-Kranz verknickbarer Vierecksgitter. Archiv d. Math. 6 (1955) 180—184.

SCHILT, H. [46] vergleiche HOPF, H. und SCHILT, H.

SCHMIDT, E. {1} Über das Extremum der Bogenlänge einer Raumkurve bei vorgeschriebenen Einschränkungen ihrer Krümmung. Sitzgsber. Preuss. Akad. Wiss. Berlin 1925, 485—490.

SCHUR, A. {1} Biegung punktierter Eiflächen. Math. Ann. 102 (1929).

STEINITZ und RADEMACHER, Vorlesungen über die Theorie der Polyeder. Berlin 1934.

STEPHANOS, C. {1} Intermediase des Math. Bd. I, 288.

STEUERWALD, R. {1} Über ENNEPERsche Flächen und BÄCKLUNDsche Transformation. Abh. d. Bayr. Akad. Wiss. München (1936). {2} Über die Gestalt der ENNEPERschen Flächen konstanter positiver Krümmung. Nachr. Österr. Math. Gesellsch. Nr. 21/22 Wien 1952.

STOKER, J. J. {1} Über die Gestalt der positiv gekrümmten offenen Flächen im dreidimensionalen Raume. Comp. Math. 3 (1936) 55—89. {2} Open convex surfaces which are rigid. COURANT Anniversary Volume (1948) 407—420. {3} On the Uniqueness theorem for the Embedding of convex surfaces in three-dimensional space. Commun. pure appl. Math. (1950) 231—257.

SÜSS, W. {1} Relativ-Minimalflächen und Verbiegung. Jap. Journ. Math. (1927) 203—208.

TARTAKOWSKIJ, W. A. {1} Über die N-Invarianten EFIMOWs aus der Theorie der Verbiegung von Flächen. Mat. Sbornik n. S. 32 (74) (1953) 225—248.

VOSS, A. {1} Abbildung und Abwicklung zweier Flächen aufeinander. Enzykl. math. Wiss. III 3, 2/3. Heft. 355—440. {2} Isometrische Flächen Math. Ann. 46 (1895) 97—132.

WEKUA, J. N. {1} Systeme von Differentialgleichungen erster Ordnung vom elliptischen Typus und Randwertaufgaben mit einer Anwendung auf die Theorie der Schalen. Mat. Sbornik., n. S. 31 (73) 217—314 (1952).

WEYL, H. [6], {1} Über die Starrheit der Eiflächen und konvexen Polyeder. Sitzsgber. Preuss. Akad. Wiss. Berlin 1917, 250—266.

WINTNER, A. {1} On isometric surfaces. Amer. J. Math. 74 (1952) 198—214.

WINTNER, A. und HARTMAN, PH. {1} On the geodesic torsion and parabolic and asymtotic curves. Amer. J. Math. 74 (1952) 607—625. {2} On parabolic curves on surfaces. Amer. J. Math. 76 (1954) 81—86. {3} On the embedding problem in differential geometry. Amer. J. Math. 72 (1950) 553—564.

ZHITOMIRSKY, O. K. {1} Sur la non-flexibilité des ovaloïdes. Comptes Rendnes URSS 25 (1939) 347—349.

ZIEBUR, A. D. {1} On a double Eigenvalue problem. Proc. Amer. math. Soc. 5 (1954) 201—202.

SACHVERZEICHNIS

(Die Zahlen bedeuten die Seiten)

Abelsche Integrale 158
abgestumpfte Eiflächen 158 ff.
abgestumpftes Ovaloid 77
abstrakte Metrik 2
abstraktes Polyeder 8
Abschätzung der Normalkrümmung 113
Achtflach, bewegliches 194,
—, wackeliges 197
affin-isotherme Parameter 200
algebraische Mannigfaltigkeit 221
allgemeine Mütze 166
analytische Realisierung 3 ff., 91 ff.
Asymptotenlinien 151 ff., 190, 162

Betti-Gruppe 65
Bestimmtheit von Flächen, starke 157
— —, schwache 157
— — —, hinsichtlich einer Untergruppe der Homologiegruppe 157, 158
Biegeflächen der Kugel 125
Biegungslinien bei endl. Verb. 185
— bei inf. Verb. 188
Bricardsches octaèdre articulé 133
Büschel von Linienelementen 55

Carlemann, Satz von 136
Cauchy-Riemannsche Differentialgleichungen 144, 187
Christoffelgrößen 149
Codazzigleichungen 149

Darbouxsche Gleichung 114, 164
Deformation, isometrische 30
—, stetige des Ellipsoids 127
—, unendliche kleine 53
—, gleichmäßige 99
Dekaeder 194
Dekaederfachwerk 194
Differentialgleichung von Monge-Ampère 4
Differenzierbarkeit, totale 43
— konvexer Funktionen 118
Diskriminantentensor 149
Drehfeld 55
Drehriß 56, 191

Dreiecksungleichung 11
Durchmesser eines Dreiecks 15

Ebenrandige Mütze 166
Eigengewicht 186
Eindeutige Bestimmtheit der allgemeinen konvexen Fläche 144
— — der Kugel 134
— — der Ovaloide (Cohn-Vossen) 135
— — (Hopf, Samelson) 140
— — der Polyeder (Cauchy) 131
— — der Mützen 166 ff.
— — der offenen vollständigen konvexen Flächen 177
Enneper Flächen 125
Entfernung 14
Erhaltung des Indexes 100

Fadenmodelle von Flächen 189
Fläche 3. Ordnung mit Knoten 194
Fläche fester mittlerer Krümmung 188
Flächenmodelle, endlich verbiegbare 185
Flachpunkt 153
—-realisationen 219
Fläche, reguläre 1
Fortsetzung, differenzierbare 113
Fourierreihe 80
Fundamentalpolygon 158
Fundamentalsatz der Flächentheorie 151

Gaußsche Krümmung 144
gefährlicher Ort 194
gelochte Eifläche 119
Geodätische 26
—, auf Wiedersehenseiflächen 160
— Windung 150
— Krümmung 150
G-Flächen (Gohier-Flächen) 164
Gleitverbiegungen 87
—, endliche 169 ff., 171 ff.
—, infinitesimale 206
—, zylindrische 211
Grad der Verbiegung 124
Grenzkegel 180

Gürtel 85
Guichard-Bianchische Theorie 125

Halbeifläche 172, 207
halbgeodätische Koordinaten 19
Halbkugel, Integralbedingungen 182
Halbtangente 145
Hauptbiegungsnetz 188
Hazzidakissche Transformation 129
Homöomorphie 9, 140
Homologiebasis 64, 158
Homologiegruppe 156
Homologieklasse 157
Homomorphismus 123, 157
Homothetie 180
hyperbolisches Paraboloid 192

Index 94 ff., 139, 143
Innendruck 186
Integralbedingungen 121, 181 ff.
Integralkrümmung 15
Integralrelationen 122
Integralsatz von Stokes 151
— von Gauß 151
— von Gauß-Bonnet 117
Integralformeln 155 ff.
— von Minkowski 135, 156
— von Herglotz 156
— für infinitesimale Verbiegungen 201 ff.
isolierter Punkt 33
Isothermenfläche 188, 218
isotherm — konjugiertes Netz 203

Jochpunkt 94

Kanonische Lage 145
Kegelkappe 166
Kegelverbiegung 165
Kern eines Homorphismus 157
Komplex, linearer 191
Kongruenzpunkt 143
Kongruenzrichtungen 154
Kongruenzintegralsätze 155 ff., 181
Kongruenzsatz für Eiflächen 154
konischer Punkt 128
konjugierte Punkte auf Eiflächen 160
konjugiertes Netz 151
— — bei Modellen 185
kovariante Ableitung 149
Krümmung 2, 16, 29
Krümmungsgrad 219
krümmungsfeste Kurven 188

Leitkurve von Rinnen 163
linearer Komplex 191
lokale Koordinaten 1, 2
— Struktur einer Fläche 96

Mannigfaltigkeit 10
Maßtensor 149
Maximum der Hauptkrümmungen 113
Metallindustrie 187
Metrik, innere 32
—, polyedrische 16
—, reguläre 3
—, abstrakte 2
—, natürliche 2
—, Realisierbarkeit der §§ 1—11, §§ 49—57
—, differentialgeometrische 18
—, konvexe 9
Metrisierung 23
Mindingsche Verbiegung 192
Minkowskische Integralformeln 135, 156
Minimalflächen 154
mittlere Krümmung 149
Mittelpunkt einer Eifläche 159
Modelle aus Fäden 189
— zur Flächenverbiegung 185
Mütze 31, 50, 113
—, allgemeine 166
—, ebenrandige 166
—, Scheitel einer 167

Nabelpunkt 113
natürliche Topologie 1
Normalkrümmung 150
Nullsystem 197

Oktaeder 194
Orientierung 158, 160
— bei Randintegralen 150, 151
orthogonales Querspannungsnetz 187
Ortsinvarianten 150
Ovaloid 3

Paraboloid 180
parabolische Ränder 80
Parallelbeleuchtung 176
Parallelverschiebung nach Levi-Civita 165
perspektive Affinität 147
Plückersche Koordinaten 59
Polyeder 8
—, nicht konvexe 130
—, eindeutige Bestimmtheit derselben 131
Potentialtheorie, Randwertaufgabe dazu 209
Projektive Geometrie 58
— Liniengeometrie 193
— Transformation 60, 190
projektiver Charakter der infinitesimalen Verbiegung 191
Punktnetz 145

Querspannungsnetz 187

Randstreifen, ebene, zylindrische, konische 204 ff.
Randwertprobleme quasilinearer Systeme 182
Regelfläche 192
Regularität, Grad derselben 33
reguläre Fläche 1
Rembssche Ränder 162, 215 (R.-Ränder)
Rinne, ebene 86, 163
—, geschlossene 215
Röhren 51

Rotationseiflächen 210
Rotationsfeld 55

Sattelordnung 94, 142
Satz von Bonnet 152
— von Carleman 136
— von E. Schmidt 161
— von Fenchel 161, 173, 182
— von Poincaré 139
Sechseckband 194
Selbstdurchdringung 1, 151
Selbstspannungsfreiheit 187
Spannungsverteilungen in Membranen mit äußeren Kräften 186
— ohne äußere Kräfte 187
Sprung 158
Stab 196
Stabilität 93
Stabwerk, geom. bestimmtes 195
—, unbestimmtes 195
—, überbestimmtes 195
—, wackeliges 195
—, kollineares 196
Starrheit schwache 62
—, starke 62
—, im affinen Sinn 62
—, im projektiven Sinn 62
—, bedingte 214
—, konvexer Polyeder 193
Statik 193
Strahlkoordinaten 191
Streifeninvarianten 150
symmetrisierter Integralsatz 156
Schiebfläche 188
Schiebungsriß 191
Schiebungsvektor 202
schlichtartig 160
Schmiegkomplex 191
Schneedruck 186
schränkungsfestes Kurvennetz 188
Schraubriß 191
Schubbedingung 63, 71
Schubspannungsnetz 187
schwache Bestimmtheit 157

Tangentenkegel 145
Tetraederpaar von Moebius 197
Theorem von Minkowski 79
Theorema egregium 122, 149
Totalkrümmung 39
Triangulation 11
—, geodätische 17
trigonale Polyeder 193
T-Typ 39, 162

Unverbiegbarkeit, relative 103
— im Kleinen 105
—, Ordnung derselben 105

Verbiegung, stetige 33, 88, 91 ff.
— höherer Ordnung § 27 ff.
—, Beziehung zur Mechanik 186
— der Halbkugel 121
Verdrillungszahl 183
verklebte Eifläche 162
Verknickung 195
Verschiebungsfeld 56
Verschiebungssatz 199
Verzweigungspunkt 139
vollständige Flächen 51, 177

Wackeliges Stabwerk 195
Wiedersehenseiflächen 160
Winkel eines Sektors 26
W-Strahlensystem 191

𝔶-Technik 198

Zentrale Homothetie 180
Zentralbeleuchtung 205
Zusammenhang, endlicher 61, 97
Zusammenheftung von Flächen 8 ff., 25 ff.
Zweiflach 145
Zwischenbestimmtheit 157
zylindrische Gleitverbiegung 211
Zylindroide 80, 82, 213

Bei Fragen zur Produktsicherheit wenden Sie sich bitte an:
If you have any questions regarding product safety,
please contact:

Walter de Gruyter GmbH
Genthiner Straße 13
10785 Berlin
productsafety@degruyterbrill.com